普通高等教育“十四五”规划教材
新工科机器人工程专业系列教材

工业机器人
技术基础及应用实训

主编　陈海波　张国忠　李　敏

中国农业大学出版社
· 北京 ·

内容简介

本书以 ABB 机器人及其虚拟仿真软件 RobotStudio 为对象，系统介绍了工业机器人的基本概念和发展历史、工业机器人传感技术、ABB 工业机器人的基础操作、ABB 机器人的程序数据、机器人程序编写、虚拟仿真软件的基本操作，同时精心设计了 7 个工业机器人典型应用实训项目，理论与实践相结合，有利于学习者对基础知识和技术的理解与掌握。

本书按照工业机器人技术内容的内在逻辑、人的认知规律来规划全书的结构，内容系统全面、选材典型、案例丰富，注重理论联系实际，通过项目化、任务化形式整理教学内容，使学生在实际应用中巩固和掌握工业机器人基础技术。本书主要面向高等院校和职业院校的本科和专科学生，也适合刚接触工业机器人的工程技术人员和初学者参考使用。

图书在版编目（CIP）数据

工业机器人技术基础及应用实训/陈海波，张国忠，李敏主编. --北京：中国农业大学出版社，2023. 8

ISBN 978-7-5655-3012-8

Ⅰ. ①工… Ⅱ. ①陈…②张…③李… Ⅲ. ①工业机器人-高等学校-教材 Ⅳ. ①TP242. 2

中国国家版本馆 CIP 数据核字(2023)第 120713 号

书　　名　工业机器人技术基础及应用实训
Gongye Jiqiren Jishu Jichu ji Yingyong Shixun
作　　者　陈海波　张国忠　李　敏　主编

策划编辑　司建新　　　　**责任编辑**　赵　艳
封面设计　李尘工作室
出版发行　中国农业大学出版社
社　　址　北京市海淀区圆明园西路 2 号　　　　**邮政编码**　100193
电　　话　发行部 010-62733489，1190　　　　读者服务部 010-62732336
编辑部 010-62732617，2618　　　　出　版　部 010-62733440
网　　址　http://www.caupress.cn　　　　**E-mail** cbsszs@cau.edu.cn
经　　销　新华书店
印　　刷　运河（唐山）印务有限公司
版　　次　2023 年 8 月第 1 版　　2023 年 8 月第 1 次印刷
规　　格　185 mm×260 mm　　16 开本　　17.75 印张　　445 千字
定　　价　56.00 元

编审人员

主　编　陈海波　华南农业大学

张国忠　华中农业大学

李　敏　华南农业大学

副主编　陈德鸿　华南农业大学

卢玉华　华南农业大学

徐相华　华南农业大学

参　编　凌逸明　广东三向智能科技股份有限公司

文永强　广东三向智能科技股份有限公司

温　威　华南农业大学

曾　山　华南农业大学

叶　晖　ABB 公司

主　审　朱立学　仲恺农业工程学院

前言

Preface

党的二十大报告提出:“实现高水平科技自立自强,进入创新型国家前列”“建成现代化经济体系,形成新发展格局,基本实现新型工业化、信息化、城镇化、农业现代化”。机器人的制造及应用水平,代表了一个国家的制造业水平,发展机器人产业已上升到国家战略高度。机器人的广泛应用是我国从制造业大国走向制造业强国的重要手段和途径。

工业机器人是集机械、电子、控制、计算机、传感器、人工智能等多学科先进技术于一体的现代制造业重要的自动化装备,是工业领域高质量发展的典型代表。自 1962 年美国研制出世界上第一台工业机器人以来,机器人技术及其产品发展很快,已成为柔性制造系统(FMS)、自动化工厂(FA)、计算机集成制造系统(CIMS)的自动化工具。广泛采用工业机器人,不仅可提高产品的质量与产量,而且对保障人身安全、改善劳动环境、减轻劳动强度、提高劳动生产率、节约原材料消耗以及降低生产成本有着十分重要的意义。与计算机、网络技术一样,工业机器人的广泛应用正在日益改变着人类的生产和生活方式。

党的二十大报告指出,高质量发展是全面建设社会主义现代化国家的首要任务。没有坚实的物质技术基础,就不可能全面建成社会主义现代化强国。坚持把发展经济的着力点放在实体经济上,推进新型工业化,加快建设制造强国、质量强国、航天强国、交通强国、网络强国、数字中国。实施产业基础再造工程和重大技术装备攻关工程,支持专精特新企业发展,推动制造业高端化、智能化、绿色化发展。

面向世界科技前沿、面向经济主战场、面向国家重大需求,加快实现高水平科技自立自强。智能制造是“中国制造 2025”的重要目标之一,机器人则是智能制造的重要环节,其研发、制造、应用是衡量一个国家科技创新和高端制造业水平的重要标志。据《制造业人才发展规划指南》统计,我国目前机器人的产业人才供求比例为 1∶10,工业机器人产业人才缺口在 300 万左右,预计到 2025 年将突破 450 万。在此背景下,深入实施人才强国战略,完善人才战略布局便显得尤为关键,优秀的工业机器人技术基础教材是其中重要的一环。

ABB 作为工业机器人“四大家族”成员之一,其 IRB 系列工业机器人功能强大,应用范围广泛,拥有非常高的市场占有率;此外 ABB 配套的离线编程软件 RobotStudio 易于操作、上手快,能够轻松实现工业机器人虚拟仿真和离线编程,特别适合初学者。因此本书以 ABB 机器人及其虚拟仿真软件 RobotStudio 为对象，融合工业机器人的基础知识、基础技术及工业机器人典型应用的实训项目，目的是使学习者在掌握一定理论基础的同时也具备相应的实践动手能力，更全面地掌握机器人相关技术。本书主要面向高等院校和职业院校的本科和专科学生，也适合刚接触工业机器人的工程技术人员和初学者参考使用。

党的二十大报告强调，教育、科技、人才是全面建设社会主义现代化国家的基础性、战略性支撑。必须坚持科技是第一生产力、人才是第一资源、创新是第一动力，深入实施科教兴国战略、人才强国战略、创新驱动发展战略，开辟发展新领域新赛道，不断塑造发展新动能新优势。本书编写团队在全面调研的基础上，充分考虑教材内容的前沿性和创新性，紧密贴合行业先进技术和发展趋势，深入推进产教融合、科教融合，结合多年来的教学经验规划了全书的结构与内容。本书分两篇，第一篇为基础知识和技术，第二篇为典型应用实训项目。第一篇共有 6 章，第 1 章介绍工业机器人的基本概念和发展历史，第 2 章介绍工业机器人传感技术，第 3 章介绍 ABB 工业机器人的基础操作，第 4 章介绍 ABB 机器人的程序数据，第 5 章介绍机器人程序编写，第 6 章介绍虚拟仿真软件的基本操作。第二篇共有 7 个训练项目，分别是工业机器人轨迹描绘任务实训、工业机器人毛笔字书写任务实训、工业机器人搬运任务实训、工业机器人码垛任务实训、工业机器人装配任务实训、工业机器人物料检测任务实训和工业机器人物料定位分拣任务实训。本书的特点可归纳为：

(1)理论和实践相结合，既介绍了基础知识和技术，也结合工业机器人的典型应用设计了实训项目，将工业机器人基本概念、系统组成、软件系统、坐标系、安全操作规范、基础操作、程序编写等基础知识和技术植入实训项目中，一方面有利于学习者巩固对基础知识和技术的理解和掌握，另一方面也拓宽了对工业机器人应用领域的视野，为开发新技术、探索新应用提供思路。

(2)从课程知识层面、能力层面和素质层面的目标出发，结合学生的认知规律，设计先进的编排结构，梳理出教材的各级知识技术点，充分发挥“立德树人为引领，学生中心、产业导向、创新实践”的教学理念，实现知识传授、价值引领和能力培养的有机统一。

(3)本书还配套了大量的教学微课等一体化学习资源，便于教师进行教学设计与学生学习。

参与本书编写工作的有华南农业大学陈海波，华中农业大学张国忠，华南农业大学李敏、陈德鸿、卢玉华、徐相华、温威、曾山，广东三向智能科技股份有限公司凌逸明、文永强，ABB 公司叶晖。全书由仲恺农业工程学院朱立学主审。在编写过程中，我们参考并引用了大量有关机器人方面的资料，在此一并对其作者致以衷心的感谢。

由于编者水平有限，书中难免存在不足和错误之处，恳请各位专家和广大读者批评指正。

编者

2023 年 6 月

目录

Contents

第一篇　机器人基础知识和技术

第二篇　机器人典型应用实训项目

第一篇

机器人基础知识和技术

第 1 章　认识工业机器人

1.1　工业机器人的发展历史及定义

1.1.1　工业机器人的发展历史

1920 年，捷克作家卡雷尔·恰佩克（Karel Capek）发表了科幻剧本《罗萨姆的万能机器人》。在剧本中，恰佩克把捷克语“Robota”（意为劳役、苦工、奴隶）写成了“Robot”。该剧被看成“机器人”一词的起源。

1956 年，世界第一家机器人公司成立。美国发明家乔治·德沃尔（George Devol）和物理学家约瑟夫·恩格尔伯格（Joseph Engelberger）成立了一家名为 Unimation 的公司，公司名字来自两个单词“Universal”和“Animation”。

1959 年，世界第一台机器人诞生。乔治·德沃尔和约瑟夫·恩格尔伯格两人共同开发了一台工业机器人——“尤尼梅特”（Unimate），如图 1-1-1 所示，意思是“万能自动”。恩格尔伯格负责设计机器人的“手”“脚”“身体”，即机器人的机械部分和操作执行部分；德沃尔设计机器人的“头脑”“神经系统”“肌肉系统”，即机器人的控制装置和驱动装置。Unimate 重达 2 t，由磁鼓上的一个程序来控制。它采用液压执行机构驱动，基座上有一个大机械臂，大臂可绕轴在基座上转动，大臂上又伸出一个小机械臂，可以伸出或缩回。小臂有一个手腕，可绕小臂转动、俯仰和侧摇。手腕前面是手，即操作器。这个机器人的功能与人的手臂功能相似。Unimate 的精确度在 1/10 000 英寸（1 英寸＝2.54 cm）之内。

1961 年，Unimation 公司生产的世界上第一台工业机器人“尤尼梅特”在美国特伦顿（新泽西州首府）的通用汽车公司安装运行，用于生产汽车的门、车窗把柄、换档旋钮、灯具固定架以及汽车内部其他硬件等的流水线。作为世界上第一台工业机器人的设计者和第一家机器人企业的联合开创者，约瑟夫·恩格尔伯格也因此被称为“机器人之父”。最初的工业机器人构造相对比较简单，所完成的功能只是捡拾汽车零件并放置到传送带上，对其他的作业环境并没有交互的能力，就是按照预定的基本程序精确地完成同一重复动作。“尤尼梅特”的应用虽然是简单的重复操作，但展示了工业机械化的美好前景，也为工业机器人的蓬勃发展拉开了序幕。自此，在工业生产领域，很多繁重、重复或者毫无意义的流程性作业可以由工业机器人代替人类完成。

1962 年，美国机械与铸造公司（American Machine and Foundry，AMF）制造出世界上第一台圆柱坐标型工业机器人，命名为 Versatran（沃尔萨特兰），如图 1-1-2 所示，意思是“万能搬动”。同年，AMF 制造的 6 台 Versatran 机器人应用于美国坎顿（Canton）的福特汽车生产厂。

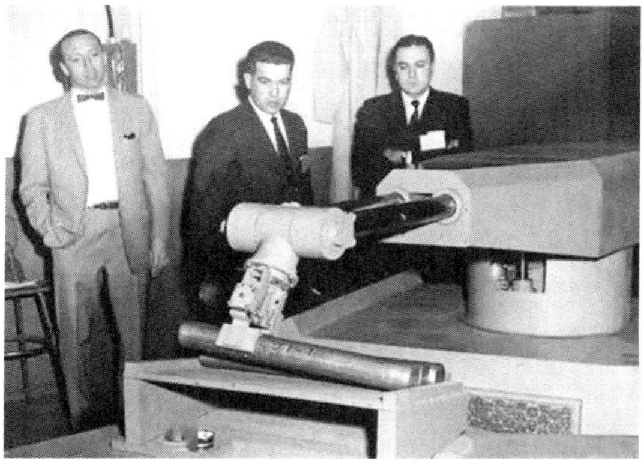

图 1-1-1　Unimate 机器人

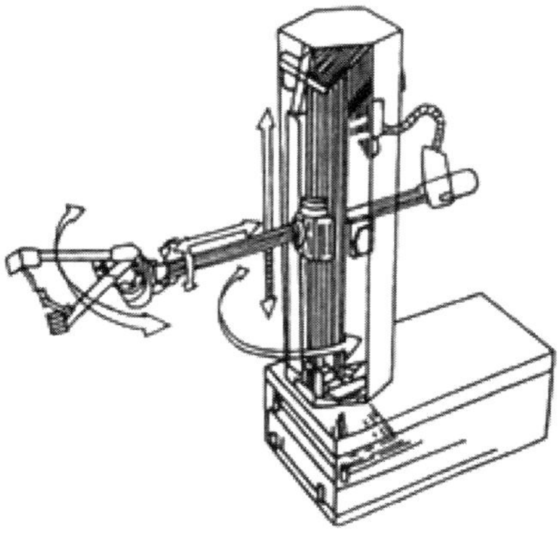

图 1-1-2　Versatran 机器人示意图

1967 年，欧洲第一台工业机器人在瑞典 Metallverken，Upplands Väsby 安装。

1969 年，首台点焊机器人投入使用。通用汽车公司在洛兹敦（Lordstown）装配厂安装了首台点焊机器人，大大提高了生产效率，90%以上的车身焊接作业可由机器人来自动完成。只有 20%～40%的传统生产厂的焊接工作由人工完成。

20 世纪 70 年代，随着人工智能、自动控制理论、电子计算机等技术的发展，机器人技术进入了新的发展阶段，机器人进入工业生产的实用化时代，最具代表性的机器人是美国 Unimation 公司的 PUMA 系列工业机器人和日本山梨大学牧野洋研制的 SCARA 机器人。

1972 年，世界第一条点焊机器人生产线安装运行。意大利的菲亚特汽车公司（FIAT）和日本日产汽车公司（Nissan）安装运行了点焊机器人生产线。

1973 年，第一台机电驱动的六轴机器人面世。德国 KUKA（库卡）公司将其使用的 Unimate 机器人改造成一种新型的机器人，命名为 Famulus（图 1-1-3），这是世界上第一台机电驱动的六轴机器人。

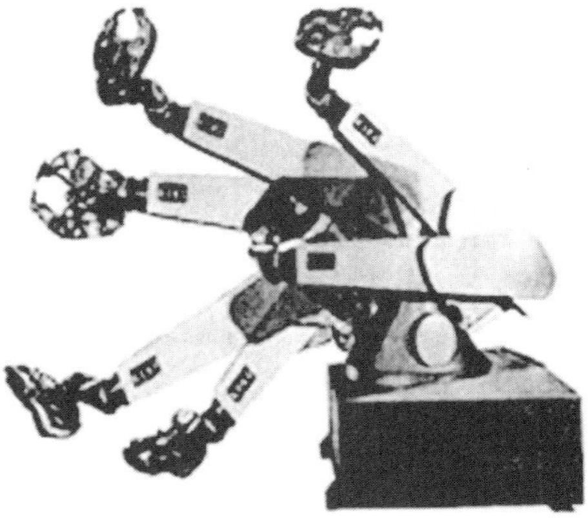

图 1-1-3　Famulus 机器人

1973 年，世界第一台安装有动态视觉的工业机器人问世。日本日立公司（Hitachi）开发出混凝土桩行业使用的自动螺栓连接机器人。这是第一台安装有动态视觉传感器的工业机器人，它在移动的同时能够识别浇铸模具上螺栓的位置，并且和浇铸模具同步移动，完成螺栓拧紧和拧松工作。

1974 年，世界第一台小型计算机控制的工业机器人诞生。美国辛辛那提米拉克龙（Cincinnati Milacron）公司的理查德·霍恩（Richard Hohn）开发出第一台由小型计算机控制的工业机器人，命名为 T3，即“The Tomorrow Tool”。

1974 年，世界第一台弧焊机器人投入运行。日本川崎重工公司将用于制造川崎摩托车框架的 Unimate 点焊机器人改造成弧焊机器人。同年，川崎还开发了世界上首款带精密插入控制功能的机器人,命名为“Hi-T-Hand”,该机器人还具备触摸和力学感应功能。这款机器人手腕灵活并带有力反馈控制系统。

1974 年,世界第一台全电力驱动、微处理器控制的工业机器人诞生。瑞典通用电机公司(ASEA,ABB 公司的前身)开发出世界上第一台全电力驱动、由微处理器控制的工业机器人 IRB 6。IRB 6 主要应用于工件的取放和物料的搬运,首台 IRB 6 运行于瑞典南部的一家小型机械工程公司。IRB 6 采用仿人化设计,其手臂动作模仿人类的手臂,载荷 6 kg。

1975 年,世界第一台直角坐标工业机器人诞生。Olivetti 公司开发出直角坐标机器人“SIGMA(西格玛)”,它是一个应用于组装领域的工业机器人,在意大利的一家组装厂安装运行。

1975 年,ABB 公司开发出一个有效载荷高达 60 kg 的工业机器人,命名为 IRB 60。该机器人满足了汽车行业对有效载荷更大、灵活性更高的需求。IRB 60 首次应用于瑞典萨博汽车车身的焊接。同年,日本日立公司开发了第一个基于传感器的弧焊机器人,命名为“Mr. AROS”。

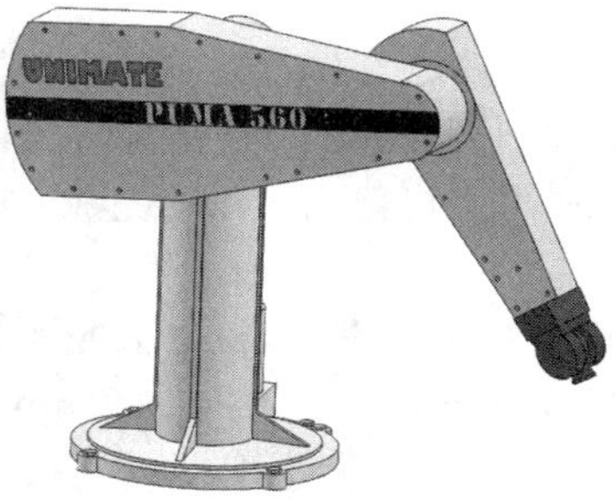

图 1-1-4　PUMA 机器人

1978 年,美国 Unimation 公司推出通用工业机器人(Programmable Universal Machine for Assembly, PUMA),应用于通用汽车装配线,这标志着工业机器人技术已经成熟。PUMA 至今仍然工作在工厂第一线,不仅如此,有些大学还用 PUMA 系列的工业机器人作为教具(图 1-1-4)。

1978 年,世界第一台 SCARA 工业机器人诞生。日本山梨大学(University of Yamanashi)的牧野洋(Hiroshi Makino)发明了选择顺应性装配机器手臂(Selective Compliance Assembly Robot Arm, SCARA)。SCARA 机器人具有 4 个轴和 4 个运动自由度(包括 X、Y、Z 方向的平动自由度和绕 Z 轴的转动自由度)。SCARA 系统在 X、Y 方向上具有顺应性,而在 Z 轴方向具有良好的刚度,此特性特别适合于装配工作。SCARA 的另一个特点是其串接的两杆结构,类似人的手臂,可以伸进有限空间中作业然后缩回,适合于搬动和取放物件(如集成电路板)等。

1979 年,日本不二越株式会社(Nachi)研制出世界第一台电机驱动的点焊机器人。这台电机驱动的机器人开创了电力驱动机器人的新纪元,从此告别了液压驱动机器人时代。

1981 年,美国卡内基-梅隆大学的 Takeo Kanade 设计开发出世界上第一台直接驱动机器人手臂(Direct Drive Robotic Arms)。直接驱动机器人手臂在当时是设计最佳的机械臂,因为它免去了电机和负荷之间的机械传输机构,因而不会出现由于使用减速器和铰链而产生的不平滑运动,机械手臂可以自由、平稳地移动,完成高速精密的动作。该机器人手臂的设计完成于 1981 年,但几年以后才成功获得专利。

1984 年,世界第一台直接驱动 SCARA 工业机器人问世。美国 Adept Technology 公司开发出第一台直接驱动的 SCARA,命名为 AdeptOne。直接驱动是 AdeptOne 机器人的最主要特点,AdeptOne 的电力驱动马达和机器手臂直接连接,省去了中间齿轮或链条系统。由于消除了存在于传统间接驱动方式中的机械间隙摩擦及低刚度等不利因素,从而简化精炼了控制模型,提高了伺服刚度及响应速度,因此,AdeptOne 机器人能显著提高机器人合成速度及定位精度。

1984年,当时世界速度最快的装配机器人诞生。瑞典ABB公司生产出当时速度最快的装配机器人——IRB 1000。IRB 1000是一个配备了垂直手臂的钟摆式机器人,工作时候不需要来回移动就可以快速地穿越较大面积的工作范围,它的速度比传统的手臂机器人快50%以上。

1985年,世界第一款Z形机器人手臂问世。德国库卡(KUKA)公司开发出一款新的Z形机器人手臂,摒弃了传统的平行四边形造型,可实现3个平移运动和3个旋转运动,可大大节省制造工厂的场地空间。

1992年,瑞士的Demaurex公司出售其第一台应用于包装领域的三角洲机器人(Delta robot)给罗兰公司(Roland)。三角洲机器人是一个并联的手臂机器人,是由洛桑联邦理工学院(École Polytechnique Fédérale de Lausanne,EPFL)的Reymond Clavel教授发明的。三角洲机器人的基座安装在工作平台上,从基座延伸出3个互相连接的机器人手臂。这些机器人手臂的两端连接到一个小三角平台上,机器人手臂将沿X、Y或Z方向的三角平台移动。最初,瑞士Demaurex公司购买三角洲机器人许可证并生产,主要应用于包装行业,目前三角洲机器人广泛应用于包装工业、医疗和制药行业等。

1996年,德国库卡公司开发出世界上第一台基于个人计算机的机器人控制系统。该机器人控制系统配置有一个集成的6D鼠标的控制面板,操纵鼠标,便可实时控制机械手臂的运动。

1998年,瑞典ABB公司开发出灵手(FlexPicker)机器人(图1-1-5),它是当时世界上速度最快的采摘机器人。灵手(FlexPicker)是在洛桑联邦理工学院(EPFL)Reymond Clavel教授发明的三角洲机器人的基础上开发出来的。利用图像技术,灵手(FlexPicker)每分钟能采摘120样物件、能以10 m/s的速度释放物件。

1998年,瑞士Güdel公司开发出“RoboLoop”系统,这是当时世界上唯一的弧形轨道龙门吊和传输机器人系统。RoboLoop概念使一个或多个搬运机器人能够在一个封闭的系统内沿着弧形轨道循环操作,从而为工厂自动化创造了可能。

2003年,两台漫游者机器人参与火星探险计划,探索火星表面和完成地质任务(图1-1-6)。

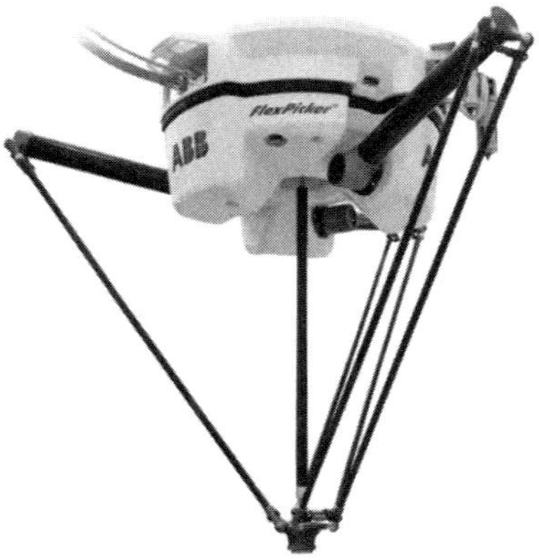

图1-1-5 FlexPicker机器人

图1-1-6 漫游者机器人在火星探索

2007年,日本安川(Motoman)机器人公司推出超高速弧焊机器人,使工作周期缩短了15%,这是当时最快的焊接机器人。

2007 年，德国库卡(KUKA)公司推出了有效载荷 1 000 kg 的远距离机器人和重型机器人，这是当时世界上最大载荷重型机器人，它大大扩展了工业机器人的应用范围。

2008 年，日本发那科(FANUC)公司推出了一款新的重型机器人 M-2000iA(图 1-1-7)，其有效载荷约达 1 200 kg。M-2000iA 系列是当时世界上规模最大、实力最强的六轴机器人，可搬运超重物体，它有两种型号，分别为一次可举起 900 kg 重物的 M-2000iA/900 和一次可举起 1 200 kg 重的 M-2000iA/1200，能够做到更快、更稳、更精确地移动大型部件。作为发那科公司的成熟产品，全电动伺服驱动 M 系列机器人 M-2000iA 专门为重型、大型工件而量身定制。当需要处理超重部件(如机床组装、车身定位)时，M-2000iA 机器人可实现安全快捷的安置，能代替起重机、运输班车、龙门吊工作。

2009 年，瑞典 ABB 公司推出了世界上最小的多用途工业机器人 IRB 120(图 1-1-8)。IRB 120 是 ABB 机器人部门于 2009 年 9 月推出的最小机器人和速度最快的六轴机器人，是由 ABB(中国)机器人研发团队首次自主研发的一款新型机器人。IRB 120 仅重 25 kg，荷重 3 kg(垂直腕为 4 kg)，工作范围达 580 mm。IRB 120 的问世使 ABB 新型第四代机器人产品系列得到进一步延伸，紧凑化和轻量化设计的结合使其具有卓越的经济性与可靠性，以及低投资、高产出的优势。

图 1-1-7　发那科(FANUC)的重型机器人 M-2000iA

图 1-1-8　ABB 公司的 IRB 120

2010 年，货架式机器人诞生。德国库卡(KUKA)公司推出了一系列新的货架式机器人(QUANTEC)，该系列机器人拥有 KR C4 机器人控制器。KR C4 是一款集机器人控制、运动控制、逻辑控制和过程控制于一体的控制系统。不仅如此，整个安全控制器被无缝集成至 KR C4 控制系统中，这意味着 KR C4 能够一次性执行所有任务。QUANTEC 机器人系列(图 1-1-9)覆盖了负荷能力 90～300 kg、最大作业范围 2 500～3 100 mm 的所有高负荷机器人。QUANTEC 机器人系列让自动化更简单：在系统规划和设计阶段拥有最大限度的灵活性，减少构思和设计工作，大大提高了规划的安全性。

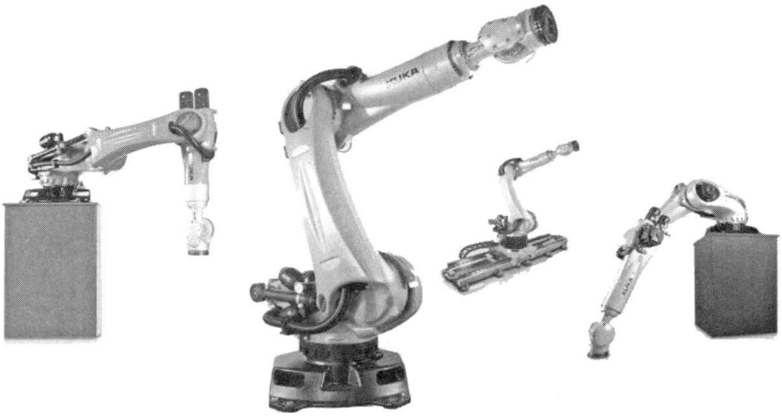

图 1-1-9　QUANTEC 机器人系列

2011 年，第一台仿人型机器人进入太空。通用汽车与 NASA 的工程师和科学家共同开发出第二代无腿人形机器人“机器宇航员 2 号”(Robonaut 2,R2)，如图 1-1-10 所示。2011 年 2 月 25 日随“发现”号航天飞机飞赴国际空间站，成为人类史上首个太空机器宇航员。

2014 年，国内首条“机器人制造机器人”生产线投产。沈阳新松机器人自动化股份有限公司建设的我国首条用机器人生产机器人的数字化生产线，于 2014 年 9 月正式投产，年产能达到 5 000 台工业机器人。生产全过程的流程是：零部件进入一体仓库后即自动产生信息流，与企业生产系统进行对接；生产时，AGV 移动机器人可根据指令，自动到仓库取货，搬运到装配区；在装配区，由带视觉定位的工业机械手自动装配各种零部件，之后再传送到自动喷涂区进行喷涂、烘干；最后，把产品送到机器人检测区进行检测，成品入库。所有岗位都由“机器人”独立完成(图 1-1-11)。

图 1-1-10　“机器宇航员 2 号”

图 1-1-11　机器人制造机器人的数字化生产线

2014 年，英国雷丁大学(University of Reading)宣布，有一台超级电脑成功通过著名的“图灵测试”，让人类误以为它是一名 13 岁男孩，从而成为有史以来首台通过“图灵测试”的机器，这意味着机器也能像人类一样“思考”，在人工智能领域具有“里程碑”式的意义。

2015 年，世界级网红索菲亚(Sophia)诞生(图 1-1-12)。索菲亚是由中国香港的汉森机器人技术公司(Hanson Robotics)开发的类人机器人，是历史上首个获得公民身份的机器人(2017 年在沙特阿拉伯首都利雅得举行的“未来投资倡议”大会上获得了沙特公民身份)。索菲亚看起来就像人类女性，拥有橡胶皮肤，能够表现出超过 62 种面部表情。索菲亚“大脑”中的计算机算法能够识别面部表情，并与人进行眼神交流。

2019 年 8 月，俄罗斯第一个真正意义上的“机器人宇航员”费多尔（Fedor，代号为 Skybot-850）问世，如图 1-1-13 所示。费多尔于 2019 年 8 月 22 日随“联盟号”MS-14 宇宙飞船飞赴国际空间站。作为俄罗斯第一款类人型机器人，费多尔主要负责测试新型助推器和航天飞船的安全性和舒适性。费多尔浑身布满传感器，能将身体各处感知到的作用力反馈汇总，并根据受力情况做出反应动作。公开视频显示，费多尔能从事诸多复杂操作，诸如驾驶汽车、开瓶盖以及使用自动武器射击等。

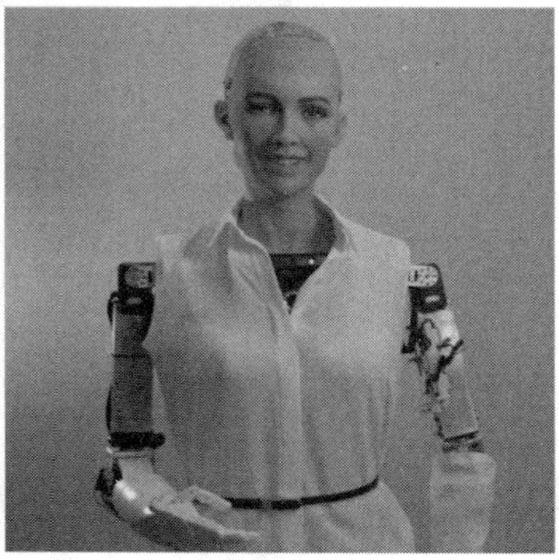

图 1-1-12　类人型机器人索菲亚

图 1-1-13　“机器人宇航员”费多尔

经过几十年的发展，机器人已经在很多领域中获得了应用，其种类也不胜枚举，几乎各个高、精、尖技术领域都有它们的身影。在这期间，机器人的成长经历了以下 3 个阶段。

（1）示教再现机器人。第一代工业机器人是示教再现机器人，这类机器人能够按照人类预先示教的轨迹、行为、顺序和速度重复作业。示教可由操作员手把手进行，如图 1-1-14 所示，例如操作人员握住机器人上的喷枪，沿喷漆路线示范一遍，机器人在运动中记住这一连串动作，工作时，自动重复这些动作，从而完成给定位置的涂装工作。这种方式即所谓的“直接示教”。但是，比较普遍的方式是通过示教器示教，如图 1-1-15 所示。操作人员利用示教器上的开关或按键来控制机器人一步一步的动作，机器人自动记录，然后重复。目前，在工业现场应用的机器人大多属于第一代。

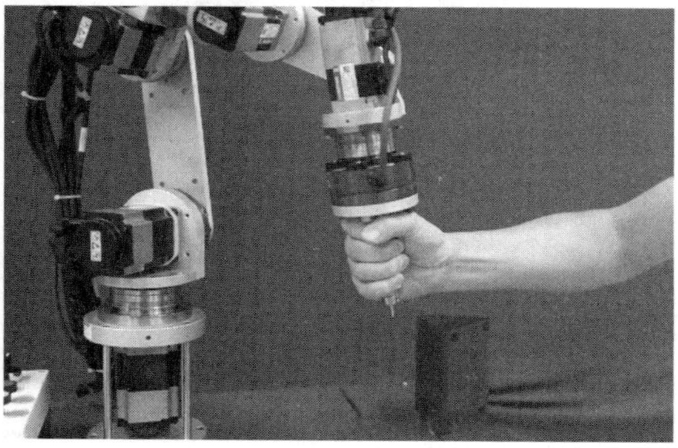

图 1-1-14　手动拖拽示教

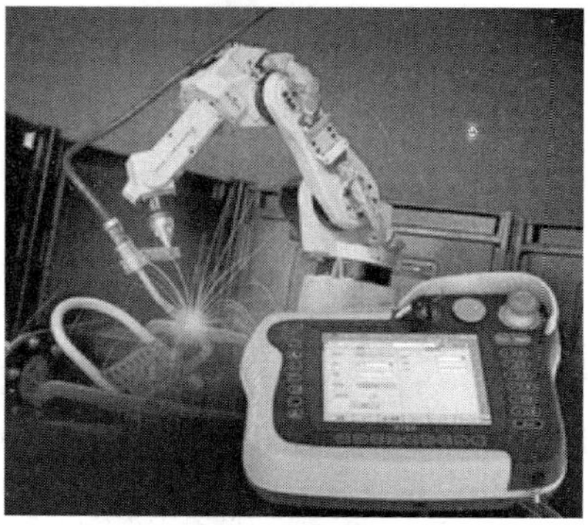

图 1-1-15　示教器示教

(2)感知机器人。第二代工业机器人是感知机器人,这类机器人具有环境感知装置,能在一定程度上适应环境的变化,目前已进入应用阶段,如图 1-1-16 所示。以焊接机器人为例,机器人焊接的过程一般是通过示教方式给出机器人的运动曲线,机器人携带焊枪沿着该曲线进行焊接。这就要求工件的一致性要好,即工件被焊接的位置必须十分准确。否则,机器人携带焊枪所走的曲线和工件的实际焊缝位置会有偏差。为解决这个问题,感知机器人(应用于焊接作业时)采用焊缝跟踪技术,通过传感器感知焊缝的位置,再通过反馈控制,机器人就能够自动跟踪焊缝,从而对示教的位置进行修正,即使实际焊缝位置相对于原始设定的位置有变化,机器人仍然可以很好地完成焊接工作。这类技术正越来越多地应用于工业机器人。

(3)智能机器人。第三代工业机器人称为智能机器人(图 1-1-17),这类机器人具有发现问题,并且能自主解决问题的能力,尚处于实验研究阶段。作为发展目标,这类机器人具有多种传感器,即自适应技术,不仅可以感知自身的状态,如所处的位置、自身的故障状况等,而且能够感知外部环境的状态,如自动发现路况、自动测出协作机器的相对位置及相互作用力等。更重要的是,智能机器人能够根据获得的信息,进行逻辑推理、决策判断,在变化的内部状态与变化的外部环境中,自主决定自身的行为。这类机器人具有高度的适应性和自治能力。尽管经过多年来的不懈研究,人们研制出很多各具特色的试验装置,提出大量新思想、新方法,但现有工业机器人的自适应技术还是十分有限的。

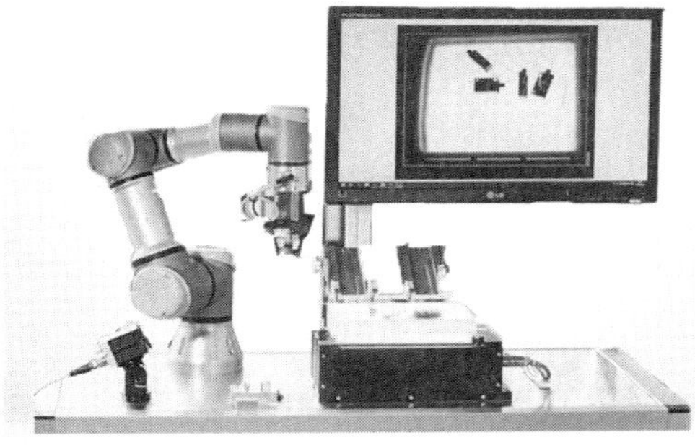

图 1-1-16　配备视觉系统的感知机器人

图 1-1-17　智能机器人

1.1.2　工业机器人的定义

在科技界,科学家会给每一个科技术语一个明确的定义,但机器人问世已有几十年的时间,却仍然没有一个统一的意见。原因之一是机器人还在发展,新的机型、新的功能不断涌现。根本原因是机器人涉及人的概念,使其定义成为一个难以回答的哲学问题。正是机器人定义的模糊,给了人们充分的想象和创造空间。各国对机器人有自己的定义,这些定义之间的差别较大。国际上关于机器人的定义主要有以下几种。

美国国家标准局(National Bureau of Standards,NBS,现更名为国家标准和技术研究所,National Institute of Standards and Technology,NIST)对机器人的定义是:机器人是一种能够进行编程并在自动控制下执行某些操作和移动作业任务的机械装置。

美国机器人协会(Robotic Industries Association,RIA)将机器人定义为:一种用于移动各种材料、零件、工具或专用装置,通过程序动作来执行各种任务,并具有编程能力的多功能机械手(manipulator)。

日本工业机器人协会(Japan Industrial Robot Association,JIRA,现更名为日本机器人协

会,Japanese Robot Association,JARA)指出:工业机器人是一种带有存储器件和末端执行器的通用机械,它能够通过自动化的动作代替人类劳动。

国际标准化组织(International Organization for Standardization,ISO)将工业机器人定义为:工业机器人是一种能自动控制,可重复编程,多功能、多自由度的操作机,能搬运材料、工件或操持工具来完成各种作业。

我国将工业机器人定义为:自动控制的、可重复编程、多用途的操作机,可对3个或3个以上轴进行编程,它可以是固定式或移动式。所不同的是这种机器具备一些与人或者生物相似的智能能力,如感知能力、规划能力、动作能力和协同能力,是一种具有高度灵活性的自动化机器,可在工业自动化中使用。

由此不难发现,工业机器人是由仿生机械结构、电动机、减速机和控制系统组成的,用于从事工业生产,能够自动执行工作指令的机械装置。它可以接受人类的指挥,也可以按照预先编排的程序运行,现代工业机器人还可以根据人工智能技术制定的原则和纲领行动。

1.2 工业机器人的分类

工业机器人的种类很多,其功能、特征、驱动方式和应用场合等不尽相同。关于工业机器人的分类,国际上没有制定统一的标准。从不同的角度,会有不同的分类方法。本节介绍几种分类方法,即分别按工业机器人的结构特征、控制方式和驱动方式来进行分类。

1.2.1 按结构特征分类

机器人的结构形式多种多样,典型机器人的运动特征用其坐标特性来描述。根据结构特征的不同,工业机器人通常可以分为直角坐标机器人、圆柱坐标机器人、球坐标机器人、多关节机器人、并联机器人、双臂机器人和AGV移动机器人等。

1. 直角坐标机器人

直角坐标机器人以直线运动轴为主,各个运动轴通常对应直角坐标系中的X轴、Y轴和Z轴。在大多数情况下,直角坐标机器人各个直线运动轴间的夹角为直角,如图1-1-18所示。

直角坐标机器人主要由一些直线运动单元、驱动电动机、控制系统和末端操纵器组成。针对不同的应用,可以方便地快速组合成不同维数、不同行程和不同负载能力的壁挂式、悬臂式、龙门式或倒挂式等各种形式的直角坐标机器人。从简单的二维机器人到复杂的五维机器人,有上百种结构形式的应用案例。从食品生产到汽车装配等各行各业的自动化生产线中,都有各种各样的直角坐标机器人和其他设备严格同步协调工作。

直角坐标机器人结构简单,定位精度高,空间轨迹易于求解,但其动作范围相对较小,设备的空间利用率较低,实现相同的动作空间要求时,机体本身的体积较大。

2. 圆柱坐标机器人

圆柱坐标机器人是指能够形成圆柱坐标系的机器人,如图1-1-19所示。圆柱坐标机器人由旋转基座形成的一个转动关节和垂直、水平移动的两个移动关节构成。

圆柱坐标机器人具有空间结构小、工作范围大、末端执行器速度高、控制简单及运动灵活等优点。其缺点是工作时必须有沿R轴线前后方向的移动空间,空间利用率低。

目前,圆柱坐标机器人主要用于重物的装卸、搬运等工作。著名的Versatran机器人就是典型的圆柱坐标机器人。

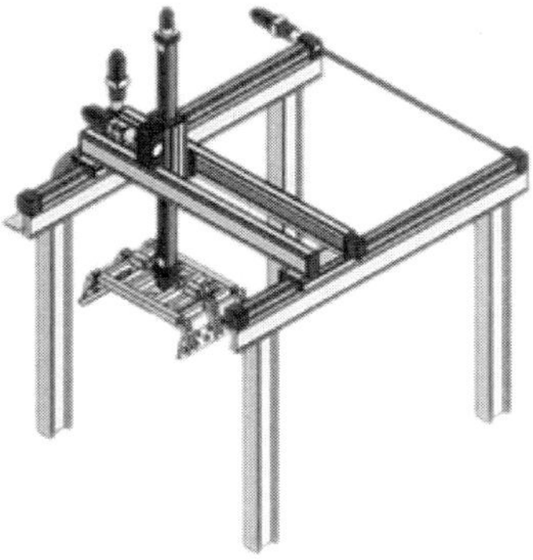

图 1-1-18　直角坐标机器人

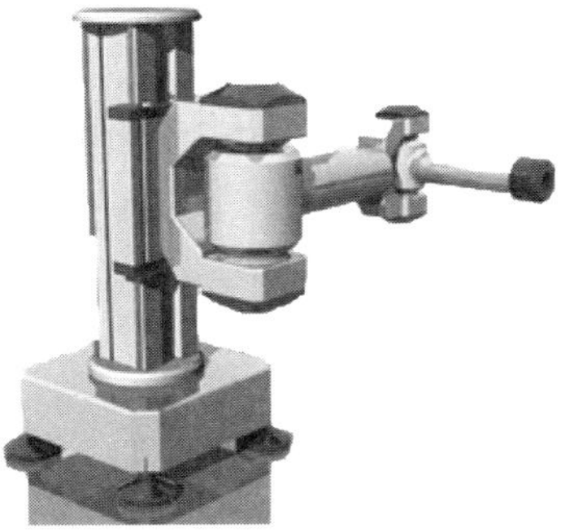

图 1-1-19　圆柱坐标机器人

3. 球坐标机器人

球坐标机器人具有一个移动关节和两个转动关节，动作空间形成球面的一部分，如图 1-1-20 所示。其机械手能够做前后伸缩移动、在垂直平面上摆动以及绕底座在水平面上转动。著名的 Unimate 机器人就是这种类型的机器人。其特点是结构紧凑，所占空间体积小于直角坐标和圆柱坐标机器人，但仍大于多关节机器人。

图 1-1-20　球坐标机器人

4. 多关节机器人

多关节机器人由多个旋转和摆动关节组合而成。这类机器人结构紧凑、工作空间大、动作最接近人的动作，对涂装、装配、焊接等多种作业都有良好的适应性，应用范围越来越广。不少著名的机器人都采用了这种形式，其摆动方向主要有铅垂方向和水平方向两种，因此，这类机器人又可分为垂直多关节机器人和水平多关节机器人。如美国 Unimation 公司推出的 PUMA 机器人就是一种垂直多关节机器人，而 SCARA 机器人则是一种典型的水平多关节机器人。目前，工业界装机最多的工业机器人是垂直串联 6 关节机器人和 SCARA 机器人。

(1)垂直多关节机器人(图 1-1-21)模拟了人类的手臂功能，由垂直于地面的腰部旋转轴、相当于大臂旋转的肩部旋转轴、带动小臂旋转的肘部旋转轴以及小臂前端的手腕等构成。手腕通常由 2～3 个自由度构成。其动作空间近似一个球体，所以也称为多关节球面机器人。其优点是可以自由地实现三维空间的各种姿态，可以生成各种复杂形状的轨迹。相对机器人的安装面积，其动作范围很宽。缺点是结构刚度较低，动作的绝对位置精度较低。

(2)水平多关节机器人也称为 SCARA 机器人。水平多关节机器人如图 1-1-22 所示，在结构上具有串联配置的两个能够在水平面内旋转的手臂，其自由度可以根据用途选择 2～4 个，动作空间为一圆柱体。水平多关节机器人的特点在于作业空间与占地面积较大，使用起来方便；优点是垂直方向上的刚性好，能方便地实现二维平面上的动作，尤其适合平面装配作业。

5. 并联机器人

并联机器人(Parallel Robot，PR)是一种动平台和定平台通过至少两个独立的运动链相连接，机构具有两个或两个以上的自由度，且以并联方式驱动的闭环机构。并联机器人形式多样，常见的并联机器人多为 Delta 并联机构形式。图 1-1-23 所示为 ABB 的 IRB 360 系列并联机器人。并联机器人具有高刚度、高负载（惯性比）等优点，但工作空间相对较小、结构较为复杂。这正好同串联机器人形成互补，从而扩大了机器人的选择及应用范围。

图 1-1-21　垂直多关节机器人

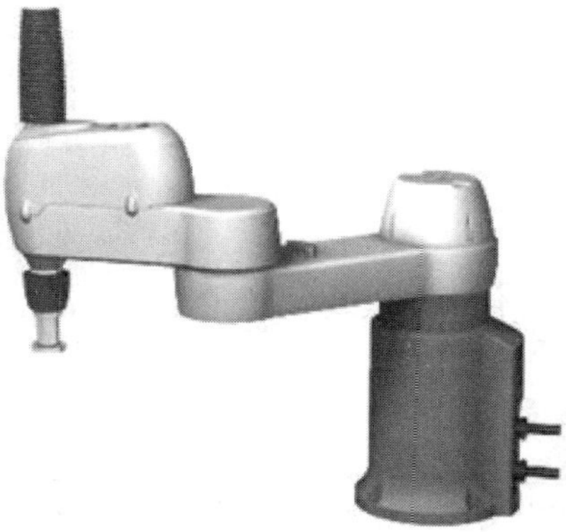

图 1-1-22　水平多关节机器人

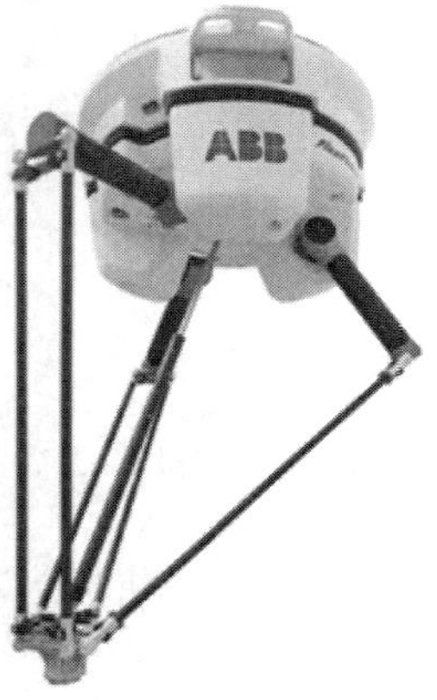

图 1-1-23　ABB IRB 360 系列并联机器人

并联机器人广泛应用于装配、搬运、上下料、分拣、打磨及雕刻等需要高刚度、高精度或者大载荷而不需要很大工作空间的场合。

6. 双臂机器人

可以将双臂机器人（图 1-1-24）的工作情况与两个单臂机器人在一起工作的情况进行对比。两个单臂机器人一起工作时，当把某一个机器人的影响看作一个未知源的干扰时，其中的一个机器人就独立于另一个机器人。但双臂机器人作为一个完整的机器人系统，其双臂之间存在着依赖关系。它们共享传感数据，双臂之间通过一个共同的连接形成物理耦合，最重要的是两臂的控制器之间的通信，使得一个臂对于另一个臂的反应能够做出对应的动作、轨迹规划和决策，也就是双臂之间具有协调关系，这在某种程度上可以看作像人体双臂的协调动作一样。在一个躯体中的两个单臂相当于两个高水平的控制器，把所有动作的协调作为一个基准，双臂的动作过程就包含着复杂的机械系统、躯体反馈、视觉反馈、肢体接触、滑移检测以及脑力等在内的数据源，并且用预先获取的数据来确认这一数据的储存与处理能力。这正是双臂机器人区别于两个单臂机器人组合的关键。

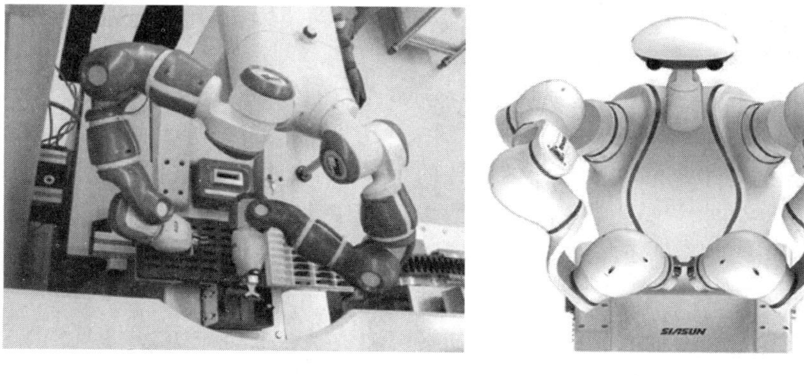

图 1-1-24　双臂机器人

双臂机器人的作用特点主要表现在以下 4 个方面：一是在末端执行器与臂之间无相对运动的情况下，如搬运像钢棒这样的刚性物体时，双臂机器人比两个单臂机器人的动作控制要简单得多；二是在末端执行器与臂之间有相对运动的情况下，通过两臂间较好的配合能对柔性物体如薄板等进行控制操作，而两个单臂机器人要做到这一点是比较困难的；三是双臂机器人能够避免两个单臂机器人在一起工作时产生的碰撞情况；四是双臂机器人的两臂能够各自独立工作，用来实现对多目标的操作与控制，如将螺帽放到螺钉上的配合操作。

多机器人的协同作业是制造业发展的必然要求，双臂机器人就是适应这一要求而开发出的一种新型机器人，相比于单臂机器人，其可以大大增强机器人对复杂装配任务的适应性，同时可以提高工作空间的利用效率。发展双臂机器人是未来的必然方向。

7. AGV 移动机器人

AGV(Automated Guided Vehicle，AGV)移动机器人(通常也称为 AGV 小车)指装备有电磁或光学等自动导引装置，能够沿规定的导引路径行驶，以可充电蓄电池为其动力来源，具有安全保护以及各种移载功能的运输车和工业应用中不需驾驶员的搬运车，如图 1-1-25 所示。一般可通过计算机来控制 AGV 移动机器人的行进路线以及行为，或利用电磁轨道(Electromagnetic Path-following System)来设定其行进路线，将电磁轨道贴在地板上，AGV 移动机器人可依循电磁轨道所带来的信息进行移动与动作。

图 1-1-25　AGV 移动机器人

AGV 移动机器人以轮式移动为特征，与步行、爬行或其他非轮式的移动机器人相比，具有行动快捷、工作效率高、结构简单、可控性强、安全性好等优势。与物料输送中常用的其他设备相比，由计算机控制的 AGV 移动机器人的活动区域不需要铺设轨道、支座架等固定装置，不受场地、道路和空间的限制。

1.2.2　按控制方式分类

根据控制方式的不同，工业机器人可以分为非伺服控制机器人和伺服控制机器人两种。

1. 非伺服控制机器人

非伺服控制机器人的工作能力比较有限，它们往往是那些叫作“终点”“抓放”或“开关”式机器人，尤其是“有限顺序”机器人。这种机器人按照预先编好的程序顺序进行工作，使用终端限位开关、制动器、插销板和定序器来控制机器人的机械手运动。其工作原理框图如图 1-1-26 所示。图 1-1-26 中，插销板用来预先规定机器人的工作顺序，而且往往是可调的。定序器是一

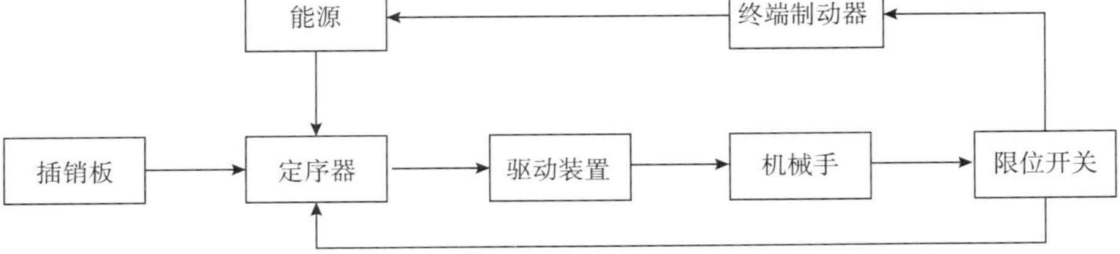

图 1-1-26　非伺服控制机器人的工作原理框图

种定序开关或步进装置，它能够按照预定的正确顺序接通驱动装置的能源。驱动装置接通能源带动机器人的机械手等装置运动。当它们移动到由限位开关所规定的位置时，限位开关切换工作状态，送给定序器一个“工作任务（或规定运动）已完成”的信号，并使终端制动器动作，切断驱动能源，使机械手停止运动。

2. 伺服控制机器人

伺服控制机器人比非伺服控制机器人有更强的工作能力，因而价格较贵，但在某些情况下不如简单的非伺服控制机器人可靠。伺服控制机器人的工作原理框图见图 1-1-27。伺服系统的被控制量（输出）可为机器人端部执行装置（或工具）的位置、速度、加速度和力等。用比较器对通过反馈传感器取得的反馈信号与来自给定装置（如给定电位器）的给定指令进行比较，得到误差信号，经过放大后用以激发机器人的驱动装置，进而带动末端执行装置（如机械手）以一定规律运动，到达规定的位置或速度等。显然，这是一个反馈控制系统。

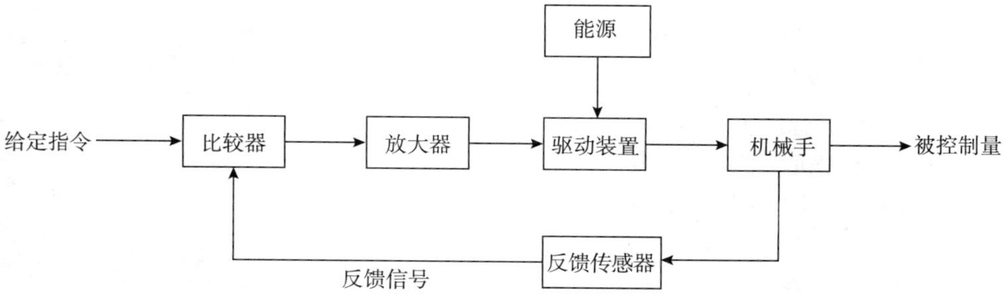

图 1-1-27　伺服控制机器人的工作原理框图

伺服控制机器人又可分为点位控制机器人和连续轨迹控制机器人。点位控制机器人的运动为点到点之间的直线运动，连续轨迹控制机器人的运动轨迹可以是空间的任意连续曲线。

1.2.3　按驱动方式分类

根据驱动方式的不同，工业机器人可以分为气压驱动机器人、液压驱动机器人、电力驱动机器人 3 种。

1. 气压驱动机器人

气压驱动机器人是以压缩空气来驱动执行机构的。这种驱动方式的优点是空气来源方便，动作迅速，结构简单。缺点是工作的稳定性与定位精度不高，抓力较小，所以常用于负载较小的场合。

2. 液压驱动机器人

液压驱动机器人是使用液体作为介质来传递力，并使用液压泵使液压系统产生的压力驱动执行机构的。与气压驱动机器人相比，液压驱动机器人具有大得多的负载能力，其结构紧凑、传动平稳，但液压驱动系统对密封的要求较高，且不宜在高温或低温的场合工作，要求的制造精度较高，成本也较高。

3. 电力驱动机器人

电力驱动机器人是利用电动机产生的力矩驱动执行结构的。电力驱动易于控制，运动精度高，成本低，越来越多的机器人采用电力驱动方式。

随着机器人技术的发展，出现了利用新的工作原理制造的新型驱动器，如静电驱动器、压电驱动器、形状记忆合金驱动器、人工肌肉及光驱动器等。

1.3　工业机器人的应用

1.在码垛方面的应用

在各类工厂的码垛方面，自动化极高的机器人被广泛应用。人工码垛工作强度大，耗费人力，员工不仅需要承受巨大的压力，而且工作效率低。码垛机器人(图 1-1-28)能够根据搬运物件的特点，以及搬运物件所归类的地方，在保持其形状和物件性质不变的基础上，进行高效的分类搬运，使得装箱设备每小时能够完成数百件的码垛任务。在生产线上下料、集装箱的搬运等方面发挥极其重要的作用。

2.在焊接方面的应用

焊接机器人(图 1-1-29)主要承担焊接工作，不同的工业类型有着不同的工业需求，所以常见的焊接机器人有点焊机器人、弧焊机器人、激光机器人等。汽车制造行业是焊接机器人应用最广泛的行业，在焊接难度、焊接数量、焊接质量等方面就有着人工焊接无法比拟的优势。

图 1-1-28　码垛机器人

图 1-1-29　焊接机器人

3.在装配方面的应用

在工业生产中，零件的装配是一件工作量极大的工作，需要大量的劳动力，曾经的人力装配因为出错率高、效率低而逐渐被工业机器人代替。装配机器人的研发，结合了多种技术，包括通信技术、自动控制、光学原理、微电子技术等。研发人员根据装配流程，编写合适的程序，应用于具体的装配工作。装配机器人的最大特点就是安装精度高、灵活性大、耐用程度高。因为装配工作复杂且要求精细，所以常选用装配机器人来进行电子零件、汽车精细部件的安装(图1-1-30)。

4.在检测方面的应用

机器人具有多维度的附加功能。它能够代替工作人员在特殊岗位上工作，例如在高危领域如核污染区域、有毒区域、高危未知区域、地震救灾现场进行探测，在人类无法到达的地方如市政管道、病人体内患病部位进行探测等(图 1-1-31)。

图 1-1-30 装配机器人

图 1-1-31 市政管道检测机器人

1.4 工业机器人的主要生产厂家

1.4.1 国内工业机器人的主要厂家

在国内，工业机器人产业起步较晚，但增长的势头非常强劲，涌现出一批机器人的生产制造商。下面介绍几家国内的工业机器人主要生产商。

1. EFORT(埃夫特)

埃夫特智能装备股份有限公司(以下简称“埃夫特”)成立于 2007 年 8 月，是一家专门从事工业机器人、大型物流储运设备及非标自动化生产设备设计和制造的高新技术企业。图 1-1-32 所示为埃夫特六轴机器人。公司在意大利设有智能喷涂机器人研发中心和智能机器人应用工程中心。

埃夫特目前是国家机器人产业集聚区内的核心企业，是中国机器人产业创新联盟、中国机器人产业联盟发起人和副主席单位，所研制的国内首台负载 165 kg 机器人载入中国企业创新纪录，荣获 2012 年中国国际工业博览会银奖。埃夫特机器人最初经过奇瑞汽车等企业的苛刻考验和充分验证，现已被广泛应用于汽车及零部件行业、家电行业、卫浴行业、机床行业、机械制造行业、日化行业、食品和药品行业、钢铁行业等。

2. SIASUN(新松)

沈阳新松机器人自动化股份有限公司(以下简称“新松公司”)隶属于中国科学院，是一家以机器人独有技术为核心、致力于数字化高端智能装备制造的高科技企业。新松公司的机器人产品涵盖工业机器人、洁净(真空)机器人、移动机器人、特种机器人及智能服务机器人五大系列，其中工业机器人产品填补了多项国内空白，创造了中国机器人产业发展史上多项第一的突破，图 1-1-33 所示为新松六轴机器人。洁净(真空)机器人多次打破国外技术垄断与封锁，大量替代进口产品。移动机器人产品综合竞争优势在国际上处于领先水平，被美国通用等众多国际知名企业列为重点采购目标。特种机器人在国防重点领域得到批量应用。在高端智能装备方面已形成智能物流、自动化成套装备、洁净装备、激光技术装备、轨道交通、节能环保装备、能源装备、特种装备产业群组化发展。新松公司现已形成以自主核心技术、关键零部件、领先产品及行业系统解决方案为一体的完整产业链，并将产业战略提升到涵盖产品全生命周期的数字化、智能化制造全过程。

3. GSK(广州数控)

广州数控设备有限公司(以下简称“广州数控”)位于中国南方数控产业基地，是国内技术领先的专业成套机床数控系统供应商。广州数控的主营业务有:数控系统、伺服驱动、伺服电机、工业机器人、精密数控注塑机研发生产，数控机床连锁营销，机床数控化工程及数控高技能人才培训。广州数控机器人的产品负载覆盖了3～400 kg，自由度包括3～6个关节，图1-1-34所示为广州数控六轴机器人，目前已得到市场认可，其应用领域包括搬运、机床上下料、焊接、码垛、涂胶、打磨抛光等，涉及数控机床、五金机械、电子、家电及建材等行业。

图1-1-32 埃夫特六轴机器人

图1-1-33 新松六轴机器人

图1-1-34 广州数控六轴机器人

1.4.2 国外工业机器人的主要厂家

世界上占据较大市场份额的四大机器人供应商分别是ABB、KUKA(库卡)、FANUC(发那科)及YASKAWA(安川)，下面分别详细介绍各家情况。

1. ABB

瑞士的ABB(Asea Brown Boveri)公司是世界上最大的机器人制造公司之一。ABB总部坐落于苏黎世，由两个具有100多年历史的国际性企业——瑞典的阿西亚公司(ASEA)和瑞士的布朗勃法瑞公司(BBC Brown Boveri)在1988年合并而成。1974年其前身研发了第一台全电控式工业机器人IRB 6，主要用于工件取放和物料搬运。1975年生产出第一台焊接机器人，到1980年兼并Trallfa喷漆机器人公司后，其机器人产品趋于完备，ABB公司制造的工业机器人广泛应用在焊接、装配、铸造、密封涂胶、材料处理、包装喷漆、水切割等领域。

ABB拥有当今全球最多种类的机器人产品、技术和服务，是全球装机量最大的工业机器人供货商。ABB强调的是机器人本身的整体性，以其六轴机器人(图1-1-35)来说，单轴速度并不是最快的，但六轴一起联合运作以后的精准度是很高的。

ABB机器人的核心技术是运动控制系统，这也是对机器人来说最大的难点。掌握了运动控制技术的ABB机器人可以轻易满足循径精度、运动速度、周期时间、可程序设计等性能要求，大幅度提高生产的质量、效率及可靠性。

ABB 公司一直强调机器人本身的柔性化，强调 ABB 机器人在各方面的整体性，ABB 机器人在单方面来说不一定是最好的，但就整体性而言是很突出的。ABB 公司在重视品质的同时也讲究机器人的设计，但众所周知的是，配备高标准控制系统的 ABB 机器人价格较高。

2. KUKA（库卡）

KUKA（库卡）公司是 Johann Josef Keller 和 Jakob Knappich 于 1898 年在德国巴伐利亚州的奥格斯堡（Augsburg）正式创立的，是世界领先的工业机器人制造商之一。名字 KUKA，是 Keller und Knappich Augsburg 的 4 个首字母的组合，它同时是 KUKA 公司所有产品的注册商标。1973 年研制开发了自己的第一台工业机器人 Famulus。KUKA 为纯工业机器人公司，业务包括工业机器人和系统集成，所生产的机器人广泛应用在仪器、汽车、航天、食品、制药、医学、铸造、塑料等行业，主要用于材料处理、机床装配、包装、堆垛、焊接、表面修整等领域。作为世界领先的工业机器人提供商之一和机器人领域的科技先锋，KUKA 机器人在业界被赞誉为"创新发电机"。

KUKA 码垛机器人（图 1-1-36）的显著特点是速度快，因为机器人的手臂采用高分子碳素纤维材料制造而成，既满足机器人手臂在高速运行过程中对刚度的特殊需求，又可以大幅度提高机器人本身的惯性动能以及加速能力。码垛专用的应用软件功能包"KUKA. PalletLayout""KUKA. PalletPro""KUKA. PalletTech"，可以根据客户要求提供非常轻松的码垛应用和编程环境。

KUKA 在我国销售的优势在于它的二次开发做得好，人机界面简单，就像玩游戏机一样好用。相比之下，日本品牌机器人的控制系统键盘很多，操作略显复杂。

值得一提的是，KUKA 在重负载机器人领域优势明显，在负载 120 kg 以上的机器人中，KUKA 和 ABB 的市场占有量较多，而在 400 kg 和 600 kg 的重载机器人中，KUKA 的销量是最多的。

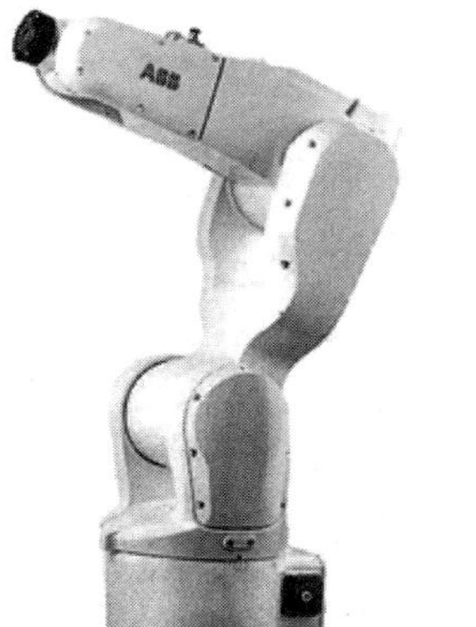

图 1-1-35　ABB 六轴机器人

图 1-1-36　KUKA 码垛机器人

3. FANUC（发那科）

日本是工业机器人制造的主要国家，其代表有发那科、安川、川崎、OTC、松下、不二越等国际知名公司。

发那科公司是世界上最大的机器人制造商之一。发那科的前身致力于数控设备和伺服电机系统的研制和生产。1972 年从日本富士通公司的计算机控制部门独立出来成立了发那科公司。发那科公司的主要业务分为两部分:工业机器人和工厂自动化。

发那科公司将数控系统的优势应用于机器人身上,使得其工业机器人精度很高。此外,与其他企业的机器人相比,发那科工业机器人的独特之处在于:工艺控制更加便捷,同类型机器人底座尺寸更小,拥有独有的手臂设计。

发那科机器人在稳定性方面不占优势,它的优势在于轻负载、高精度的应用场合,这也是发那科的小型化机器人(图 1-1-37)畅销的原因。

4. YASKAWA(安川)

安川公司于 1977 年研制出第一台全自动工业机器人。其核心的工业机器人有点焊和弧焊机器人、油漆处理机器人、LCD 玻璃板传输机器人和半导体晶片传输机器人等。近年来,安川公司生产的新型液晶玻璃板搬运机器人受到市场欢迎。此外,安川公司还是将工业机器人应用于半导体领域最早的厂商之一。

安川公司是从电机开始做起的,因此它可以把电机的惯量做到最大化,所以安川机器人(图 1-1-38)最大的特点就是负载大、稳定性高,在满负载、满速度运行的过程中不会报警,甚至能够过载运行。

图 1-1-37　发那科机器人

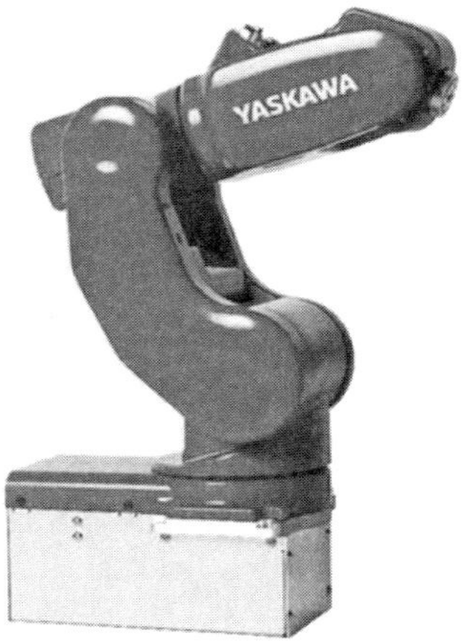

图 1-1-38　安川机器人

1.5　工业机器人的基本组成

1.5.1　系统组成

一般来说,工业机器人由三大部分 6 个子系统组成。

三大部分是机械部分、控制部分和传感部分;6 个子系统是机械结构系统、驱动系统、人机交互系统、控制系统、感知系统、机器人-环境交互系统。

1. 机械部分

机械部分是机器人的组成部分,也称为机器人的本体,主要分为 2 个子系统:机械结构系统和驱动系统。

(1)机械结构系统　机械结构系统即工业机器人为完成各种运动所需的机械部件。机器人的机械结构系统由基座、手臂和末端操作器三大件组成。每一大件都有若干自由度,构成一个多自由度的机械系统。若基座具备行走机构,则构成行走机器人;若基座不具备行走及腰转机构,则构成机器人手臂。手臂一般由上臂、下臂和手腕组成。末端操作器是直接装在手腕上的一个重要部件,它可以是二手指或多手指的爪,也可以是喷漆枪、焊具等作业工具。

(2)驱动系统　驱动系统是向机械结构系统提供动力的装置。根据动力源不同,驱动系统的传动方式分为液压驱动、气压驱动、电力驱动 3 种。早期的工业机器人采用液压驱动。由于液压系统存在泄漏、噪声和低速不稳定等问题,并且功率单元笨重和昂贵,目前只有大型重载、并联加工和一些特殊应用场合使用液压驱动的工业机器人。气压驱动具有速度快、系统结构简单、维修方便、价格低等优点。但是气压装置的工作压强低,不易精确定位,一般仅用于工业机器人末端执行器的驱动。电力驱动是目前使用最多的一种驱动方式,其特点是电源取用方便,响应快,驱动力大,信号检测、传递、处理方便,并可以采用多种灵活的控制方式。驱动电机一般采用步进电机或伺服电机,目前也有采用直接驱动电机,但是造价较高,控制也较为复杂,和电机相配的减速器一般采用谐波减速器、摆线针轮减速器或者行星齿轮减速器。

2. 控制部分

控制部分相当于机器人的大脑,可以直接或者通过人工对机器人的动作进行控制。控制部分也可以分为两个子系统:人机交互系统和控制系统。

(1)人机交互系统　人机交互系统是使操作人员参与机器人控制并与机器人进行联系的装置,如计算机的标准终端、指令控制台、信息显示板、危险信号警报器、示教器等。简单来说该系统可以分为两大部分:指令给定系统和信息显示装置。

(2)控制系统　控制系统的任务是根据机器人的作业指令程序以及从传感器反馈回来的信号支配机器人的执行机构去完成规定的运动和功能。假如机器人不具备信息反馈特征,则为开环控制系统;若具备信息反馈特征,则为闭环控制系统。根据控制原理,控制系统可分为程序控制系统、适应性控制系统和人工智能控制系统。根据控制运动的形式,控制系统可分为点位控制和轨迹控制。

3. 传感部分

传感部分相当于人类的五官,机器人可以通过传感部分来感觉机器人自身和外部环境状况,帮助机器人工作更加精确。这部分主要分为两个子系统:感知系统和机器人-环境交互系统。

(1)感知系统　工业机器人的感知系统由内部传感器模块和外部传感器模块组成,用于获取内部和外部环境状态的数据或信息。在工业机器人内部传感器中,位置传感器和速度传感器是当今机器人反馈控制中不可缺少的元件。工业机器人外部传感器的作用是为了检测作业对象及环境或机器人与它们的关系,在机器人上安装触觉传感器、视觉传感器、力觉传感器、接近传感器、超声波传感器和听觉传感器,可以大大改善机器人工作状况,使其能够更充分地完成复杂的工作。除了需要感知与自身工作状态相关的机械量,如位移、速度和力等,视觉感知技术是工业机器人感知的一个重要方面。视觉伺服系统将视觉信息作为反馈信号,用于控制调整机器人的位置和姿态。机器视觉系统还在质量检测、识别工件、食品分拣、包装的各个方面得到了广泛应用。智能传感器的使用提高了机器人的机动性、适应性和智能化的水准。

(2)机器人-环境交互系统　机器人-环境交互系统是实现工业机器人与外部环境中的设备相互联系和协调的系统。工业机器人与外部设备集成为一个功能单元,如加工制造单元、焊接单元、装配单元等，也可以是多台机器人、多台机床设备或者多个零件存储装置集成为一个能执行复杂任务的功能单元。

1.5.2　硬件组成

工业机器人硬件主要包括机器人本体、控制柜、示教器和编程仿真计算机等部分。配件有控制柜与机器人本体的电缆连线，包括码盘电缆、动力电缆，还有为整个系统供电的电源电缆、变压器。

(1)机器人本体　机器人本体(图 1-1-39)即机座和执行机构，包括臂部、腕部、手部和传动部件，有的机器人还有行走机构。大多数工业机器人有 3～6 个运动自由度，其中腕部通常有 1～3 个运动自由度。

(2)控制柜　工业机器人控制柜(图 1-1-40)是整个工业机器人系统的大脑，工业机器人的任何动作都由控制柜进行控制。工业机器人控制柜前面板上有控制柜电源开关、门锁以及各种按钮/指示灯，示教器悬挂在按钮下方的挂钩上，控制柜底部是互联电缆接口。

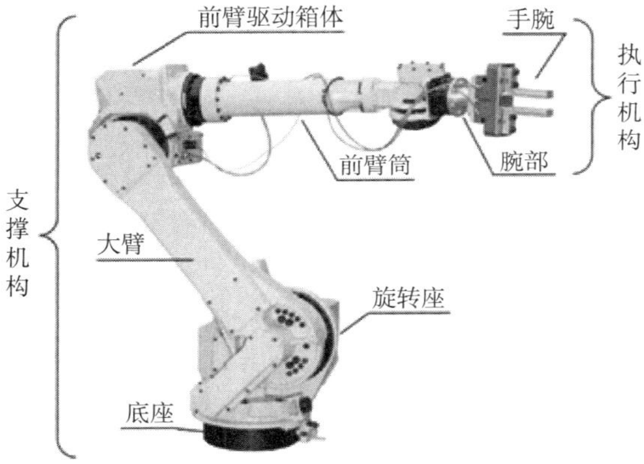

图 1-1-39　机器人本体

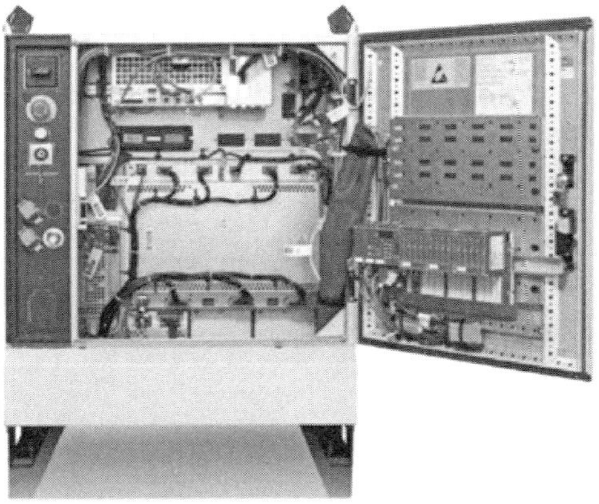

图 1-1-40　工业机器人控制柜

(3)示教器　工业机器人示教器(图 1-1-41)是一个人机交互设备。通过它，操作者可以操作机器人运动，完成示教编程，实现对系统的设定、故障诊断等。在现场编程条件下，机器人的运动操作需要使用示教器来实现，对示教器的绝大多数操作都是在其触摸屏上完成的，同时示教器也保留了必要的按钮与操作装置。

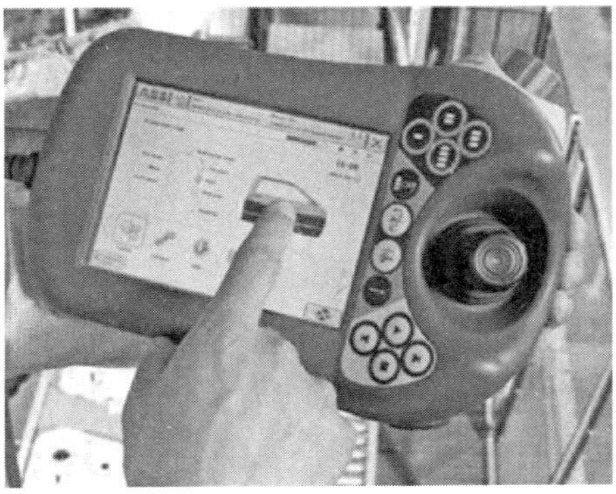

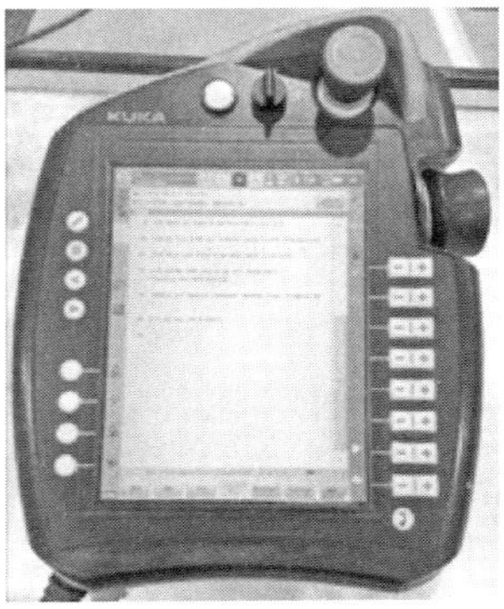

图 1-1-41　ABB 机器人示教器(左)和 KUKA 机器人示教器(右)

(4)编程仿真计算机　目前,机器人常用的编程方式有两种:一种是示教器编程,另一种是离线编程。随着机器人应用领域的不断扩展,示教器编程在有些行业显得力不从心,于是离线编程逐渐成为当前较为流行的一种编程方式。工业机器人离线编程仿真系统,是通过编程仿真计算机对实际的机器人系统进行模拟的技术。机器人仿真系统可以通过单机或者多台机器人组成工作站或者生产线。工业机器人的仿真软件,可以在制造产品之前模拟出实物,这不仅可以节省研发时间,还可以大幅度降低研发成本。

1.6 工业机器人的技术参数

工业机器人制造商在提供机器人产品的同时会提供机器人的技术参数。这些参数是判断此机器人是否适用工程需要的依据。工业机器人的技术参数反映了机器人可胜任的工作、具有的最高操作性能等情况,是设计、应用机器人必须考虑的问题。工业机器人的主要技术参数包括自由度、工作空间、额定负载、定位精度与重复精度、分辨率、工作速度等。

1. 自由度

自由度(Degree of Freedom,DOF),又称坐标轴数或轴数,指机器人执行机构运动所需要的独立坐标数(关节数量或电机轴数量)。手指的开、合,以及手指关节的自由度一般不包括在内。

自由度通常作为机器人的技术指标,反映机器人动作的灵活性,可用轴的直线移动、摆动或旋转动作的数目来表示。自由度越高,机器人的灵活性越高,但控制要求越复杂,它是衡量机器人适应性和灵活性的重要指标。机器人的自由度数一般等于关节数目。机器人常用的自由度数一般不超过 5～6 个。

2. 工作空间

工作空间(Working Space),也称动作范围或工作区域,指机器人手腕参考点或末端执行器安装点(不包括末端执行器)所能到达的所有空间的区域。由于末端执行器的形状和尺寸多种多样,为真实反映机器人的特征参数,工作空间是指不安装末端执行器时的工作区域。工作空间的形状和大小十分重要,机器人在执行某项作业时可能会因存在手部不能到达的盲区而不能完成任务。在选择机器人的时候,需要了解机器人的臂展,也就是能到达的最大距离。

3. 额定负载

额定负载是指工业机器人在工作空间内的任何位置上机械部分可以承受的最大质量,一般以 kg 为单位,表示机器人的承载能力。

实际负载大小与运行速度和加速度有关,为了安全起见,这一技术指标是以高速时的负载能力为准。

4. 定位精度与重复精度

定位精度(Positioning Accuracy)指机器人到达定点的精确程度。重复精度是指在相同的位置指令下,机器人连续重复若干次动作,其位置的偏差分散情况的最大值。重复精度是衡量一个机器人控制性能的重要指标。

5. 分辨率

分辨率指机器人每根轴能够实现的最小移动距离或最小转动角度。

6. 工作速度

机器人在工作载荷条件下、匀速运动过程中，机械接口中心或工具中心点在单位时间内所移动的距离或转动的角度。工作速度越高，其工作效率就越高，但就要花费更多的时间来加速或减速，对工业机器人的加速率或减速率的要求就更高。

7. 机器人重量

机器人重量对于设计机器人单元也是一个重要的参数。如果工业机器人需要安装在定制的工作台甚至轨道上，那就需要知道它的重量并设计相应的支撑。

以上技术参数，自由度按照行业、设备、工艺不同来确定不同类型的机器人，额定负载、工作空间、重复精度是确定具体机器人型号的必要选型要素。

1.7 工业机器人的发展趋势

由中国电子学会组织编写的《中国机器人产业发展报告(2022 年)》(以下简称《报告》)在 2022 年世界机器人大会上正式发布。报告显示，2022 年全球机器人市场规模达到 513 亿美元，预计 2024 年将突破 650 亿美元。全球工业机器人的市场正在蓬勃发展，未来工业机器人将会有以下几大发展趋势。

1. 人机协作

这是工业机器人发展的趋势，同时也是增长的驱动力。人们需要以零星或是间歇的工作方式与机器人进行紧密合作，所以安全共存变得越来越重要，协作机器人有着高度的灵活性和适应性，它们不仅可以适应环境的变化，还可以为重复性任务增加不知疲倦的耐力。

2. 自主化

目前机器人从预编程、示教再现控制、直接控制、遥操作等被操纵作业模式向自主学习、自主作业方向发展。智能化机器人可根据工况或环境需求，自动设定和优化轨迹路径，自动避开奇异点，进行干涉与碰撞的预判并避障等。

3. 智能化、信息化、网络化

越来越多的 3D 视觉、力传感器应用到机器人上，机器人将会变得越来越智能化。随着传感与识别系统、人工智能等技术进步，机器人从被单向控制向自己存储、自己应用数据方向发展，逐渐信息化。随着多机器人协同、控制、通信等技术进步，机器人从独立个体向相互联网、协同合作方向发展。

4. 在新兴行业中的应用

随着越来越多的行业加速采用机器人，现在不仅是汽车行业，很多的新兴行业也在使用工业机器人，这些新兴行业包括生命科学、食品和消费品、塑料和橡胶以及电子产品等。相信随着机器人变得更加灵巧和更加安全，它们会对更多行业的新用户越来越有吸引力。相对较新的机器人应用领域，如配送和物流、建筑、农业及其他领域，也将受益于不断进步的自动化技术。

5. 支持数字自动化

数字化也正在产生着影响，作为工业 4.0 的一部分，工业机器人在数字制造生态系统中占据主要的地位。数据将被视为未来制造业的关键推动因素。从智能自动化过程中收集的数据将由生产者进行分析，以做出更明智的决策。由于机器人能通过人工智能(AI)共享任务和学习，企业还可以更容易在新环境中采用智能自动化，从建筑到食品和饮料包装设施，再到医疗实验室。用于机器人的AI越来越成熟，学习型机器人正在成为主流。该行业已经过了试点阶段，在未来，这些技术将获得更大规模的部署。

6.更小、更轻、更容易使用的机器人

推动简化，加上更小、更轻的设计，也为工业机器人开辟了新的机遇。随着更多尖端技术(如虚拟现实和人工智能)被应用到工业机器人之中，新一代工业机器人将会变得更小、更轻，甚至于更加灵活。

思考题

1. 简述工业机器人发展的3个阶段。
2. 简述工业机器人的定义和主要特征。
3. 工业机器人的分类方式有哪几种？各有什么特点？
4. 工业机器人的机械部分、控制部分和传感部分，分别包含哪些子系统？
5. 工业机器人的技术参数有哪些？
6. 未来工业机器人会有哪些发展趋势？

第2章 工业机器人传感技术

机器人的控制系统相当于人类大脑，执行机构相当于人类四肢，传感器相当于人类的五官。因此，要让机器人像人一样接收和处理外界信息，机器人传感器技术是机器人智能化的重要体现。

传感器技术是工业机器人最关键的应用科学之一，它使机器人能够像人类一样检测环境变化，并在棘手的情况下做出准确的决策。工业机器人传感器能够理解和测量周围环境中物体的几何和物理特性，如位置、方向、加速度、距离、大小、力矩、亮度、重量等。对于机器人而言，特别是在工业自动化中，传感器必须正确地提供关键数据，才能实现相关的复杂程序。为了确保工业自动化过程中的合理控制和操作，工业机器人采用了大量的传感器。例如，协作机器人因配备了扭矩传感器和摄像头，使它们不仅拥有更广阔的视野，而且还能确保工作场所的安全。在工业机器人上使用传感器对自动化加工或自动化生产具有十分重要的意义。

2.1 机器人传感器的特点与分类

2.1.1 机器人传感器的特点

传感器(Transducer/Sensor)是一种检测装置，能感受到被测量的信息，并能将感受到的信息，按一定规律变换成为“特定可用信号”或其他所需形式的信息输出，以满足信息的传输、处理、存储、显示、记录和控制等要求。其中“特定可用信号”指便于处理、传输的信号，如电压、电流、电阻、电容、频率等。

传感器是能把从机器人内、外部环境中感知的物理量、化学量、生物量等转换为电量输出的装置。通常来讲，机器人的感知就是借助各种传感器识别周边环境，其功能相当于人的眼、耳、鼻、皮肤等。目前，智能机器人可以通过传感器实现某些类似人类的感知功能。服务人类的机器人所应用的计算机视觉已经相当完善，通过各类视觉传感器可实现人脸识别、图像识别、定位、测距等。

传感器是实现自动检测和自动控制的首要环节。传感器的存在和发展，使机器人有了触觉、味觉和嗅觉等感官，让机器人仿佛具有生命一样，慢慢变得“活”了起来。通常根据其基本感知功能分为热敏元件、光敏元件、气敏元件、力敏元件、磁敏元件、湿敏元件、声敏元件、放射线敏感元件、色敏元件和味敏元件等十大类。传感器的发展方向是微型化、数字化、智能化、多功能化、系统化、网络化。

2.1.2 机器人传感器的分类

机器人传感器有多种分类方法，例如可以分为接触式传感器和非接触式传感器、无源传感器和有源传感器、内部传感器和外部传感器等。

接触式传感器以某种实际接触（如触碰、力或力矩、压力、位置、温度、磁量和电量等）形式来测量目标的响应。非接触式传感器则以某种电磁射线（可见光、X 射线、红外线、雷达波等）、声波、超声波的形式来测量目标的响应。

无源传感器使用外部电源，而有源传感器在不使用外部电源的情况下产生输出。

内部传感器如位置传感器、速度传感器、加速度传感器、电机扭矩传感器等获取工业机器人本身的信息，而外部传感器如相机、距离传感器和接近传感器和力传感器收集周围环境中的信息。本单元将以这种分类方法来介绍机器人传感器。

2.2 传感器的性能指标

为评价或选择传感器，通常需要确定传感器的性能指标。传感器一般有以下 9 个性能指标。

1. 灵敏度

灵敏度是指传感器的输出信号达到稳定时，输出信号变化与输入信号变化的比值。假如传感器的输出与输入呈线性关系，其灵敏度可表示为

$$s = \frac{\Delta y}{\Delta x} \tag{1-2-1}$$

式中，s 为传感器的灵敏度；Δy 为传感器输出信号的增量；Δx 为传感器输入信号的增量。

假如传感器的输出与输入呈非线性关系，其灵敏度就是该曲线的导数。传感器输出量的量纲和输入量的量纲不一定相同。若输出和输入具有相同的量纲，则传感器的灵敏度也称为放大倍数。一般来说，传感器的灵敏度越大越好，这样可以使传感器的输出信号精确度更高，线性程度更好。但是过高的灵敏度有时会导致传感器的输出稳定性下降，所以应根据机器人的要求选择大小适中的传感器灵敏度。

2. 线性度

线性度反映传感器输出信号与输入信号之间的线性程度。假设传感器的输出信号为 y，输入信号为 x，则输出信号 y 与输入信号 x 之间的线性关系可表示为

$$y = kx \tag{1-2-2}$$

若 k 为常数，或者近似为常数，则传感器的线性度较高；若 k 是一个变化较大的量，则传感器的线性度较低。机器人控制系统应该选用线性度较高的传感器。实际上，只有在少数情况下，传感器的输出和输入才呈线性关系。在大多数情况下，k 为 x 的函数，即

$$k = f(x) = a_0 + a_1x_1 + a_2x_2 + \cdots + a_nx_n \tag{1-2-3}$$

如果传感器的输入量变化不太大，且 $a_1, a_2, \cdots, a_n$ 都远小于 a_0，那么可取 $k=a_0$，近似地把传感器的输出和输入看成线性关系。常用的线性化方法有割线法、最小二乘法和最小误差法等。

3. 测量范围

测量范围是指被测量的最大允许值和最小允许值之差。一般要求传感器的测量范围必须覆盖机器人有关被测量的工作范围。如果无法达到这一要求，可以设法选用某种转换装置，但这样会引入某种误差，使传感器的测量精度受到一定的影响。

4. 精度

精度是指传感器的测量输出值与实际被测量值之间的误差。在机器人系统设计中，应该根据系统的工作精度要求来选择合适的传感器精度。应该注意传感器精度的使用条件和测量方法。使用条件包括机器人所有可能的工作条件，如不同的温度、湿度、运动速度、加速度，以及在可能范围内的各种负载作用等。用于检测传感器精度的测量仪器必须具有比传感器高一级的精度，进行精度测试时也需要考虑最坏的工作条件。

5. 重复性

在相同测量条件下，对同一被测量进行连续多次测量所得结果之间的一致性称为重复性。若一致性好，传感器的测量误差就小，重复性就好。对于多数传感器来说，重复性指标都优于精度指标，这些传感器的精度不一定很高，但只要温度、湿度、受力条件和其他参数不变，传感器的测量结果也不会有较大变化。同样，对于传感器的重复性也应考虑使用条件和测试方法的问题。对于示教再现型机器人，传感器的重复性至关重要，它直接关系到机器人能否准确再现示教轨迹。

6. 分辨率

分辨率是指传感器在整个测量范围内所能识别的被测量的最小变化量，或者所能辨别的不同被测量的个数。传感器能够辨别的被测量最小变化量越小，或者能够辨别的被测量个数越多，则分辨率越高；反之，则分辨率越低。例如电流传感器，它的分辨率假如是 5 mA，也就是说小于 5 mA 的电流差异，它没法检测出。当然越高分辨率的传感器价格就越贵。无论是示教再现型机器人，还是智能机器人，都对传感器的分辨率有一定的要求。传感器的分辨率直接影响机器人的可控程度和控制品质。一般需要根据机器人的工作任务规定传感器分辨率的最低限度要求。

7. 响应时间

响应时间是指传感器的输入信号变化后，其输出信号随之变化并达到一个稳定值所需要的时间，是传感器的动态性能指标。在某些传感器中，输出信号在达到某一稳定值以前会发生短时间的振荡。传感器输出信号的振荡对于机器人控制系统来说非常不利，它有时可能会造成一个虚设位置，影响机器人的控制精度和工作精度，所以传感器的响应时间越短越好。响应时间的计算应当以输入信号起始变化的时刻为始点，以输出信号达到稳定值的时刻为终点。实际上，还需要规定一个稳定值范围，只要输出信号的变化不再超出此范围，即可认为它已经达到了稳定值。对于具体系统设计，还应规定响应时间容许上限。

8. 抗干扰能力

机器人的工作环境是多种多样的，在有些情况下可能相当恶劣，因此对于机器人传感器必须考虑其抗干扰能力。由于传感器输出信号的稳定性是控制系统稳定工作的前提，是防止机器人系统意外动作或发生故障的保障，设计传感器系统时必须采用可靠性设计技术。通常抗干扰能力是通过单位时间内发生故障的概率来定义的，因此它是一个统计指标。

9. 采样频率

采样频率是指传感器的采样速度，它决定了测量数据的更新频率。例如一个超声波传感器的采样速度为 20 Hz，也就是说每秒能扫描 20 次。采样频率反映了该传感器的快速反应能力，是动态特性指标中最重要的一个。对于被测量快速变化的场合，采样频率是必须要充分考虑的技术指标之一。依据香农采样定理(Shannon's Sampling Theorem)，传感器的采样频率应不低于被测量变化频率的 2 倍。随着采用频率的不同，传感器的精度指标也相应有所变化。一般而言，采样频率越高，测量精度越低。因此，在传感器选型时必须兼顾精度与速度两个指标。

2.3　工业机器人内部传感器

内部传感器是用来测量机器人自身状态参数的功能元件。该类传感器以其自己的坐标系统确定其位置，安装在机器人自身中用来感知它自己的状态，以调整并控制机器人的行动。

常见的机器人内部传感器包括位移(位置)传感器、姿态传感器、速度和加速度传感器等。

1. 位移(位置)传感器

位置传感器可用于测量机电一体化执行机构中的机械运动和位移，并将其转换为电信号。而工业机器人也属于机电一体化执行机构的一类，通常需要使用位置传感器检测其位置和位移信号。位置传感器可用来检测位置，以反映某种状态的开关，还可检测线位移、角位移等。

工业机器人关节的位置控制是机器人最基本的控制要求，而对位置和位移的检测也是机器人最基本的感觉要求。机器人的位置传感器主要用于测量机器人自身位置。常见的机器人位置传感器包括电阻式位置传感器、电容式位置传感器、电感式位置传感器、光电式位置传感器、霍尔元件位置传感器、电位计式位移传感器和磁栅式位移传感器等。

2. 姿态传感器

姿态传感器是用来检测机器人与地面相对关系的传感器，当机器人被限制在工厂的地面时，没有必要安装这种传感器，如大部分工业机器人。但是当机器人脱离了这个限制，并且能够进行自由的移动，如移动机器人，安装姿态传感器就成为必要。

最简单的姿态传感器是感知倾倒状态的水银开关。典型的姿态传感器是陀螺仪，其原理是：一个旋转物体的旋转轴所指的方向在不受外力影响时，是不会改变的。姿态传感器设置在机器人的躯干部分，它用来检测移动中的姿态和方位变化，保持机器人的正确姿态，并且实现指令要求的方位。

3. 速度和加速度传感器

速度传感器有测量平移和旋转运动速度两种，但大多数情况下，只限于测量旋转速度。利用位移的导数，特别是利用光电方法让光照射旋转圆盘，检测出旋转频率和脉冲数目，以求出旋转角度以及利用圆盘制成缝隙，通过两个光电二极管辨别出角速度，即转速，这就是光电脉冲式转速传感器。

加速度传感器是一种测量加速度和倾斜度的装置。使用加速度计测量动态力会传输给工业机器人从而控制其移动的速度。加速度传感器可以帮助机器人了解它身处的环境：是在爬山，还是在走下坡，摔倒了没有？对于飞行类的机器人来说，控制姿态也是至关重要的。

2.4 工业机器人外部传感器

外部传感器可检测机器人所处环境、外部物体状态或机器人与外部物体(即工作对象)之间的关系,以及距离、接近程度和接触程度等变量,用于机器人的动作引导及物体的识别与处理。常见的外部传感器有视觉传感器、触觉传感器、接近传感器等,在机器人上安装了这些传感器,给机器人增加了自动检测的能力,大大改善了机器人的工作状况,使其能够更好地完成复杂的工作。

1. 视觉传感器

视觉传感器是将景物的光信号转换成电信号的器件,主要是指利用照相机对目标图像信息进行收集与处理,然后计算出目标图像的特征,如位置、数量、形状等,并将数据和判断结果输出到传感器中。大多数机器视觉系统都不必通过胶卷等媒介物,而是直接把景物摄入。

视觉传感器(图 1-2-1)的主要组成有照相机、图像传感器等。其中,图像传感器主要有电荷耦合器件(CCD)和互补金属氧化物半导体(CMOS)两种。CCD 成像品质较高,且具有一维图像摄成的线阵 CCD 和二维平面图像摄成的面阵 CCD,目前二维线性传感器的分辨率达到6 000 像素以上。与普通光电式传感器相比,视觉传感器具有灵活性更高、检验范围更大、体积小和重量轻等优点,在工业中的应用越来越广泛。

图 1-2-1 视觉传感器

由视觉传感器得到的电信号,经 A/D 转换器转换成数字信号,称为数字图像。一个画面一般可分成 256 像素×256 像素、512 像素×512 像素或 1 024 像素×1 024 像素,像素的灰度可用 4 位或 8 位二进制数来表示。一般情况下,这么大的信息量对机器人系统来说是足够的。对于要求比较高的场合,还可使用彩色摄像系统或在黑白摄像管前面加上红、绿、蓝等滤光器的方法得到颜色信息和较好的反差。

2. 触觉传感器

工业机器人的触觉功能是感受接触、冲击、压迫等机械刺激,可以用在抓取时感知物体的形状、软硬等物理性质。一般把感知与外部直接接触而产生的力觉、接触觉、压觉及滑觉等传感器统称为触觉传感器,通过触觉传感器与被识别物体相接触或相互作用来完成对物体表面特征和物理性能的感知。为使机器人准确地完成工作,需时刻检测机器人与对象物体的配合关系。机器人触觉可分成力觉、接触觉、压觉、滑觉等。下面分别介绍常见的 4 种触觉传感器。

(1)力传感器 机器人作业是一个机器人与周围环境的交互过程。作业过程有两类:一类是非接触式的,如弧焊、喷涂等,基本不涉及力;另一类工作则是通过接触才能完成的,如拧螺钉、点焊、装配、抛光、加工等。目前,已有将视觉和力传感器用于非事先定位的轴孔装配,其中视觉完成大致的定位,装配过程靠孔的倒角作用不断产生的力反馈得以顺利完成。例如高楼清洁机器人,当它擦干净玻璃时,显然用力不能太大也不能太小,即要求机器人作业时具有力控制功能。当然,对于机器人的力传感器(图 1-2-2),不仅仅是上面描述的对机器人末端执行器与环境作用过程中产

图 1-2-2 力传感器

生的力进行测量，还包括机器人自身运动控制过程中的力反馈测量、机械手爪抓握物体时的握力测量等。

力觉是指对机器人的指、肢和关节等运动中所受力的感知，用于感知夹持物体的状态，校正由手臂变形引起的运动误差，保护机器人及零件不会受损。力和力矩传感器用来检测设备的内部力或与外界环境的相互作用力，力不是可直接测量的物理量，而是通过其他物理量间接测量出来的。

力传感器对装配机器人具有重要意义，通常将机器人的力传感器分为关节力传感器、腕力传感器、指力传感器 3 类。

①关节力传感器。关节力传感器安装在关节驱动器上，它测量驱动器本身的输出力和力矩，用于控制过程的力反馈。这种传感器信息量单一，结构比较简单，是一种专用的力传感器。

②腕力传感器。腕力传感器安装在末端执行器和机器人最后一个关节之间，它能直接测出作用在末端执行器上的各向力和力矩。从结构上来说，这是一种相对复杂的传感器，它能获得手爪三个方向的受力（力矩），信息量较大。由于其安装部位在末端执行器和机器人手臂之间，比较容易形成通用化的产品系列。

③指力传感器。指力传感器安装在机器人手指关节上（或指上），用来测量夹持物体时的受力情况。指力传感器一般测量范围较小，同时受手爪尺寸和重量的限制，在结构上要求小巧，也是一种较专用的力传感器。安装在末端执行器上的力传感器，可用于防止作业中的碰撞，机器人如果感知到压力，将发送信号，限制或停止机器人的运动。

（2）接触觉传感器　接触觉传感器安装在工业机器人的运动部件或末端执行器上，用于判断机器人部件是否与对象物体发生接触，以保证机器人运动的正确性，实现合理把握运动方向或防止发生碰撞等。接触觉传感器的输出信号通常是“0”或“1”，最经济实用的形式是各种微动开关。常用的微动开关由滑柱、弹簧、基板和引线构成，具有性能可靠、成本低、使用方便等特点。

接触觉传感器可以提供的物体信息如图 1-2-3 所示。当接触觉传感器与物体接触时，依据物体的形状和尺寸，不同的接触觉传感器将以不同的次序对接触做出不同的反应。控制器就利用这些信息来确定物体的大小和形状。图 1-2-3 中给出了 3 个分别接触长方体、圆柱体和不规则形状物体的简单例子。每个物体都会使接触觉传感器产生一组唯一的特征信号，由此可确定接触的物体。

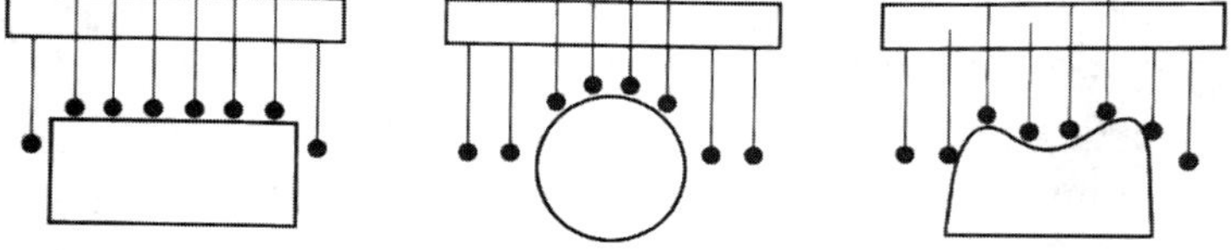

图 1-2-3　接触觉传感器提供的物体信息

常见的接触觉传感器有如下 3 类。

①单向微动开关。当规定的位移或力作用到可动部分（称为执行器）时，开关的触点断开或接通而发出相应的信号。

②接近开关。非接触式接近传感器有高频振荡式、磁感应式、电容感应式、超声波式、气动式、光电式、光纤式等多种接近开关。

③光电开关。由 LED 光源和光敏二极管或光电晶体管等光敏元件相隔一定距离构成的

透光式开关。当充当基准位置的遮光片通过光源和光敏元件间的缝隙时，光射不到光敏元件上，光路被切断，从而起到开关的作用。光电开关的特点是非接触检测，精度较高。

(3)压力传感器　压觉是指用手指把持物体时感受到的压力感觉。压力传感器是接触觉传感器的延伸，机器人的压力传感器安装在手爪上面，可以在把持物体时检测到物体与手爪间产生的压力及其分布情况。压力传感器的原始输出信号是模拟量。压力传感器类型很多，如压阻型、光电型、压电型、压敏型和压磁型等，其中常用的为压电传感器。压电元件是指某种物质上如施加压力就会产生电信号(即产生压电现象)的元件。压电现象的工作机理是在显示压电效果的物质上施力时，由于物质被压缩而产生极化作用(与压缩量成比例)，如在两端接上外部电路，电流就会流过，所以通过检测这个电流就可构成压力传感器。农业上的采摘机器人就是利用压力传感器用于感知机械手的夹持力，以避免机械手对采摘的蔬果造成伤害。

(4)滑觉传感器　机器人在抓取未知属性的物体时，其自身应能确定最佳握紧力的给定值。当握紧力不够时，需要检测被握紧物体的滑动，利用该检测信号，在不损害物体的前提下，考虑最可靠的夹持方法，实现此功能的传感器称为滑觉传感器。滑觉传感器主要用于检测物体接触面之间相对运动的大小和方向，判断是否握住物体及应该用多大的夹紧力等。机器人的握力应满足既不使物体产生滑动而握力又为最小的临界握力，如果能在刚开始滑动之后便立即检测出物体和手指间产生的相对位移，随即增加握力就能使滑动迅速停止，那么就可以用最小的临界握力抓住该物体。

3.接近传感器

接近传感器是指机器人手接近对象物体的距离在几毫米到十几厘米时，就能检测与对象物体的表面距离、斜度和表面状态的传感器。接近传感器采用非接触式测量元件，一般安装在工业机器人的末端执行器上。其至少有两方面的作用：一是在接触到对象物体之前事先获得位置、形状等信息，为后续操作做好准备；二是提前发现障碍物，对机器人运动路径提前规划，以免发生碰撞。常见的接近传感器可分为电磁式(感应电流式)、光电式(反射或透射式)、电容式、气压式和超声波式等。

(1)电磁式接近传感器　电磁式接近传感器(图1-2-4)在线圈中通入高频电流，就产生磁场，这个磁场接近金属物体时，会在金属物体中产生感应电流(即涡流)，涡流大小随对象物体表面的距离而变化，该涡流变化反作用于线圈，通过检测线圈的输出可反映出传感器与被接近金属间的距离。工业机器人的工作对象大多是金属部件，因此电磁式接近传感器的应用较广，在焊接机器人中可用它来探测焊缝。

(2)光电式接近传感器　光电式接近传感器是把光信号(红外光、可见光及紫外光)转变成为电信号的器件。它可用于检测直接引起光量变化的非电量，如发光强度、光照度、辐射测温、气体成分分析等，也可用来检测能转换成光量变化的其他非电量，如零件直径、表面粗糙度、应变、位移、振动、速度、加速度，还可用于物体的形状、工作状态的识别等。光电式接近传感器由发射器和接收器两部分组成，发射器可设置在内部，也可设置在外部，接收器能够感知光线的有无。发射器及接收器的配置准则是：发射器发出的光只有在物体接近时才能被接收器接收，除非能反射光的物体处在传感器作用范围内，否则接收器就接收不到光线，也就不能产生信号。如图1-2-5所示为光电式接近传感器。这种传感器具有非接触性、响应快速、维修方便、测量精度高等特点，目前应用较多，但其信号处理较复杂，使用环境也受到限制。

图 1-2-4　电磁式接近传感器

图 1-2-5　光电式接近传感器

(3)电容式接近传感器　电容式接近传感器可检测任何固体和液体材料，外界物体靠近时这种传感器会引起电容量的变化，由此反映距离信息。如图 1-2-6 所示，电容式接近传感器本身作为一个极板，被接近物作为另一个极板，将该电容接入电桥电路或 RC 振荡电路，利用电容极板距离的变化引起电容量的变化，可检测出与被接近物的距离。电容式接近传感器对物体的颜色、构造和表面都不敏感且实时性好。

(4)气压式接近传感器　由气压式接近传感器中一根细的喷嘴喷出气流，如果喷嘴靠近物体，则内部压力发生变化，这一变化可用压力计测量出来。只要物体存在，通过检测反作用力的方法可以检测气体喷流时的压力大小。在该机构中，气源送出一定压力 p 的气流，离物体的距离 x 越小，气流喷出的面积越窄小，气缸内的压力 p 则增大。如果事先求出距离和压力的关系，即可根据压力 p 测定距离。它可用于检测非金属物体，适用于测量微小间隙。

(5)超声波接近传感器　超声波是指频率在 20 kHz 以上的电磁波，超声波的方向性较好，可定向传播。超声波接近传感器(图 1-2-7)适用于较远距离和较大物体的测量，与感应式和光电式接近传感器不同，这种传感器对物体材料和表面的依赖性较低，在机器人导航和避障中应用十分广泛。

图 1-2-6　电容式接近传感器

图 1-2-7　超声波接近传感器

4. 距离传感器

距离传感器根据其工作原理的不同可分为超声波距离传感器、激光距离传感器、红外距离传感器等多种。

(1)超声波距离传感器　超声波是由机械振动产生的，可以在不同的介质中以不同的速度传播，其频率高于 20 kHz。超声波指向性强、能量消耗缓慢且在介质中传播的距离较远，因而超声波经常用于距离的测量，如测距仪和物位测量仪等都可以通过超声波来实现。利用超声波检测具有检测迅速、设计方便、计算简单、易于实时控制、测量精度较高的特点，因此在移动机器人的研制上得到了广泛的应用。

超声波距离传感器是由发射器和接收器构成的，几乎所有超声波距离传感器的发射器和接收器都是利用压电效应制成的。

(2)激光距离传感器　激光距离传感器是利用激光二极管对准被测目标发射激光脉冲，经被测目标反射后向各方向散射，部分散射光返回传感器接收器，被光学系统接收后成像到雪崩光电二极管上。雪崩光电二极管是一种内部具有放大功能的光学传感器，因此它能检测极其微弱的光信号。记录并处理从光脉冲发出到返回被接收所经历的时间，即可测出目标距离。

(3)红外距离传感器　红外距离传感器是用红外线作为测量介质的测量系统，主要功能包括辐射计、搜索和跟踪系统、热成像系统、红外测距和通信系统、混合系统 5 类。辐射计用于辐射和光谱测量；搜索和跟踪系统用于搜索和跟踪红外目标，确定其空间位置并对它的运动进行跟踪；热成像系统可产生整个目标红外辐射的分布图像；红外测距和通信系统就是传感器发射出一束红外光，照射到物体后形成一个反射的过程，反射到传感器后接收信号；混合系统是指以上各类系统中的两个或者多个的组合。

红外距离传感器的原理基于红外光，采用直接延迟时间测量法、间接幅值调制法和三角测距法等方法测量到物体的距离。红外距离传感器具有一对红外信号发射与接收二极管，利用红外距离传感器发射出一束红外光，在照射到物体后形成一个反射的过程，反射到传感器后接收信号，然后利用处理发射与接收的时间差数据，经信号处理器处理后计算出物体的距离。它不仅可以用于自然表面，也可以加反射板，测量距离远，具有很高的频率响应，能适应恶劣的工业环境。当作为红外式接近传感器使用时，其特点在于发送器与接收器尺寸都很小，可以方便地安装于机器人的末端执行器，容易检测出工作空间内某物体存在与否，但作为距离的测量仪器仍有很复杂的问题。

5.其他传感器

(1)听觉传感器　听觉传感器也是机器人的重要感觉器官之一。由于计算机技术及语音学的发展，现在已经实现用听觉传感器代替人耳，通过语音处理及识别技术来识别讲话人，还能正确理解一些简单的语句。人用语言指挥机器人，比用键盘指挥机器人更方便。机器人对人发出的各种声音进行检测，执行向其发出的命令，如果是在危险时发出的声音，机器人还必须对此产生回避的行动。听觉传感器实际上就是传声器。过去使用的基于各种各样原理的传声器，现在则已经变成了小型、廉价且具有高性能的驻极体电容传声器。

在听觉系统中，最重要的是语音识别。在识别输入语音时，可以分为特定人的语音识别及非特定人的语音识别，而特定人说话方式的识别率比较高。为了便于存储标准语音波形及选配语音波形，需要对输入的语音波形频带进行适当的分割，将每个采样周期内各频带的语音特征能量抽取出来。在工业环境中，机器人能感觉某些声音是有用的，有些声音(如爆炸)可能意味着危险，另一些声音(如叫声)可能用作命令。声音识别系统已越来越多地获得应用。

(2)味觉传感器　味觉是指酸、甜、苦、咸、鲜等人类味觉器官的感觉。酸味是由氢离子引起的，如盐酸、柠檬酸；甜味主要是由蔗糖、葡萄糖等引起的；苦味是由奎宁、咖啡因等引起的；咸味主要是由氯化钠引起的；鲜味是由海藻中的谷氨酸钠、新鲜肉类和海鲜中的肌苷酸二钠、蘑菇中的鸟苷酸二钠等引起的。

在人类的味觉系统中，舌头表面味蕾上味觉细胞的生物膜可以感受味道。味觉物质被转换为电信号，经神经纤维传至大脑。味觉传感器与传统的只检测某种特殊的化学物质的化学传感器不同。目前，某些传感器可以实现对味觉的敏感，如 pH 计可以用于酸度检测，导电计可用于碱度检测，比重计或屈光度计可用于甜度检测等，但这些传感器只能检测味觉溶液的某些物理、化学特性，并不能模拟实际的生物味觉敏感功能，测量的物理值要受到非味觉物质的影响。此外，这些物理特性还不能反映各味觉之间的关系(如抑制效应等)。

实现味觉传感器的一种有效方法是使用类似于生物系统的材料作为传感器的敏感膜，电子舌用类脂膜作为味觉传感器，它能够以类似人的味觉感受方式检测味觉物质。从不同的机理看，味觉传感器采用的技术原理大致分为多通道类脂膜技术、基于表面等离子体共振技术、表面光伏电压技术等。味觉识别模式已由最初的神经网络模式发展到混沌识别。混沌是一种遵循一定非线性规律的随机运动，它对初始条件敏感，混沌识别具有很高的灵敏度，因此应用越来越广。目前，较典型的电子舌系统有新型味觉传感器芯片和 SH-SAW 味觉传感器。

(3)嗅觉传感器　对于人类而言，不需要任何其他器官，凭嗅觉就能区分许多物体和现象。嗅觉在帮助人们辨识那些看不见或者隐藏的东西，如气体。嗅觉传感器主要用于检测空气中的化学成分、浓度等，主要采用气体传感器及射线传感器等。目前，主要采用 3 种方法实现机器人的嗅觉功能：①在机器人上安装单个或者多个气体传感器，再配置相应处理电路实现嗅觉功能；②研究者自行研制简易的嗅觉装置；③采用商业的电子鼻产品。

(4)温度传感器　温度传感器有接触式和非接触式两种，均可用于工业机器人。当机器人自主运行时，或工作场合需要准确测量温度信号时，可采用温度传感器进行温度检测。两种常用的温度传感器为热敏电阻和热电偶，这两种传感器必须和被测物体保持实际接触才能工作。热敏电阻的阻值与温度成正比，热电偶能够产生一个与温度差成正比的小电压。

(5)触须传感器　触须传感器由须状触头及其检测部分构成，触头由具有一定长度的柔性软条丝构成，它与物体接触所产生的弯曲由在根部的检测单元检测。与昆虫触角的功能一样，触须传感器的功能是识别接近的物体，用于确认所设定动作的结束，以及根据接触发出回避动作的指令或搜索对象物体的存在。

思考题

1. 简述传感器的分类方法。
2. 传感器的性能指标有哪些?
3. 工业机器人的内部传感器有哪些?请举例说明它们的实际应用。
4. 工业机器人的外部传感器有哪些?请举例说明它们的实际应用。

第3章　ABB工业机器人的基础操作

3.1　工业机器人开关机及安全注意事项

3.1.1　工业机器人开关机

1. 开机前的检查

(1)检查机器人本体和末端执行器的机械安装已经完成;机器人本体、末端执行器、控制柜以及示教器之间的电力电缆、信号电缆、气路连接已经完成。

(2)检查机器人系统的安全保护机制建立完善,所需的安全保护电路已经正确连接。

(3)检查机器人系统上级电源的安全保护电路已经完成施工接线,电压保护、过载保护、短路保护及漏电保护等功能正常。

2. 开机操作注意事项

先检查后开机是机器人系统首次开机的标准操作流程。日常开机可直接切换电源开关启动;按照先急停、后启动的顺序来启动整个机器人系统,能够最大限度地保护操作人员的安全。

3. 关机与重启操作

(1)关机操作　在示教器触摸屏上单击"≡∨",选中"重新启动",单击"高级",出现"高级重启"操作窗口,选中"关机"单击"确定",系统将自动保存当前程序及系统参数后关闭。

待系统关闭 30 s 后,将控制柜的总电源开关切换到"OFF"状态,即可关闭机器人系统的总电源。

(2)重启操作　在出现以下 4 种情况时,需要重新启动机器人系统:①在机器人系统中安装了 I/O 通信板等新的硬件;②更改了机器人系统的配置文件;③添加了新的系统并准备使用;④出现系统运行故障。

在示教器任意窗口界面下单击"≡∨",在弹出的操作窗口中直接选择"重新启动",并单击"重启"即可重启机器人系统;或通过选中示教器"重新启动"操作窗口中的"重启"选项,单击"下一个",然后单击"确定"也可重启机器人系统。

4. 急停与恢复的操作

(1)急停　机器人系统通常设有 2 个及以上的紧急停止按钮,系统标配有 2 个急停按钮分别位于控制柜和示教器上。在实际工作中,可以根据使用需要,将更多的保护功能按钮(如安全光幕门、极限位置开关等)接入机器人集成系统中,从而自动触发机器人系统安全停止或紧急停止。

当机器人本体有可能伤害到工作人员或机械设备时，应在第一时间按下最近的紧急停止按钮，机器人系统将自动断开驱动电源与本体电动机的连接，停止所有部件的运行。机器人系统紧急停止后，示教器的状态栏将以红色字体显示“紧急停止”。

(2)急停后的恢复操作　当危险状态已被排除，机器人系统重新恢复运行时，首先要将急停按钮解锁；解锁后，系统并没有完全恢复，示教器的状态栏将以红色字体显示“紧急停止后等待电机开启”。按下控制柜上的白色按钮(伺服上电/复位按钮)，机器人系统从紧急停止状态恢复正常操作状态。

3.1.2　安全注意事项

工业机器人是一种典型的机电一体化设备，它涉及机、电、气、液等较宽的知识面，因此，对从事工业机器人及机器人工作站操作与维护的工作人员也提出了更高要求，在操作时应注意以下安全事项。

(1)严格遵守机器人操作规程　机器人操作规程是保证操作人员安全的重要措施之一，使用者在初次操作机器人时，必须认真阅读设备使用说明书，严格按照操作规程正确操作。

(2)初次使用机器人要手动慢速操作　如果机器人在第一次使用或长期没有使用时，要先手动操作使其各轴慢速运动。如有需要，还要进行机器人机械原点校准。

(3)注意关闭总电源　在进行机器人的安装、维修和保养时切记要将总电源关闭。带电作业可能会造成机器人及设备损坏，甚至导致人员伤亡事故发生。

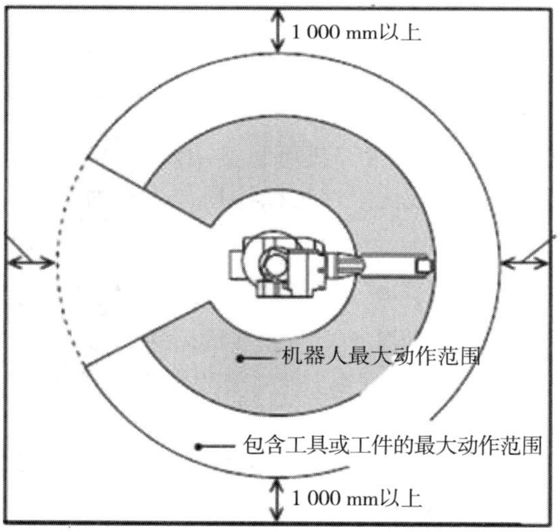

图 1-3-1　机器人安全作业区

(4)与机器人保持足够安全距离　在调试与运行机器人时，机器人的动作具有不可预测性，而且，所有的运动都会产生很大力量，从而严重伤害人员或损坏机器人工作范围内的任何设备。机器人安全作业区如图 1-3-1 所示。

(5)紧急停止　紧急停止优先于任何其他机器人控制操作，它会断开机器人电动机的驱动电源，停止所有运转部件，并切断由机器人系统控制的且存在潜在危险的功能部件的电源。出现以下情况时请立即按下任意紧急停止按钮：①运行中的机器人工作区域内有工作人员；②机器人伤害了工作人员或损伤了机器设备。

(6)示教器的安全　①使用示教器时要小心操作，不要摔打、抛掷或重击，否则可能会导致其破损或故障；②应用触摸笔或手指去操作示教器触摸屏，切勿使用螺钉旋具等锋利的物体操作，以免使触摸屏受损；③在不使用时要将示教器挂到专门存放支架上，以防意外掉落地上；④在使用和存放示教器时均应避免被人踩踏电缆；⑤要定期使用软布蘸少量水或中性清洁剂清洁触摸屏，切勿使用溶剂、洗涤剂或擦洗海绵清洁，清洁前一定要关闭示教器。

(7)工作中的安全　机器人最高运行速度可达 4 m/s，即使运动速度很慢，但运动力度却很大，机器人运动中的停顿或停止都可能会产生危险。即使可以预测运动轨迹，但外部信号有可能改变操作，会在没有任何警告的情况下，产生意想不到的运动。因此，当进入安全保护空间时，请务必遵循所有的安全条例，例如，只要在安全保护空间之内工作，就应始终以手动慢速模式进行操作。

3.2　示教器的使用

3.2.1　认识示教器

1. 示教器的结构组成

机器人示教器是一种手持式操作装置，用于执行与操作机器人系统的程序编写与调试、程序运行与监控，以及系统参数配置等任务。

示教器结构组成如图 1-3-2 所示，它主要包括使能器按钮、触摸屏、触摸笔、急停按钮、操纵杆和一些功能按钮等。各主要部件的功能说明见表 1-3-1。

二维码 3-1
机器人示教器的基本操作

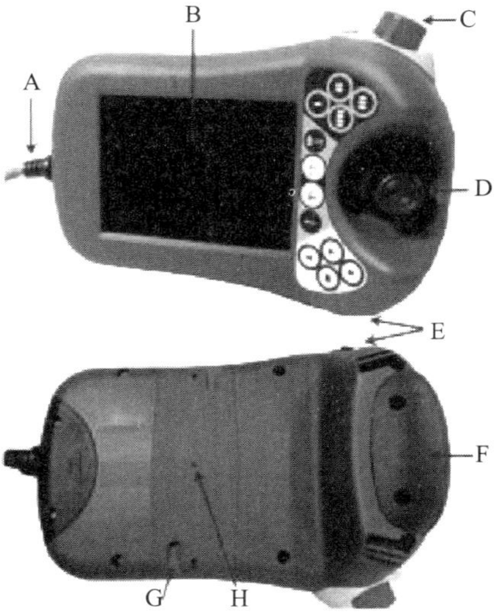

A. 连接线缆　B. 触摸屏　C. 急停按钮　D. 操纵杆　E. USB 接口　F. 使能器按钮　G. 触摸笔　H. 复位按钮

图 1-3-2　示教器结构示意图

表 1-3-1　示教器主要部件功能说明

部件名称	功能说明
连接线缆	与机器人控制柜连接
触摸屏	机器人程序的显示和机器人状态的显示
急停按钮	紧急情况下停止机器人
操纵杆	控制机器人的各种运动，如关节轴运动、直线运动等
USB 接口	将机器人程序拷贝到 U 盘或将 U 盘的程序拷贝到机器人
使能器按钮	给机器人的 6 个轴电机使能上电
触摸笔	用于操作触摸屏
复位按钮	将示教器重置为出厂状态

示教器各按键的功能说明见表 1-3-2。

表 1-3-2　示教器按键的功能说明

示教器的按键	标号	功能说明
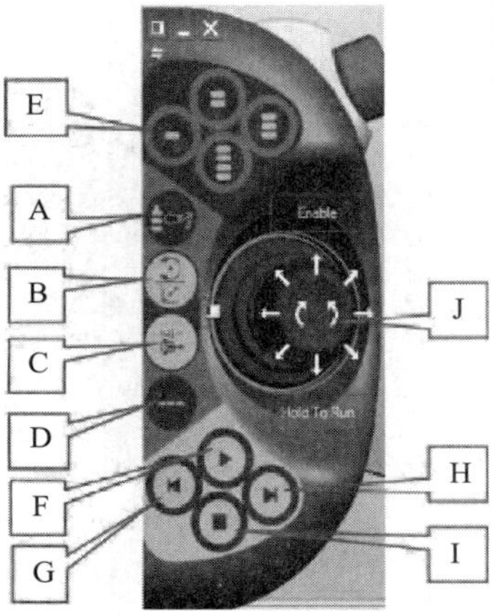	A	机械单元切换，如果有附加外部机械轴装置，可以进行机器人本体、附加轴之间的快速切换
	B	运动模式切换，机器人线性/重定位运动模式之间的快速切换
	C	关节运动模式切换，机器人关节运动 1～3 轴/4～6 轴之间的快速切换
	D	增量控制模式切换，开启或者关闭机器人增量运动模式，即增量有无的快速切换
	E	自定义键，又称预设按键。根据程序的需要进行定义信号开关状态（只能配置位输出量），便于程序进行调试
	F	运行启动按键，机器人正向运行整个程序
	G	后退按键，使程序逆向运动，程序运行到上一条指令
	H	前进按键，使程序正向运动，程序运行到下一条指令
	I	暂停按键，机器人暂停运行程序
	J	操纵杆，又称操作手柄。在电机开启状态下，控制机器人运动，其运动方式与触摸屏上手动操作界面一致

2. 示教器的手持方式

示教器应用左手臂托起扣紧使用，如图 1-3-3 所示。用左手手持，四指穿过张紧带，指头扣压使能器按钮，掌心与大拇指握紧示教器。

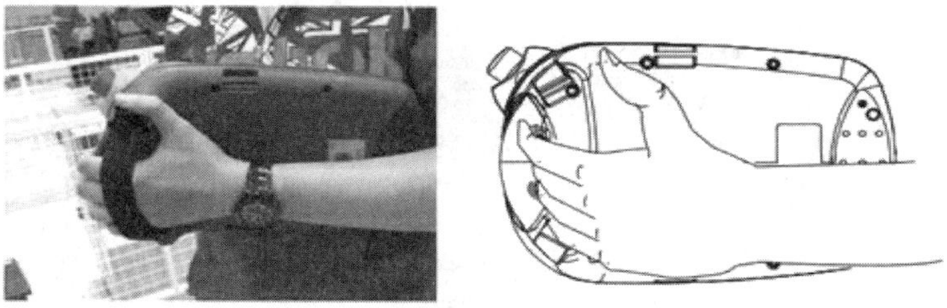

图 1-3-3　示教器的手持方式

操作机器人示教器时，一般用左手持设备，手指握住使能器按钮。使能器按钮有两个挡位，按下第一挡位，机器人将处于电机上电开启状态；松开或按下使能器第二挡位，电机均为断电关闭状态，即机器人处于防护装置停止状态。因此，操作示教器时，要注意使用适当的力度握住使能器按钮才能给机器人使能上电。

3.2.2　配置基本操作环境

示教器是进行机器人手动操纵、程序编写、参数配置及运行监控的手持装置，要实现其控制功能，必须合理配置示教器的基本操作环境。

1. 设定显示语言

示教器的默认显示语言是英文。当机器人系统中已经安装了中文时，可以通过相关操作把示教器显示语言设定为中文，更改语言属于系统配置修改。

2. 设定系统时间

正确的机器人系统时间能够为系统文件管理、故障查阅与处理提供时间基准，在系统启动后应尽快将机器人系统时间设定为本地时间。

3. 设置屏幕方向和亮度

示教器屏幕的默认显示方向适合于右手操作者，左手操作者使用示教器时需要将屏幕的显示方向旋转 180°。更改屏幕显示方向和修改屏幕亮度的具体操作将在本书第二篇中介绍。

3.2.3　查看机器人常用信息与事件日志

通过示教器画面上的状态栏可以进行机器人常用信息的查看。如图 1-3-4 所示为示教器开机后出现的画面，其中“≡∨”为菜单键，单击将显示主菜单画面。

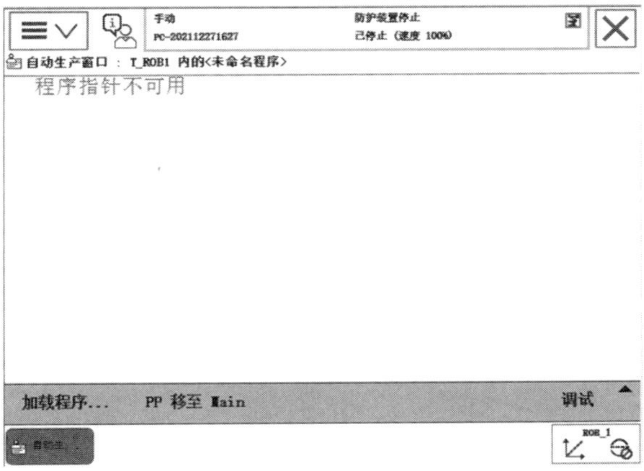

图 1-3-4　示教器开机画面

状态栏“”分别显示机器人的状态（自动、全速手动和手动）、机器人的系统信息、机器人电动机状态、机器人程序运行状态以及当前机器人或外轴的使用状态。图 1-3-4 所示状态为手动模式，防护装置停止，运行速度 100%。单击状态栏这个界面，就可以查看机器人的事件日志（包括历史报警信息等），如图 1-3-5 所示。

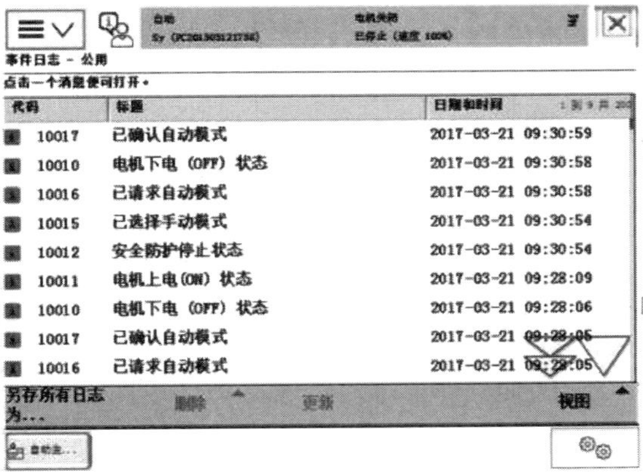

图 1-3-5　机器人事件日志画面

单击显示屏界面上的箭头可以进行翻看历史信息，单击单条代码，可查看该状态详细情况介绍；“”为窗口页面，“”为设置界面，主要程序调试运行时的一些设置，如速度百分比、单周/连续、步进模式等；单击“”，关闭当前显示的页面信息。

3.3 机器人的坐标系

坐标是指从一个称为原点的固定点通过轴定义平面或空间。机器人目标和位置通过沿坐标系轴的测量来定位。机器人使用若干坐标系，每一坐标系都适用于特定类型的微动控制或编程。

3.3.1 基坐标系

基坐标系在机器人基座中有相应的零点，这使固定安装的机器人的移动具有可预测性。在正常配置的机器人系统中，当操作者站在机器人的前方，将控制杆拉向自己一方时，机器人将沿 X 轴移动；向两侧移动控制杆时，机器人将沿 Y 轴移动；扭动控制杆，机器人将沿 Z 轴移动（图 1-3-6）。

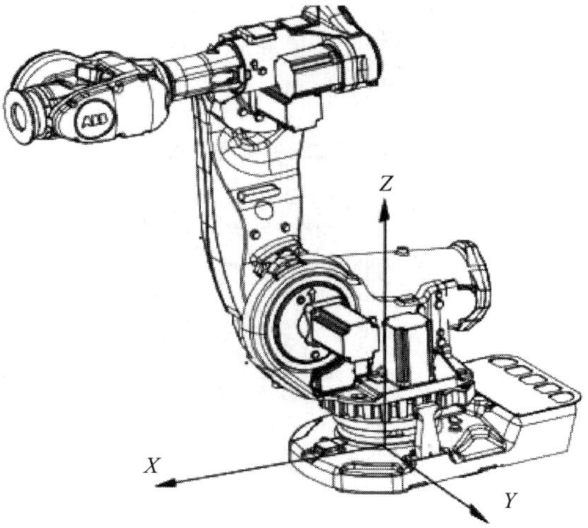

图 1-3-6 机器人基坐标系

3.3.2 大地坐标系

大地坐标系是指在机器人的工作区间，选择一个固定的点所创建的坐标系（图 1-3-7）。这有助于处理若干个机器人或由外轴移动的机器人。在默认情况下，大地坐标系与基坐标系是一致的。

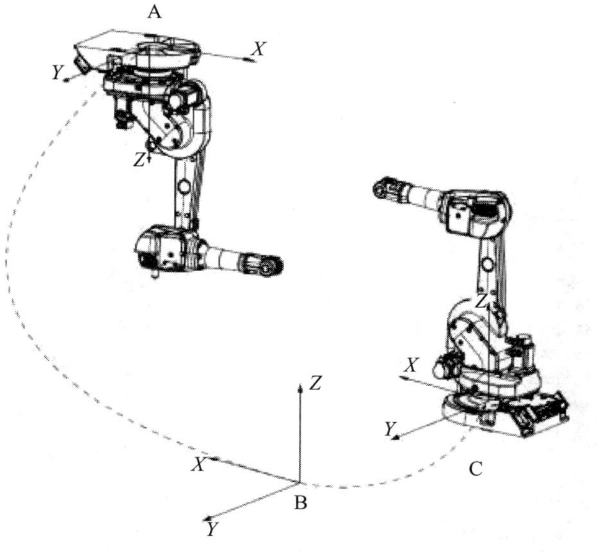

A. 机器人 1 的基坐标系 B. 大地坐标系 C. 机器人 2 的基坐标系

图 1-3-7 机器人大地坐标系

3.3.3　关节坐标系

关节坐标系的原点设置在机器人关节中心点处，反映了该关节处每个轴相对该关节坐标系原点位置的角度（图 1-3-8）。

3.3.4　工具坐标系

工具坐标系（Tool Center Point，TCP）将工具中心点设为原点，由此定义工具的位置和方向（图 1-3-9）。它的原点及坐标轴方向都是随着末端位置与角度不断变化的。执行程序时，机器人就是将 TCP 移至编程位置。这意味着，如果要更改工具（以及工具坐标系），机器人的移动将随之更改，以便新的 TCP 到达目标。

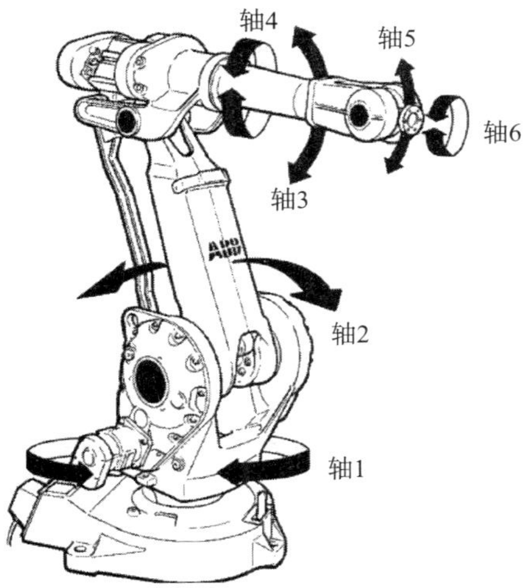

图 1-3-8　机器人关节坐标系

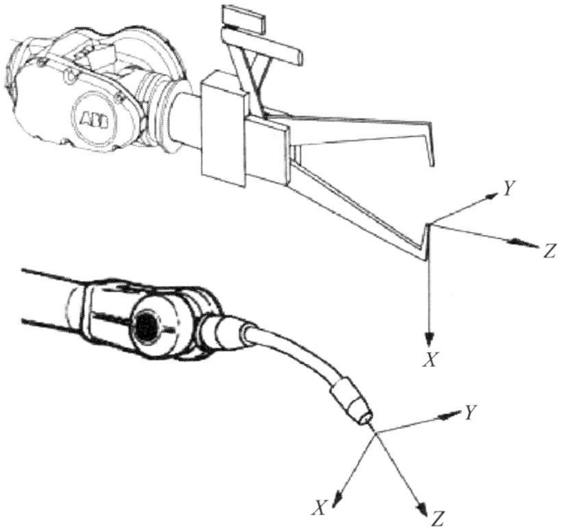

图 1-3-9　机器人工具坐标系

3.4　机器人的手动操纵

3.4.1　机器人数据备份与恢复

二维码 3-2
机器人系统的备份与恢复

定期对工业机器人的数据进行备份，是保证机器人正常工作的良好习惯。工业机器人数据备份的对象是所有正在系统内存运行的 RAPID 程序和系统参数。当机器人系统出现错乱或重新安装新系统后，可以通过备份快速地把机器人恢复到备份时的状态。

操作人员在对系统指令或参数做重大修改之前，或在重大修改已经做出并通过测试之后，都应该尽快备份系统。对于指令和参数的修改不满意或者程序系统已损坏的情形，则应该第一时间进行系统恢复。通过外部 USB 设备或系统自带的存储器单元可以进行系统的备份与恢复。

在进行数据恢复时，备份数据是具有唯一性的，不能将一台机器人的备份恢复到另一台机器人中去，这样做会造成系统故障。但是，实际应用中常会将程序和 I/O 的定义做成通用的，方便批量生产时使用。这时，可以通过分别单独导入程序和 EIO 文件(系统参数配置文件)来解决实际的需要。

1. 数据备份

机器人数据备份操作的步骤及说明见表 1-3-3。

表 1-3-3　机器人数据备份操作(系统备份操作)

步骤	图示	说明
1	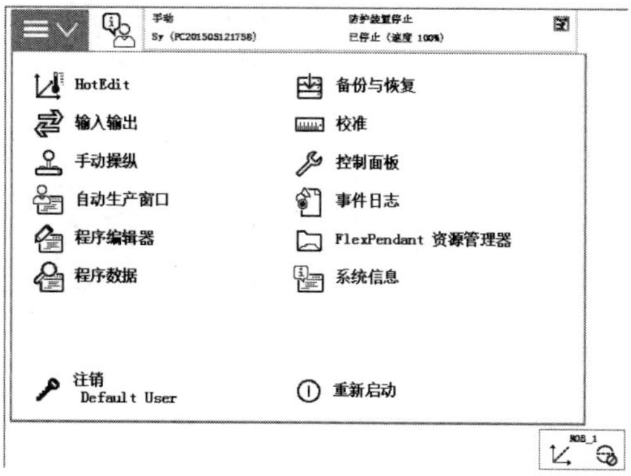	在主菜单界面下，单击“备份与恢复”
2	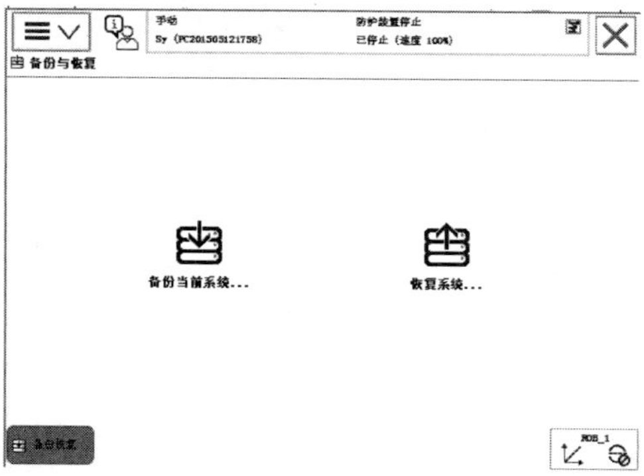	单击“备份当前系统...”
3		单击“ABC...”按钮，设定存放备份数据的目录；单击“...”，选择备份存放的位置；单击“备份”进行备份操作

续表 1-3-3

步骤	图示	说明
4	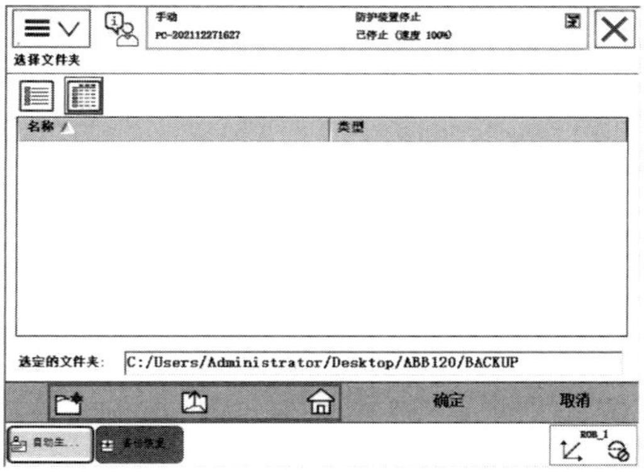	备份路径(选择文件夹)界面中,方框中从左至右分别为新建文件夹、返回上一级菜单、系统主页,一般用得比较多的是返回上一级菜单

2. 数据恢复

机器人数据恢复操作的步骤及说明见表 1-3-4。

表 1-3-4 机器人数据恢复操作(系统恢复操作)

步骤	图示	说明
1		在主菜单界面下,单击"备份与恢复"按钮
2		单击"恢复系统…"按钮

续表 1-3-4

步骤	图示	说明
3	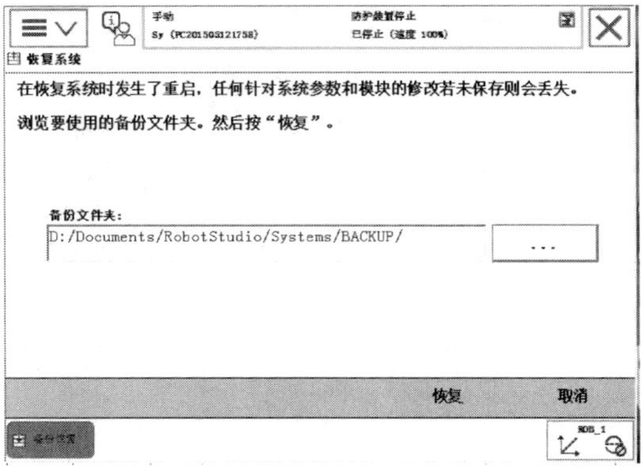	单击“…”按钮，选择备份存放的目录，单击“恢复”按钮
4		单击“是”，进行数据恢复
5		恢复系统过程中，控制器会自动重启

3. 单独导入程序

单独导入程序模块操作的步骤及说明见表 1-3-5。

表 1-3-5　单独导入程序模块操作

步骤	图示	说明
1		在主菜单界面下，单击“程序编辑器”
2		单击“模块”
3	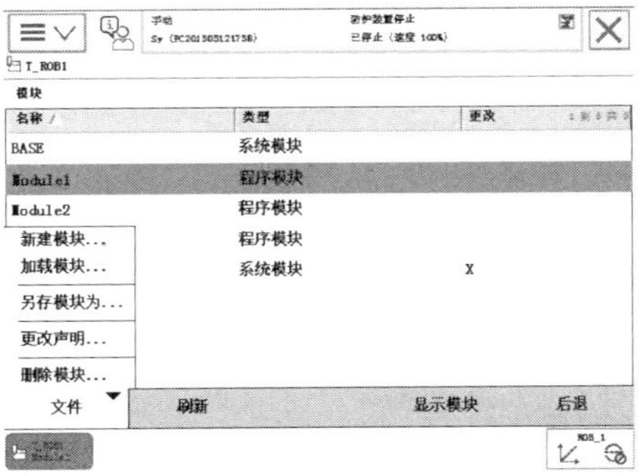	打开“文件”菜单，单击“加载模块…”，从备份目录\RAPID 下加载所需要的程序模块
4	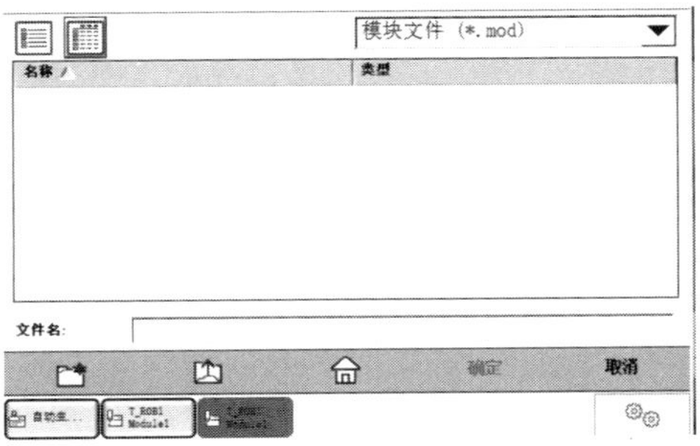	通过相应的操作，找到所需加载程序的位置

续表 1-3-5

步骤	图示	说明
5	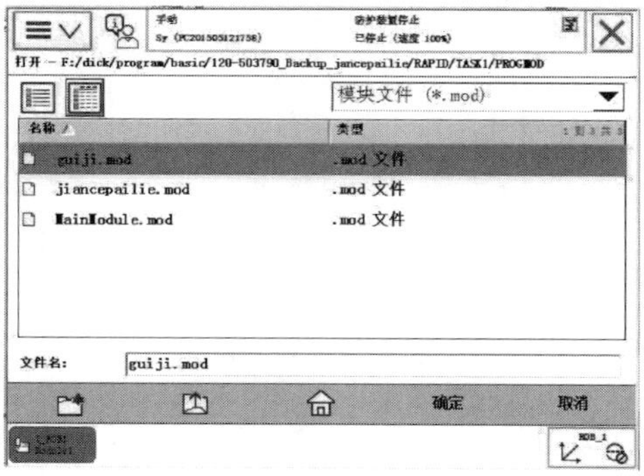	选中所要加载的模块,单击“确定”
6	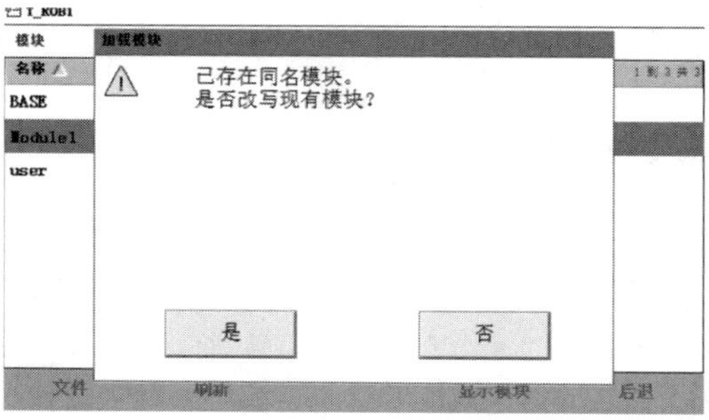	如果和系统里的模块名字相同,则会询问是否改写现有模块;如果没有同名模块存在,则直接加载
7	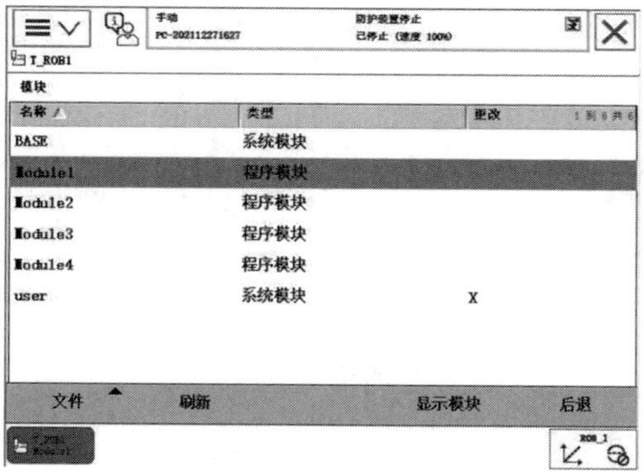	程序模块加载完成

4. 单独导入 EIO 文件

单独导入 EIO 文件操作的步骤及说明见表 1-3-6。

表 1-3-6　单独导入 EIO 文件操作

步骤	图示	说明
1		在主菜单界面下，单击“控制面板”
2	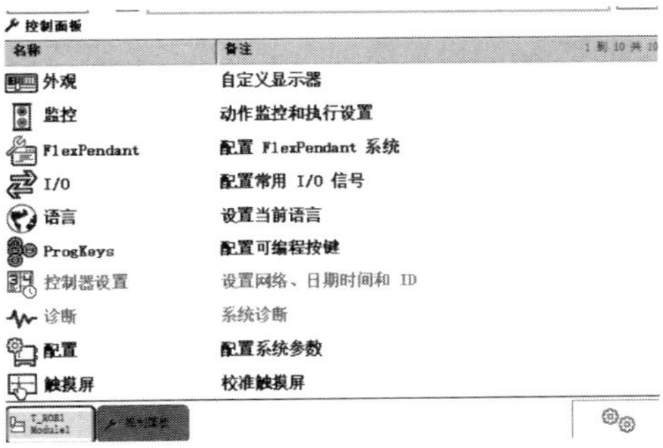	单击“配置”
3	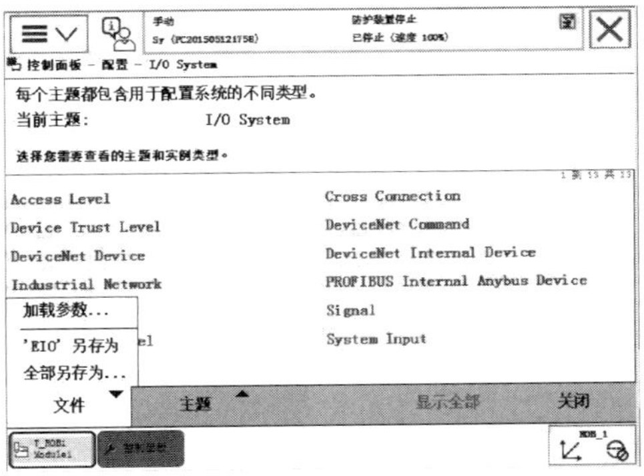	打开“文件”菜单，单击“加载参数…”
4	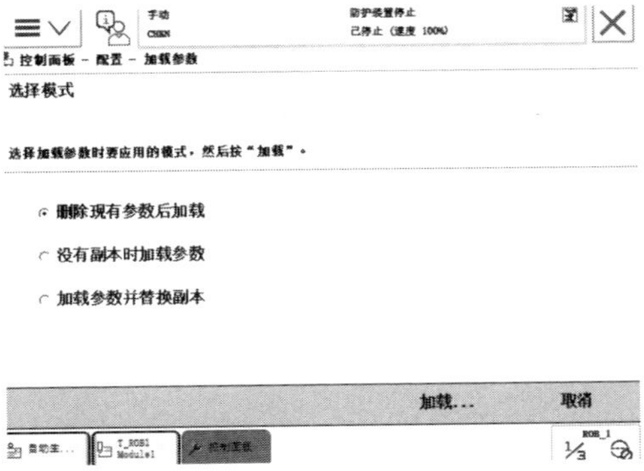	选中“删除现有参数后加载”，单击“加载…”

续表 1-3-6

步骤	图示	说明
5	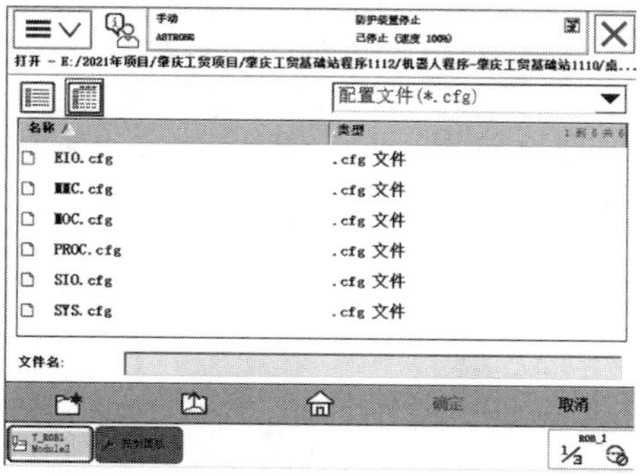	在备份目录\SYSPAR 下找到 EIO. cfg 文件，然后单击“确定”
6	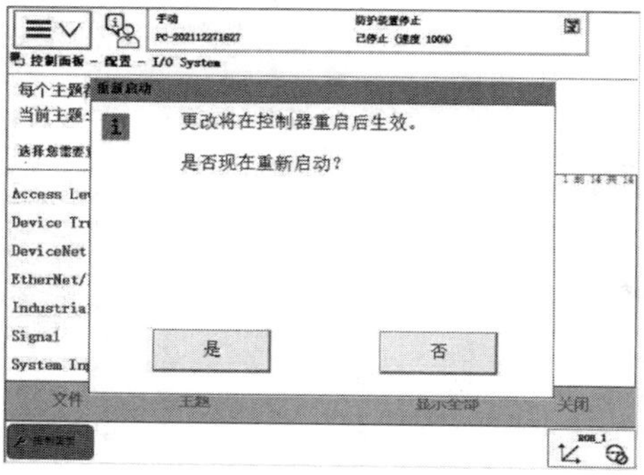	单击“是”，重启后完成信号导入

3.4.2 单轴运动的手动操纵

单轴运动，又称关节运动，是指单独控制机器人某一个关节轴运动。一般工业机器人有 6 个伺服电机，分别驱动机器人的 6 个关节轴，如图 1-3-10 所示。那么，每次手动操纵一个关节轴的运动，就称之为单轴运动。

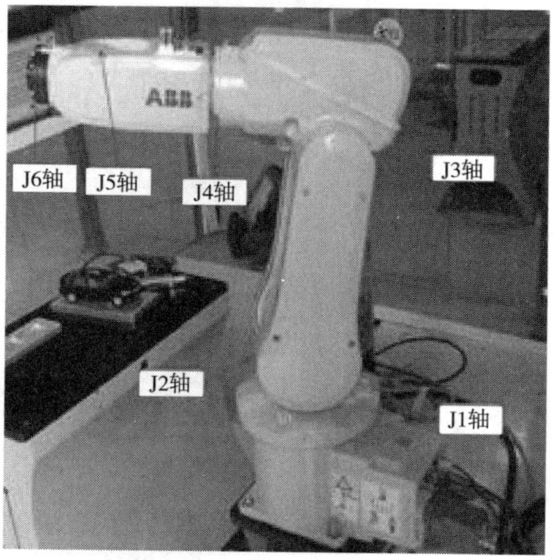

图 1-3-10 ABB 机器人 6 个关节轴

二维码 3-3 机器人手动操纵——单轴运动

使用示教器面板上的操纵杆实现机器人手动操作时，要依照显示屏“操纵杆方向”显示，较小幅度操纵操纵杆，实现机器人各关节运动。操纵杆的使用技巧是：操纵杆的操纵幅度是与机器人的运动速度相关的。操纵杆操纵幅度较小，则机器人运动速度较慢；操纵杆操纵幅度较大，则机器人运动速度较快。所以，在初始练习机器人手动操纵操作时，尽量以小幅度操纵杆操纵使机器人慢慢运动，以确保安全。

机器人单轴运动的手动操纵步骤及说明见表 1-3-7。

表 1-3-7 机器人单轴运动的手动操纵

步骤	图示	说明
1	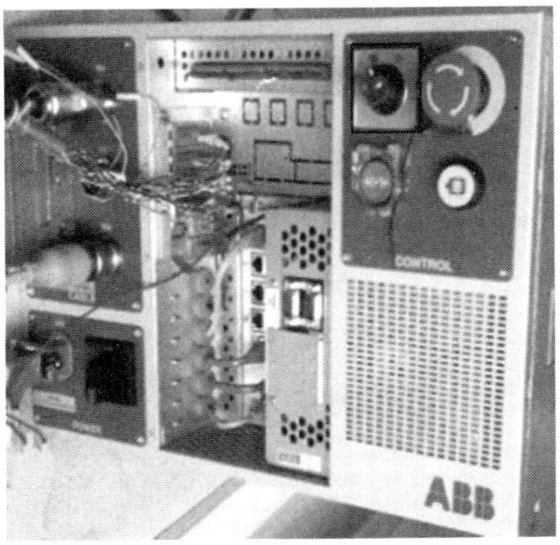	机器人上电，将控制柜上机器人状态钥匙切换到“ ”手动状态
2	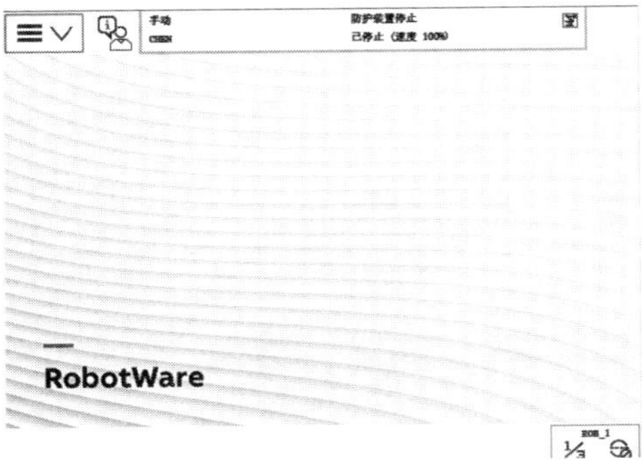	在示教器的状态栏中，确认机器人的状态已切换为“手动”，然后单击“≡∨”按钮
3	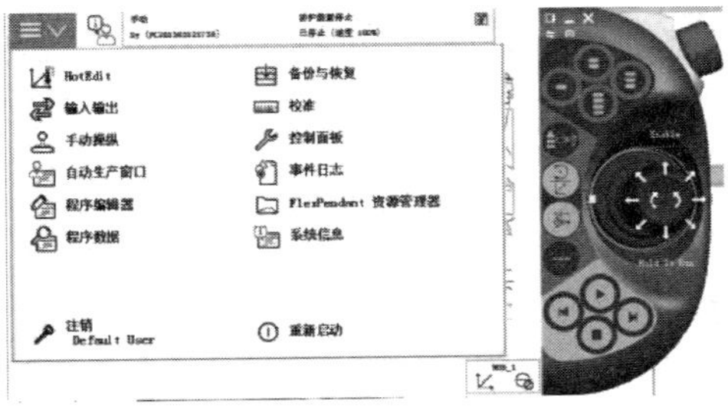	选择“手动操纵”；选中对应的工具“tool0”，然后单击“确定”
4	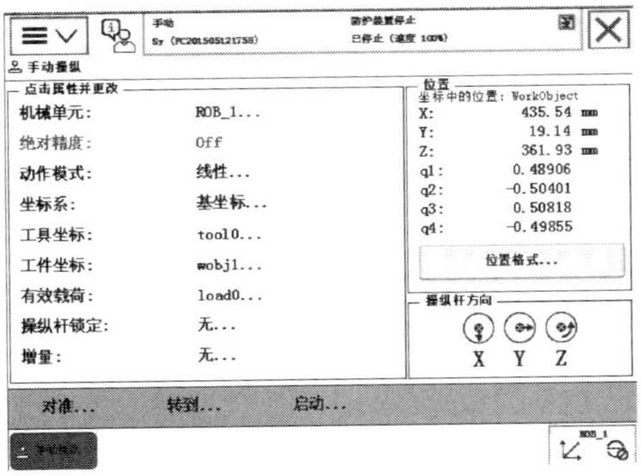	单击“动作模式”

续表 1-3-7

<table>
<tr><th>步骤</th><th>图示</th><th>说明</th></tr>
<tr><td>5</td><td>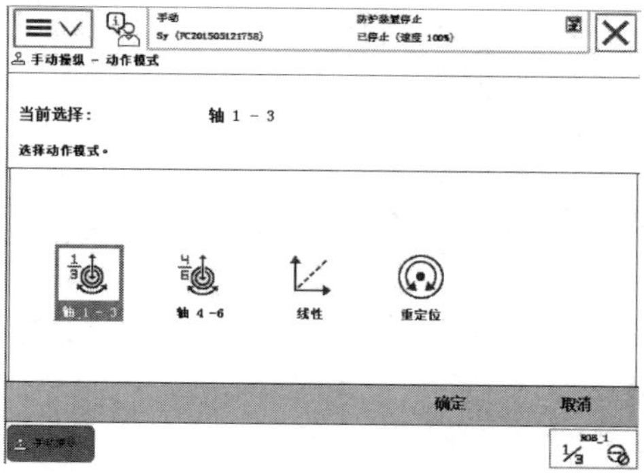
</td><td>选中“轴 1-3”,然后单击“确定”(选中“轴 4-6”就可以操纵轴 4-6)</td></tr>
<tr><td>6</td><td>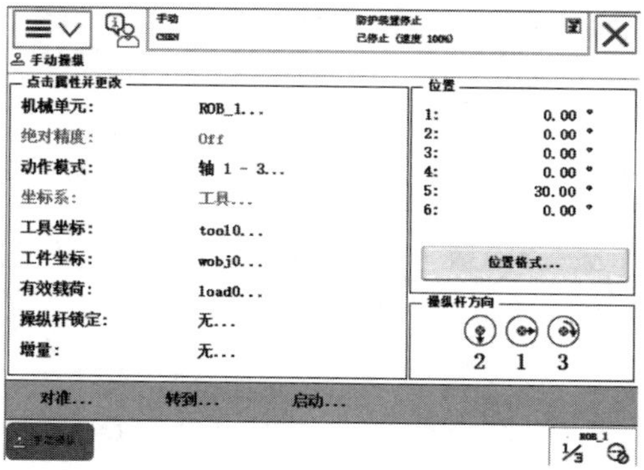
</td><td>显示屏“操纵杆方向”显示区:当前状态显示“轴 1-3”的操纵杆方向,箭头代表正方向;“位置”显示区,主要标识当前机器人所在位置</td></tr>
<tr><td>7</td><td>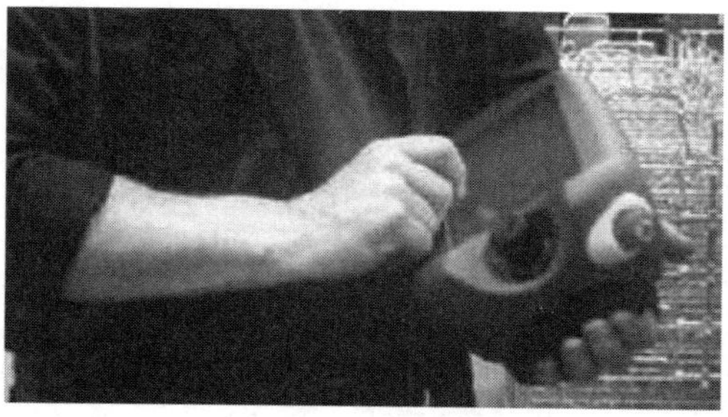</td><td>按下使能按钮,进入“电机开启”状态,操作操纵杆,机器人移动。
* 依照显示屏“操纵杆方向”显示,较小幅度操作操纵杆,实现机器人各关节运动</td></tr>
<tr><td>8</td><td>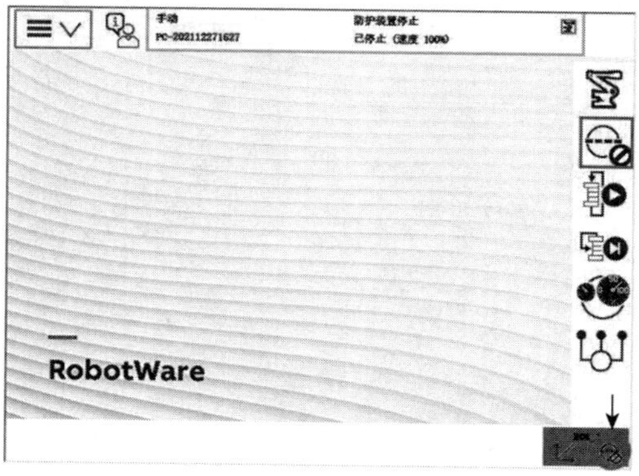
</td><td>单击箭头所指区域,出现一个子菜单,从上向下,单击第二个“图标”按钮,进入增量模式的设置界面</td></tr>
</table>

续表 1-3-7

步骤	图示	说明
9	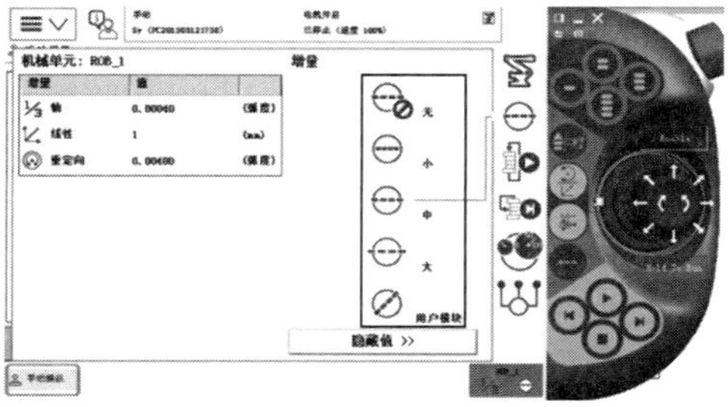	增量模式有 4 个状态，分别为小、中、大和用户模块，每个状态都有对应的增量数值；无增量模式是根据摇动操纵杆的幅度进行控制速度的，其他每摇动一下，走增量值里的数值
10	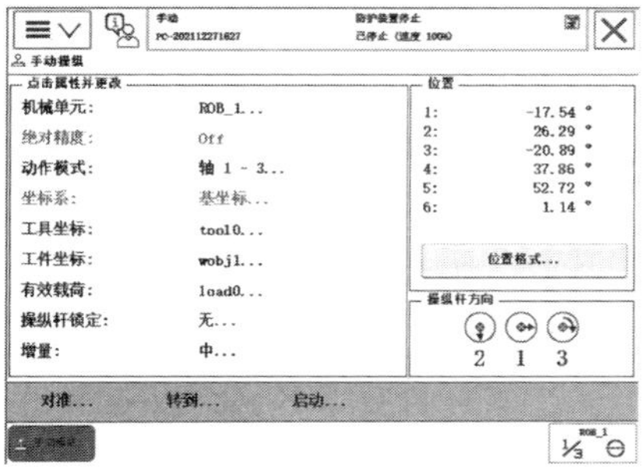	上述设置一次后，就可以在增量快捷键里快速切换设置的增量状态及无增量状态

3.4.3　线性运动的手动操纵

机器人的线性运动是指安装在机器人第 6 轴法兰盘上工具的 TCP 在空间做线性运动，如图 1-3-11 所示。

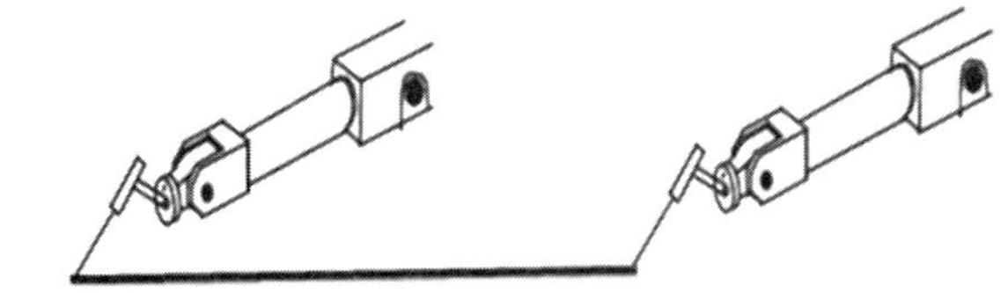

图 1-3-11　机器人线性运动

二维码 3-4
机器人手动操纵
——线性运动

线性运动即控制机器人 TCP 沿着指定的参考坐标系的坐标轴方向进行移动，在运动过程中工具的姿态不变，常用于空间范围内移动机器人 TCP 位置。线性运动需要指定坐标系，坐标系包括大地坐标系、基坐标系、工具坐标系和工件坐标系。

工具坐标指定了 TCP 的位置，坐标系指定了 TCP 在哪个坐标系中运行。工件坐标指定了 TCP 在哪个工件坐标系中运行。当坐标系选择了工件坐标时，工件坐标才有效。

线性运动的控制模式有操纵杆控制和增量模式控制 2 种：①使用操纵杆控制机器人运动方式下，通过位移幅度来控制机器人运动的速度；②使用“增量”模式控制机器人运动时，操纵杆每位移一次，机器人就移动一步。如果操纵杆持续一秒或数秒钟，机器人就会持续移动（速率为每秒 10 步）。

如果对使用操纵杆通过位移幅度来控制机器人运动的速度不熟练，可以通过使用“增量”模式来控制机器人的运动。增量模式有 4 个状态，分别为小、中、大和用户模式，每个状态都有对应的增量数值,见表 1-3-8。

表 1-3-8　增量模式及增量数值

增量	移动距离/mm	角度/(°)
小	0.05	0.005
中	1	0.02
大	5	0.2
用户	自定义	自定义

上述设置一次后,就可以在增量快捷键里快速切换设置的增量状态及无增量状态。增量模式下,每摇动一下操纵杆,机器人走增量值里的数值,无增量模式是根据摇动操纵杆的幅度进行控制速度的。机器人线性运动的手动操纵步骤及说明见表 1-3-9。

表 1-3-9　机器人线性运动手动操纵

步骤	图示	说明
1	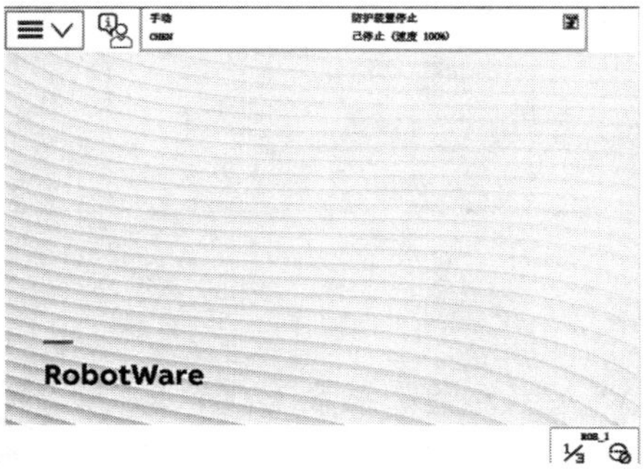	确保机器人在手动运行状态时,单击主菜单按钮“≡∨”
2	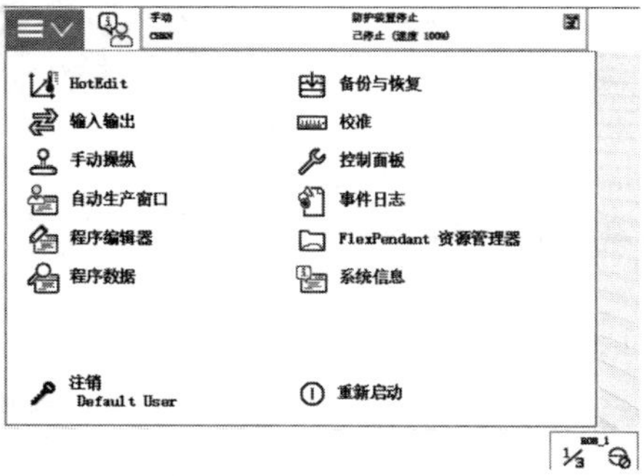	选择“手动操纵”
3	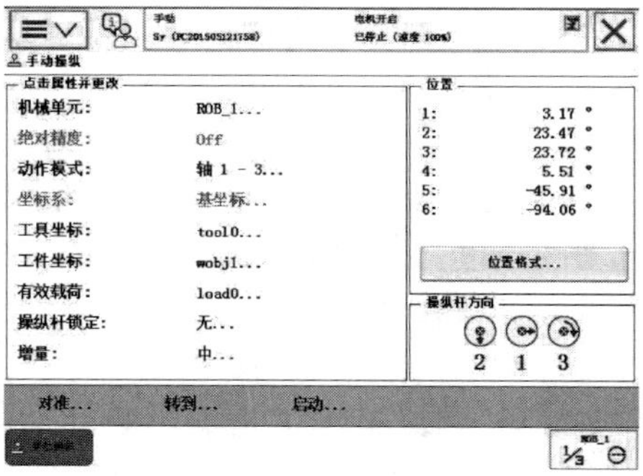	单击“动作模式”

续表 1-3-9

步骤	图示	说明
4	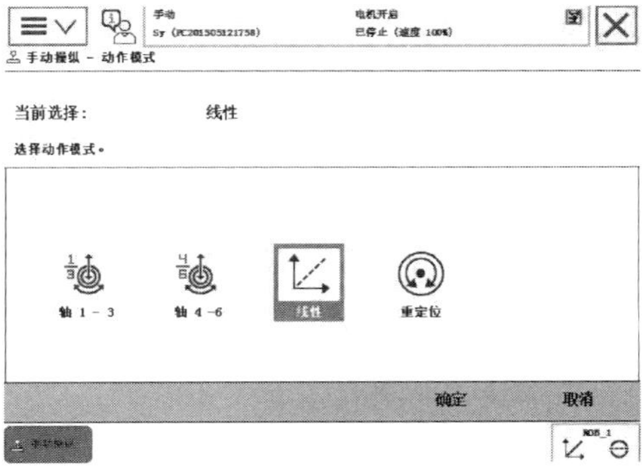	选择“线性”，然后单击“确定”
5	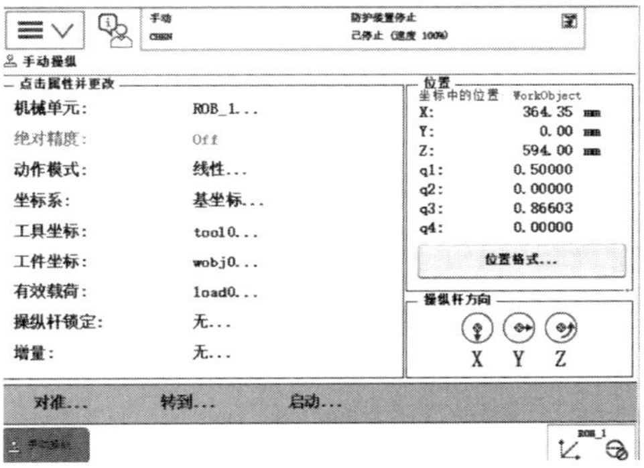	单击“坐标系”，选择“基坐标”
6	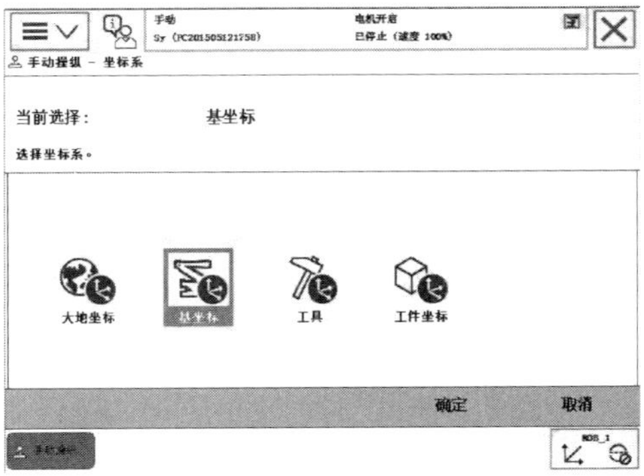	选择好要运行的坐标系后，单击“确定”。 * 机器人的线性运动要在“工具坐标”中指定对应的工具
7	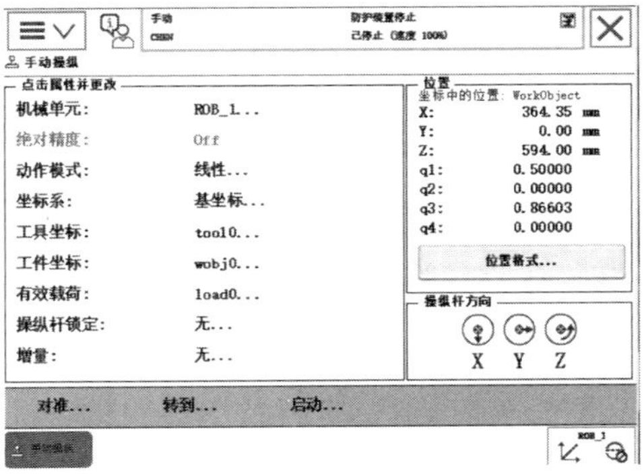	选中“工具坐标”，进行工具的选择

续表 1-3-9

步骤	图示	说明
8	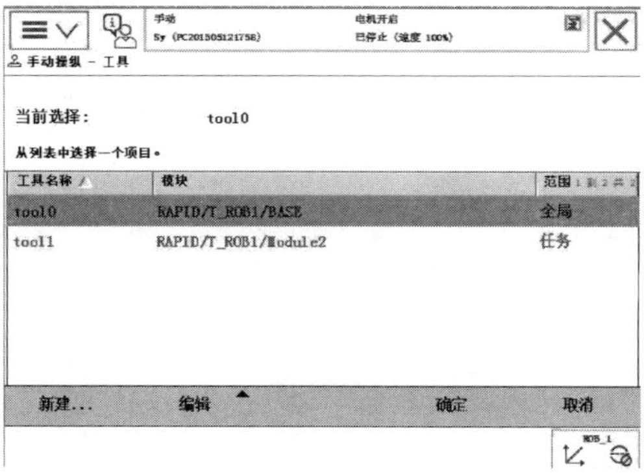	选择所需的工具坐标。 * tool0 是默认坐标
9	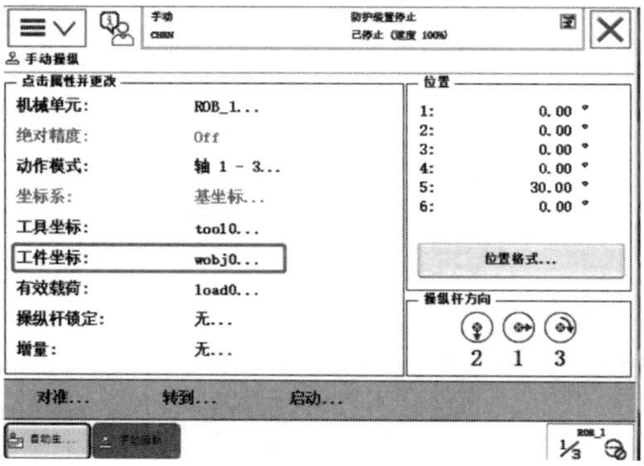	单击“工件坐标”，进行工件坐标的选择
10	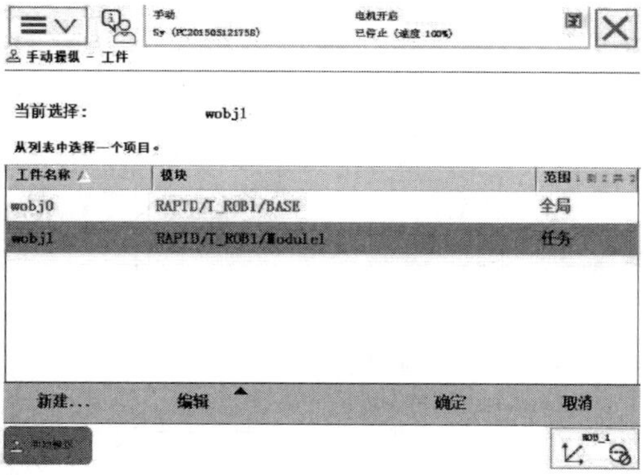	选中对应的工件坐标，如“wobj0”，单击“确定”
11	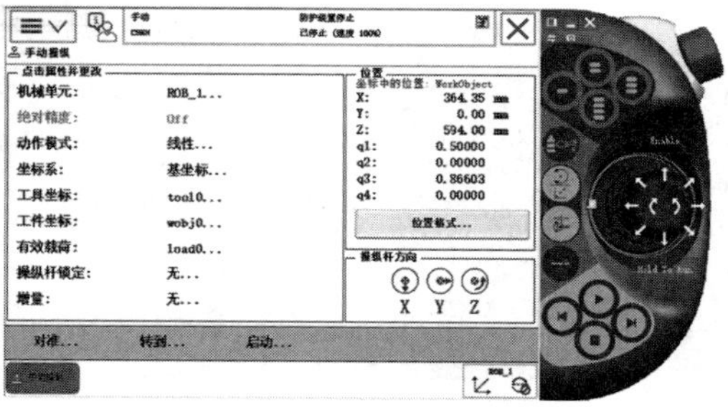	按下使能按钮，在状态栏中确认“电机开启”状态。 *“操纵杆方向”箭头显示 X、Y、Z 轴正方向

续表 1-3-9

步骤	图示	说明
12	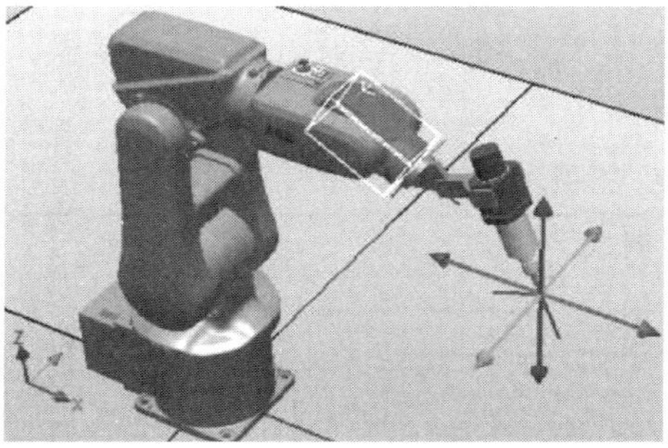	操作示教器的操纵杆，工具的 TCP 在空间做线性运动 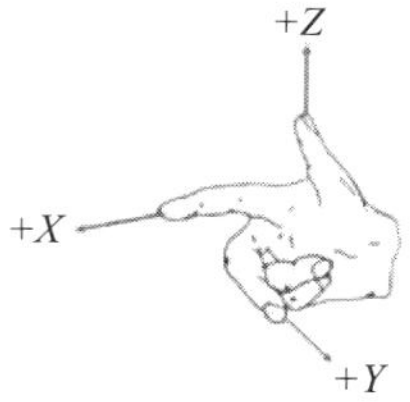
13	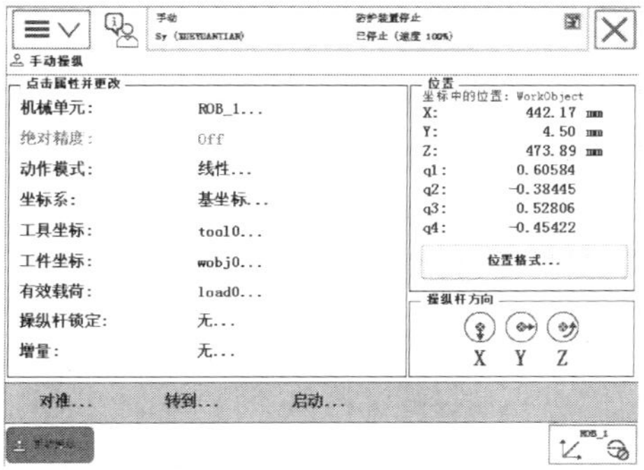	增量模式使用：选中“增量”
14	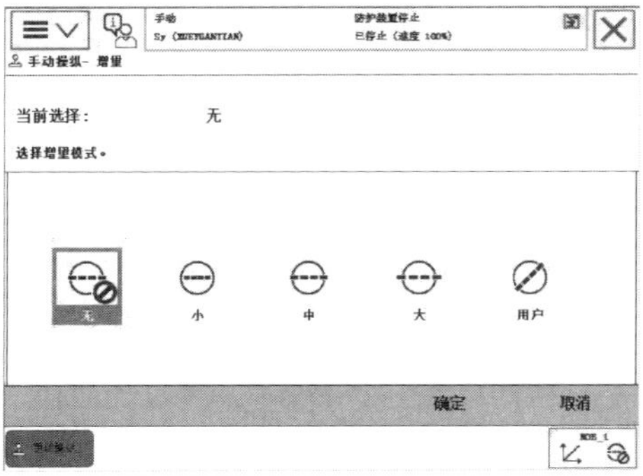	根据需要，选择增量模式，然后单击“确定”。 * 增量模式下学习线性运动操作：知道如何手动快速从一个点移动到另一个点，注意增量的使用与取消

3.4.4　重定位运动的手动操纵

机器人的重定位运动是指机器人第 6 轴法兰盘上的工具中心点（TCP）在空间中绕着工具坐标系旋转的运动，也可理解为机器人绕着 TCP 做姿态调整的运动，如图 1-3-12 所示。也就是说，重定位运动是指重新定位工具方向，使其与工件保持特定的角度，以便获得最佳效果。

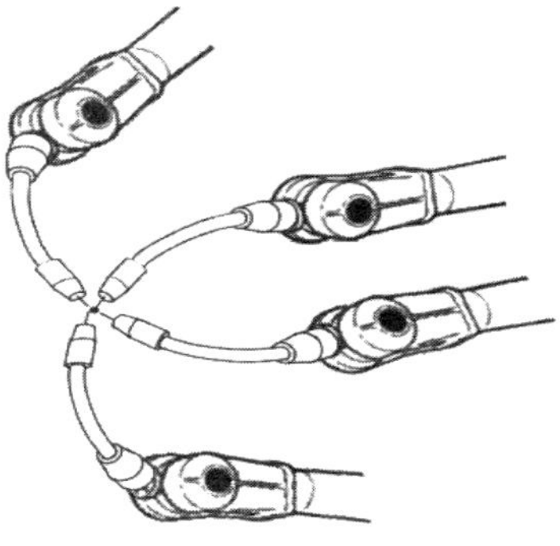

图 1-3-12　机器人重定位

二维码 3-5
机器人手动操纵——重定位运动

一些特定情况下我们需要重新定位工

具方向，使其与工件保持特定的角度，以便获得最佳效果，如在焊接、切割、铣削等方面的应用。当将工具中心点微调至特定位置后，在大多数情况下需要重新定位工具方向，定位完成后，将继续以线性动作进行微动控制，以完成路径和所需操作。

重定位运动的控制模式同线性运动方式，也有操纵杆控制和增量模式控制 2 种。机器人重定位运动的手动操纵步骤及说明见表 1-3-10。

表 1-3-10　机器人重定位运动的手动操纵

<table>
<tr><th>步骤</th><th>图示</th><th>说明</th></tr>
<tr><td>1</td><td>
</td><td>选择“手动操纵”</td></tr>
<tr><td>2</td><td>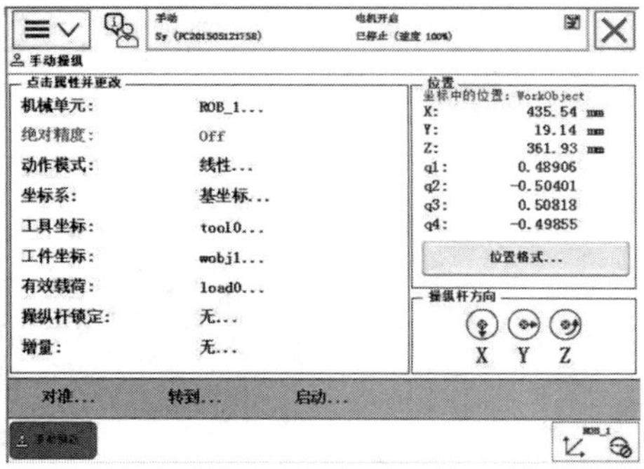
</td><td>单击“动作模式”</td></tr>
<tr><td>3</td><td>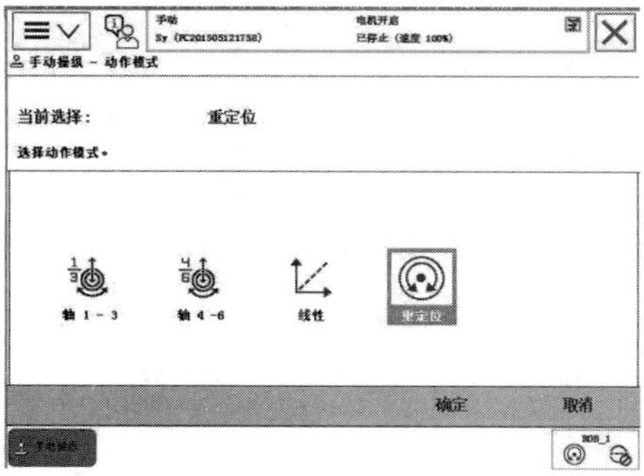
</td><td>选中“重定位”，然后单击“确定”</td></tr>
</table>

续表 1-3-10

步骤	图示	说明
4		单击“坐标系”
5	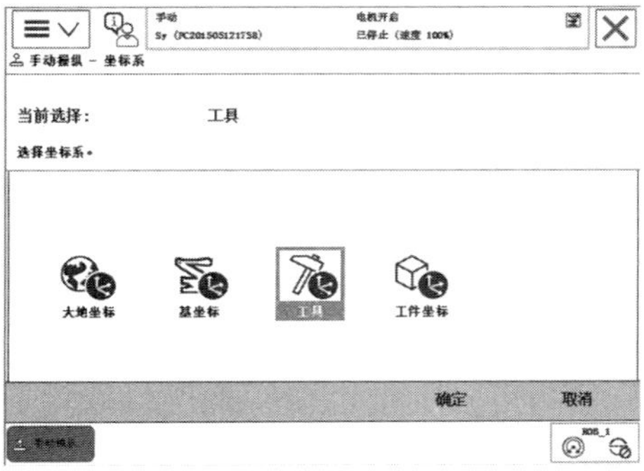	选中“工具”，然后单击“确定”
6	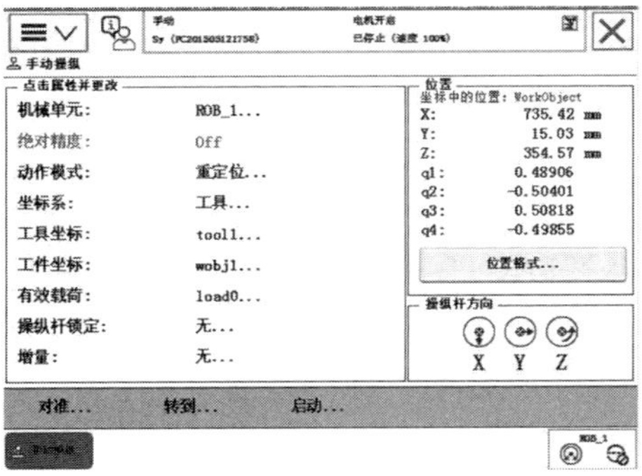	单击“工具坐标”
7	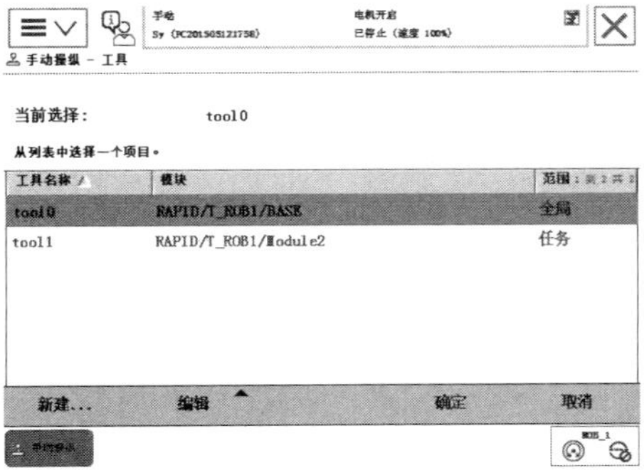	选中正在使用的“tool1”，然后单击“确定”

续表 1-3-10

步骤	图示	说明
8	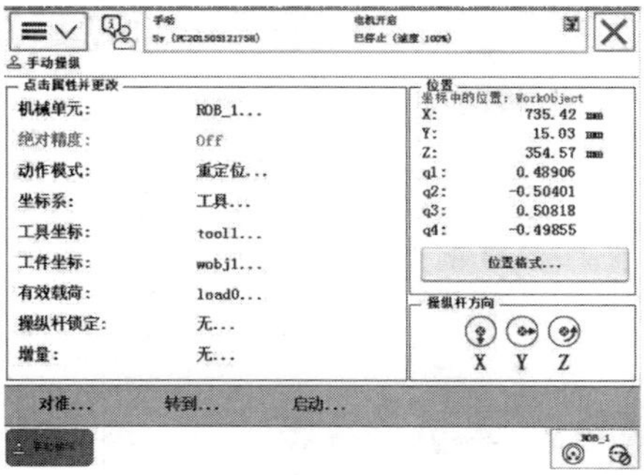	按下使能按钮，在状态栏中确认“电机开启”状态
9	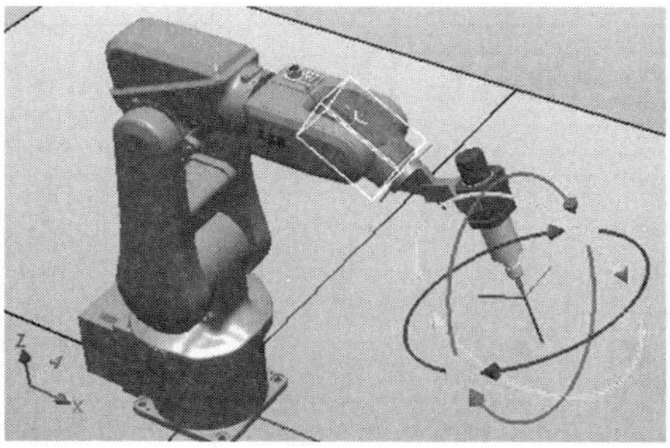	操作示教器上的操纵杆，机器人绕着工具中心点做姿态调整的运动。 ＊注意操纵杆方向显示

3.4.5 转数计数器的更新操作

转数计数器更新操作是指手动操作示教器使机器人各关节回到机械原点位置，又称为原点校准。机械原点在机器人本体上都有标注，不同机器人机械原点位置有所不同，详细参照机器人随机说明书资料。实际生产中，在以下任何一种情况下，都需要对机器人机械原点的位置进行转数计数器更新操作：①更换伺服电动机转数计数器电池后；②当转数计数器发生故障修复后；③转数计数器与测量板之间断开过以后；④断电后，机器人关节轴发生了位移；⑤当系统报警提示“10036 转数计数器未更新”时。

工业机器人转数计数器更新操作的步骤及说明见表 1-3-11。

表 1-3-11　转数计数器更新操作

步骤	图示	说明
1		将控制柜上机器人状态钥匙切换到左边的手动状态

续表 1-3-11

步骤	图示	说明
2	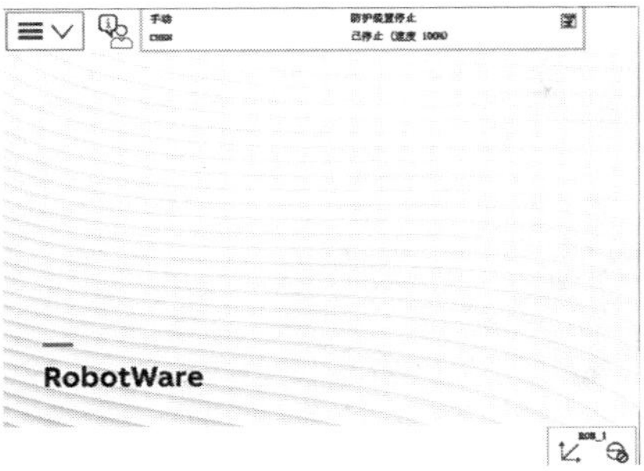	在示教器的状态栏中，确认机器人的状态已切换为“手动”，然后单击“≡∨”按钮
3		选择“手动操纵”
4	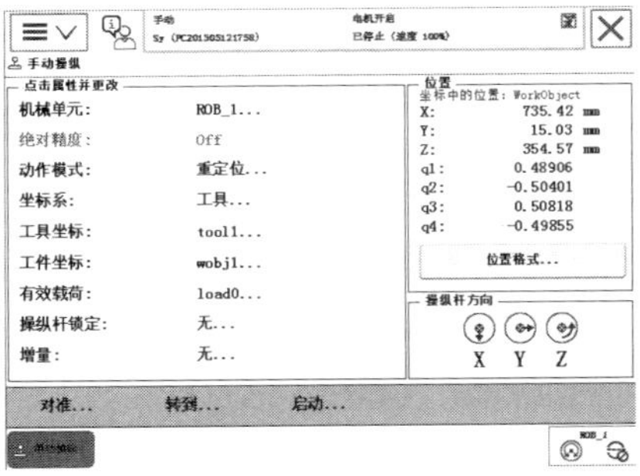	单击“动作模式”
5	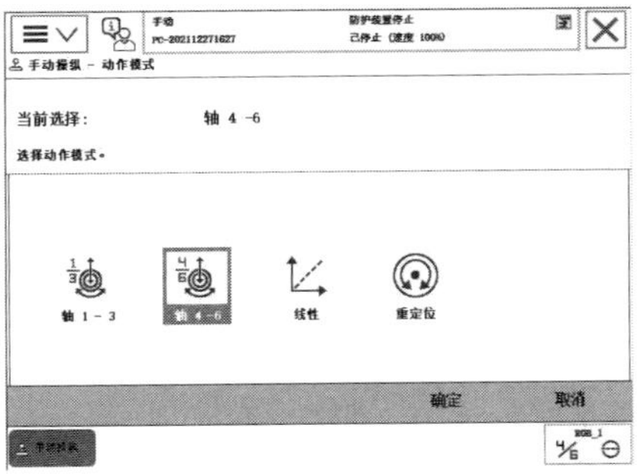	选中“轴 4-6”，然后单击“确定”

续表 1-3-11

步骤	图示	说明
6	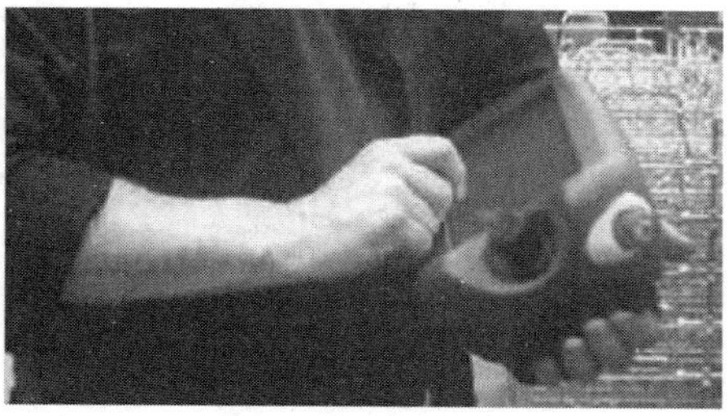	按下使能按钮,进入“电机开启”状态
7	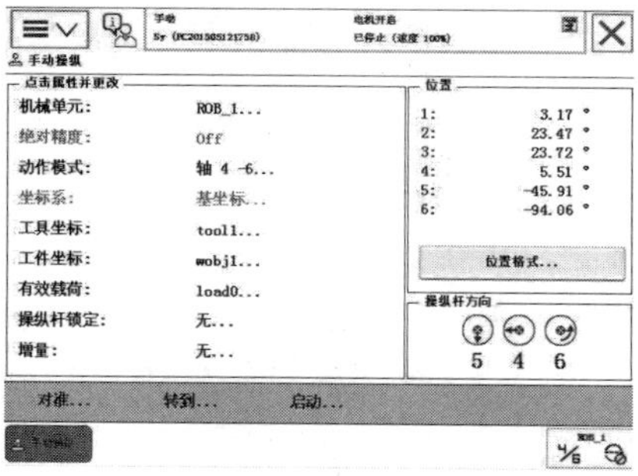	在状态栏中,确认“电机开启”状态
8	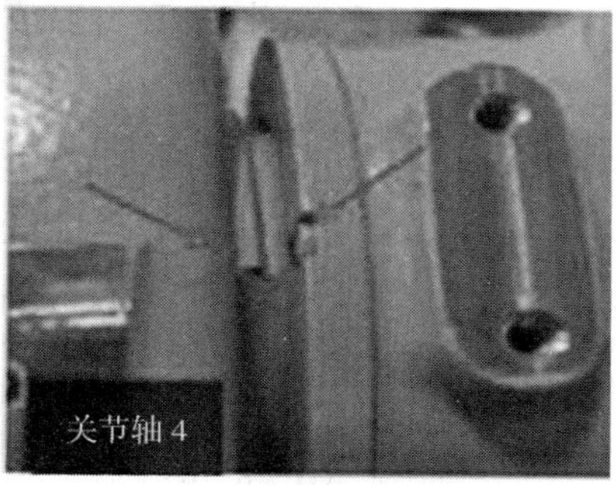	操作“操纵杆”将关节轴 4 运动到机械原点的刻度位置。 * 手动操纵使机器人各关节轴运动到机械原点刻度位置,其顺序是 4—5—6—1—2—3
9	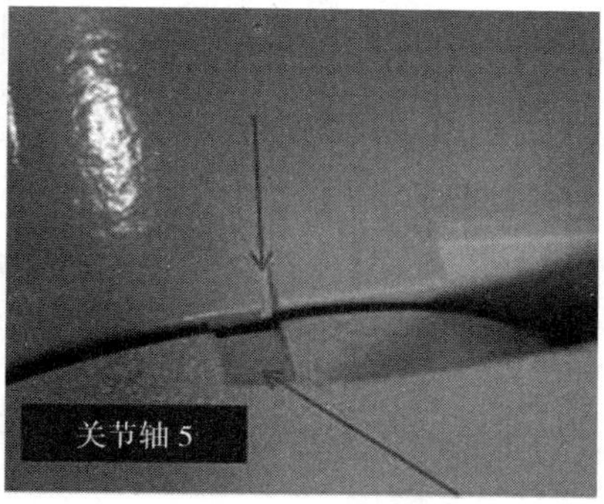	操作“操纵杆”将关节轴 5 运动到机械原点的刻度位置

续表 1-3-11

步骤	图示	说明
10	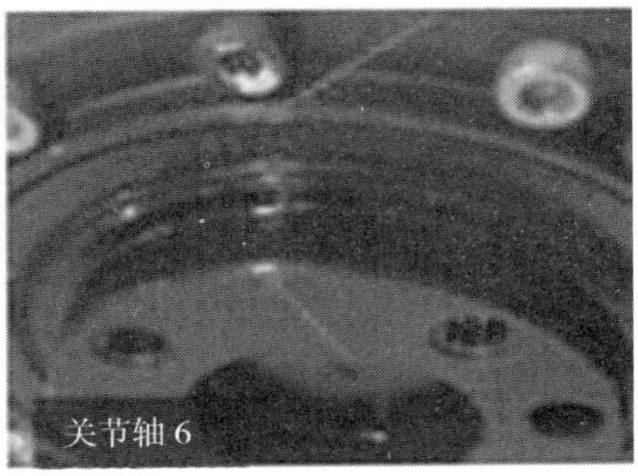	操作“操纵杆”将关节轴 6 运动到机械原点的刻度位置
11	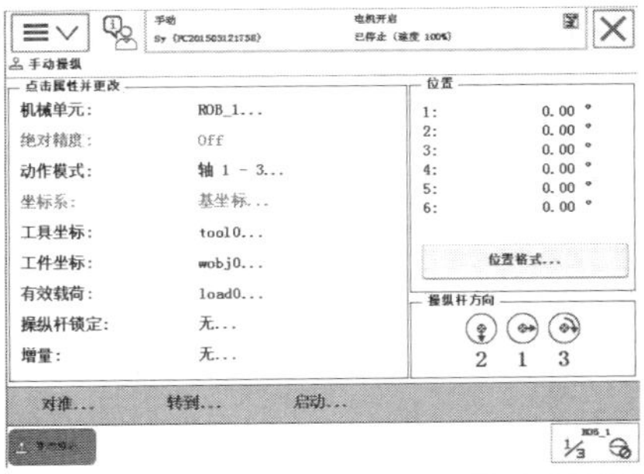	在手动操纵菜单中，选择“轴 1-3”动作模式
12	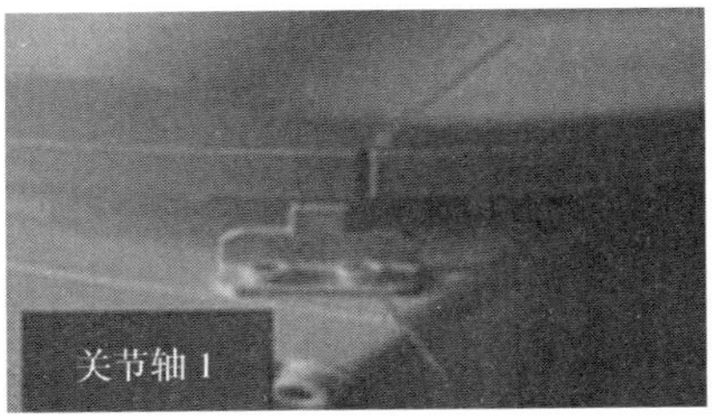	操作“操纵杆”将关节轴 1 运动到机械原点的刻度位置
13	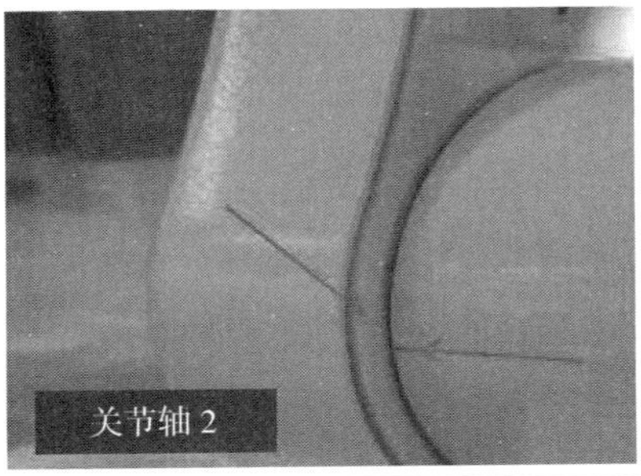	操作“操纵杆”将关节轴 2 运动到机械原点的刻度位置
14		操作“操纵杆”将关节轴 3 运动到机械原点的刻度位置

续表 1-3-11

步骤	图示	说明
15		单击主菜单中的“校准”
16	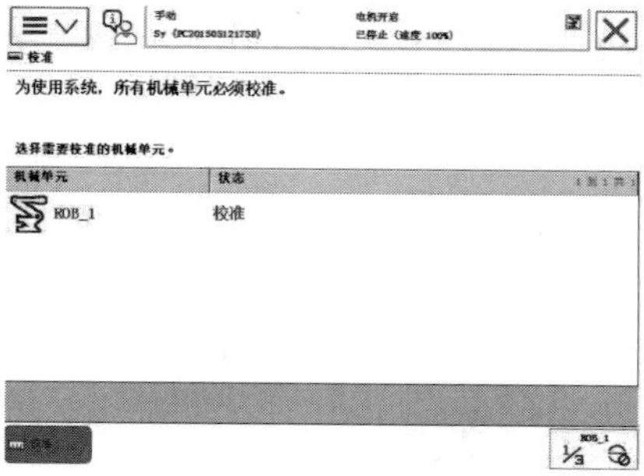	弹出“校准”画面，单击“ROB_1 校准”
17	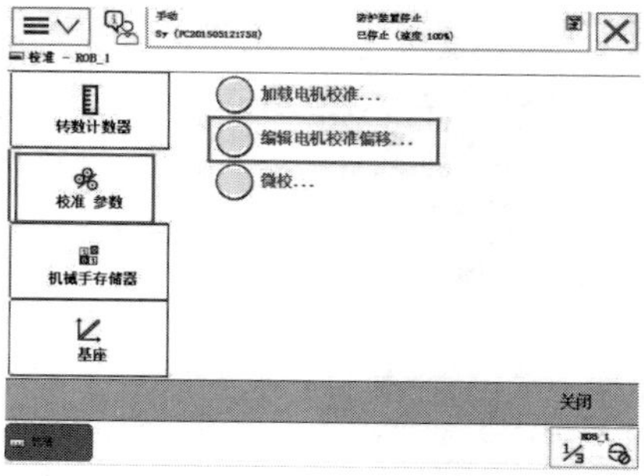	选择“校准参数”，单击“编辑电机校准偏移...”
18		系统提示是否更新转数计数器，单击“是”按钮，弹出校准参数修改画面

续表 1-3-11

步骤	图示	说明
19	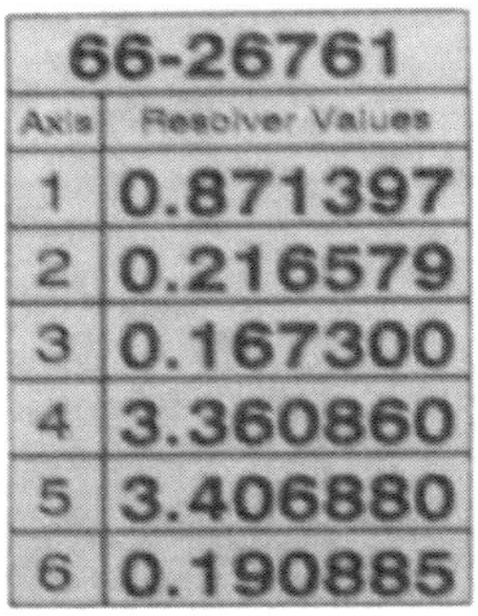	读取机器人本体上电机校准偏移数据，并记录
20	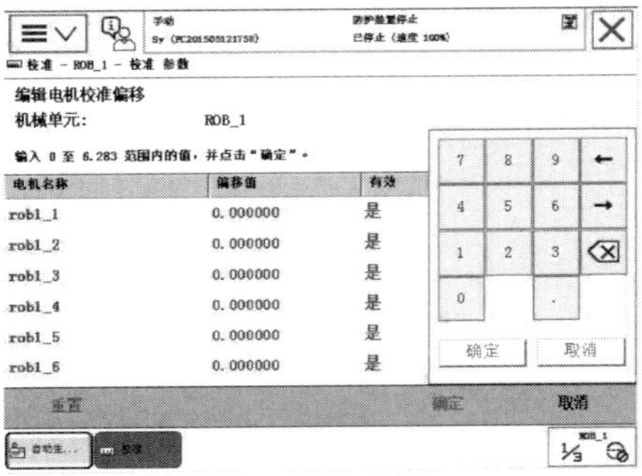	把刚读取的机器人本体上自带的原点数据输入对应偏移值，单击“确定”；若一致，则单击“取消”，跳到本表第 23 步
21	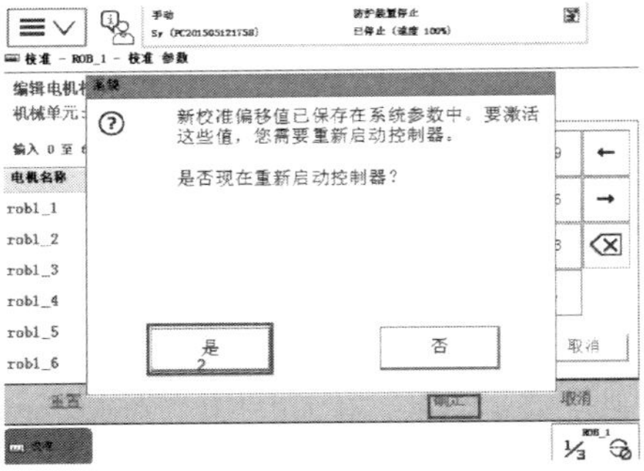	单击“是”，重启机器人控制器
22	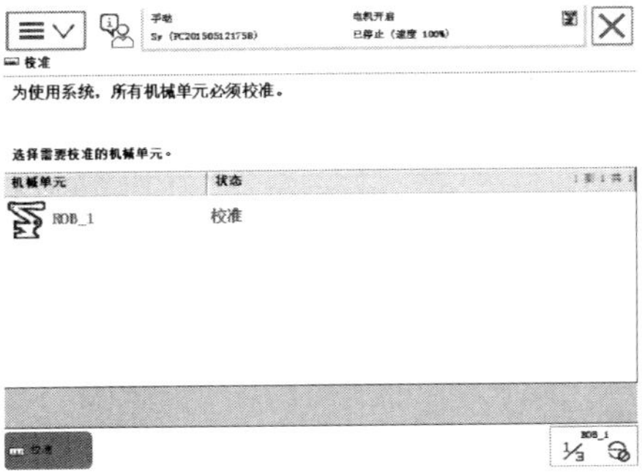	重启后再次进入校准页面，单击“ROB_1”

续表 1-3-11

步骤	图示	说明
23	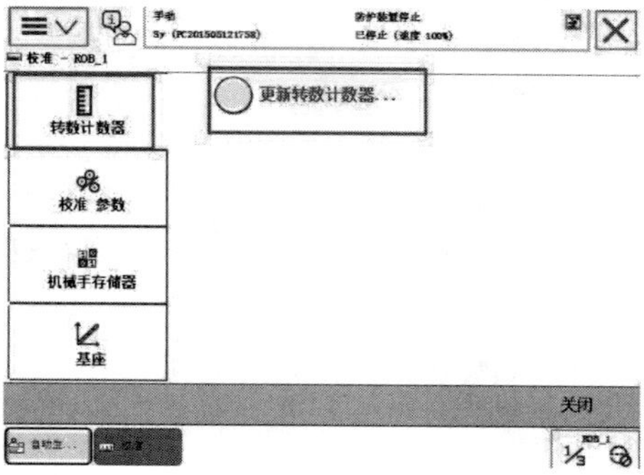	选择“转数计数器”，单击“更新转数计数器...”
24		单击“是”，更新转数计数器
25	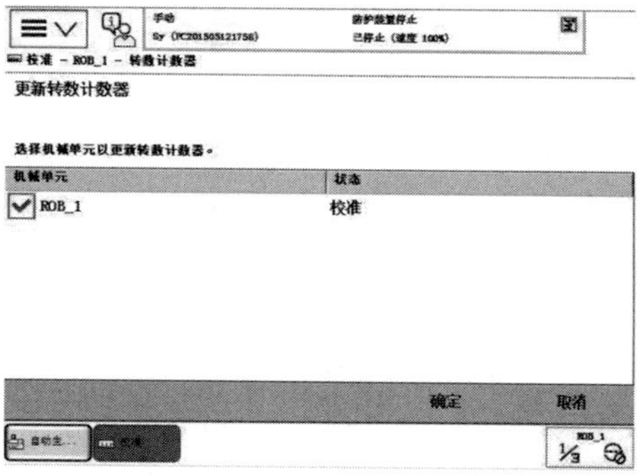	选中“ROB_1　校准”，然后单击“确定”
26	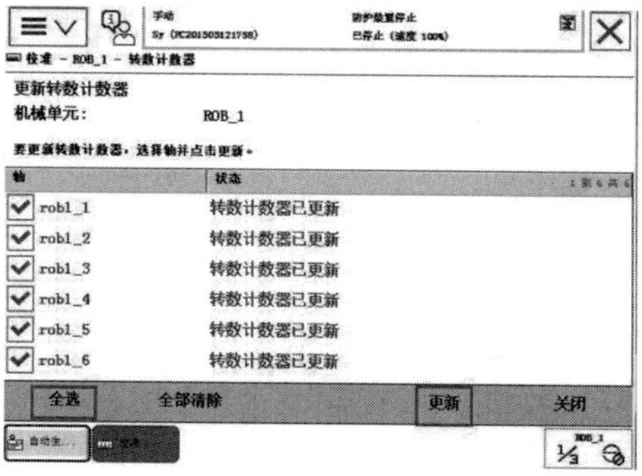	单击“全选”，然后单击“更新”。 *也可逐一对 6 个关节轴进行转数计数器更新

续表 1-3-11

<table>
<tr><th>步骤</th><th>图示</th><th>说明</th></tr>
<tr><td>27</td><td>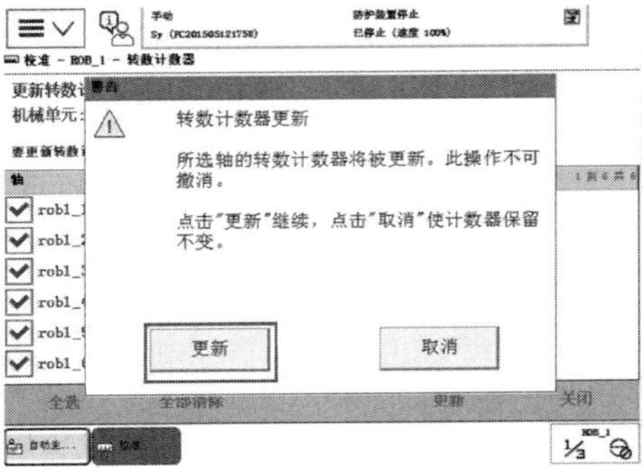
</td><td>单击“更新”，等待更新过程完成</td></tr>
<tr><td>28</td><td>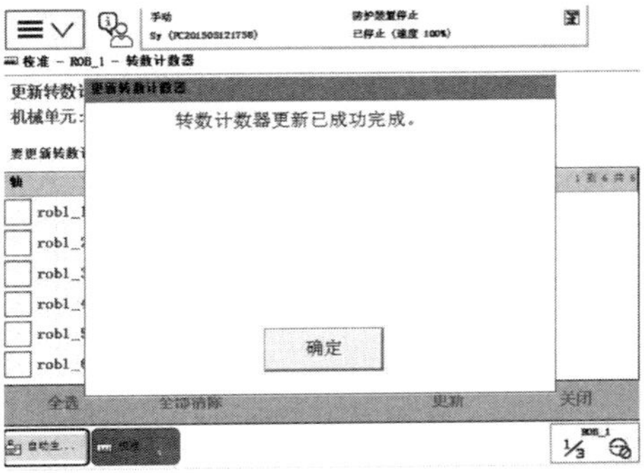
</td><td>单击“确定”，转数计数器更新完成。
* 能够完成更新操作，并知道什么情况下需要进行转数计数器更新</td></tr>
</table>

3.5　工业机器人 I/O 通信

3.5.1　ABB 机器人常用的 I/O 通信

硬件设备之间的通信是指设备之间通过数据线路按照规定的通信协议标准来进行信息的交互，通信协议规定了硬件接口的标准、通信的模式以及速率，设备之间必须采用相同的通信协议才能正确地交互信息。各设备厂家生产的外围设备会使用不同的通信协议标准与接口类型，ABB 机器人提供了丰富的通信接口，见表 1-3-12。

表 1-3-12　ABB 机器人常用通信接口

通信类型	PC 端通信	现场总线通信	ABB 标准通信
执行标准	RS232 OPC Server Socket Message	Device NET(CAN 总线) Profibus ProfiNET EtherNET IP	标准 I/O 模块 ABB PLC

1. 机器人常用接口认识

通信接口位于机器人控制柜内部，如图 1-3-13 所示。PC 端与控制器通信现在大多数采用以太网通信，通过网线直接将控制柜的网口与PC端网络接口连接，将PC端的IP设置为自动获取，利用ABB公司RobotStudio软件的在线功能，就能够在PC端进行机器人编程、参数设定、系统备份与监控等操作。

DeviceNET是一种在CAN总线基础之上发展来的现场总线，采用5线制通信模式。机器人控制柜的DeviceNET接口属于系统选配功能，将主/从站单元模块安装于系统计算机的PCI主板插槽中，控制系统将具有DeviceNET通信功能并提供对应的5线制接口。

图 1-3-13　控制柜接口界面

2.I/O信号分类

I/O信号是输入信号(Input Signal)和输出信号(Output Signal)的首字母缩写。对于机器人系统而言，输入信号通常由按钮、接近开关、传感器等产生并以电信号的形式输入系统之中，从而触发机器人对应运动程序的执行；输出信号由机器人系统产生，以电信号的形式输出到外围设备，通常用于与控制的信号指示灯、吸盘、抓手等执行元器件或者与PLC进行信号传递。

I/O信号可以分为数字量信号(Digital Signal)与模拟量信号(Analog Signal)两种基本类型。数字量信号在时间上和数量上都是离散的，有0和1两种信号状态，通常用于标识物理触点的断开与闭合两种状态。模拟量信号在时间上和数量上都是连续的，通常用于标识压力、流量、速度等连续变化的物理量。

3.5.2　机器人的I/O接线

ABB机器人提供了丰富I/O通信接口，可以轻松地实现与周边设备进行通信。

图 1-3-14　I/O通信接口示意图

关于ABB机器人I/O通信接口说明如下：

(1)ABB的标准I/O板提供的常用处理信号有数字输入DI、数字输出DO、模拟输入AI、模拟输出AO以及输送链跟踪，本节以最常用的ABB标准I/O板DSQC 652接口线为例，进行详细讲解相关的数据。

(2)DSQC 652板主要提供16个数字输入信号和16个数字输出信号的处理。

(3)接口说明(此图仅适用ABB机器人IRC5紧凑新型控制器)如图1-3-14所示。

(4)XS12、XS13数字输入接口接PLC的输出端或其他设备(如传感器、限位等)；XS14、SX15数字输出接口接PLC的输入端或其他设备(如电磁阀、伺服等)；XS16电源接口通过开关电源供电。

3.5.3　机器人的 I/O 通信配置

1. 标准 I/O 模块的参数配置

I/O 模块配置所需设置参数等说明见表 1-3-13。

表 1-3-13　I/O 模块配置参数说明

参数名称	配置说明
Name	设定 I/O 模块在系统中的名称
Address	设定 I/O 模块的地址值

注：设定参数前要先选好 I/O 板的类型。

2. I/O 信号的配置

I/O 信号配置所需设置的参数及说明见表 1-3-14。

表 1-3-14　I/O 信号配置参数及说明

参数名称	配置说明
Name	设定信号的名称
Type of Signal	设定信号的类型
Assigned to Device	设定信号所在的 I/O 模块
Device Mapping	设定信号在 I/O 模块上的地址

(1)信号类型　在设定信号类型时，系统提供了 6 种信号类型，如图 1-3-15 所示。除了常见的 DI/DO/AI/AO 4 种信号类型，机器人控制器提供了组输入 GI(Group Input)/组输出信号 GO(Group Output)。GI 信号是将 DI 信号组合起来使用，按照 BCD 编码的形式将外围设备中多个二进制信号转换为十进制的数，并输入给系统；GO 信号是将系统中的十进制的数按照 BCD 解码的形式转变为多个二进制数，从而实现对多路 DO 信号的控制。编码时高位地址在左，低位地址在右。占用 3 位地址的二进制数 0～7，占用 4 位地址的二进制数，可以表示十进制数 0～15。

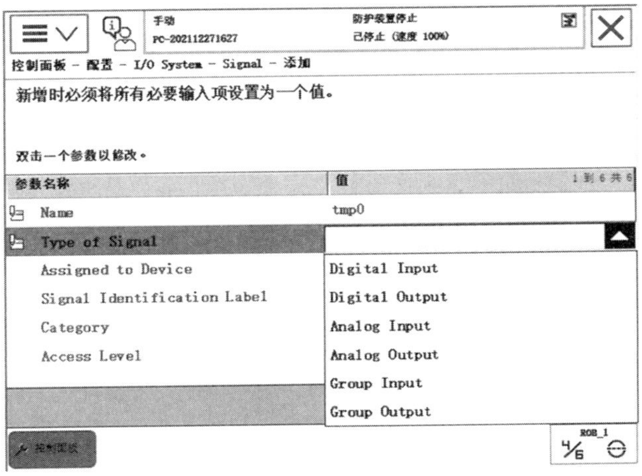

图 1-3-15　6 种信号类型

(2)信号地址　DO/DI 信号的设置地址应该与对应外围设备所连接的端子地址相符。GI/GO 信号根据需要翻译的十进制数的大小及硬件接线来填写。例如，将 GI1 信号的地址设定为 12～14，就是调用 X15 板上的 4、5、6 的端子，向系统输入一个范围在 0～7 之间的十进制数。

(3)信号名称　I/O 信号命名推荐使用“信号类型＋信号编号”的形式命名。

3.5.4　机器人的 I/O 指令

工业机器人运用 I/O 指令可以将外部设备的信号状态输入程序之中，作为运动类例行程序的触发条件，也可以对外部设备进行通/断电控制。常见 I/O 指令见表 1-3-15。ABB 机器人包含的 I/O 指令如图 1-3-16 所示。

表 1-3-15　I/O 指令

指令类型		指令格式	指令说明
置位/复位指令	数字量	Set ＜signal＞； Reset ＜signal＞；	Set 为数字量置位指令； Reset 为复位指令； signal 为数字量输出信号名称
	模拟量	SetAO ＜signal＞，＜Value＞；	SetAO 为模拟量置位指令； signal 为模拟量输出信号名称； Value 为输出信号值
	组输出	SetGO[\Sdelay]＜signal＞，＜Value＞；	SetGO 为组输出置位指令；[\Sdelay]为延迟输出时间，单位为 s；signal 为组输出信号名称；Value 为十进制输出信号值。“[]”符号表示可选变量，操作时可根据需要打开可选变量功能，才能对其进行相应的操作
信号判断指令	数字量输入信号判断	WaitDI ＜signal＞，＜Value＞[\Maxtime][\TimeFlag]；	WaitDI 的输入信号判断值；[\Maxtime]为最长等待时间，单位为 s；[\TimeFlag]为超时标志位，最长等待时间为 300 s
信号判断指令	数字量输入信号判断	WaitDI ＜signal＞，＜Value＞[\Maxtime][\TimeFlag]；	WaitDI 的输入信号判断值；[\Maxtime]为最长等待时间，单位为 s；[\TimeFlag]为超时标志位，最长等待时间为 300 s
	数字量输出信号判断	WaitDO ＜signal＞，＜Value＞[\Maxtime][\TimeFlag]；	WaitDO 为数字量输出信号判断指令；signal 为数字量输出名称；Value 为预设的输出信号判断值；[\Maxtime]为最长等待时间，单位为 s；[\TimeFlag]为超时标志位，最长等待时间为 300 s
	条件等待指令	WaitUntil[\Inpos]Cond[\MaxTime][\TimeFlag][\PollRate]	WaitUntil 为条件等待指令；[\Inpos]表明机械单元已经达到停止点；Cond 为等待逻辑表达式；[\PollRate]为逻辑表达式查询周期，单位为 s，最小查询周期为 0.04 s，系统默认查询周期为 0.1 s。

续表 1-3-15

指令类型		指令格式	指令说明
取反指令		InvertDO ＜signal＞;	InvertDO 为取反指令;signal 为数字量输出信号名称
脉冲指令		PulseDO [\High][\PLength]＜signal＞;	PulseDO 为脉冲指令;[\High]为高电平状态可选变量;[\PLength]为脉冲长度,单位为 s,脉冲长度范围为 0.001～2 000 s,系统默认为 0.2 s;signal 为产生脉冲的信号名称

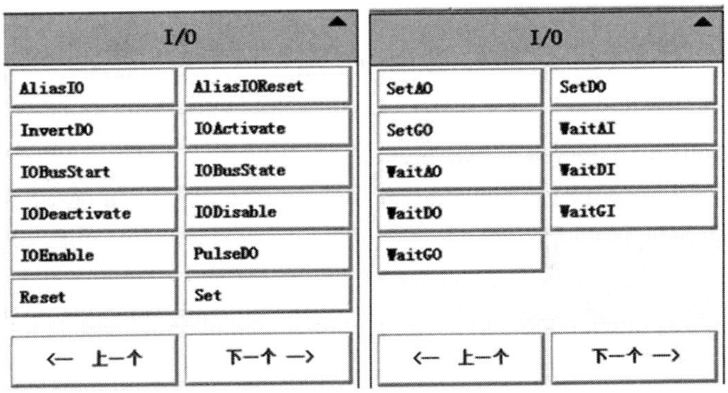

图 1-3-16 I/O 指令一览

数字量置位指令能够将数字量输出信号值置为 1,数字量复位指令能够将数字量输出信号值置为 0,两个指令配合使用,实现对外部设备的通断控制。

模拟量置位指令用于在模拟量输出信号所定义的端子上输出电压,电压值由输出信号值根据等比运算的方法确定,常用于模拟量电压信号所控制的设备。

程序运行到信号判断指令时会处于等待状态,直到数字输入信号达到判断值,程序继续向下运行。

使用该指令时,如果只指定[\MaxTime]一个变量,等待时间超时后程序将报错并停止运行;如果同时指定[\MaxTime]和[\TimeFlag]两个变量,等待时间超时后程序将[\TimeFlag]置为“TRUE”,同时继续向下运行。

条件等待指令可用于布尔量、数字量以及数字 I/O 信号值的判断,如果等待逻辑表达式的条件满足,程序继续向下运行。

脉冲指令能够产生一个长度可控的数字脉冲输出信号。脉冲信号产生后,程序将直接向下执行,可以通过复位指令来关闭脉冲信号。

1. I/O 模块的参数配置

根据表 1-3-16 I/O 模块的参数配置进行实际操作,掌握 I/O 模块的参数配置方法。

表 1-3-16　I/O 模块的参数配置

步骤	图示	说明
1	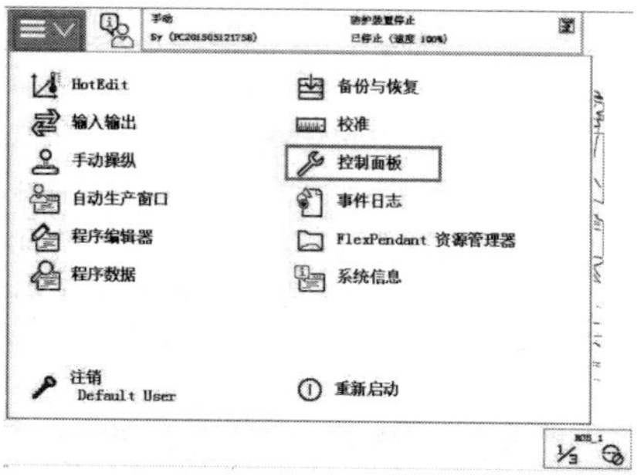	在示教器主菜单中单击“控制面板”
2	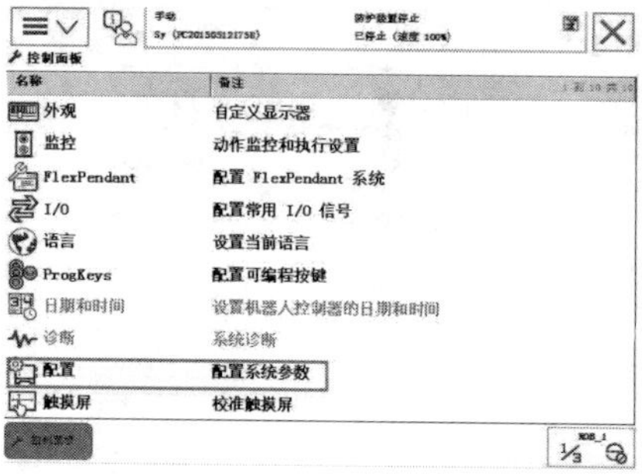	单击“配置　配置系统参数”
3		单击“主题”，选择“I/O System”，在这个主题下选择“DeviceNet Device”，双击或单击显示全部
4	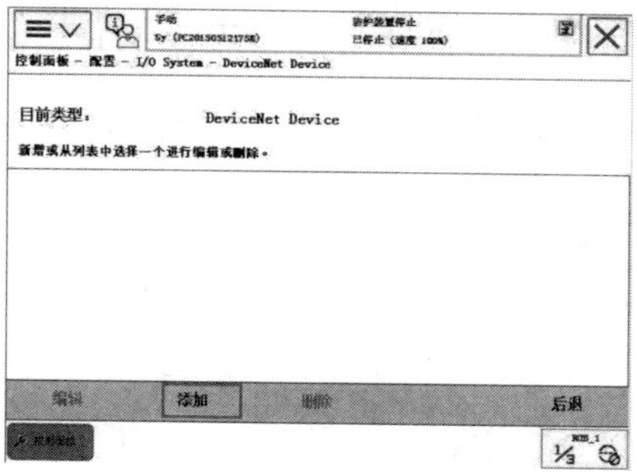	单击“添加”，进入配置界面

续表 1-3-16

步骤	图示	说明
5		单击“<默认>”，选择所需的 I/O 板，如“DSQC 652 24 VDC I/O Device”
6	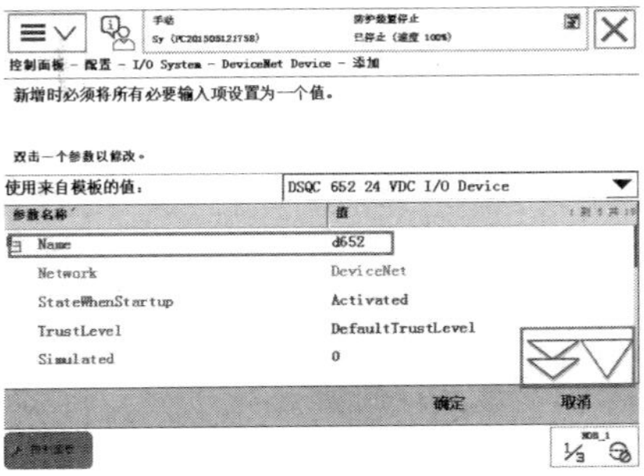	可以单击“Name”进行 I/O 板的命名，默认是模板类型；单击箭头进行上下翻，查找需要设置的其他参数
7	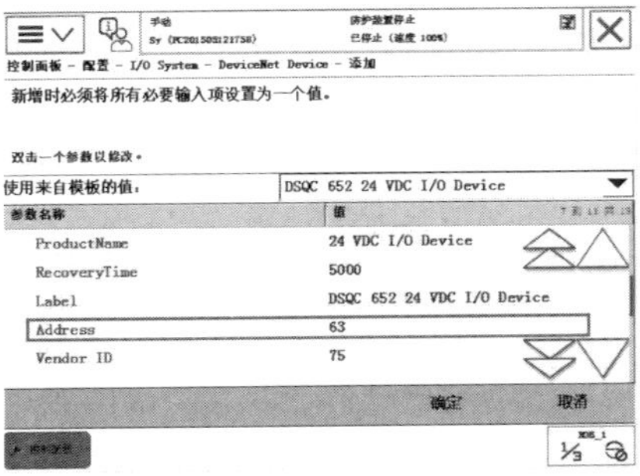	单击“Address”，进入地址的设定
8	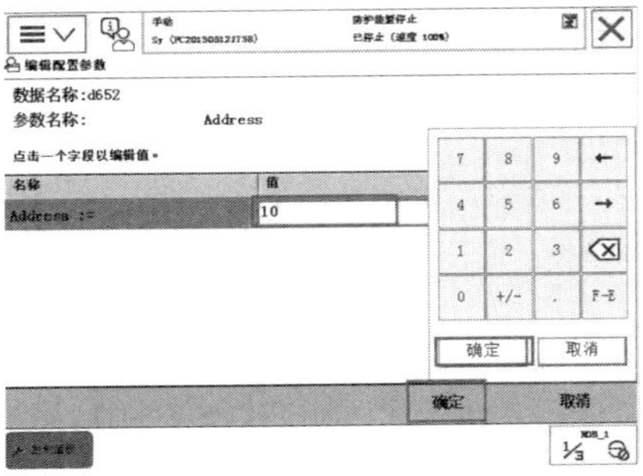	将实际 I/O 板的跳线地址输入，如 ABB 自带 I/O 板的地址为 10，单击“确定”，单击“确定”

续表 1-3-16

步骤	图示	说明
9	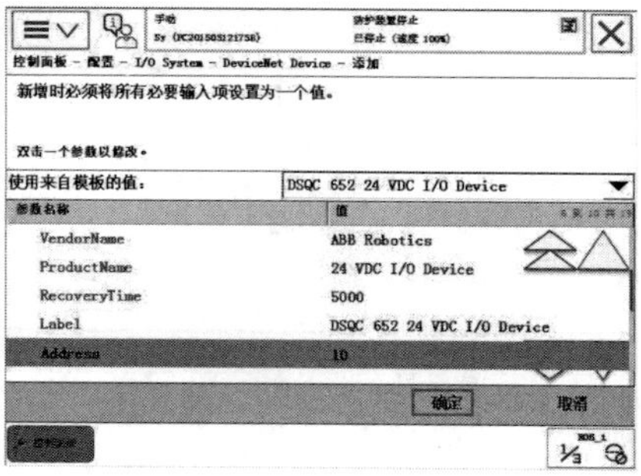	单击“确定”
10		单击“是”，控制器将重新启动，启动后就可以查看配置是否有效；单击“否”，控制器不重启，配置还未生效

2.I/O 信号的配置

根据相关知识，对 I/O 板进行信号的添加配置，见表 1-3-17，进行添加 16 个输入信号及 16 个输出信号，并记录。

表 1-3-17　I/O 信号的配置

步骤	图示	说明
1		在示教器主菜单中单击“控制面板”

续表 1-3-17

<table>
<tr><th>步骤</th><th>图示</th><th>说明</th></tr>
<tr><td>2</td><td>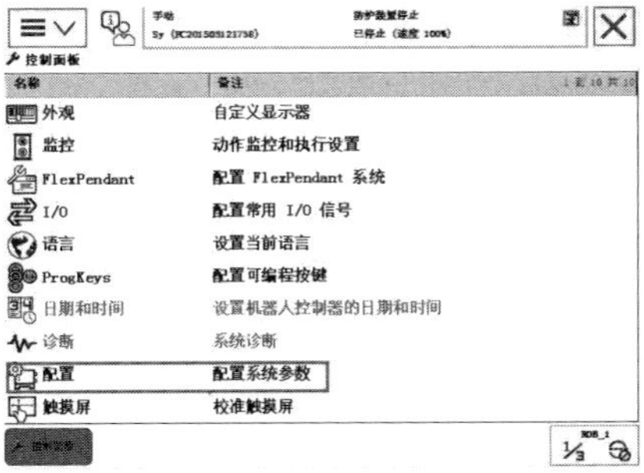
</td><td>单击“配置　配置系统参数”</td></tr>
<tr><td>3</td><td>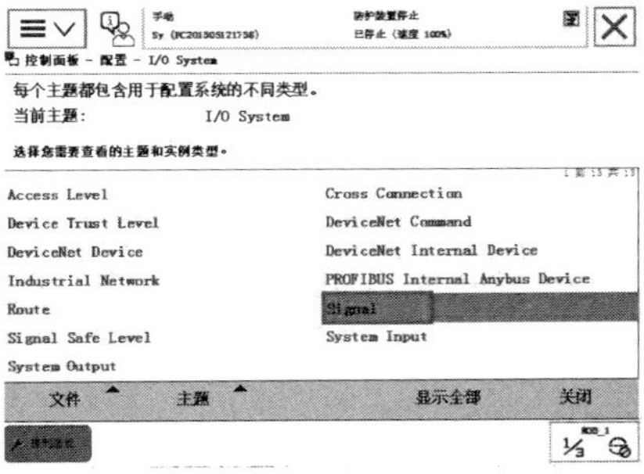
</td><td>单击“主题”，选择“I/O System”，在这个主题下选择“Signal”，双击或单击显示全部</td></tr>
<tr><td>4</td><td>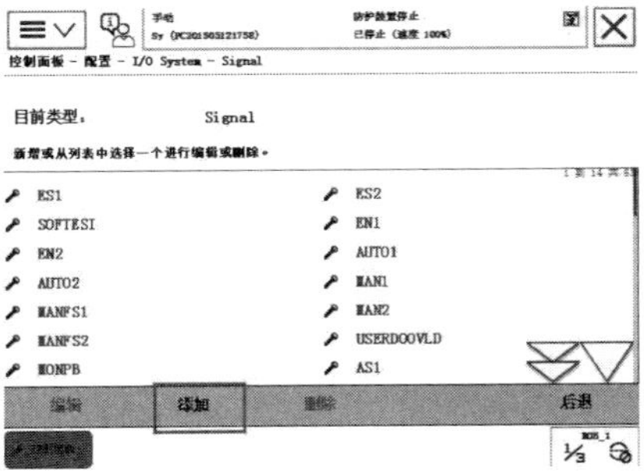
</td><td>单击“添加”</td></tr>
<tr><td>5</td><td>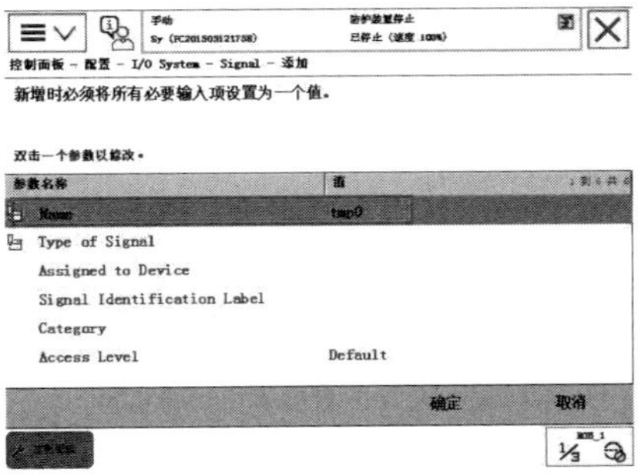
</td><td>单击“Name”，进行信号名称的命名</td></tr>
</table>

续表 1-3-17

步骤	图示	说明
6	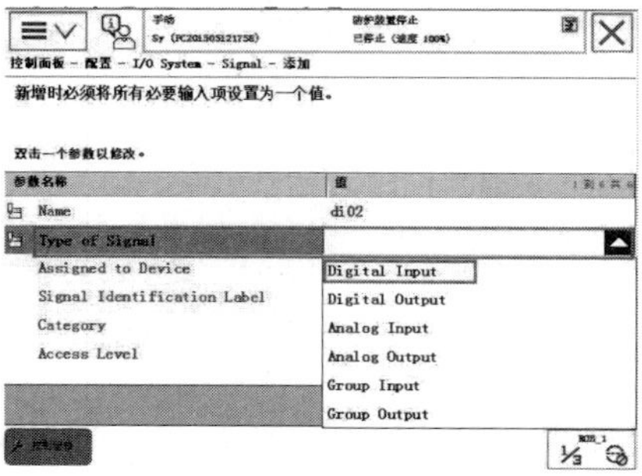	单击“Type of Signal”下拉菜单，选中想要配置的信号类型，如“Digital Input”
7	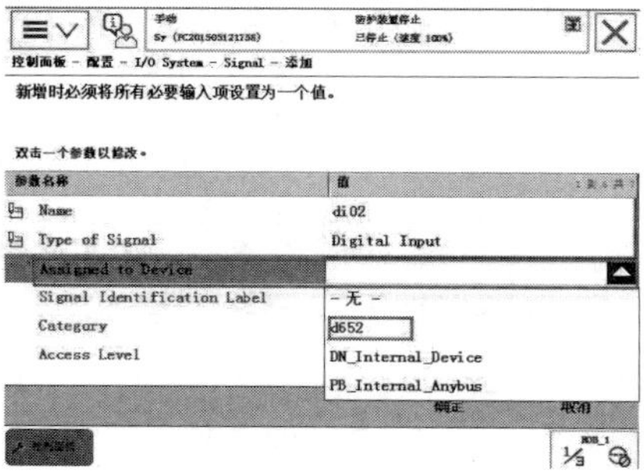	单击“Assigned to Device”下拉菜单，选择要在哪块I/O板上添加信号，如刚配置的板 d652
8	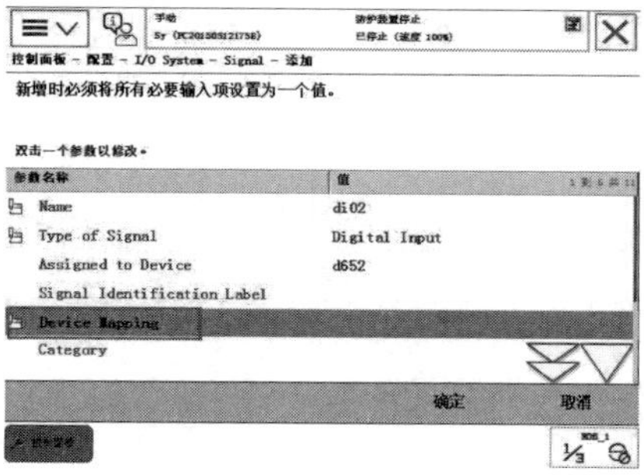	单击“Device Mapping”，进入在板上地址的设定，如 1 号地址
9	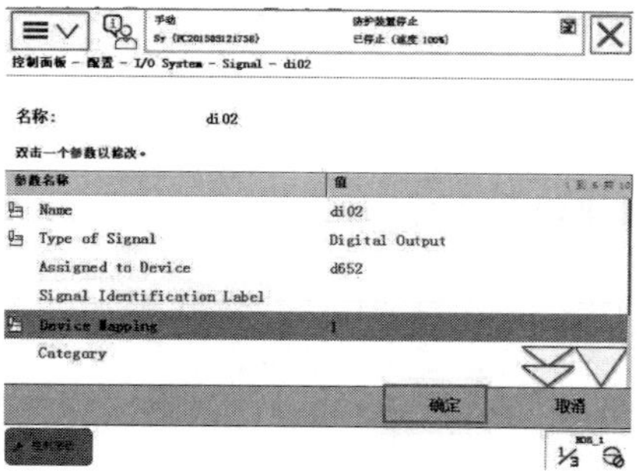	单击“确定”

续表 1-3-17

步骤	图示	说明
10	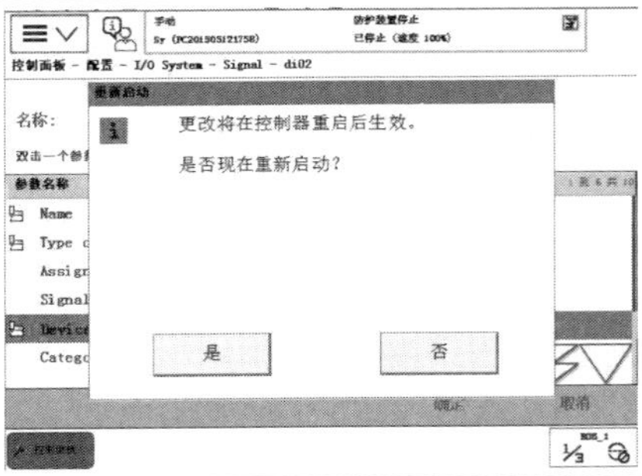	单击“是”，控制器将重新启动，启动后就可以查看配置是否有效；单击“否”，控制器不重启，配置还未生效
11	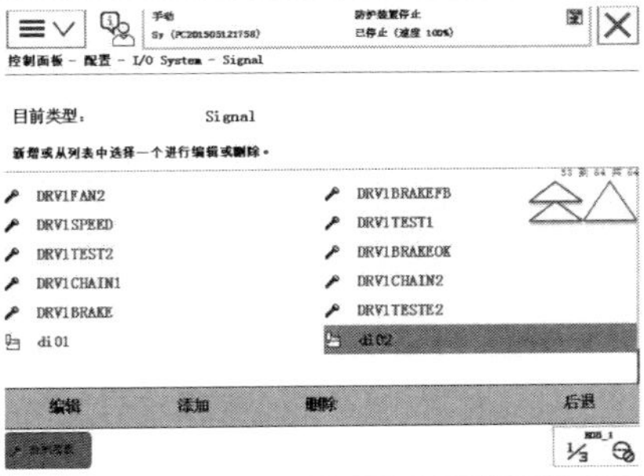	可根据本表第 4～10 步进行添加其他类型的信号，当所有需要的信号配置完成后，单击重启控制器
12	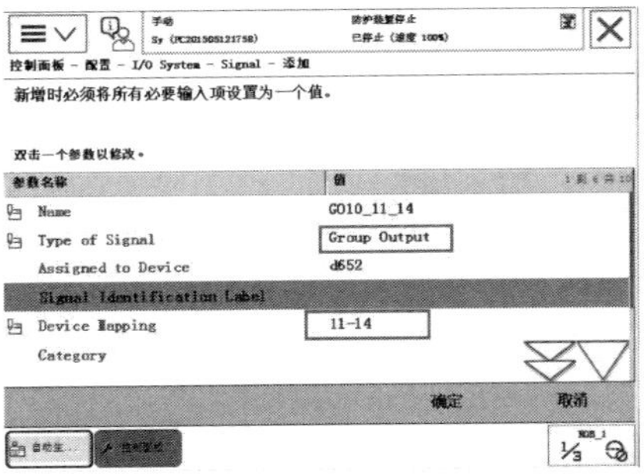	左图所示为组信号的配置样图，主要需要注意信号类型和板上地址的选择

3. 信号的监控与强制

在配置好 I/O 信号的前提下，对信号进行操作。信号监控方法见表 1-3-18。

表 1-3-18　信号监控查看步骤

步骤	图示	说明
1	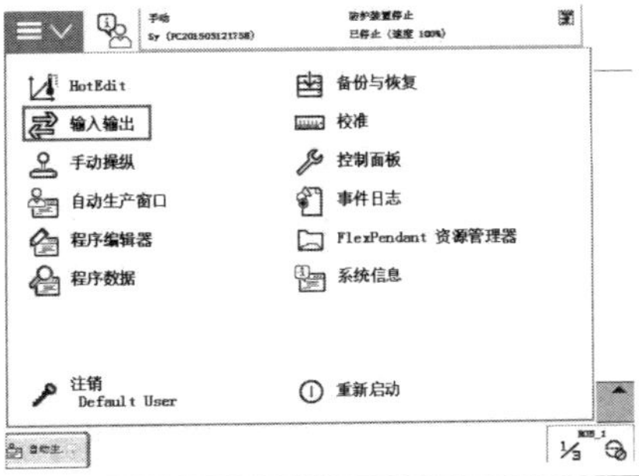	在示教器主菜单中单击“输入输出”

续表 1-3-18

步骤	图示	说明
2	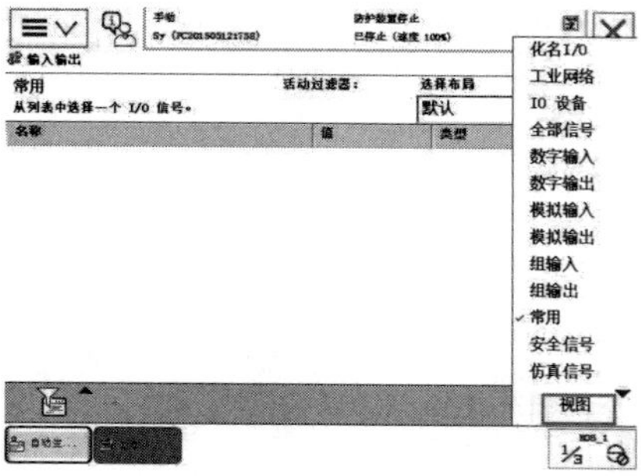	单击“视图”，选择要查看的信号类型
3	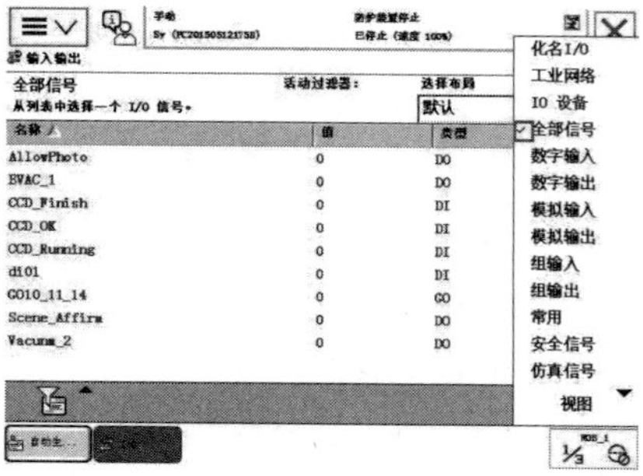	选择“全部信号”，可以看到该系统里现有配置的 I/O 信号
4	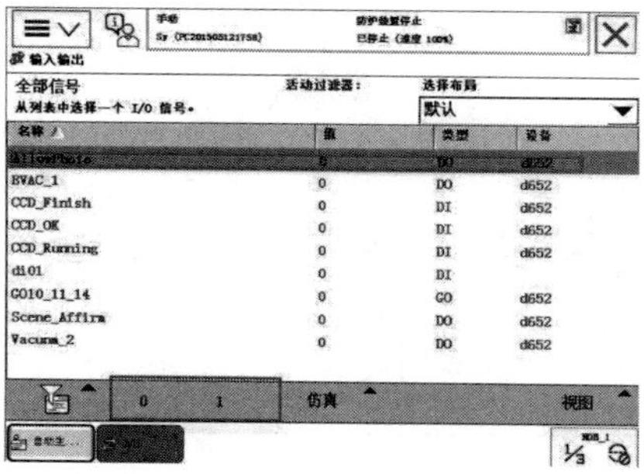	选中 DO 信号，可以点“0”进行强制复位，点“1”强制置位
5	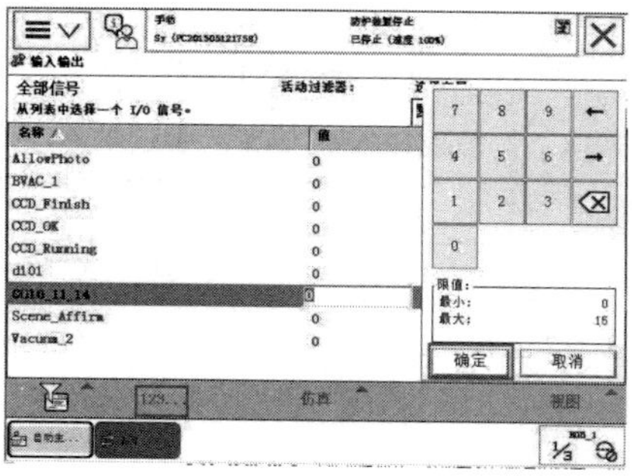	选中 GO 信号，单击“123 …”，进入数值输入界面，上面有最大最小值的提示，输入设定值，单击“确定”，就进行多位数字输出控制。＊查阅相关资料，将常用信号配置出来，方便监控；把可编程键进行设定，方便输出控制

思考题

1. 什么是示教器？
2. 机器人的坐标系分别是什么？
3. 如何进行机器人的数据备份？

第 4 章　ABB 机器人的程序数据

4.1　机器人程序数据

程序数据是在程序模块中或系统中设定的值或定义的一些环境数据。创建的程序数据可由同一个模块或其他模块中的指令进行调用。如图 1-4-1 所示，一条常用的机器人关节运动指令(MoveJ)调用了 4 个程序数据(表 1-4-1)。

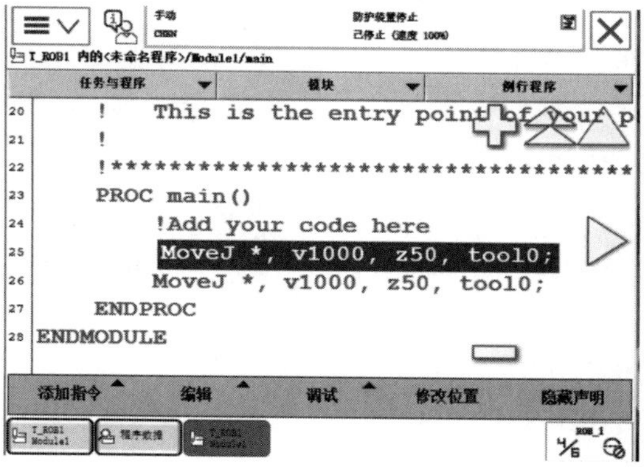

图 1-4-1　机器人关节运动指令 MoveJ

表 1-4-1　指令 MoveJ 调用的程序数据

程序数据	数据类型	说明
p1	robtarget	机器人运动目标位置数据
v200	speeddata	机器人运动速度数据
z50	zonedata	机器人运动转弯数据
tool0	tooldata	机器人工具数据 TCP

4.2　程序数据类型

4.2.1　程序数据存储类型

ABB 机器人的程序数据有 100 多个，并且可以根据实际情况进行创建，为 ABB 机器人的程序设计带来了无限可能。

在示教器的“程序数据”窗口可查看和创建编程所需要的程序数据，如图 1-4-2 所示。在窗口中，单击选择所需要的程序数据可以进行查看与创建的相关操作。

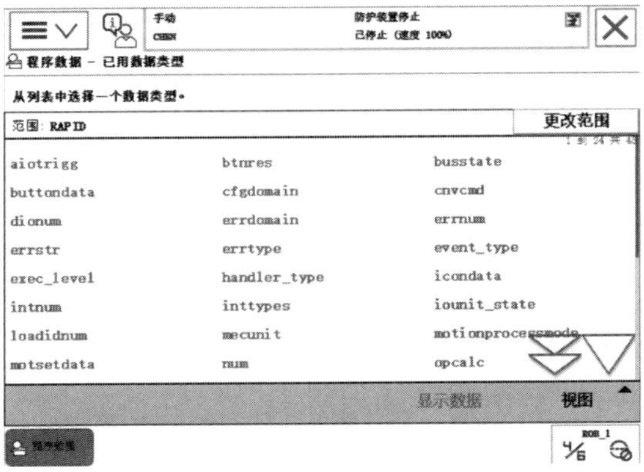

图 1-4-2　程序数据窗口

每个程序数据都有不同的存储方式，下面介绍几种常用的程序数据存储类型。

1. 变量 VAR

变量型数据在程序执行的过程中和停止时，会保持当前的值。但是，如果程序指针被移到主程序后，数据会丢失。

在机器人执行的 RAPID 程序中也可以对变量存储类型的程序数据进行赋值操作，如图 1-4-3 所示。其中

VAR num width:=0;名称为 width 的数字数据

VAR bool finished:=FALSE;名称为 finished 的布尔量数据

VAR string name:=“john”;名称为 name 的字符串数据

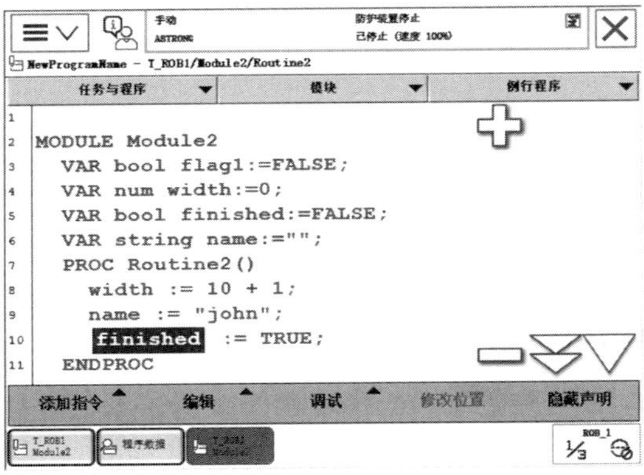

图 1-4-3　变量程序数据赋值操作

2. 可变量 PERS

可变量的特点是无论程序的指针如何，都会保持最后赋予的值。可变量 PERS 在程序编辑窗口中的显示如图 1-4-4 所示。其中

PERS num nbr:=0;名称为 nbr 的数字数据

PERS string text:="Hello";名称为 text 的字符串数据

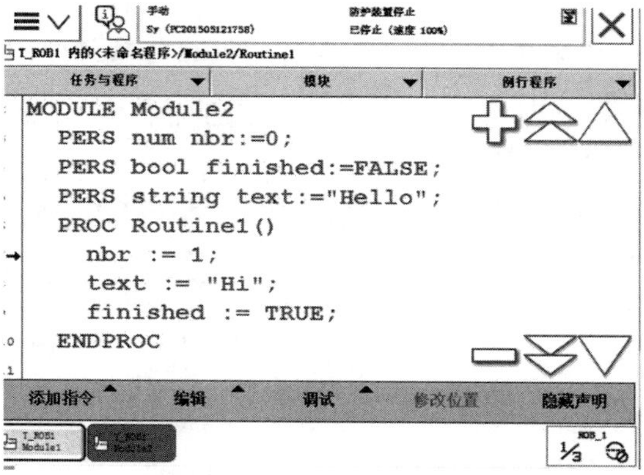

图 1-4-4　可变量程序数据赋值操作

3. 常量 CONST

常量的特点是在定义时已赋予了数值,并不能在程序中修改,除非手动修改。常量 CONST 在程序编辑窗口中的显示如图 1-4-5 所示。其中

CONST num gravity:=9.81;名称为 gravity 的数字数据

CONST string greating:="hello";名称为 greating 的字符数据

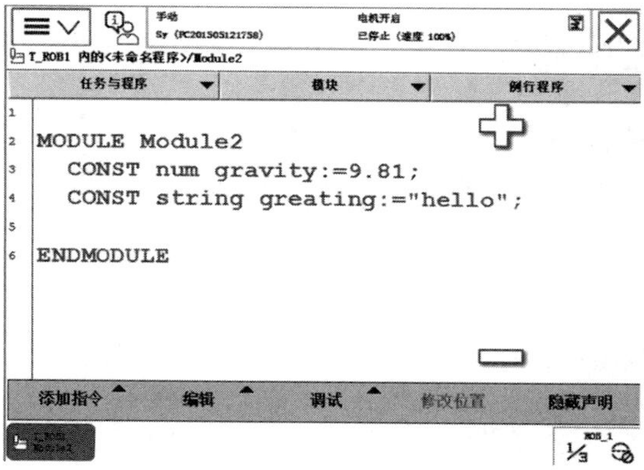

图 1-4-5　常量程序数据赋值操作

4.2.2　常用程序数据

根据不同的数据用途,机器人定义了不同的程序数据。系统中还有针对一些特殊功能的程序数据,也可根据需要新建程序数据类型。ABB 工业机器人系统常用的程序数据见表 1-4-2。

表 1-4-2　ABB 工业机器人系统常用程序数据

程序数据	说明	程序数据	说明
bool	布尔量	pos	位置数据(只有 X、Y、Z)
byte	整数数据 0～255	pose	坐标转换

续表 1-4-2

程序数据	说明	程序数据	说明
clock	计时数据	robjoint	机器人轴角度数据
signaldi/do	数字输入/输出信号	robtarget	机器人与外轴位置数据
extjoint	外轴位置数据	speeddata	机器人与外轴速度数据
intnum	中断标识符	string	字符串
jointtarget	关节位置数据	tooldata	工具数据
loaddata	有效载荷	trapdata	中断数据
mecunitt	机械装置数据	wobjdata	工件数据
num	数值数据	zonedata	TCP 转弯半径数据
orient	姿态数据		

4.3 建立程序数据

在 ABB 工业机器人系统中，可以通过 2 种方式建立程序数据。一种是直接在示教器中的程序数据画面中建立程序数据，另一种是在建立程序指令时，同时自动生成对应的程序数据（详见程序指令）。在进行正式的编程之前，需要构建必要的编程环境，其中有 3 个关键的程序数据（工具数据 tooldata、工件数据 wobjdata、有效载荷 loaddata）需要在编程前进行定义。

4.3.1 工具数据 tooldata 的设定

1. 工具数据

工具数据 tooldata 是用于描述安装在机器人第 6 轴上的工具的工具中心点（tool center point，TCP）、质量、重心等参数数据。不同的机器人系统一般应配置不同的工具，如弧焊机器人使用弧焊枪作为工具，而用于搬运板材的机器人就会使用吸盘式夹具作为工具。不同工具的 TCP 也有所不同，如图 1-4-6 所示。

所有机器人在手腕处都有一个预定义工具坐标系，该坐标系被称为 tool0。这个默认的工具坐标系（tool0）的工具中心点（TCP）位于机器人安装法兰的中心，如图 1-4-7 所示。这样，在实际编程中就能将一个或多个新工具坐标系定义为 tool0 的偏移值。

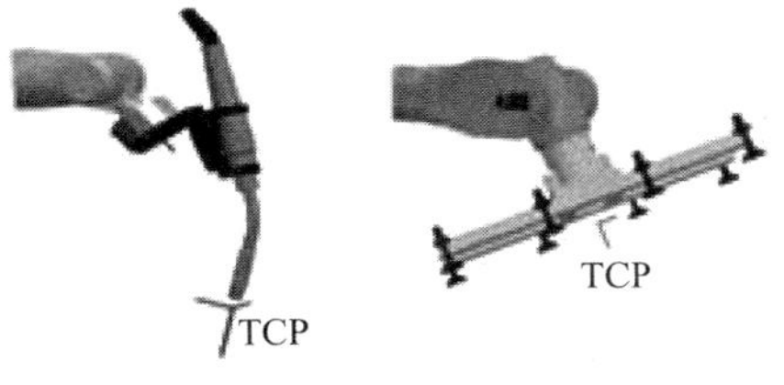

图 1-4-6 不同工具的 TCP

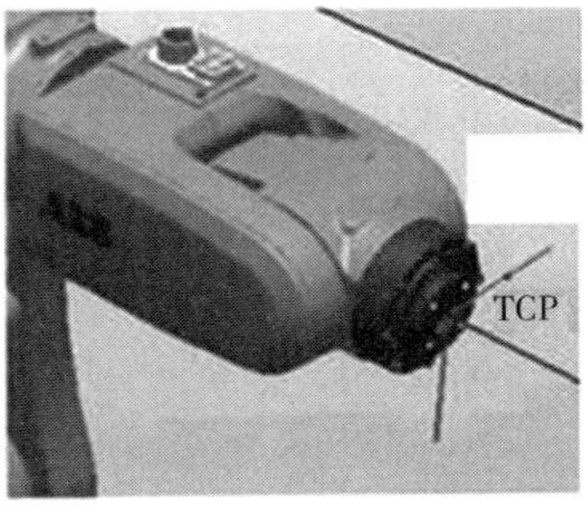

图 1-4-7 默认的 TCP

执行程序时，机器人将 TCP 移至编程位置。如果要更改工具以及工具坐标系，机器人的移动将随之更改，以便新的 TCP 到达目标。

2. TCP 的设定方法

(1)首先在机器人工作范围内找一个非常精确的固定点作为参考点。

(2)然后在机器人已安装的工具上确定一个参考点(最好是工具的中心点)。

(3)手动操纵机器人去移动工具上的参考点，以 4 种以上不同的机器人姿态尽可能与固定点刚好碰上。

(4)为了获得更准确的 TCP，通常使用 6 点法进行操作。前 3 个点的姿态相差尽量大，以利于提高 TCP 的精度。第 4 个点是用工具的参考点垂直于固定点，第 5 个点是工具参考点从固定点向将要设定为 TCP 的 X 轴方向移动，第 6 个点是工具参考点从固定点向将要设定为 TCP 的 Z 轴方向移动。

(5)机器人通过对以上各点的位置数据计算求得 TCP 的数据，然后将 TCP 的数据保存在 tooldata 程序数据中被程序调用。

(6)根据实际情况设定工具的质量和重心位置数据，使定义的 TCP 数据有效(基于 tool0 的偏移值数据)。

TCP 取点数量的区别：①4 点法，不改变 tool0 的坐标方向；②5 点法，改变 tool0 的 Z 坐标方向；③6 点法，改变 tool0 的 X 和 Z 坐标方向(在焊接方面最为常用)。在设置点 X、Z 坐标时，参考点离开固定点的距离一般要求在 20～50 mm。

3. TCP 单元的安装

为了便于 TCP 的设定，通常选择一个 TCP 定位单元，用固定螺丝将其安装在机器人工作平台上(图 1-4-8)，用于在机器人工作范围内确定一个非常精确的固定点作为参考点(如绘图笔尖)。

选择轨迹描绘夹具(绘图笔夹具)用 4 个 M5 螺丝将其固定安装在机器人 J6 轴的连接法兰上，如图 1-4-9 所示，用于在 TCP 设定中，便于在机器人 J6 轴的工具上确定一个合适的参考点。

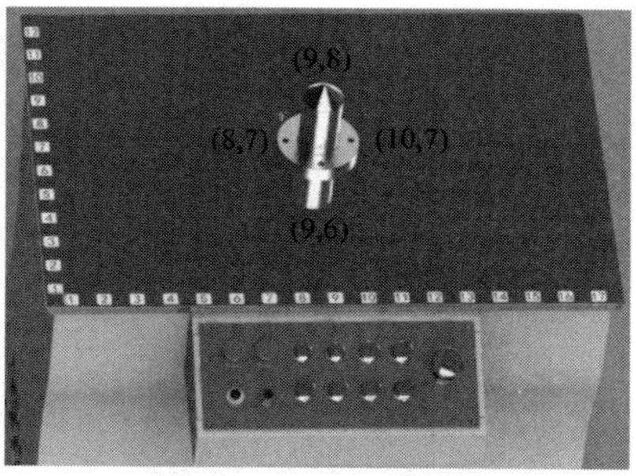

图 1-4-8　TCP 定位单元安装

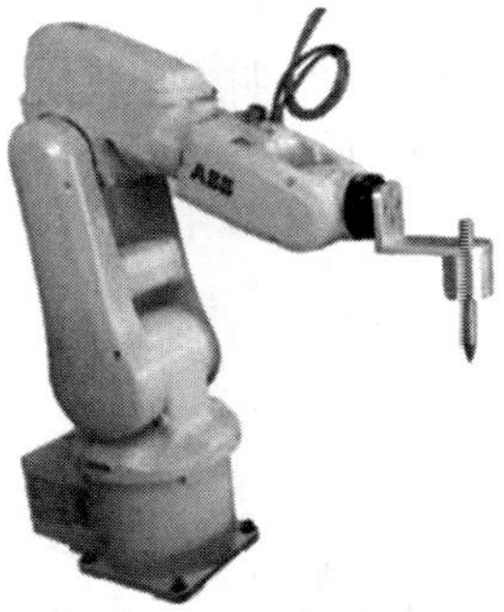

图 1-4-9　绘图笔夹具的安装

4.3.2　工件数据 wobjdata 的设定

工件数据对应工件，它定义工件相对于大地坐标系(或其他坐标系)的位置。机器人可以拥有若干工件坐标系，或者表示不同工件，或者表示同一工件在不同位置的若干副本。

对机器人进行编程时就是在工件坐标系中创建目标和路径，如图 1-4-10 所示。其优点是：①重新定位工作站中的工件时，只需更改工件坐标系的位置，所有路径将随之更新；②允许操作以外轴或传送导轨移动的工件，因为整个工件可连同其路径一起移动。

图 1-4-10 中，A 是机器人的大地坐标系。为了方便编程，为第一个工件建立了一个工件坐标 B，并在这个工件坐标 B 中进行轨迹编程。

如果台子上还有一个一样的工件需要走一样的轨迹，那只需要建立一个工件坐标 C，将工件坐标 B 中的轨迹复制一份，然后将工件坐标从 B 更新为 C，则无须对一样的工件做重复的轨迹编程了。

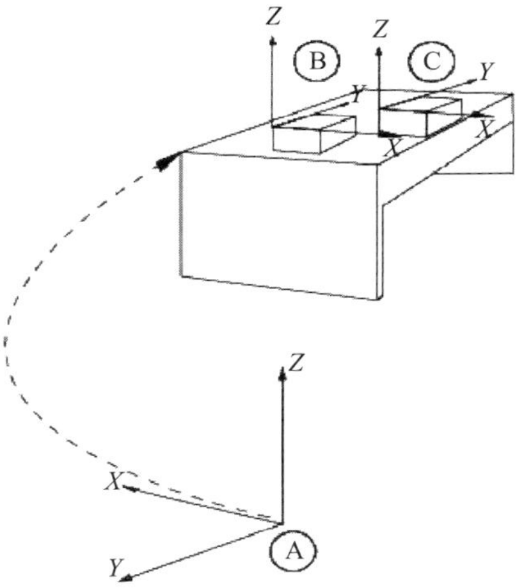

图 1-4-10　工件坐标系

4.3.3　有效载荷 loaddata 的设定

对于搬运应用的机器人，应该正确设定其夹具的质量、重心数据 tooldata 以及搬运对象的质量和重心数据 loaddata。其中，tooldata 是基于工业机器人法兰盘中心 tool0 来设定的。其有效载荷参数见表 1-4-3。

表 1-4-3　有效载荷参数表

名称	参数	单位
有效载荷质量	Load. mass	kg
有效载荷重心	Load. cog. x Load. cog. y Load. cog. z	mm
力矩轴方向	Load. aom. q1 Load. aom. q2 Load. aom. q3 Load. aom. q4	
有效载荷的转动惯量	Ix Iy Iz	kg · m^2

在工具数据 tooldata 和有效载荷 loaddata 设定中，需要用户自己测算工具的质量和重心，然后填写参数进行设置，这必然会产生一定的误差。通常可通过使用工具自动识别程序来解决这个问题。

工具自动识别程序 LoadIdentify 是 ABB 开发的用于机器人自动识别安装在第 6 轴法兰盘上的工具数据、有效载荷数据的质量及重心。在手持工具应用中，可使用 LoadIdentify 识别工具的质量和重心；在手持夹具应用中，可使用 LoadIdentify 识别夹具和搬运对象的质量和重心。工具自动识别程序 LoadIdentify 的设定可查阅相关资料。

4.3.4 程序数据 robtarget 的建立与修改

1. 机器人点位置数据 robtarget 的建立

直接在示教器中的程序数据画面中，建立机器人点位置数据的步骤与说明见表1-4-4。

表 1-4-4 机器人点位置数据 robtarget 的建立

步骤	图示	说明
1		在示教器主菜单中单击“程序数据”
2	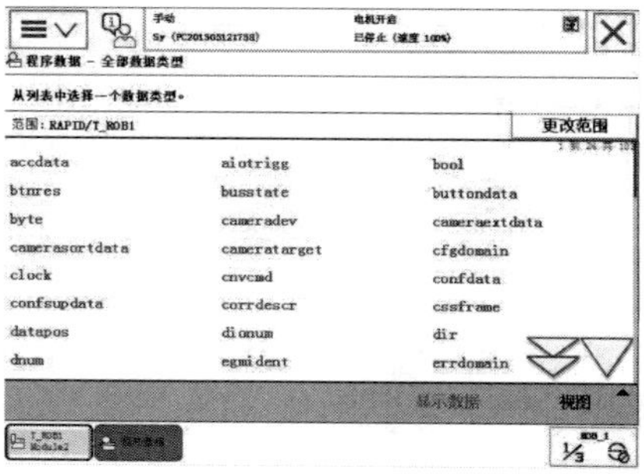	单击“视图”选择“全部数据类型”
3	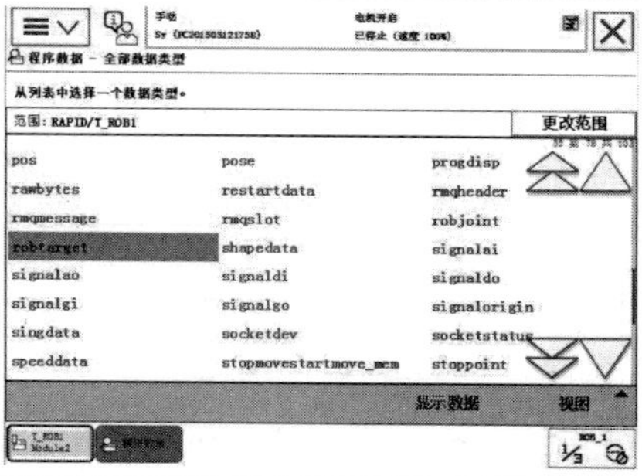	选中数据类型“robtarget”，单击“显示数据”
4	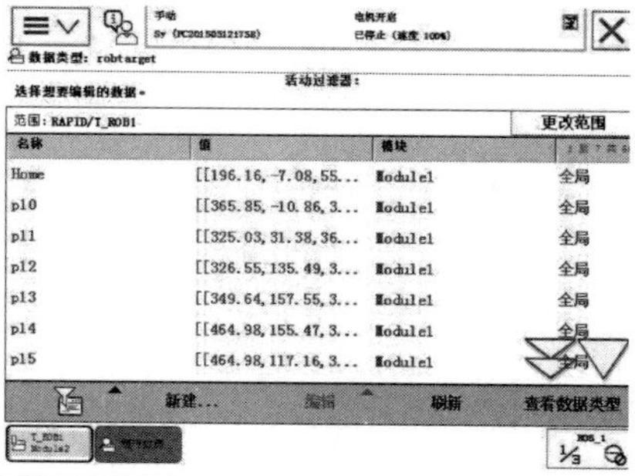	单击“新建 …”，新建一个 robtarget 数据

续表 1-4-4

<table>
<tr><th>步骤</th><th>图示</th><th>说明</th></tr>
<tr><td>5</td><td>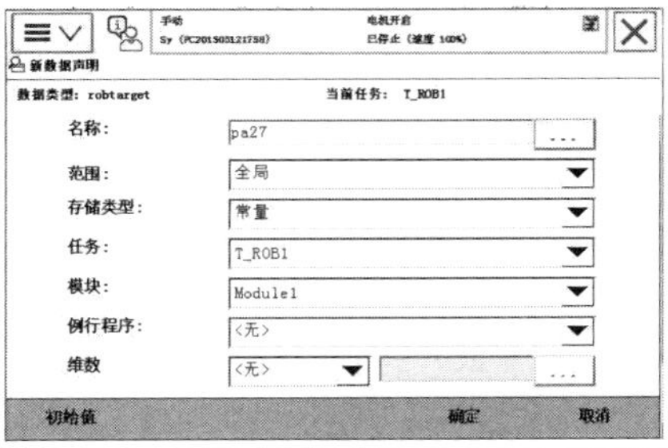
</td><td>单击“…”进行名称的设定，如 pa27；单击下拉菜单选择对应参数；然后单击“确定”</td></tr>
<tr><td>6</td><td>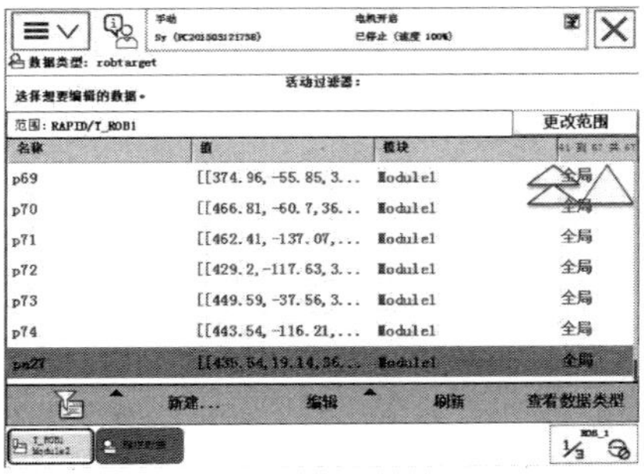
</td><td>完成名称为“pa27”的点位置数据 robtarget 的创建</td></tr>
</table>

2. 机器人点位置数据 robtarget 的修改

机器人点位置数据 robtarget 修改的步骤与说明见表 1-4-5。

表 1-4-5　机器人点位置数据 robtarget 修改

<table>
<tr><th>步骤</th><th>图示</th><th>说明</th></tr>
<tr><td>1</td><td>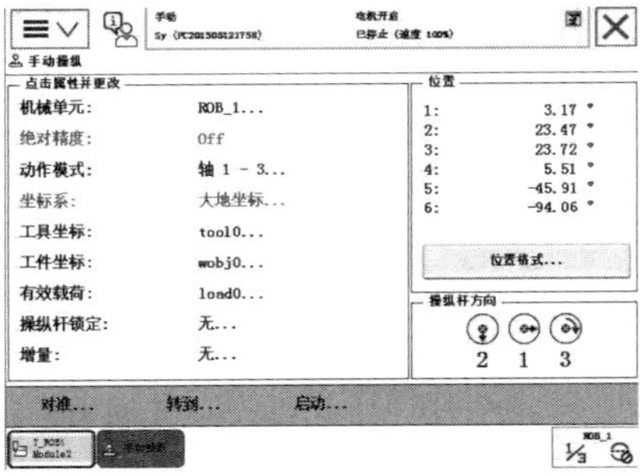
</td><td>手动模式下打开示教器手动操纵界面，将“工具坐标”选为修改点所用工具坐标，如“tool0”，“工件坐标”选为修改点所在的工件坐标，如“wobj0”</td></tr>
<tr><td>2</td><td>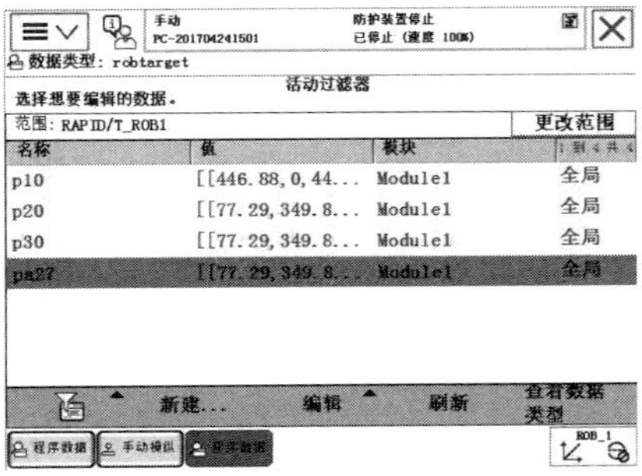
</td><td>在示教器“程序数据”窗口，选中数据类型“robtarget”，单击“显示数据”，选择所要修改的点，如 pa27</td></tr>
</table>

续表 1-4-5

步骤	图示	说明
3	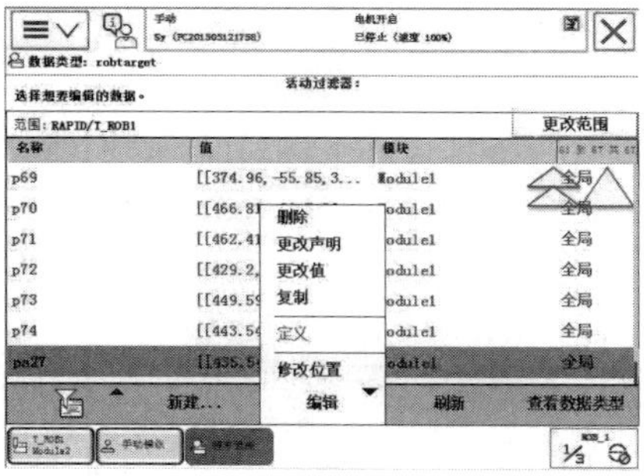	手动操纵机器人到所要修改点的位置；单击“编辑”中的“修改位置”。完成点位置数据 pa27 的修改
4	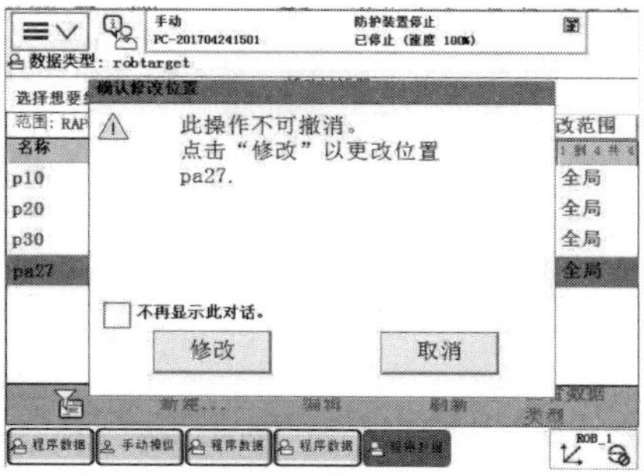	单击“修改”，完成点位置数据 pa27 的修改

二维码 4-1
三个重要的程序数据——tooldata

4.4 三个重要程序数据的设定方法

4.4.1 工具数据 tooldata 的设定方法

1. 轨迹描绘夹具的工具数据设定

轨迹描绘夹具的工具数据设定的步骤与说明见表 1-4-6。

表 1-4-6 轨迹描绘夹具的工具数据设定

步骤	图示	说明
1	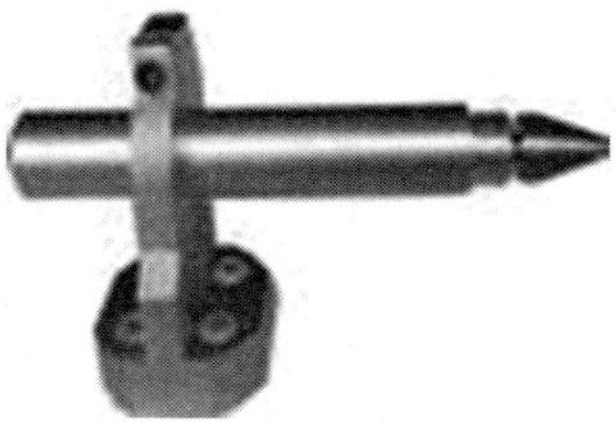	轨迹描绘夹具（绘图笔）的质量是 0.5 kg，重心在默认 tool0 的 Z 轴正方向上偏移 60 mm，TCP 设定在夹具的最下端中心，从默认 tool0 的 Z 轴正方向上偏移 115 mm

续表 1-4-6

<table>
<tr><th>步骤</th><th>图示</th><th>说明</th></tr>
<tr><td>2</td><td>
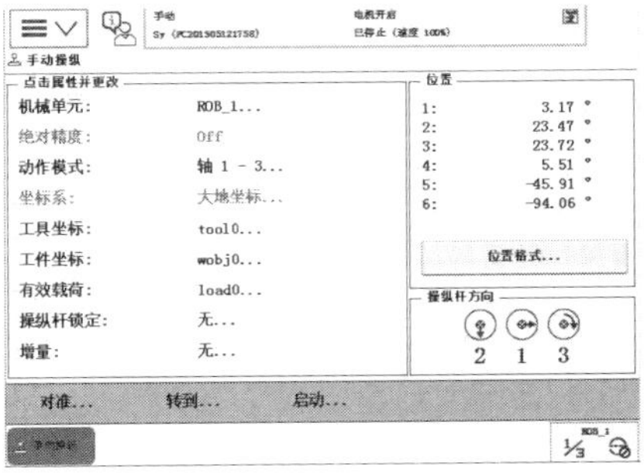

</td><td>进入示教器“手动操纵”界面，选中“工具坐标”</td></tr>
<tr><td>3</td><td>
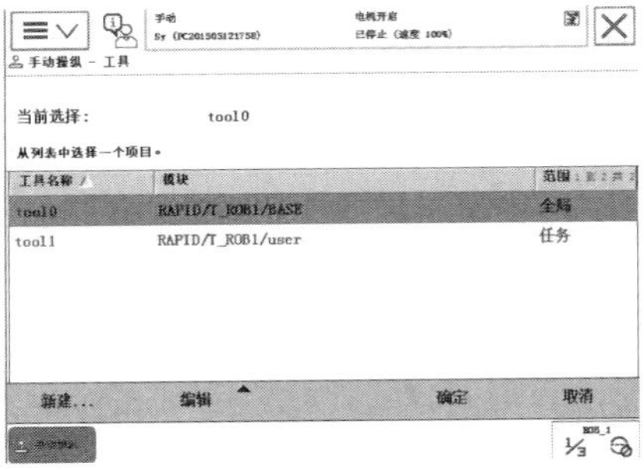

</td><td>选中“tool0”，然后单击“新建...”</td></tr>
<tr><td>4</td><td>
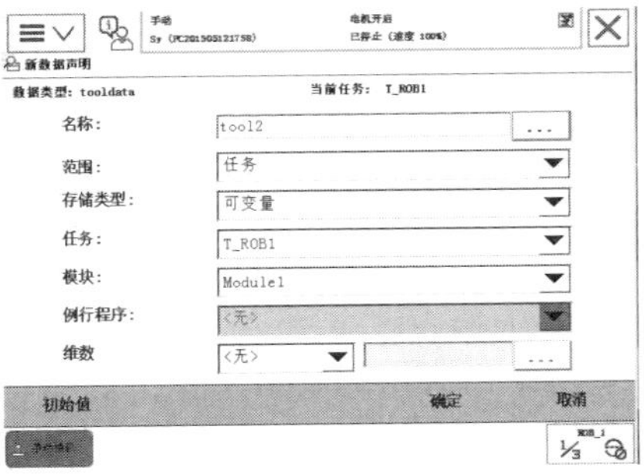

</td><td>单击“...”进行名称设定；单击下拉菜单选择对应参数；然后单击“确定”。
* 按要求对工具数据属性进行设定</td></tr>
<tr><td>5</td><td>
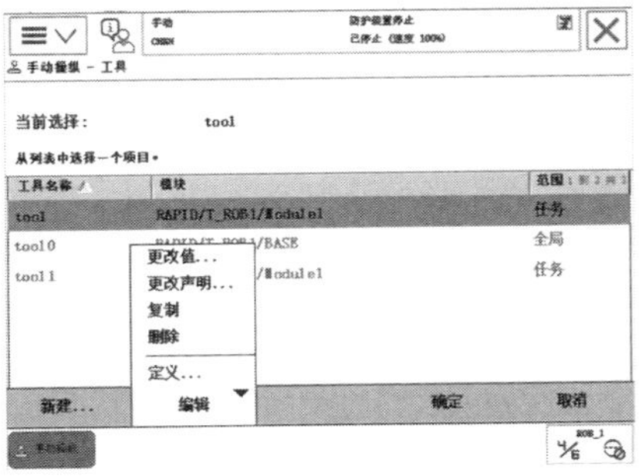

</td><td>选中“tool1”，单击“编辑”中的“定义...”</td></tr>
</table>

续表 1-4-6

步骤	图示	说明
6	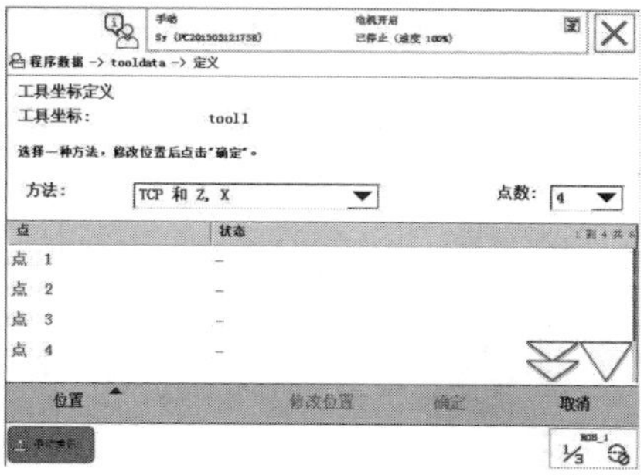	单击“方法:”下拉菜单，选中“TCP 和 Z,X”，使用 6 点法设定 TCP(建立绘图笔 TCP)
7	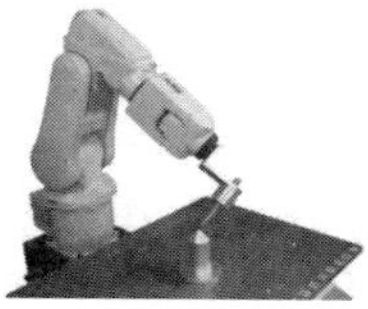	选择合适的手动操作模式，按下使能键，操作操纵杆使工具参考点靠上固定点(使绘图笔的尖端与 TCP 定位器的尖端相碰)，作为第 1 个点
8	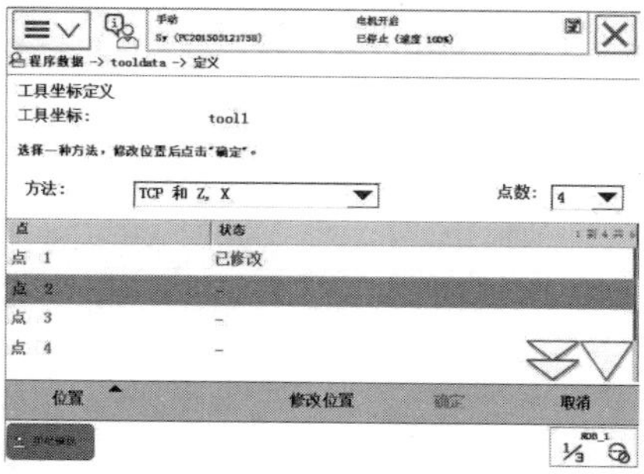	单击“修改位置”，将点 1 位置记录下来
9	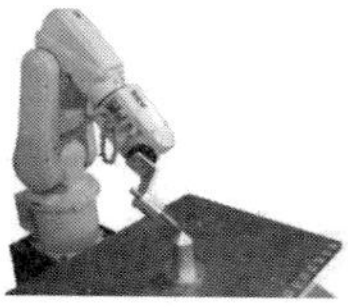	操作操纵杆使工具参考点以如左图姿态靠上固定点，作为第 2 个点
10	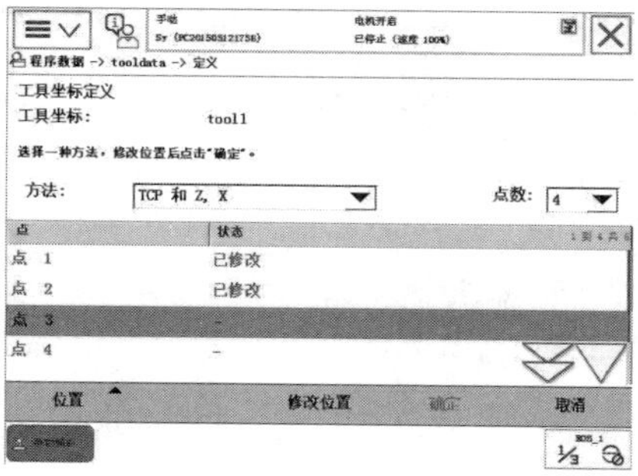	单击“修改位置”，将点 2 位置记录下来

续表 1-4-6

步骤	图示	说明
11		操作操纵杆使工具参考点以此姿态靠上固定点，作为第 3 个点
12	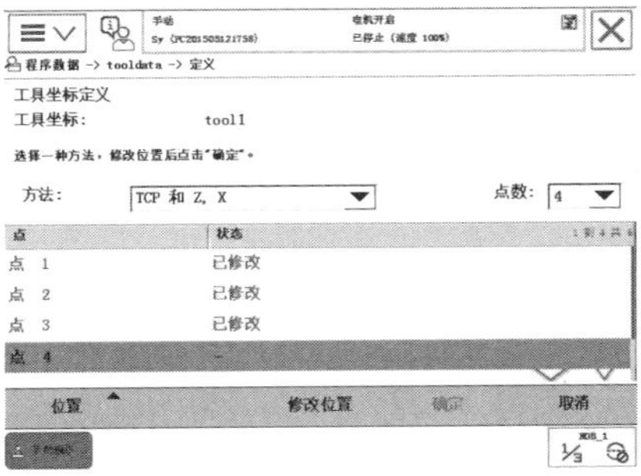	单击"修改位置"，将点 3 位置记录下来
13	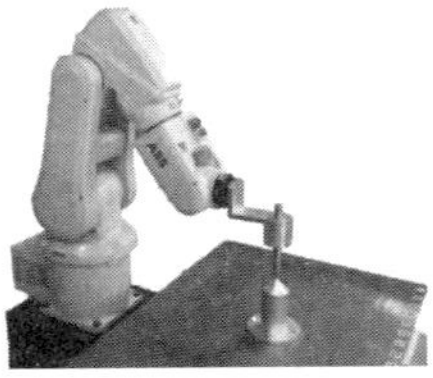	操作操纵杆使工具参考点以此姿态垂直靠上固定点，作为第 4 个点
14	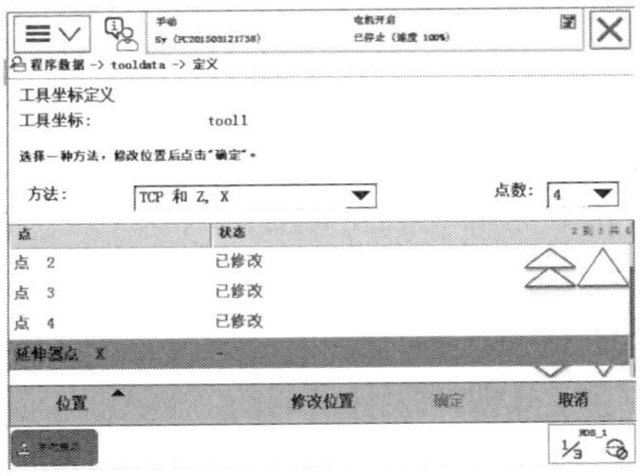	单击"修改位置"，将点 4 位置记录下来
15	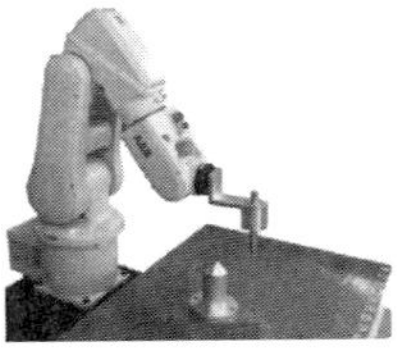	工具参考点以点 4 的姿态从固定点移动到 TCP 的 X 轴正方向

续表 1-4-6

<table>
<tr><th>步骤</th><th>图示</th><th>说明</th></tr>
<tr><td>16</td><td>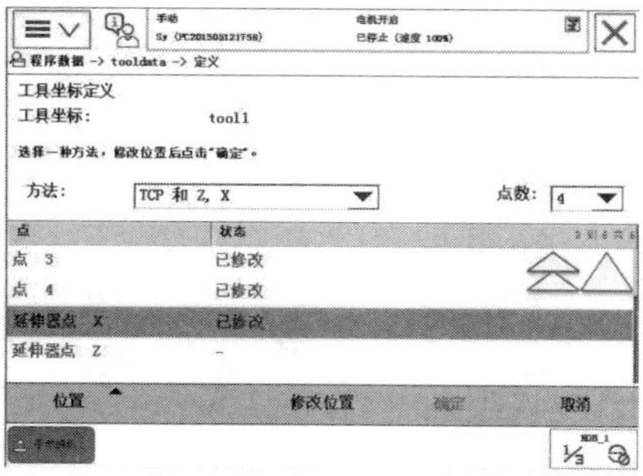
</td><td>单击“修改位置”，将延伸器点 X 位置记录下来</td></tr>
<tr><td>17</td><td>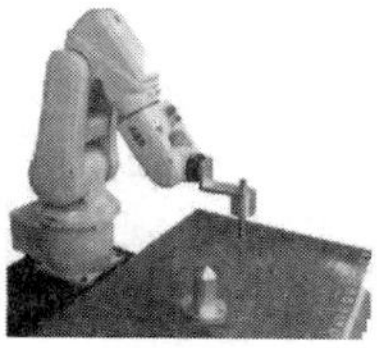</td><td>工具参考点以此姿态从固定点移动到 TCP 的 Z 轴正方向(可自己定义)</td></tr>
<tr><td>18</td><td>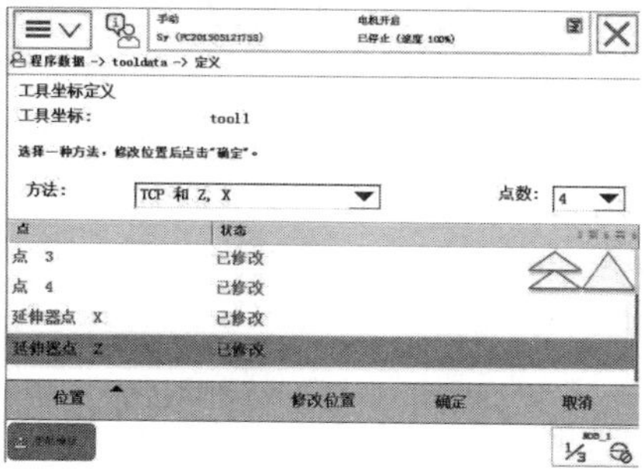
</td><td>单击“修改位置”，将延伸器点 Z 位置记录下来；单击“确定”完成设定</td></tr>
<tr><td>19</td><td>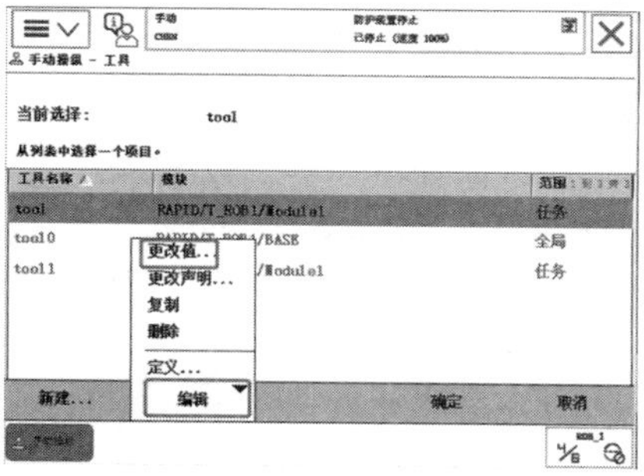
</td><td>选中“tool1”，单击“编辑”中的“更改值 ...”，对 tool1 工具数据进行设定</td></tr>
<tr><td>20</td><td>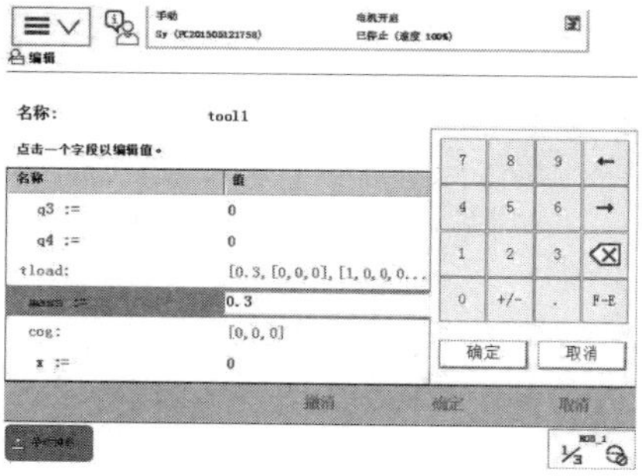
</td><td>根据实际情况设定工具质量(mass，单位：kg)数据</td></tr>
</table>

续表 1-4-6

步骤	图示	说明
21	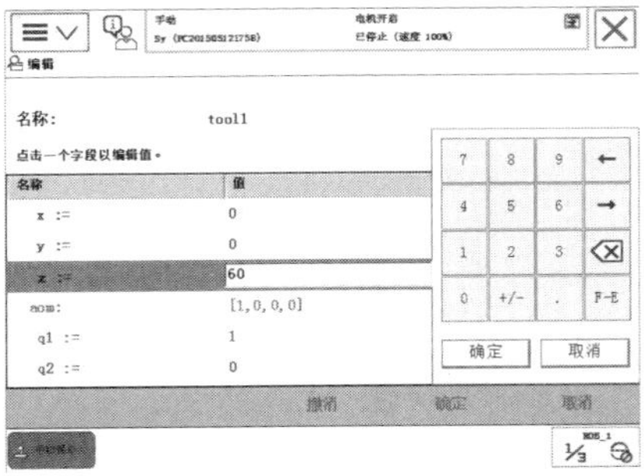	设定工具重心 cog 的位置数据（此重心是基于 tool0 的偏移值，单位：mm）
22	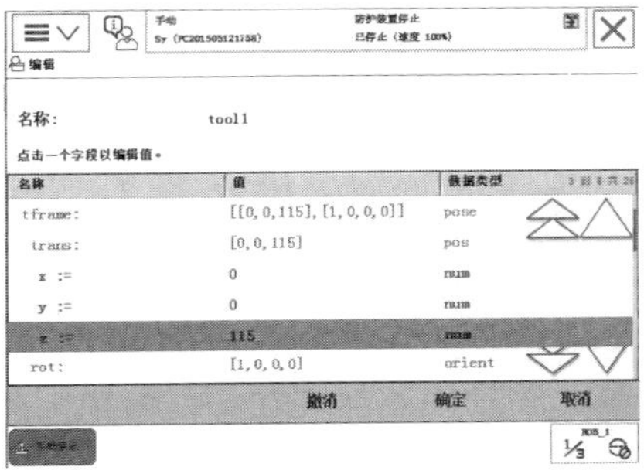	设定 TCP 的偏移数据 trans（此偏移是基于 tool0 的 TCP 偏移值，单位：mm），然后单击“确定”。 ＊工具数据设定完后单击“确定”回到工具坐标选项界面
23	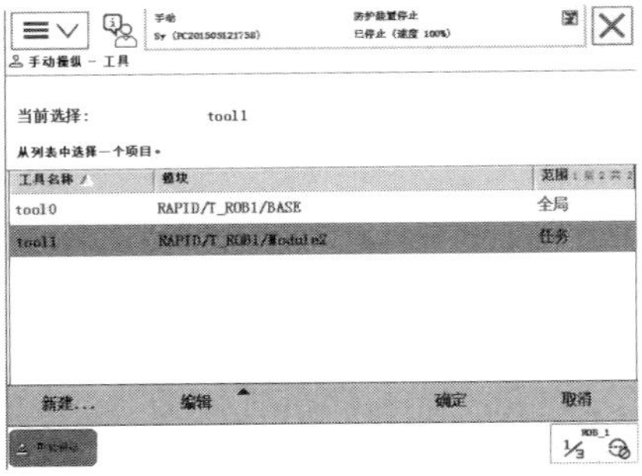	在工具坐标选项界面选中“tool1”，单击“确定”
24	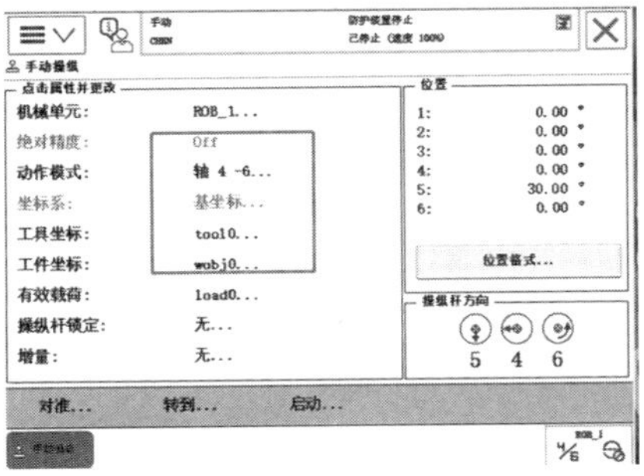	在手动窗口，动作模式选定为“重定位…”，坐标系选定为“工具…”，工具坐标选定为“tool1…”

续表 1-4-6

步骤	图示	说明
25	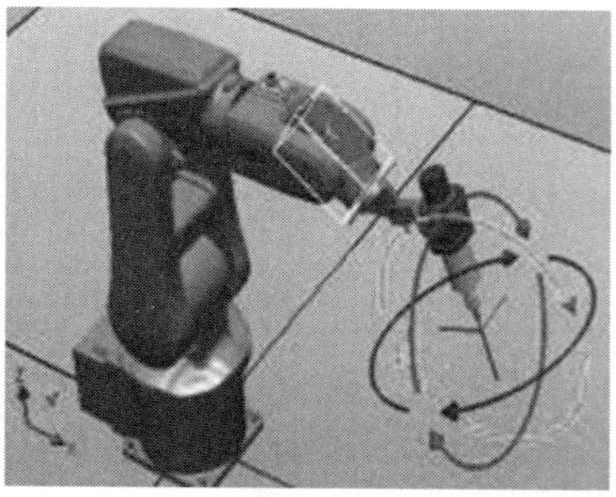	使用摇杆将工具参考点靠上固定点，然后在重定位模式下手动操作机器人，如果TCP设定精确的话，可以看到工具参考点与固定点始终保持接触，而机器人会根据重定位操作改变姿态

2. 搬运吸盘夹具的工具数据设定

搬运吸盘夹具的工具数据设定的步骤与说明见表 1-4-7。

表 1-4-7 搬运吸盘夹具的工具数据设定

步骤	图示	说明
1	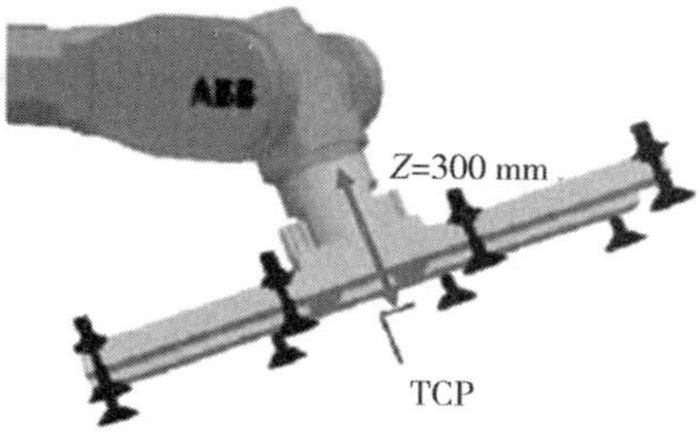	搬运吸盘夹具的质量是25 kg，重心在默认 tool0 的 Z 轴正方向上偏移 250 mm，TCP 设定在吸盘的接触面上，从默认 tool0 的 Z 轴正方向偏移了 300 mm
2	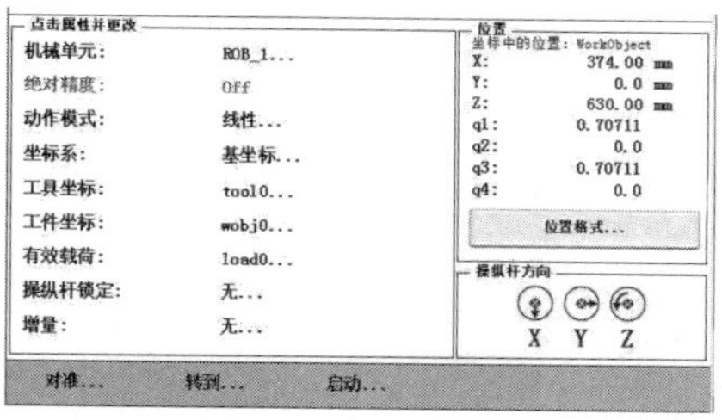	进入示教器“手动操纵”界面，选中“工具坐标”
3	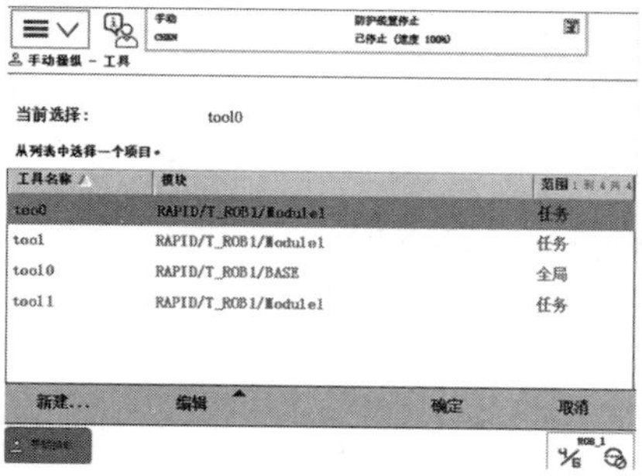	选中“tool0”，然后单击“新建...”

续表 1-4-7

步骤	图示	说明
4	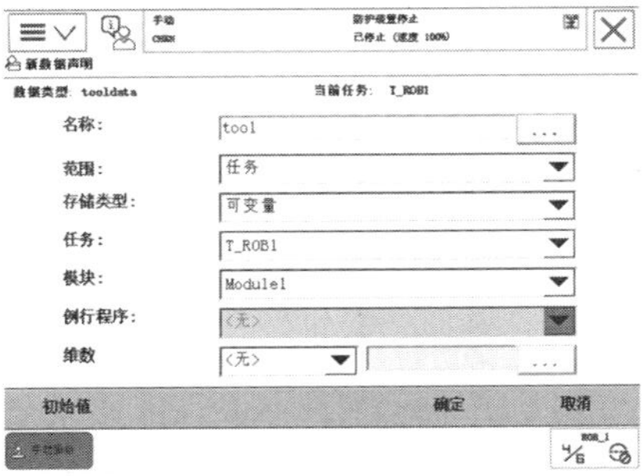	根据需要设定新建工具坐标数据的属性(一般不需要修改),单击"初始值"
5	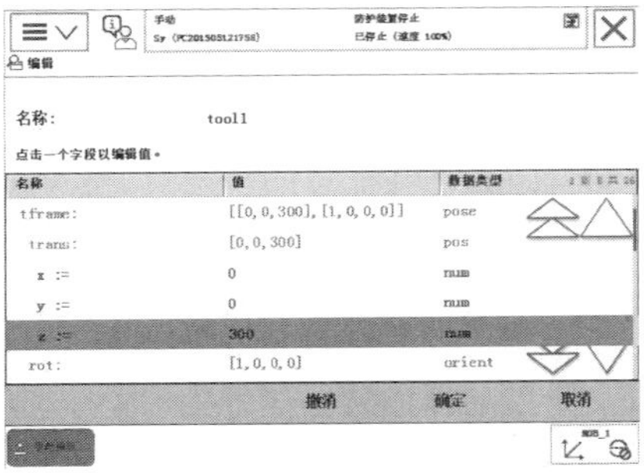	TCP 设定在吸盘的接触面上,从 tool0 的 Z 轴正方向偏移了 300 mm,在此画面中设定对应的数值
6	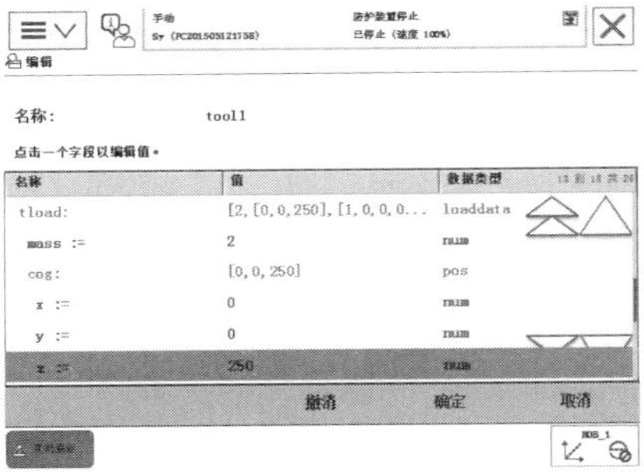	此工具质量是 2 kg,重心在 tool0 的 Z 轴正方向偏移 250 mm,在界面中设定对应的数值,然后单击"确定",设定完成

4.4.2　工件数据 wobjdata 的设定方法

工件数据 wobjdata 设定的步骤与说明见表 1-4-8。

二维码 4-2
三个重要的程序数据——wobjdata

表 1-4-8　工件数据 wobjdata 的设定

步骤	图示	说明
1	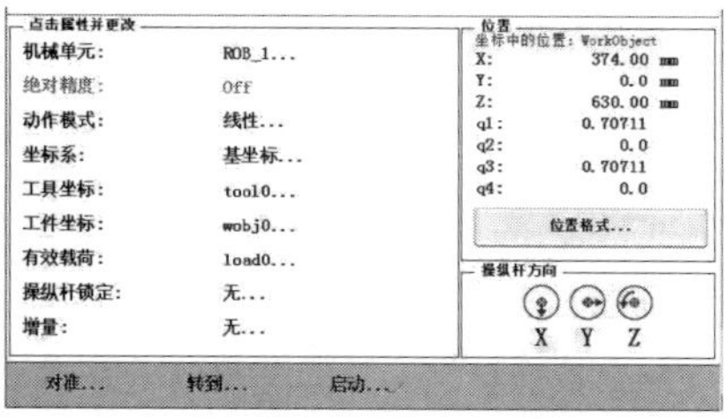	进入示教器"手动操纵"界面,选中"工件坐标"
2	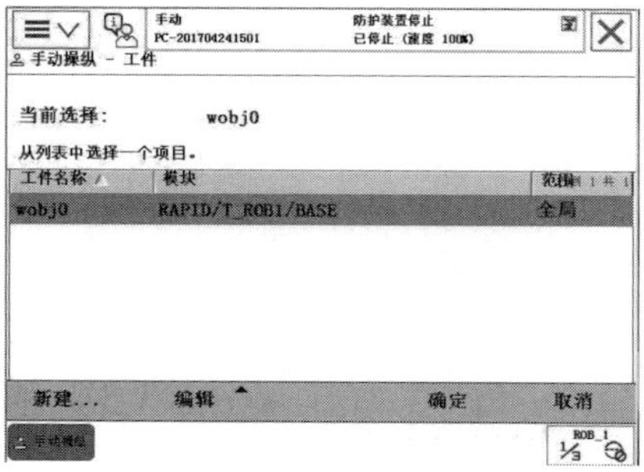	选中"wobj0",然后单击"新建…"
3	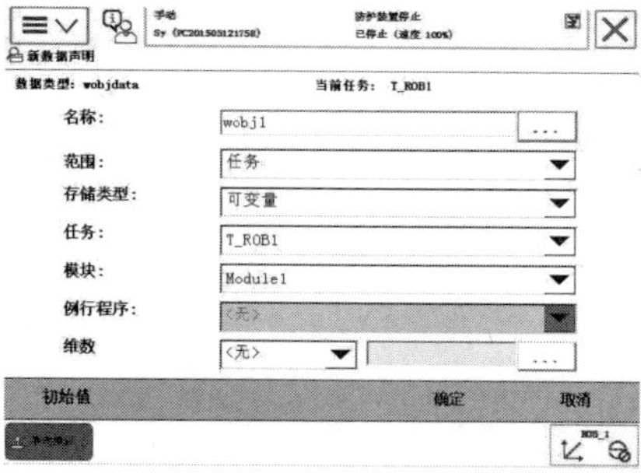	对新建工件坐标数据属性进行设定后,单击"确定"
4	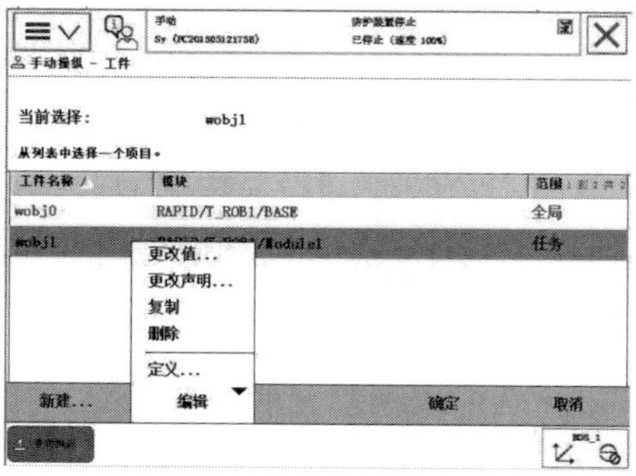	选中"wobj1"单击"编辑",选择"定义…"

续表 1-4-8

步骤	图示	说明
5	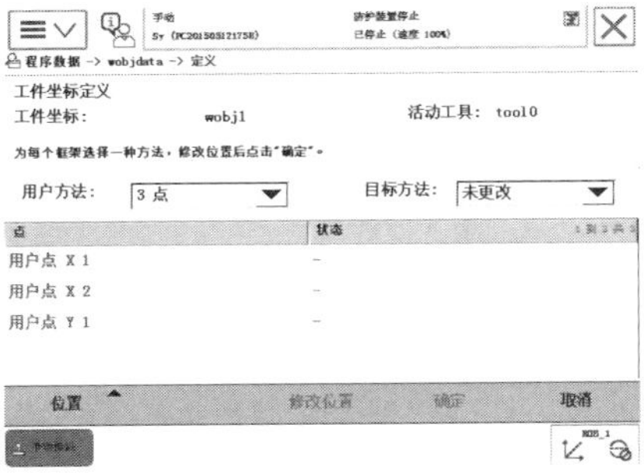	“用户方法”选定为“3 点”
6	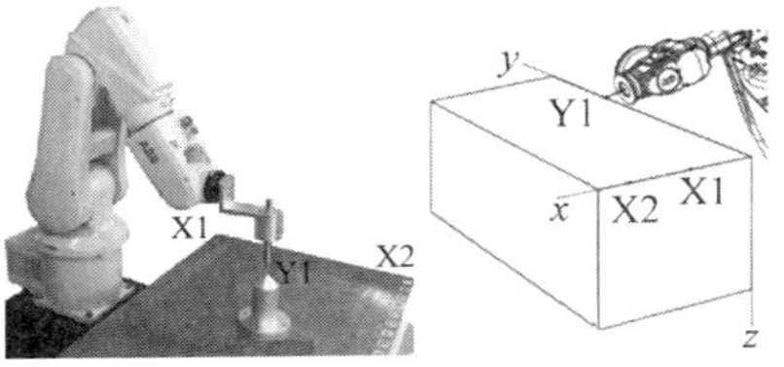	手动操纵机器人使其工具参考点(夹具上的绘图笔尖)靠近定义工件坐标的“X1”点
7	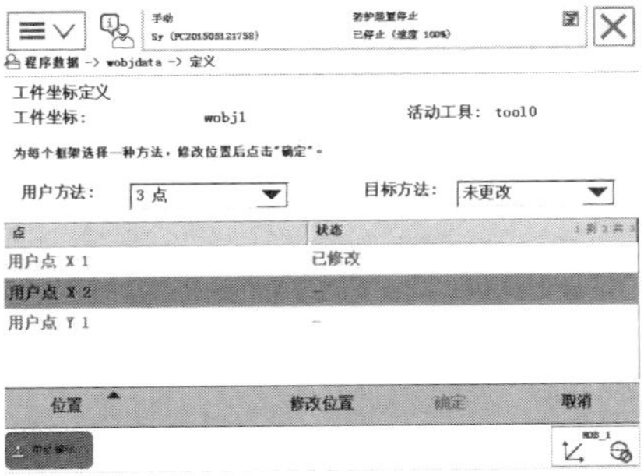	在示教器上选中“用户点 X1”，单击“修改位置”，即完成“X1”点的修改
8	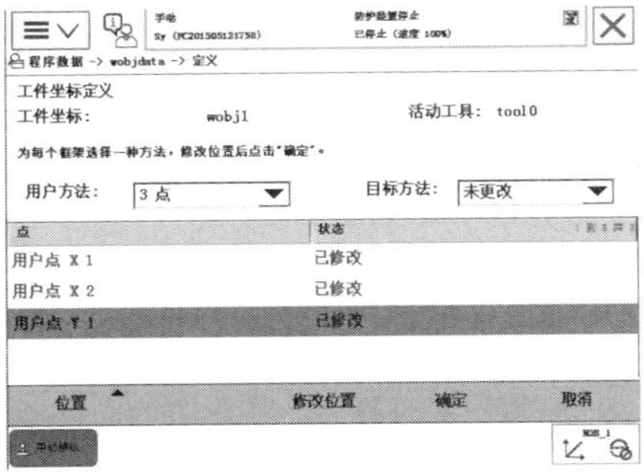	同上，分别选中“用户点 X2”“用户点 Y1”，单击“修改位置”，即可完成工件坐标“X2”和“Y1”点的修改。然后单击“确定”

续表 1-4-8

步骤	图示	说明
9	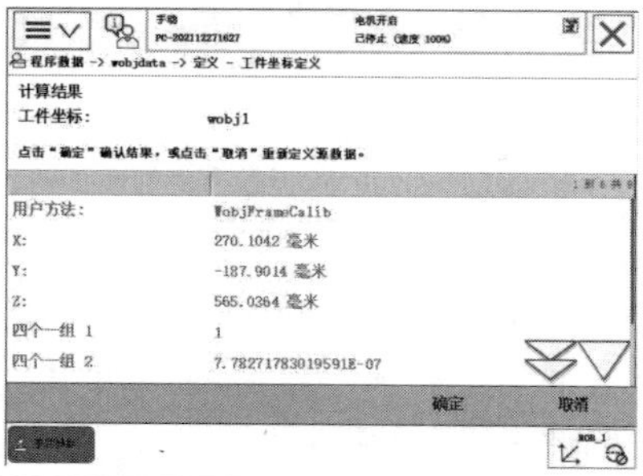	对自动生成的工件坐标数据进行确认后，单击“确定”
10	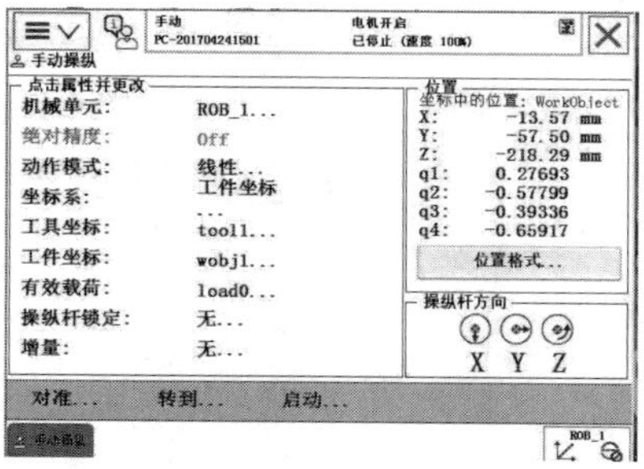	选中“wobj1”后，单击“确定”，设定完成
11	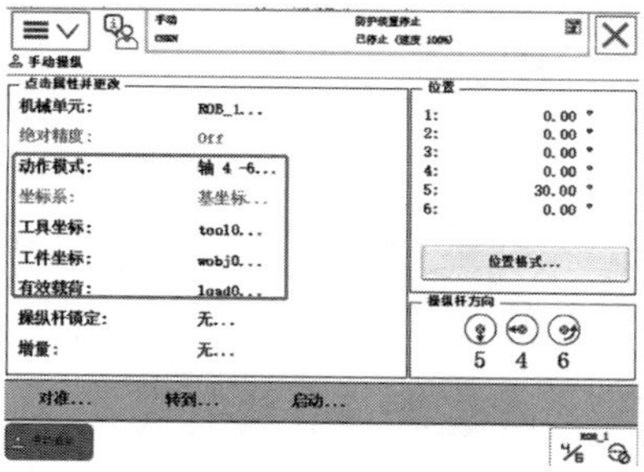	设定手动操纵界面，使用线性动作模式，体验新建立的工件坐标。 * 坐标系选工件坐标

4.4.3 有效载荷 loaddata 的设定方法

有效载荷 loaddata 设定的步骤与说明见表 1-4-9。

表 1-4-9　有效载荷 loaddata 的设定

步骤	图示	说明
1	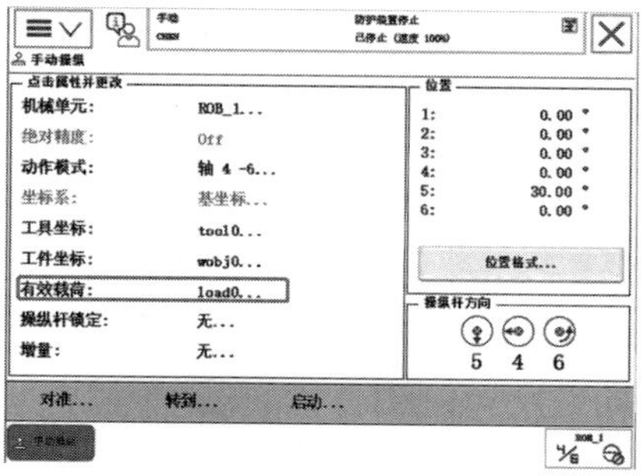	在“手动操纵”界面选中“有效载荷”

续表 1-4-9

步骤	图示	说明
2	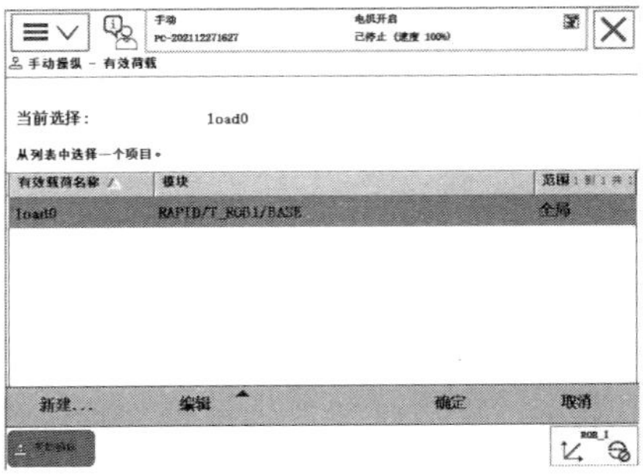	单击“新建…”
3	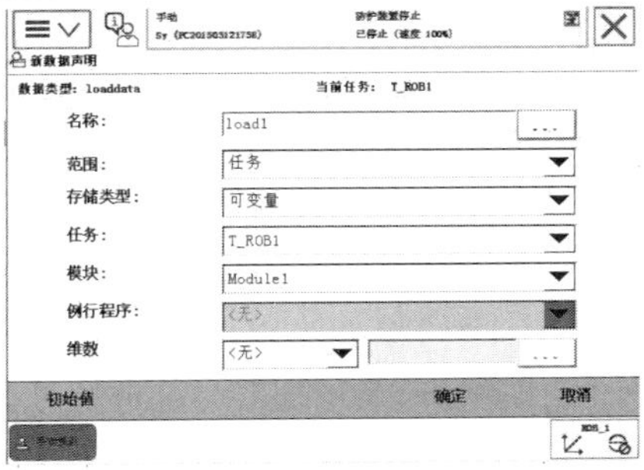	单击“…”进行名称设定；单击下拉菜单选择对应参数，对有效载荷数据属性进行设定。然后，单击“初始值”
4	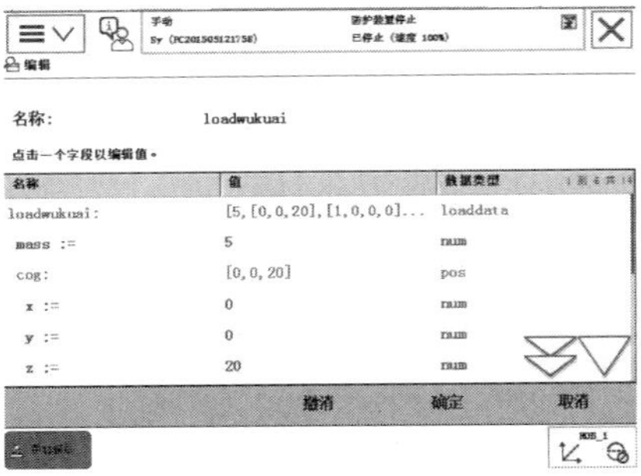	根据实际情况对有效载荷的数据进行设定（需要设定负荷的质量和重心），参数设定完成后单击“确定”
5	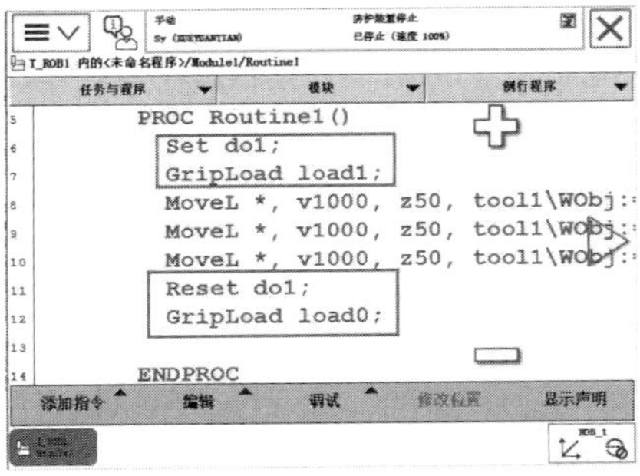	在 RAPID 编程中，需要对有效载荷的情况进行适时的调整，如夹具的夹紧与松开

思考题

1. 什么是程序数据？
2. 机器人数据类型有哪些？
3. 如何设定机器人的有效载荷？

第 5 章　机器人程序编写

5.1　RAPID 程序的建立

5.1.1　程序

程序是为了使工业机器人完成某种任务而设置的动作顺序描述，是机器人指令集合。在示教操作中，产生的示教数据和机器人指令都将保存在程序中。

程序的基本信息包括程序名、程序注释、程序指令和程序结束标志等，如表 1-5-1 所示。

表 1-5-1　程序基本信息及功能

序号	程序基本信息	功能
1	程序名	用于识别存入控制器内存中的程序，在同一目录下不能出现相同程序名的程序。程序名不超过 8 个字符，由字母、数字、下划线等组成
2	程序注释	程序注释用来描述程序或指令的功能或作用，便于阅读理解程序。最长 16 个字符，由字母、数字及符号（如@、※）组成。新建程序后可在程序选择之后修改程序注释
3	程序指令	包括运动指令、逻辑功能指令、寄存器指令等示教中所涉及的所有指令
4	程序结束标志	程序结束标志（END）自动显示在程序的最后一条指令的下一行。只要有新的指令添加到程序中，程序结束标志就会在屏幕上向下移动。当系统执行到程序结束标志时，就会自动返回到程序的第一行并终止

5.1.2　程序结构

ABB 机器人的应用程序是使用 RAPID 语言特定的词汇和语法编写而成的。在机器人编程中，RAPID 程序是由程序模块与系统模块组成的。程序模块用于构建机器人的程序，系统模块用于系统方面的控制。

每一个程序模块可包含程序数据、例行程序、中断程序和功能 4 种对象，程序模块之间的程序数据、例行程序、中断程序和功能是可以相互调用的。除特殊定义外，所有程序模块、例行程序与程序数据的名称必须是唯一的。

在 RAPID 程序中，有且仅有一个主程序 main，它可存在于任意一个程序模块中，并作为整个 RAPID 程序自动运行的起点。RAPID 程序的基本架构见表 1-5-2。

表 1-5-2 RAPID 程序的基本架构

RAPID 程序				
程序模块				系统模块
程序模块 1	程序模块 2	程序模块 3	程序模块 N	
程序数据	程序数据	程序数据	程序数据	程序数据
主程序 main	例行程序	例行程序	例行程序	例行程序
例行程序	中断程序	中断程序	中断程序	中断程序
中断程序	功能	功能	功能	功能
功能				

5.1.3 建立程序模块与例行程序

用机器人示教器进行程序模块和例行程序创建的步骤与说明见表 1-5-3。

二维码 5-1
创建程序模块与例行程序

表 1-5-3 RAPID 程序模块和例行程序的创建

步骤	图示	说明
1	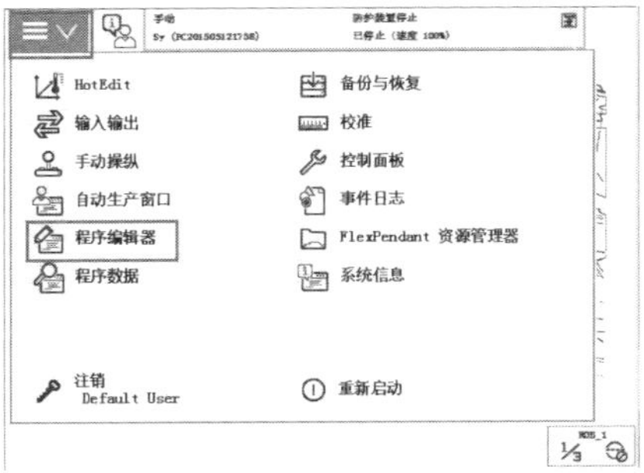	在示教器主菜单中单击“程序编辑器”
2		进入程序编辑器后，显示系统上次已加载的例行程序信息。单击“模块”，显示当前系统已存在的模块信息(含 ABB 机器人自带的 2 个系统模块，base 模块与 user 模块)

续表 1-5-3

步骤	图示	说明
3	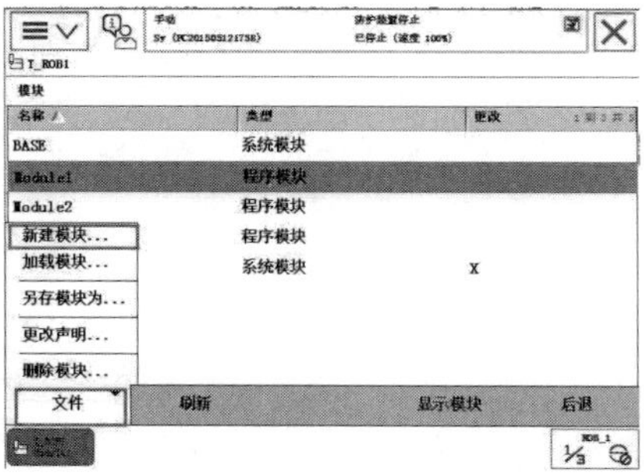	单击“文件”下拉菜单，选中“新建模块...”
4	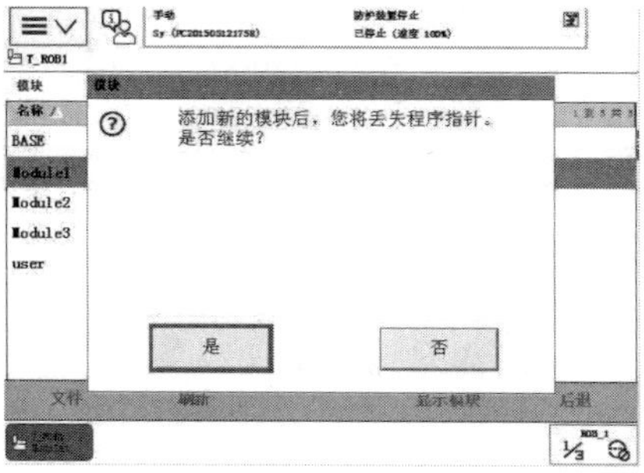	单击“是”，添加新模块
5	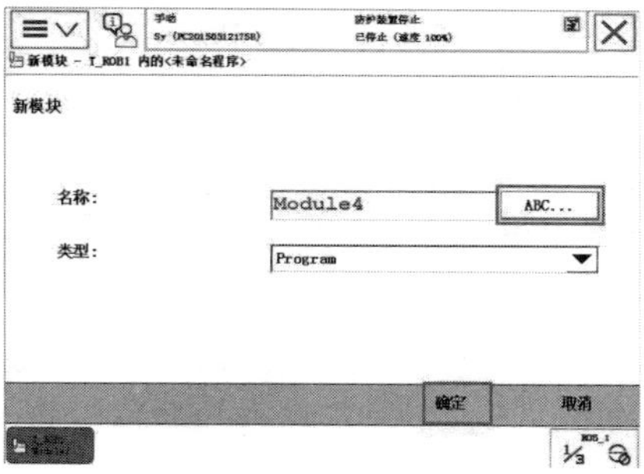	单击“ABC...”，更改模块名称（或者使用默认名称Module4），然后单击“确定”，完成程序模块创建
6	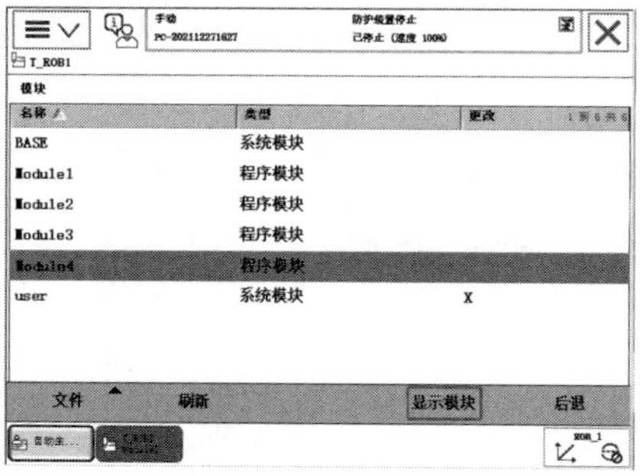	选中模块“Module4”，然后单击“显示模块”

续表 1-5-3

步骤	图示	说明
7	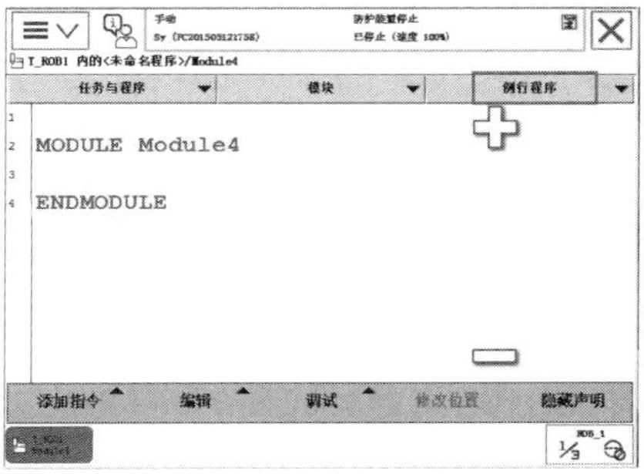	单击“例行程序”，进行例行程序创建
8		单击“文件”下拉菜单，选中“新建例行程序...”
9	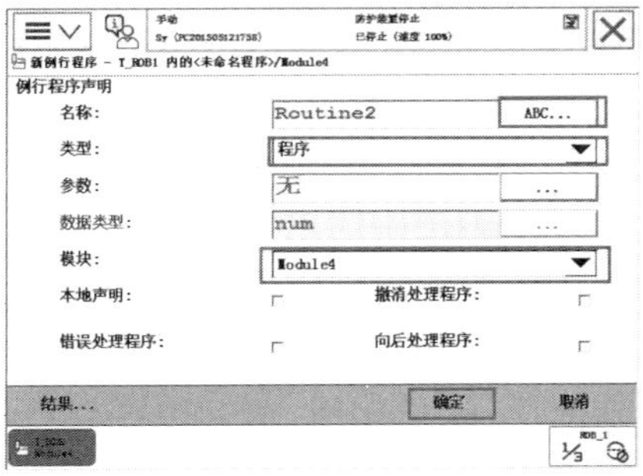	单击“ABC...”进行程序名的设定（主程序的名称为main）；单击“类型”的下拉菜单选择对应功能类型（默认选项是程序）；然后单击“模块”的下拉菜单，选择要放置的模块（默认选项是当前模块），参数根据实际情况进行添加（默认是空白）。单击“确定”，完成一个例行程序的创建
10	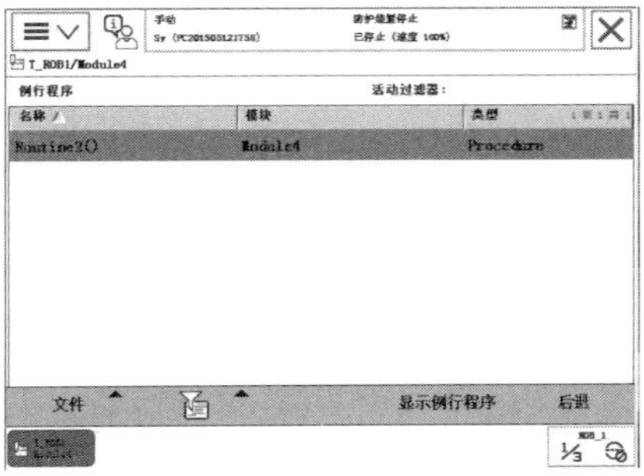	选中要编写的例行程序，单击“显示例行程序”

续表 1-5-3

步骤	图示	说明
11	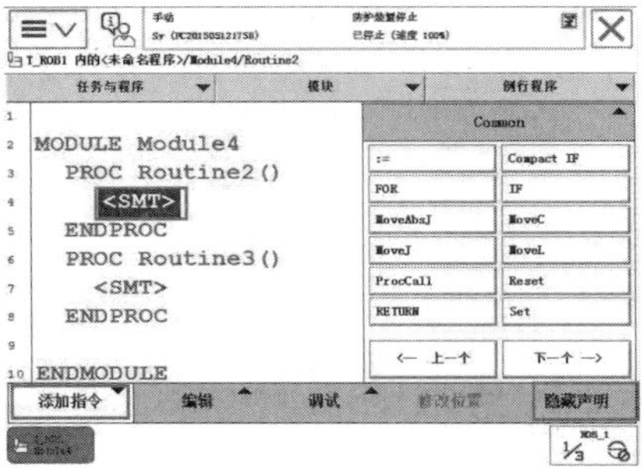	单击“添加指令”,在窗口右边出现常用指令,单击“＜SMT＞”,在窗口右边选择需要的指令进行添加
12	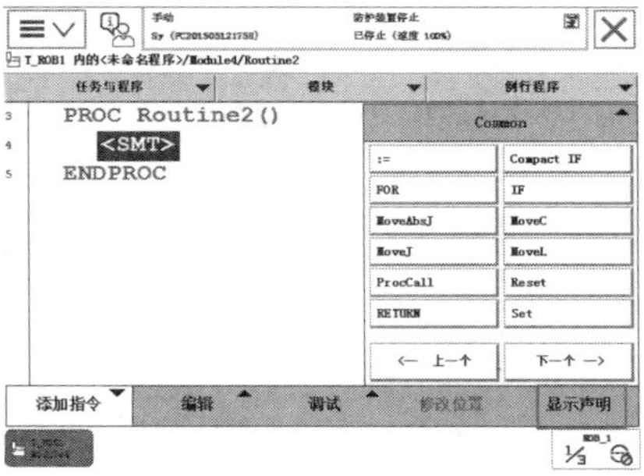	单击“隐藏声明”,只显示要编辑的程序,其他的信息将被隐藏;如果需要观看整个模块里的整体信息,则单击“显示声明”
13	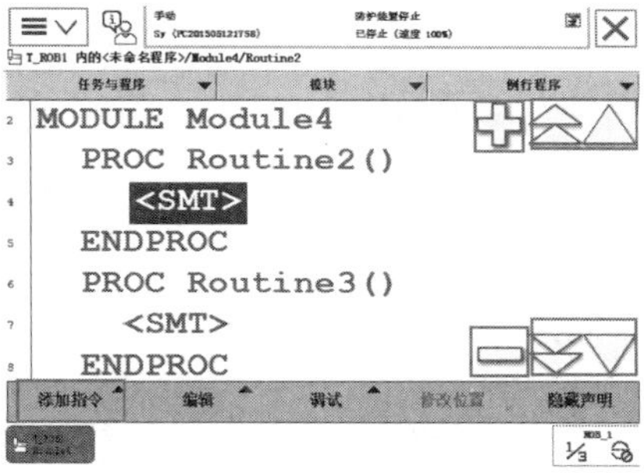	图中标注的“✚”,放大示教器里面的字体;“▭”,缩小字体;“⏫”,上翻一页;“△”,上翻一行;“⏬”,下翻一页;“▽”,下翻一行

5.2 RAPID 程序指令简介

5.2.3 RAPID 程序的指令类型

机器人的动作轨迹是一个个例行程序运行结果的展示,要使机器人完成规定轨迹的动作流程,需要在相应的程序模块中创建相应的例行程序。

RAPID 程序指令主要分为基本运动指令、逻辑功能指令、功能函数指令及一些复合指令四大类;逻辑功能指令又包含赋值指令、条件判断指令、循环判断指令等;功能函数指令包含取绝对值指令、偏移指令等。

1. 基本运动指令

(1)关节运动指令 MoveJ　关节运动是在机器人对运动路径的精度要求不高，运动空间范围相对较大，不易发生碰撞的情况下，机器人的工具中心点(TCP)从一个位置移动到另一个位置的运动。两个位置之间的路径虽然不可预测，但可以避免机器人在运动过程中出现关节轴进入机械死点的问题。

例如：MoveJ p20，v100，z10，tool0；其关节运动轨迹(p10 为起点)如图 1-5-1 所示。

(2)线性运动指令 MoveL　线性运动是机器人的 TCP 从起点到终点之间的路径始终保持直线，适用于路径要求高的场合。在切割、涂胶等典型应用中，机器人的运动轨迹是相对固定的直线轨迹，工作范围内的运动空间有限，运动路径精度要求高，运动轨迹要求精准。

例如：MoveL p20，v100，z10，tool0；其线性运动轨迹(p10 为起点)如图 1-5-2 所示。

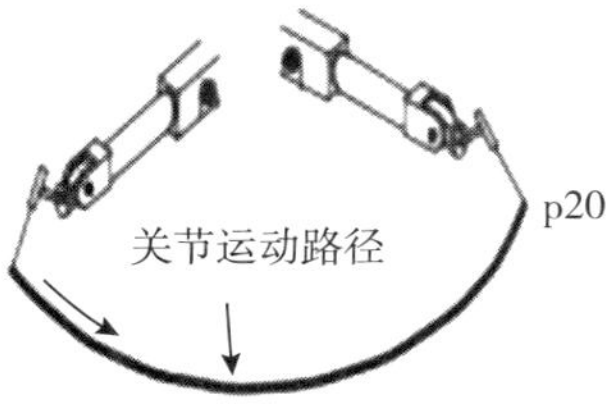

图 1-5-1　关节运动示意图

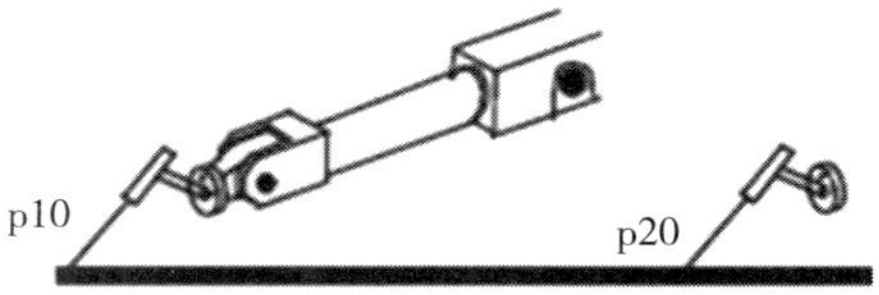

图 1-5-2　线性运动路径

(3)圆弧运动指令 MoveC　圆弧路径是在机器人可到达的空间范围内定义 3 个位置点，第一个点是圆弧的起点，第二个点是圆弧的过渡点(用于确定圆弧的曲率)，第三个点是圆弧的终点。

例如：

```
MoveJ p10,v200,fine,tool0;
MoveC p20,p30,v200,z10,tool0;
```

其圆弧运动轨迹如图 1-5-3 所示。

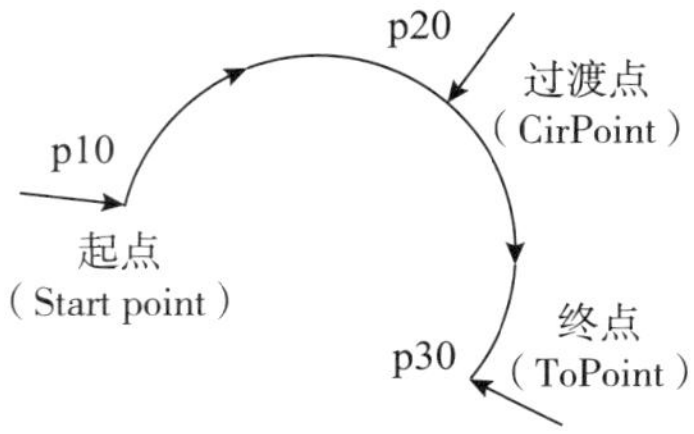

图 1-5-3　圆周运动示意图

(4)绝对位置运动指令 MOVEABSJ　绝对运动指令是机器人的运动使用 6 个轴和外轴的角度值来定义目标位置数据。需要注意机器人各轴可能发生的运动轨迹，避免发生碰撞。MOVEABSJ 指令常用于机器人的 6 个轴从当前位置回到机械零点(0°)的位置(绝对位置)。

2. 逻辑功能指令

(1)赋值指令　“：=”赋值指令用于对程序数据的赋值。赋值可以是一个常量或者数学表达式。

例如：

```
reg1 := 8;        //常量赋值
reg2 := reg1 - 5;//数学表达式赋值
```

(2)IF 条件判断指令

①Compact IF 紧凑型条件判断指令，适用于当一个条件满足后，就执行一句指令。

例如：

```
IFflagl = TRUE set do1;        //如果 flagl 的状态为 TRUE,则 do1 被置位
```

②IF 条件判断指令,根据不同的条件,去执行不同的指令。条件判定的条件数量可以根据实际情况进行增加或减少。如图 1-5-4 所示是 IF 语句添加判断条件的界面,在这里可以添加或者删除判断条件,或进行子条件嵌套。

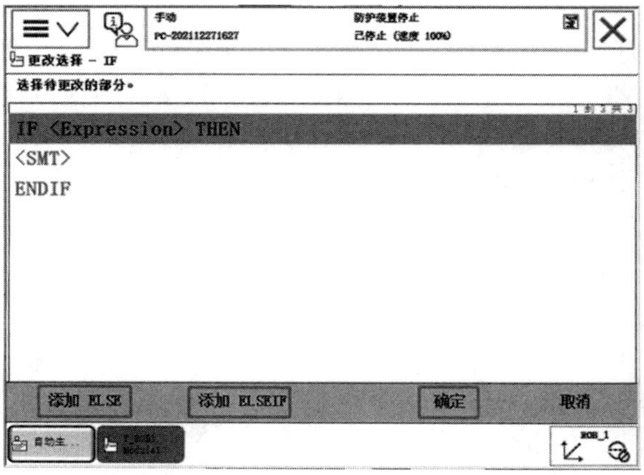

图 1-5-4　IF 语句添加判断条件的界面

例如:

```
IFnuml  =  A THEN
flagl  := FALSE;         //如果 numl 为 A,则 flagl 会赋值为 FALSE
      ELSEIF numl  =  B THEN
       flagl  := TRUE;         //如果 numl 为 B,则 flagl 会赋值为 TRUE ELSE
set do1;                //除了以上 2 种条件外,则执行 do1 置位为 1
        ENDIF
```

(3)FOR 循环判断指令　FOR 循环判断指令,适用于一个或者多个指令需要重复执行数次的情况。

例如:

```
FORi FROM 1 TO 6 DO
Routinel;          //例行程序 Routinel 重复执行 6 次 ENDFOR
```

(4)WHILE 条件判断指令　适用于在给定条件满足的情况下,一直重复执行对应的指令。

例如:

```
WHILE num1 ⩾num2 DO
num1 := num1 + 1;       //当 num1 ⩾num2 条件满足时,就一直执行 num1 := num1 + 1 操作
ENDWHILE
```

3. 功能函数指令

ABB 机器人的 RAPID 编程中的“功能(FUNCTION)”相似于指令并且执行以后可以返回一个数值。使用“功能”可以有效地提高编程效率和程序执行的效率。

5.2.2 功能指令的使用

以取绝对值函数功能 Abs()和机器人位置偏移功能 Offs()为例，功能指令的使用方法见表 1-5-4。

表 1-5-4 功能指令的使用

步骤	图示	说明
1	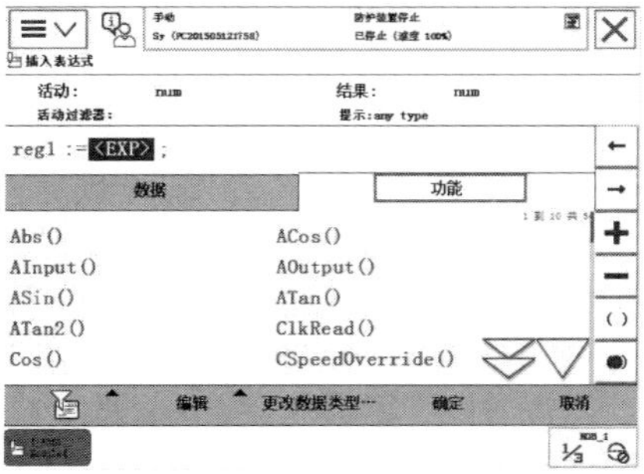	单击“功能”，出现当前界面，该界面里的功能函数返回值都是 num 型
2	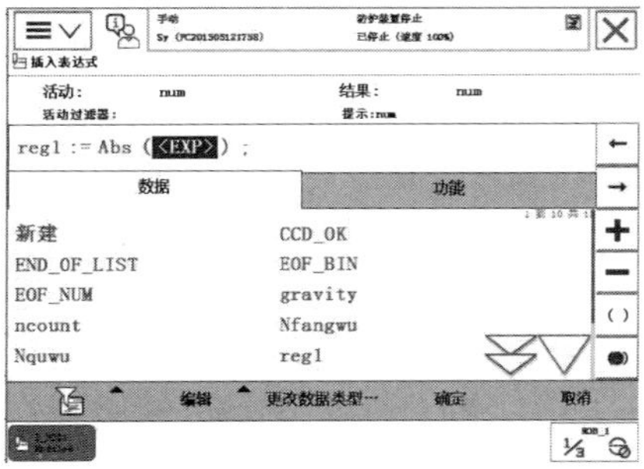	以取绝对值函数为例，单击“Abs()”出现的情形如左图；单击选项“reg2”，然后，单击“确定”
3	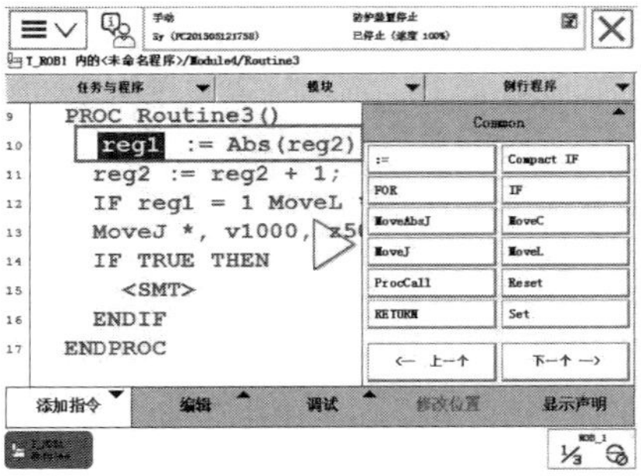	功能指令添加完成
4	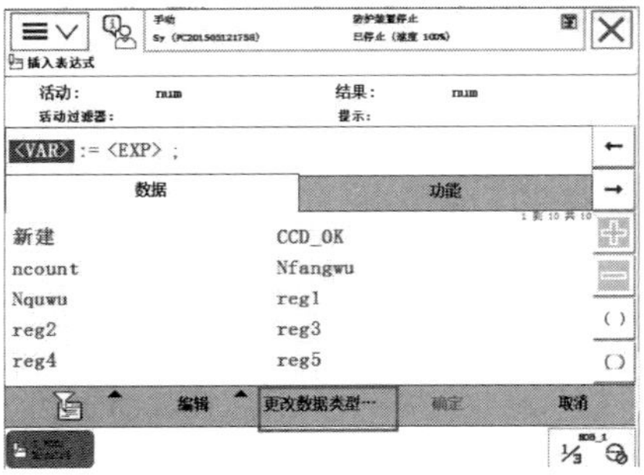	如果设置的类型为“robtarget”，单击赋值“:=”指令，进入赋值指令参数设定界面，单击“更改数据类型…”

续表 1-5-4

步骤	图示	说明
5	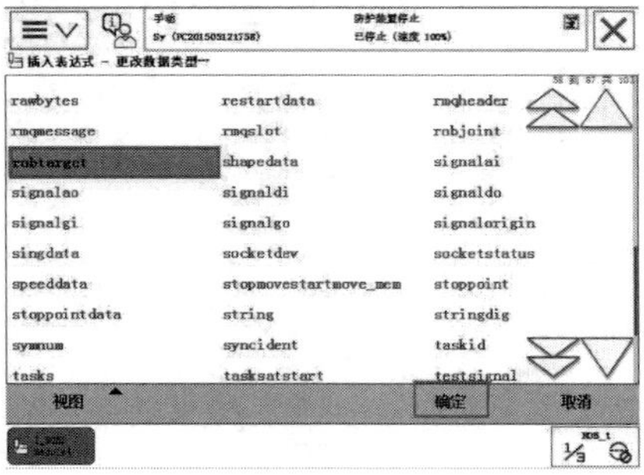	选中“robtarget”，单击“确定”
6	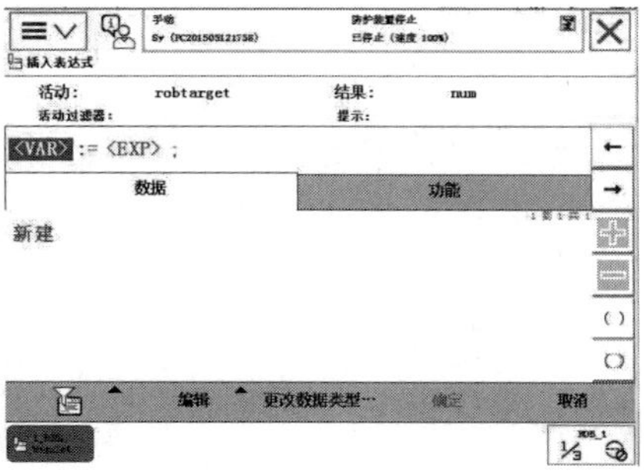	新建变量“p1”
7	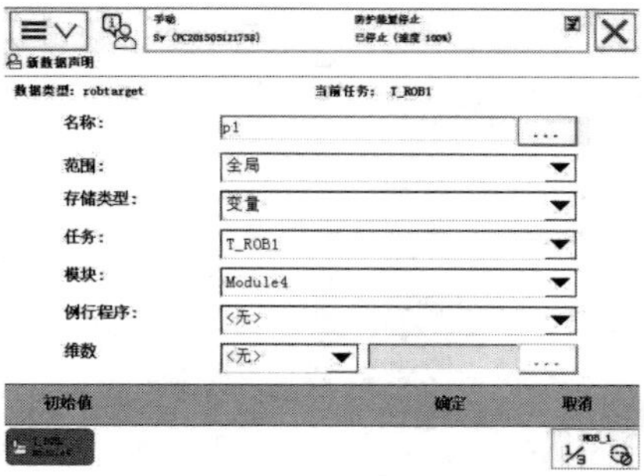	单击“确定”
8	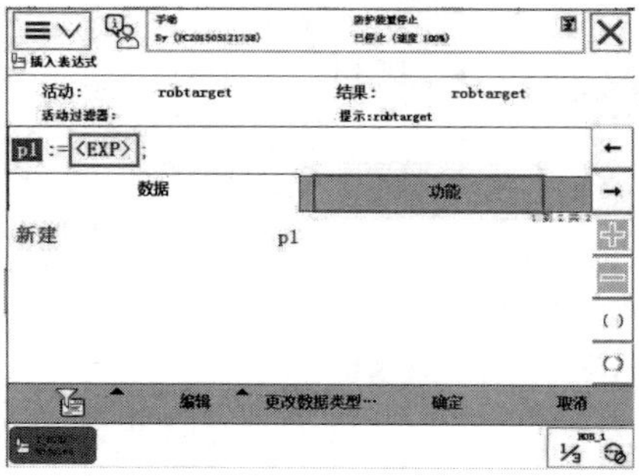	选中“功能”

续表 1-5-4

步骤	图示	说明
9	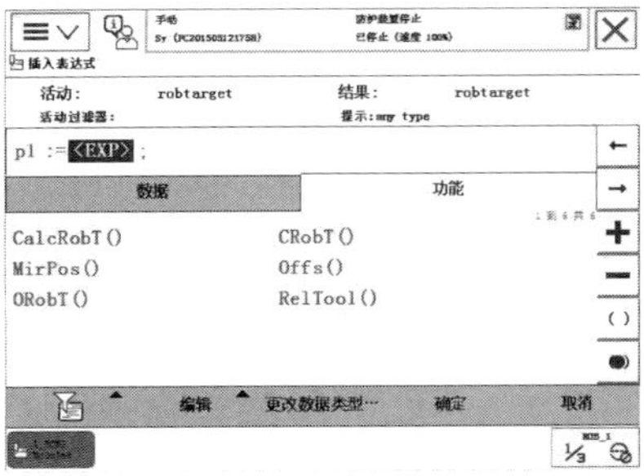	返回值为“robtarget”型的功能函数有 6 个，以机器人位置偏移功能“Offs( )”为例，单击“Offs( )”
10	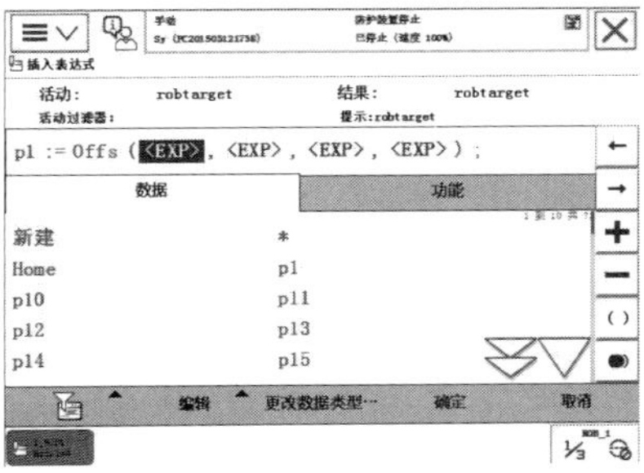	4 个参数设置项(从左到右)第一项为偏移基准点，第二项为基于基准点的 x 方向偏移值，第三项为基于基准点的 y 方向偏移值，第四项为基于基准点的 z 方向偏移值
11	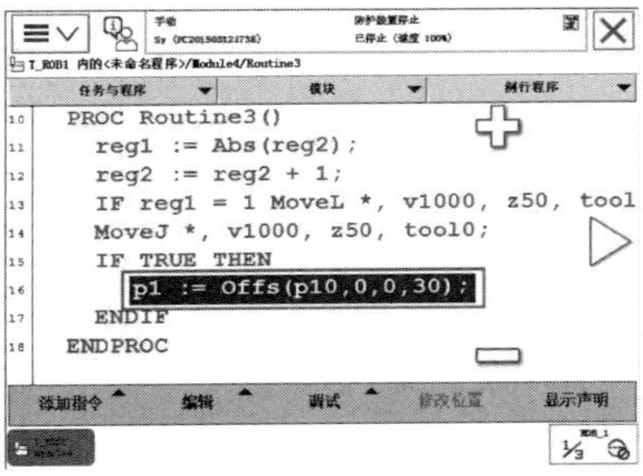	实现偏移

5.2.3　赋值指令的使用

程序编写过程中可能需要用到赋值指令，赋值指令的使用方法见表 1-5-5。

表 1-5-5　赋值指令的使用

步骤	图示	说明
1	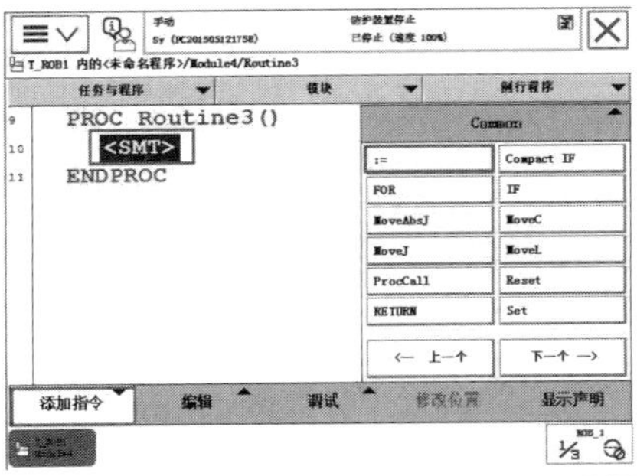	常数赋值，如“reg1＝5”。进入程序编辑界面，单击“添加指令”，出现指令列表，选中“:＝”

续表 1-5-5

步骤	图示	说明
2	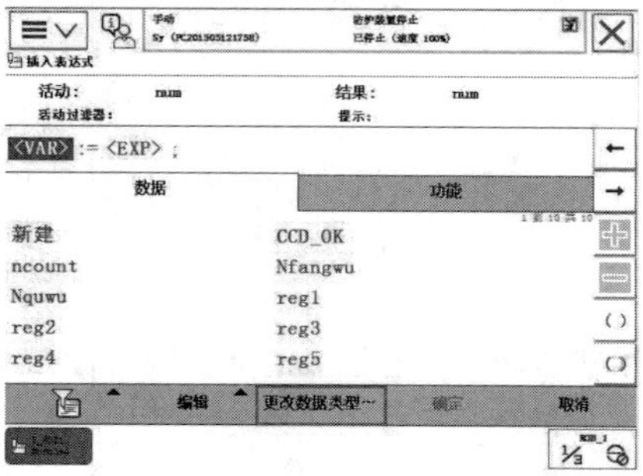	如果当前数据类型不是要用的，单击“更改数据类型…”
3	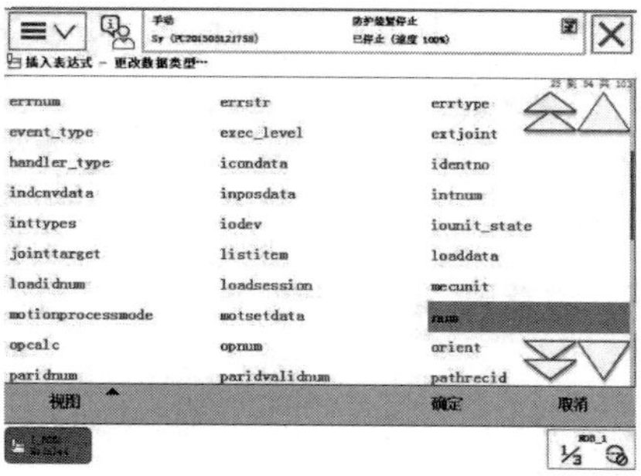	左图界面为数据类型界面，根据实际需要选择相应的数据类型，如“num”。单击“确定”
4	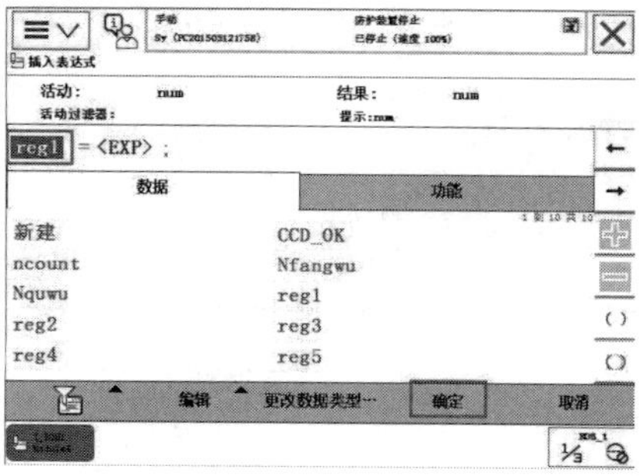	单击＜VAR＞，可以通过“新建”进行数据名称的创建，也可以选择使用现有数据名称，如选择现有的数据赋值名称“reg1”
5	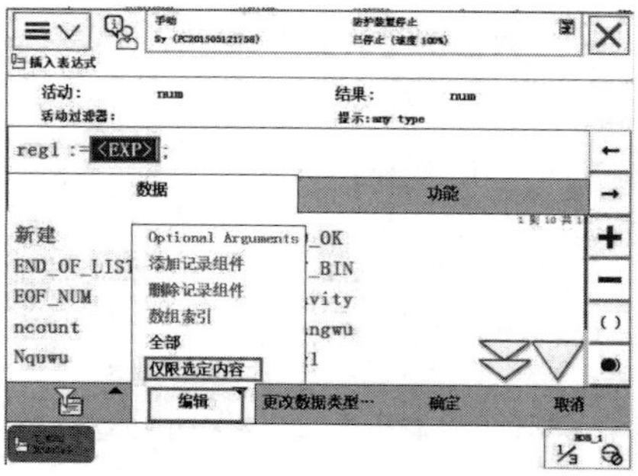	常数赋值的方法：选中＜EXP＞，单击“编辑”，“仅限选定内容”，进入编辑界面

续表 1-5-5

步骤	图示	说明
6		根据实际需要，输入内容，如：5。单击“确定”
7	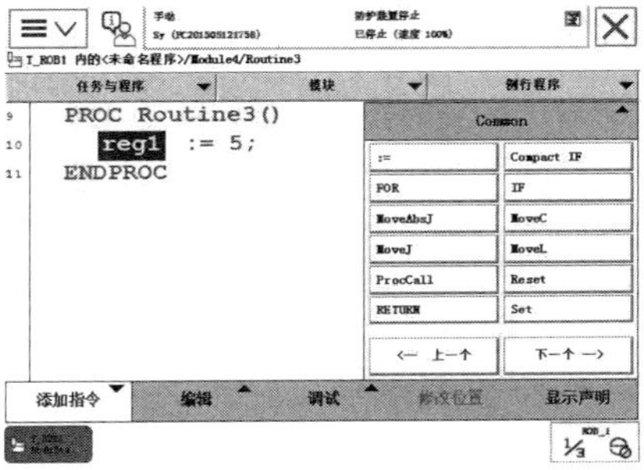	完成常数赋值
8	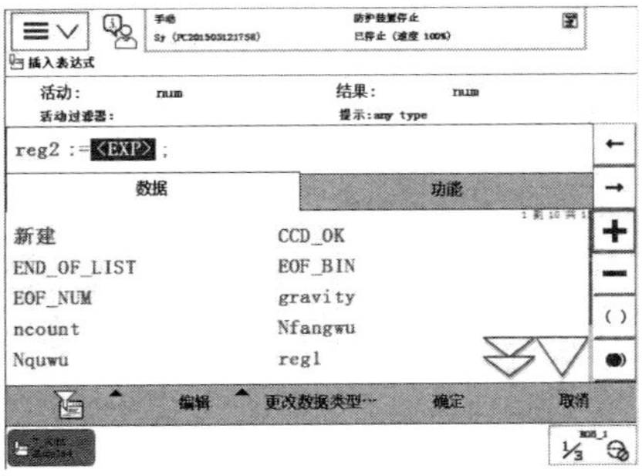	表达式赋值方式，如“reg2:=reg2+1”。 选中“<EXP>”，再单击“+”按钮，添加另一个表达式<EXP>
9	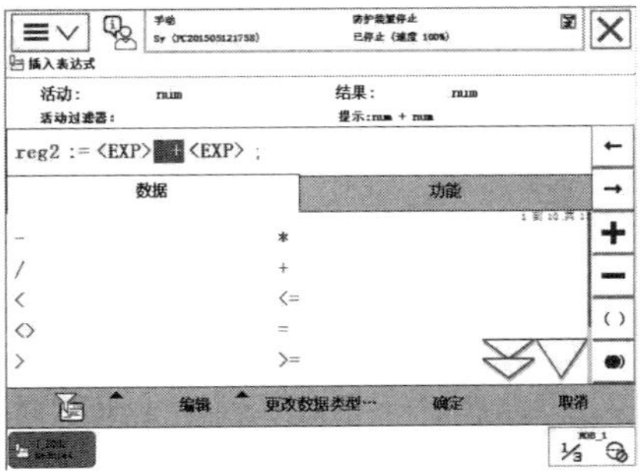	第一个<EXP>选择已有数据名称，第二个<EXP>输入数据，图示光标所在“+”位置，选择需要的运算方式

续表 1-5-5

<table>
<tr><th>步骤</th><th>图示</th><th>说明</th></tr>
<tr><td>10</td><td>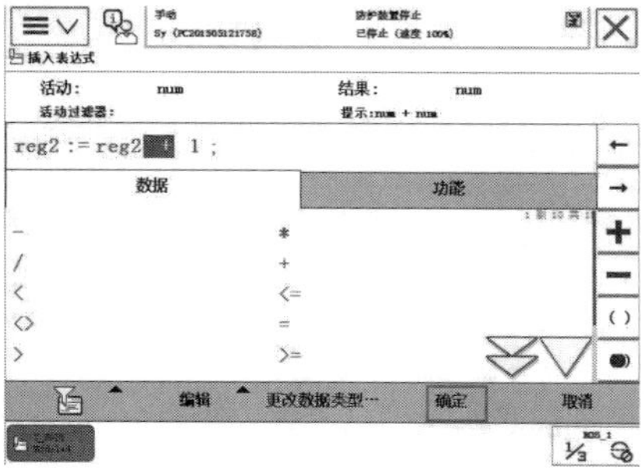
</td><td>表达式输入完整后，单击“确定”</td></tr>
<tr><td>11</td><td>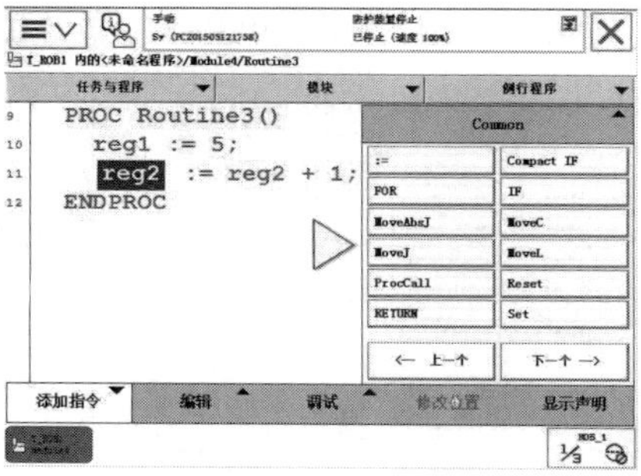
</td><td>完成常量赋值与表达式赋值</td></tr>
</table>

5.3 常用的 RAPID 程序指令

ABB 机器人有丰富的 RAPID 程序指令，这方便了大家对程序的编制，同时也为复杂应用的实现提供了可能。以下就按照 RAPID 程序指令、功能的用途进行了一个分类，并对每个指令的功能进行说明。

1. 程序执行的控制

(1)程序的调用

指令	说明
ProcCall	调用例行程序
CallByVar	通过带变量的例行程序名称调用例行程序
RETURN	返回原例行程序

(2)例行程序内的逻辑控制

指令	说明
Compact IF	如果条件满足，就执行一条指令
IF	当满足不同的条件时，执行对应的程序
FOR	根据指定的次数，重复执行对应的程序

续表

指令	说明
WHILE	如果条件满足，重复执行对应的程序
TEST	对一个变量进行判断，从而执行不同的程序
GOTO	跳转到例行程序内标签的位置
Label	跳转标签

(3)停止程序执行

指令	说明
Stop	停止程序执行
EXIT	停止程序执行并禁止在停止处再开始
Break	临时停止程序的执行，用于手动调试
ExitCycle	中止当前程序的运行并将程序指针 PP 复位到主程序的第一条指令，如果选择了程序连续运行模式，程序将从主程序的第一句重新执行

2. 变量指令

变量指令主要用于以下的方面：对数据进行赋值、等待指令、注释指令、程序模块控制指令。

(1)赋值指令

指令	说明
:=	对程序数据进行赋值

(2)等待指令

指令	说明
WaitTime	等待一个指定的时间程序再往下执行
WaitUntil	等待一个条件满足后程序继续往下执行
WaitDI	等待一个输入信号状态为设定值
WaitDO	等待一个输出信号状态为设定值

(3)程序注释

指令	说明
comment	对程序进行注释

(4)程序模块加载

指令	说明
Load	从机器人硬盘加载一个程序模块到运行内存
UnLoad	从运行内存中卸载一个程序模块
Start Load	在程序执行的过程中，加载一个程序模块到运行内存中

续表

指令	说明
Wait Load	当 Start Load 使用后，使用此指令将程序模块连接到任务中使用
CancelLoad	取消加载程序模块
CheckProgRef	检查程序引用
Save	保存程序模块
EraseModule	从运行内存删除程序模块

(5)变量功能

指令	说明
TryInt	判断数据是否是有效的整数
OpMode	读取当前机器人的操作模式
RunMode	读取当前机器人程序的运行模式
NonMotionMode	读取程序任务当前是否无运动的执行模式
Dim	获取一个数组的维数
Present	读取带参数例行程序的可选参数值
IsPers	判断一个参数是不是可变量
IsVar	判断一个参数是不是变量

(6)转换功能

指令	说明
StrToByte	将字符串转换为指定格式的字节数据
ByteTostr	将字节数据转换成字符串

3.运动设定

(1)速度设定

指令	说明
MaxRobspeed	获取当前型号机器人可实现的最大 TCP 速度
VelSet	设定最大的速度与倍率
SpeedRefresh	更新当前运动的速度倍率
Accset	定义机器人的加速度
WorldAccLim	设定大地坐标中工具与载荷的加速度
PathAccLim	设定运动路径中 TCP 的加速度

(2)轴配置管理

指令	说明
ConfJ	关节运动的轴配置控制
ConfL	线性运动的轴配置控制

(3)奇异点的管理

指令	说明
SingArea	设定机器人运动时,在奇异点的插补方式

(4)位置偏置功能

指令	说明
PDispOn	激活位置偏置
PDispSet	激活指定数值的位置偏置
PDispOff	关闭位置偏置
EOffsOn	激活外轴偏置
EOffsSet	激活指定数值的外轴偏置
EOffsOff	关闭外轴位置偏置
DefDFrame	通过 3 个位置数据计算出位置的偏置
DefFrame	通过 6 个位置数据计算出位置的偏置
ORobT	从一个位置数据删除位置偏置
DefAccFrame	从原始位代与替换位代定义一个框架

(5)软伺服功能

指令	说明
SoftAct	激活一个或多个轴的软伺服功能
SoftDeact	关闭软伺服功能

(6)机器人参数调整功能

指令	说明
TuneServo	伺服调整
TuneReset	伺服调整复位
PathResol	几何路径精度调整
CirPathMode	在圆弧插补运动时,工具姿态的变换方式

(7)空间监控管理

指令	说明
WZBoxDef	定义一个方形的监控空间
WZCylDef	定义一个圆柱形的监控空间
WZSphDef	定义一个球形的监控空间
WZHomejointDef	定义一个关节轴坐标的监控空间
WZLimjointDef	定义一个限定为不可进入的关节轴坐标监控空间
WZLimsup	激活一个监控空间并限定为不可进入
WZDOSet	激活一个监控空间并与一个输出信号关联
WZEnable	激活一个临时的监控空间
WZFree	关闭一个临时的监控空间

注:这些功能需要选项“World Zones”配合

4.运动控制

(1)机器人运动控制

指令	说明
MoveC	TCP 圆弧运动
MoveJ	关节运动
MoveL	TCP 线性运动
MoveAbsJ	轴绝对角度位置运动
MoveExtJ	外部直线轴与旋转轴运动
MoveCDO	TCP 圆弧运动的同时触发一个输出信号
MoveJDO	关节运动的同时触发一个输出信号
MoveLDO	TCP 线性运动的同时触发一个输出信号
MoveCSync	TCP 圆弧运动的同时执行一个例行程序
MoveJSync	关节运动的同时执行一个例行程序
MoveLSync	TCP 线性运动的同时执行一个例行程序

(2)搜索功能

指令	说明
SearchC	TCP 圆弧搜索运动
SCarchL	TCP 线性搜索运动
SearchExtJ	外轴搜索运动

(3)指定位置触发信号与中断功能

指令	说明
TriggIO	定义触发条件在一个指定的位置触发输出信号
TriggInt	定义触发条件在一个指定的位置触发中断程序
TriggCheckIO	定义一个指定的位置进行 I/O 状态的检查
TrjggEquip	定义触发条件在一个指定的位置触发输出信号,并对信号响应的延迟进行补偿设定
TriggRampAO	定义触发条件在一个指定的位置触发模拟输出信号,并对信号响应的延迟进行补偿设定
TriggC	带触发事件的圆弧运动
TriggJ	带触发事件的关节运动
TriggL	带触发事件的线性运动
TriggLIOs	在一个指定的位置触发输出信号的线性运动
StepBwdPath	在 RESTART 的事件程序中进行路径的返回
TriggStopProc	在系统中创建一个监控处理,用于在 STOP 与 QSTOP 中需要信号复位与程序数据复位的操作
TriggSpeed	定义模拟输出信号与实际 TCP 速度之间的配合

(4)出错或中断时的运动控制

指令	说明
StopMove	停止机器人运动
StartMove	重新启动机器人运动
StartMoveRetry	重新启动机器人运动及相关的参数设定
StopMoveReset	对停止运动状态复位,但不重新启动机器人运动
StorePath*	储存已生成的最近路径
RestoPath*	重新生成之前储存的路径
ClearPath	在当前的运动路径级别中,清空整个运动路径
PathLevel	获取当前路径级别
SyncMoveSuspend*	在 StorePath 的路径级别中暂停同步坐标的运动
SyncMoveResume*	在 StorePath 的路径级别中重返同步坐标的运动
IsStopMoveAct	获取当前停止运动标识符

注:* 这些功能需要选项“Path recovery”配合

(5)外轴的控制

指令	说明
DeactUnit	关闭一个外轴单元
ActUnit	激活一个外轴单元
MechUnitLoad	定义外轴单元的有效载荷
GetNextMechUnit	检索外轴单元在机器人系统中的名字
IsMechUnitActive	检查外轴单元状态是激活/关闭

(6)独立轴控制

指令	说明
IndAMove	将一个轴设定为独立轴模式并进行绝对位置方式运动
IndCMove	将一个轴设定为独立轴模式并进行连续方式运动
IndDMove	将一个轴设定为独立轴模式并进行角度方式运动
IndRMove	将一个轴设定为独立轴模式并进行相对位置方式运动
IndReset	取消独立轴模式
Indlnpos	检查独立轴是否已到达指定位置
Indspeed	检查独立轴是否已达指定的速度

注:这些功能需要选项“Independent movement”配合

(7)路径修正功能

指令	说明
CorrCon	连接一个路径修正生成器
Corrwrite	将路径坐标系统中的修正值写到修正生成器
CorrDiscon	断开一个已连接的路径修正生成器
CorrClear	取消所有已连接的路径修正生成器
CorfRead	读取所有已连接的路径修正生成器的总修正值

注:这些功能需要选项“Path offset or RobotWare-Arc sensor”配合

(8)路径记录功能

指令	说明
PathRecStart	开始记录机器人的路径
PathRecstop	停止记录机器人的路径
PathRecMoveBwd	机器人根据记录的路径做后退运动
PathRecMoveFwd	机器人运动到执行 PathRecMoveFwd 这个指令的位置上
PathRecValidBwd	检查是否已激活路径记录与是否有可后退的路径
PathRecValidFwd	检查是否有可向前的记录路径

注:这些功能需要选项“Path recovery”配合

(9)输送链跟踪功能

指令	说明
WaitWObj	等待输送链上的工件坐标
DropWObj	放弃输送链上的工件坐标

注:这些功能需要选项“Conveyor tracking”配合

(10)传感器同步功能

指令	说明
WaitSensor	将一个在开始窗口的对象与传感器设备关联起来
SyncToSensor	开始/停止机器人与传感器设备的运动同步
DropSensor	断开当前对象的连接

注:这些功能要选项“Sensor synchronization”配合

(11)有效载荷与碰撞检测

指令	说明
MotlonSup	激活/关闭运动监控
LoadId	工具或有效载荷的识别
ManLoadId	外轴有效载荷的识别

注:此功能需要选项“collision detection”配合

(12)关于位置的功能

指令	说明
Offs	对机器人位置进行偏移
RelTool	对工具的位置与姿态进行偏移
CalcRobT	从 jointtarget 计算出 robtarget
Cpos	读取机器人当前的 X、Y、Z
CRobT	读取机器人当前的 robtarget
CJointT	读取机器人当前的关节轴角度
ReadMotor	读取轴电动机当前的角度
CTool	读取工具坐标当前的数据
CWObj	读取工件坐标当前的数据

续表

指令	说明
MirPos	镜像一个位置
CalcJointT	从 robtarget 计算出 jointtarget
Distance	计算两个位置的距离
PFRestart	检查当路径因电源关闭而中断的时候
CSpeedOverride	读取当前使用的速度倍率

5. 输入/输出信号的处理

机器人可以在程序中对输入/输出信号进行读取与赋值,以实现程序控制的需要。

(1)对输入/输出信号的值进行设定

指令	说明
InvertDO	对一个数字输出信号的值置反
PulseDO	数字输出信号进行脉冲输出
Reset	将数字输出信号置为 0
Set	将数字输出信号置为 1
SetAO	设定模拟输出信号的值
SetDO	设定数字输出信号的值
SetGO	设定组输出信号的值

(2)读取输入/输出信号值

指令	说明
AOutput	读取模拟输出信号的当前值
DOutput	读取数字输出信号的当前值
GOutput	读取组输出信号的当前值
TestDI	检查一个数字输入信号已置 1
ValidIO	检查 I/O 信号是否有效
WaitDI	等待一个数字输入信号的指定状态
WaitDO	等待一个数字输出信号的指定状态
WaitGI	等待一个组输入信号的指定值
WaitGO	等待一个组输出信号的指定值
WaitAI	等待一个模拟输入信号的指定值
WaitAO	等待一个模拟输出信号的指定值

(3)IO 模块的控制

指令	说明
IODisable	关闭一个 I/O 模块
IOEnable	开启一个 I/O 模块

6. 通信功能

(1)示教器上人机界面的功能

指令	说明
IPErase	清屏
TPWrite	在示教器操作界面写信息
ErrWrite	在示教器事件日记中写报警信息并存储
TPReadFK	互动的功能键操作
TPReadNum	互动的数字键盘操作
TPShow	通过 RAPID 程序打开指定的窗口

(2)通过串口进行读写

指令	说明
Open	打开串口
Write	对串口进行写文本操作
Close	关闭串口
WriteBin	写一个二进制数的操作
WriteAnyBin	写任意二进制数的操作
WriteStrBin	写字符的操作
Rewind	设定文件开始的位置
ClearIOBuff	清空串口的输入缓冲
ReadAnyBin	从串口读取任意的二进制数
ReadNum	读取数字量
ReadStr	读取字符串
ReadBin	从二进制串口读取数据
ReadStrBin	从二进制串口读取字符串

(3)Sockets 通信

指令	说明
SocketCreate	创建新的 socket
SocketConnect	连接远程计算机
SocketSend	发送数据到远程计算机
SocketReceive	从远程计算机接收数据
SocketClose	关闭 socket
SocketGetStatus	获取当前 socket 状态

7. 中断程序

(1)中断设定

指令	说明
CONNECT	连接一个中断符号到中断程序

续表

指令	说明
ISignalDI	使用一个数字输入信号触发中断
ISignalDO	使甲一个数字输出信号触发中断
ISignalGI	使用一个组输入信号触发中断
ISignalGO	使用一个组输出信号触发中断
ISignalAI	使用一个模拟输入信号触发中断
ISignalAO	使用一个模拟输出信号触发中断
ITimer	计时中断
TriggInt	在一个指定的位置触发中断
IPers	使用一个可变量触发中断
IError	当一个错误发生时触发中断
IDelete	取消中断

(2)中断的控制

指令	说明
ISleep	关闭一个中断
IWatch	激活一个中断
IDisable	关闭所有中断
IEnable	激活所有中断

8. 系统相关的指令

时间控制指令	说明
ClkReset	计时器复位
ClkStart	计时器开始计时
ClkStop	计时器停止计时
ClkRead	读取计时器数值
CDate	读取当前日期
CTime	读取当前时间
GetTime	读取当前时间为数字型数据

9. 数学运算

(1)简单运算

指令	说明
Clear	清空数值
Add	加或减操作
Incr	加 1 操作
Decr	减 1 操作

(2)算术功能

指令	说明
Abs	取绝对值
Round	四舍五入
Trunc	舍位操作
Sqrt	计算二次根
Exp	计算指数值 e^x
Pow	计算指数值
ACos	计算圆弧余弦值
ASin	计算圆弧正弦值
ATan	计算圆弧正切值[－90, 90]
ATan2	计算圆弧正切值[－180,180]
Cos	计算余弦值
Sin	计算正弦值
Tan	计算正切值
EulerZYX	从姿态计算欧拉角
OrientZYX	从欧拉角计算姿态

5.4 建立一个可以运行的基本 RAPID 程序

前面介绍了 RAPID 编程的相关操作及基本指令，现在就通过一个简单的案例来体验一下 ABB 机器人的程序编辑过程。

编制一个程序，首先要确定需要多少个程序模块(程序模块的数量是由应用的复杂性所决定的，如可以将位置计算、程序数据、逻辑控制等分配到不同的程序模块中以方便管理)；然后确定各个程序模块中要建立的例行程序，不同的函数就要放到不同的程序模块中去，如夹具打开、夹具关闭这样的函数就可以分别建立例行程序，方便调节和管理。

案例小程序的工作要求，当机器人不工作时，会在位置点 pHome 等待；当外部信号 dil 输入为 1 时，机器人将沿着物体的一条边从 p10 到 p20 走一条直线，p30 到 p10 走个半圆弧结束以后再回到 pHome 点，完成如图 1-5-5 所示的图形。

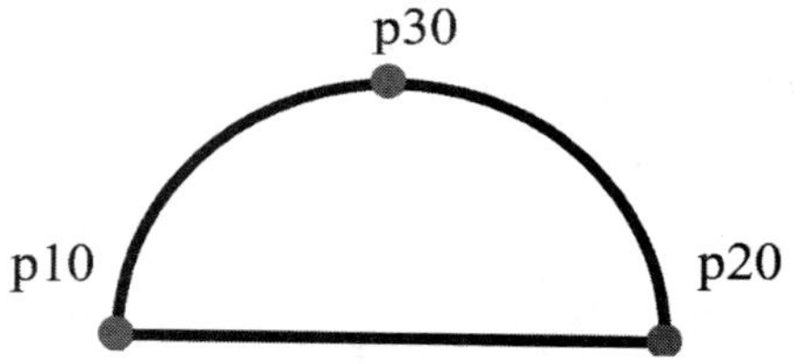

图 1-5-5　案例绘制的图形

建立 RAPID 程序实例的具体操作见表 1-5-6。

表 1-5-6 建立 RAPID 程序实例

序号	操作步骤	图示
1	在主操作界面中选择“程序编辑器”	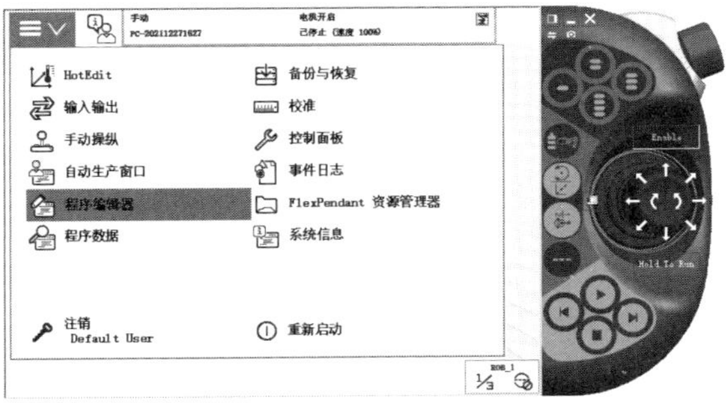
2	在弹出的对话框中单击“取消”	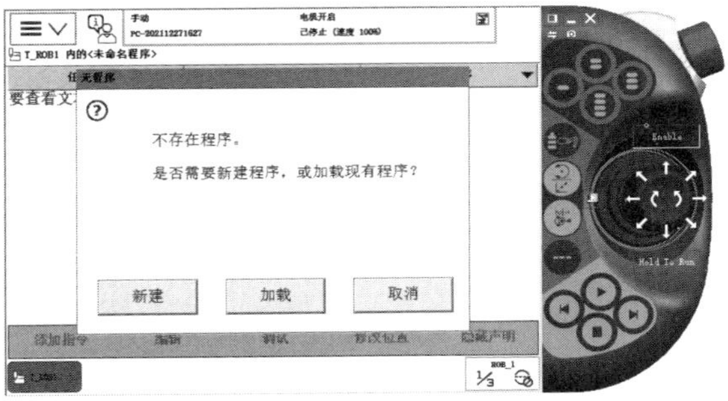
3	单击“文件”菜单，选择“新建模块”	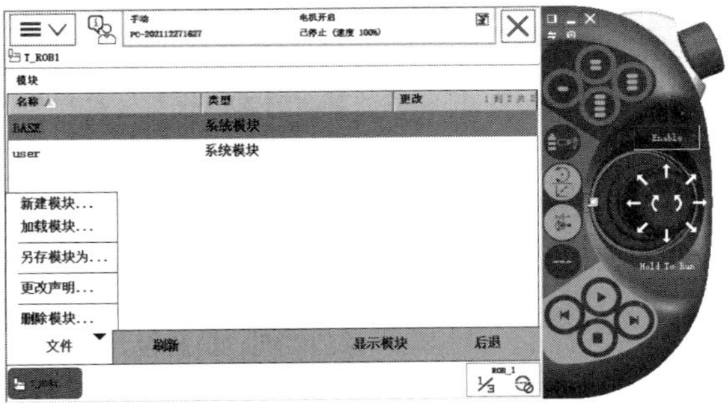
4	在弹出的对话框中单击“是”	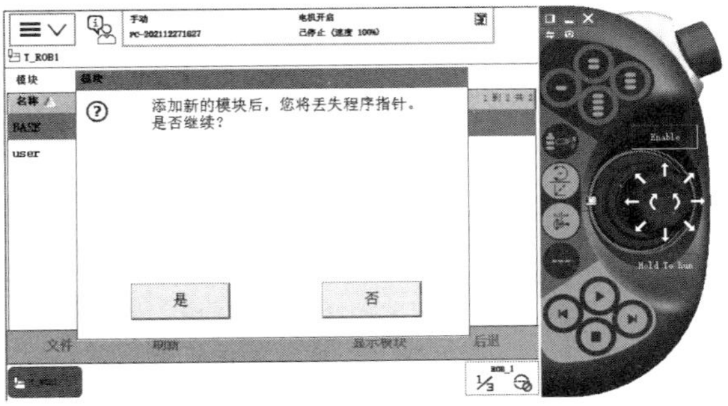

续表 1-5-6

序号	操作步骤	图示
5	在弹出的新模块名称类型设定界面，通过单击“ABC ...”按钮进行模块名称的设定，然后单击“确定”，程序模块的名称可以根据需要自己定义，以方便管理	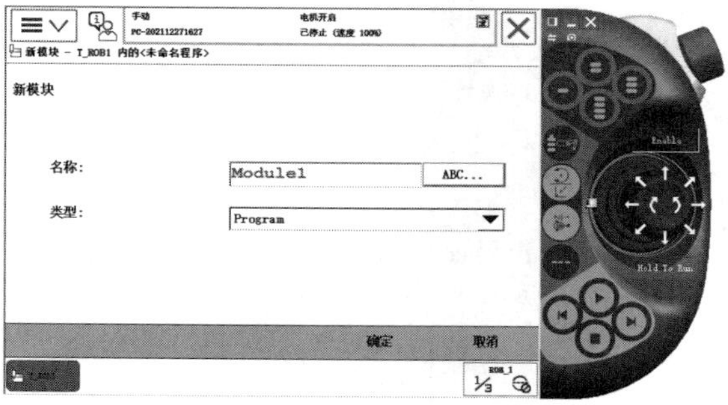
6	选中模块“Module1”，然后单击“显示模块”	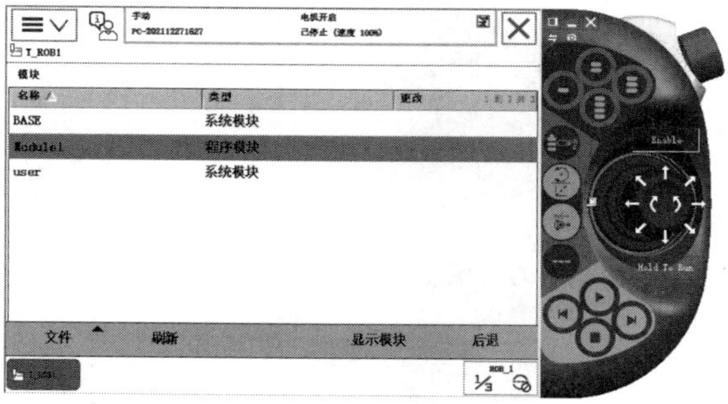
7	单击“例行程序”进行例行程序的创建	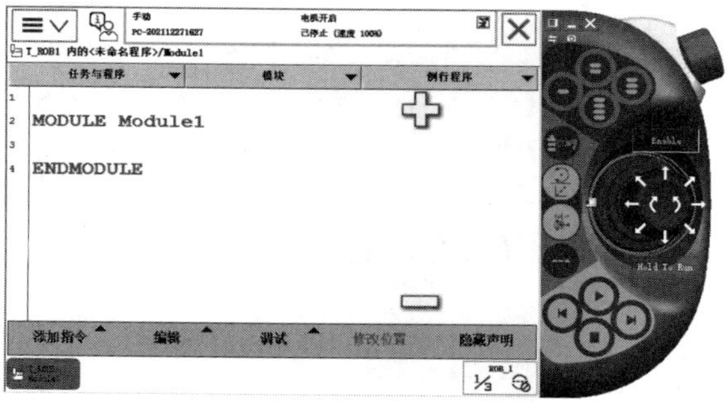
8	打开“文件”菜单，选择“新建例行程序 ...”	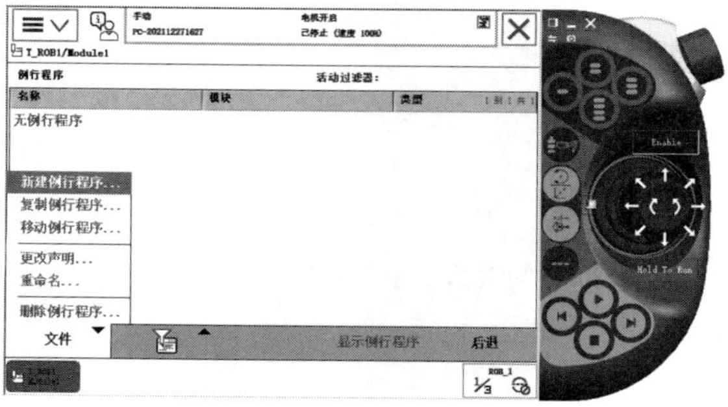

续表 1-5-6

序号	操作步骤	图示
9	首先，创建一个主程序，并将其名称设定为“main”；然后单击“确定”	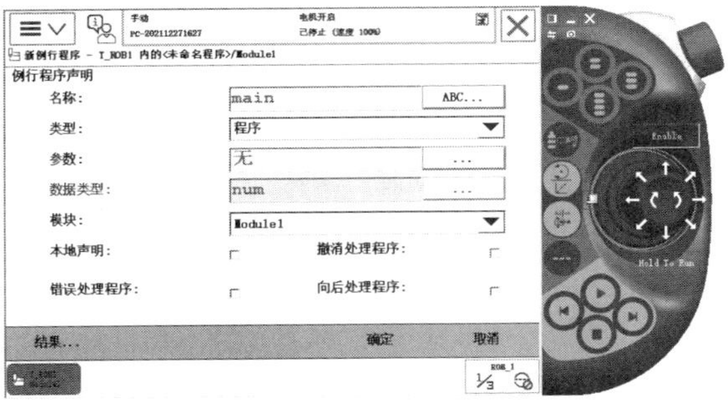
10	根据第 8 步和第 9 步依次建立相关的例行程序：rHome()用于机器人回到等待位置；rInitAll()用于初始化；rMoveRoutine()用于存放直线运动路径	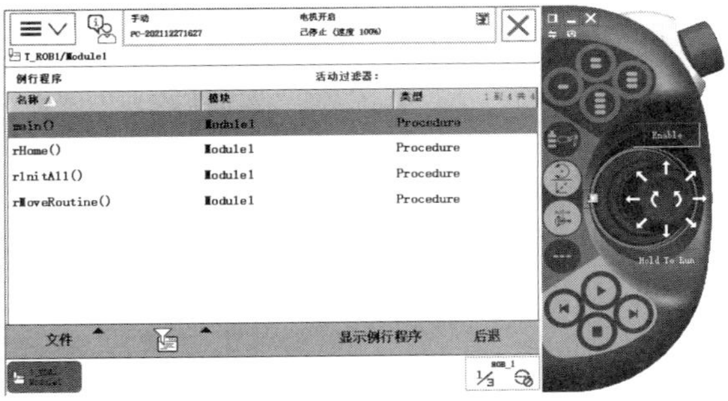
11	返回主操作界面，进入“手动操纵”界面，确认选择要使用的工具坐标和工件坐标	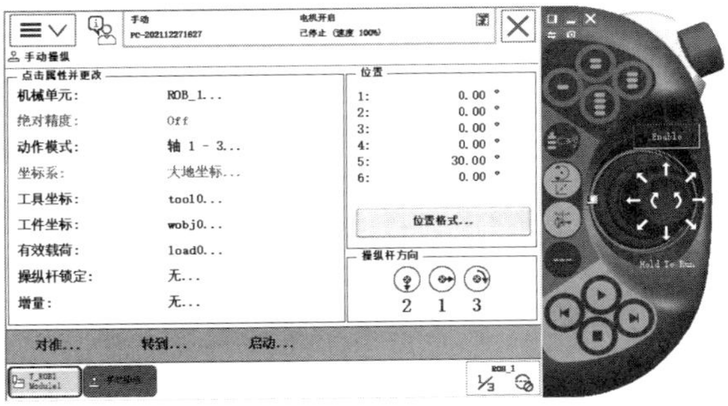
12	回到程序编辑器界面，选中 rHome()例行程序，然后单击“显示例行程序”	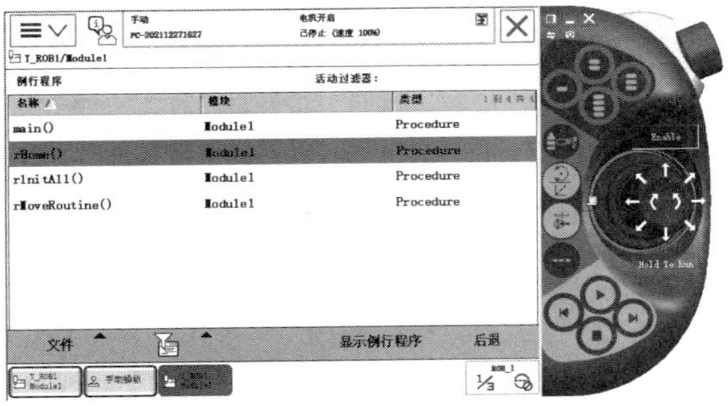

续表 1-5-6

序号	操作步骤	图示
13	在程序编辑器界面中单击“添加指令”，打开指令列表	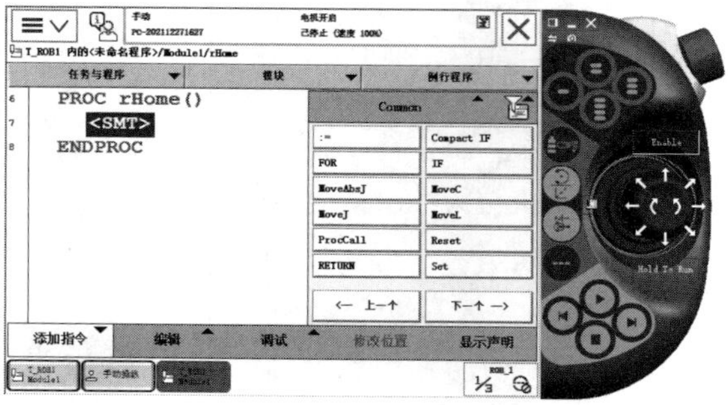
14	在指令列表中选择“MoveJ”	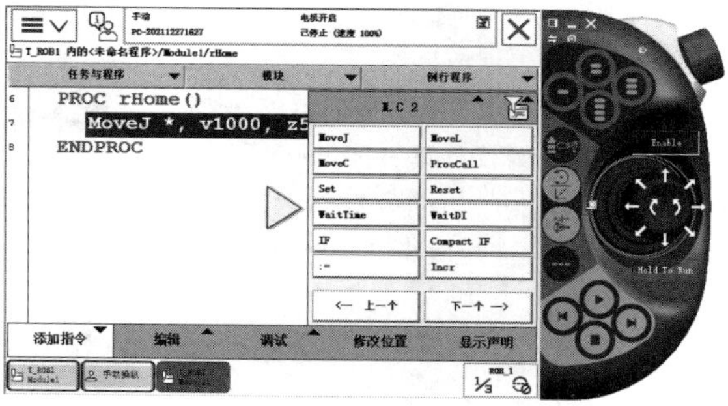
15	关闭指令列表，双“ * ”进入指令参数修改界面	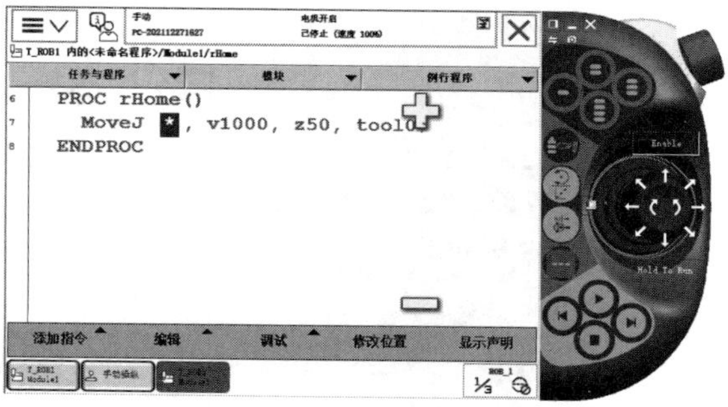
16	通过新建或选择对应的参数数据，设定轨迹点名称、速度、转弯半径等数据	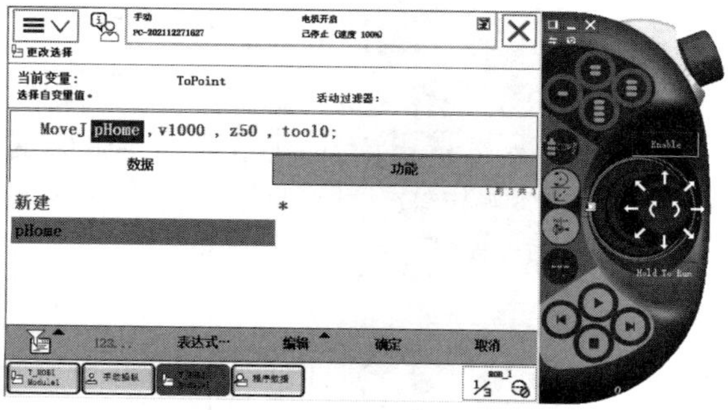

续表 1-5-6

序号	操作步骤	图示
17	选择合适的运动模式，将机器人移至右图所示位置，作为机器人的空闲等待点或 pHome 点	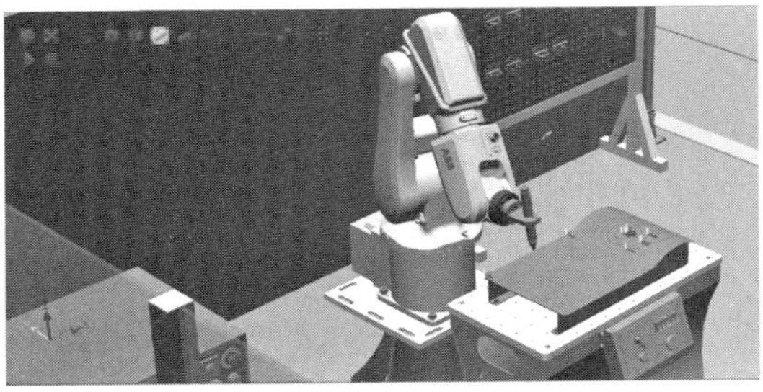
18	选中该指令行中的“pHome”目标点，单击“修改位置”，将机器人的当前位置记录下来	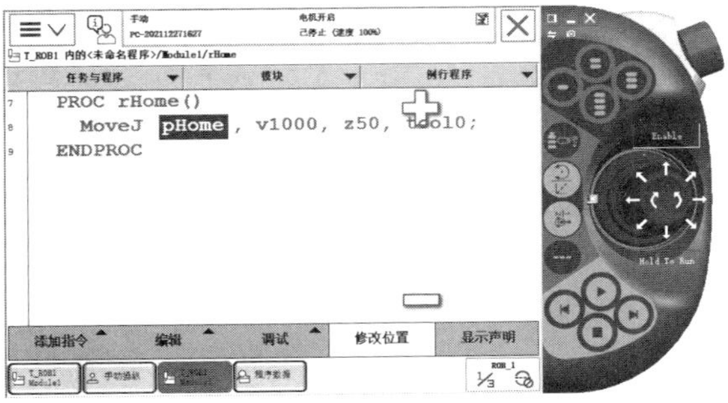
19	选中“rLnitAll( )”例行程序，然后单击“显示例行程序”	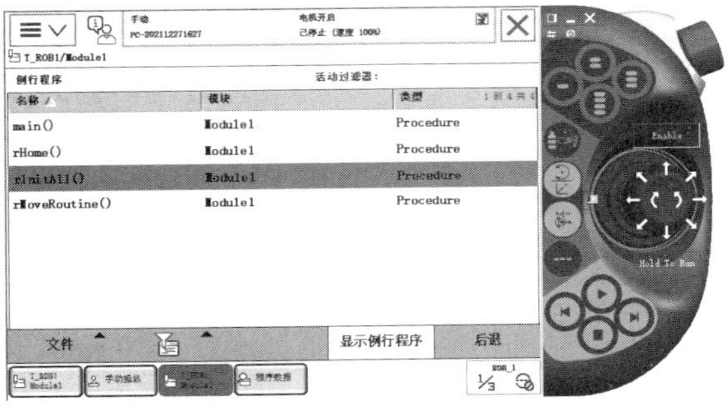
20	在此例行程序中，加入程序运行之前需要初始化的内容，现添加两条速度控制指令并调用 rHome，速度控制指令在指令列表的 Settings 类别中，其调用指令是 Common 类别中的 ProcCall 指令	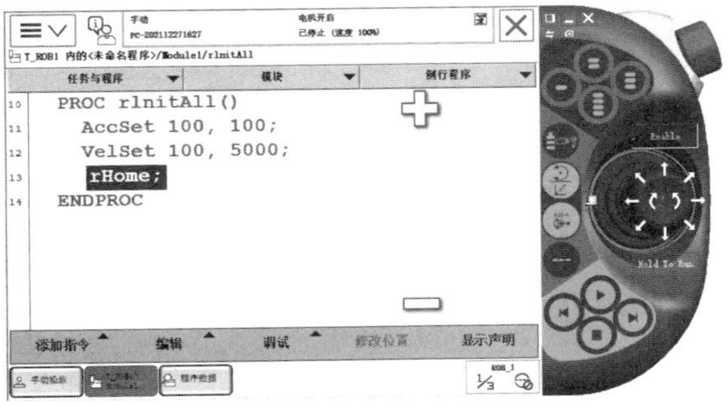

续表 1-5-6

序号	操作步骤	图示
21	返回例行程序界面，选中“rMoveRoutine()”例行程序，然后单击“显示例行程序”	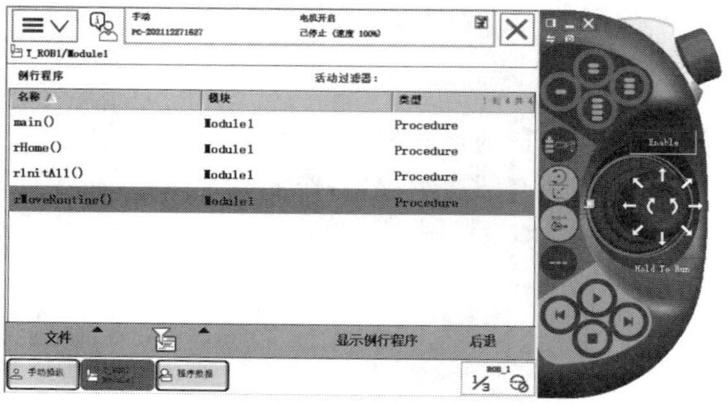
22	添加运动指令“MoveJ”，并将其参数设置为合适的数值	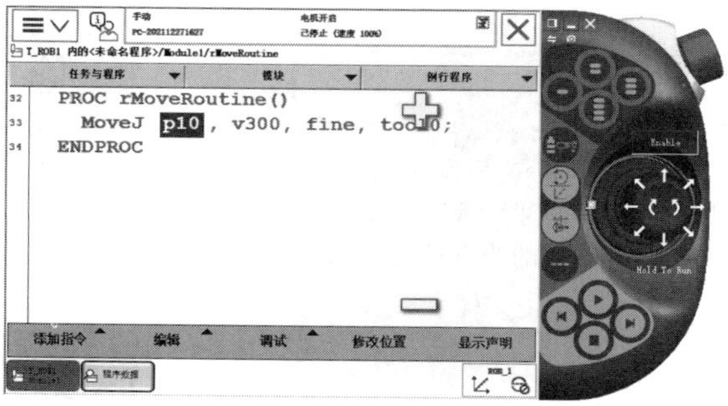
23	选择合适的运动模式，将机器人移至右图所示位置，作为机器人的 p10 点	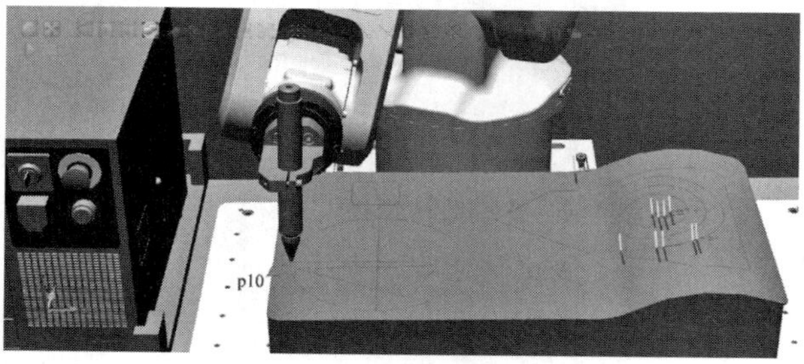
24	选中“p10”点，单击“修改位置”，弹出确定界面并单击“修改”，将机器人的当前位置记录到 p10 中	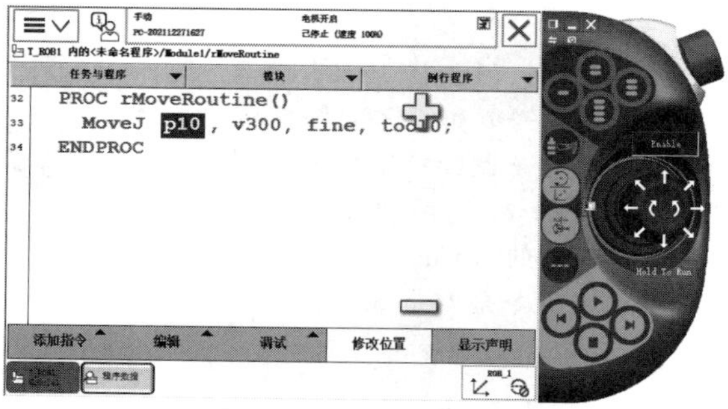

续表 1-5-6

序号	操作步骤	图示
25	添加运动指令“MoveL”，并将其参数设置为合适的数值	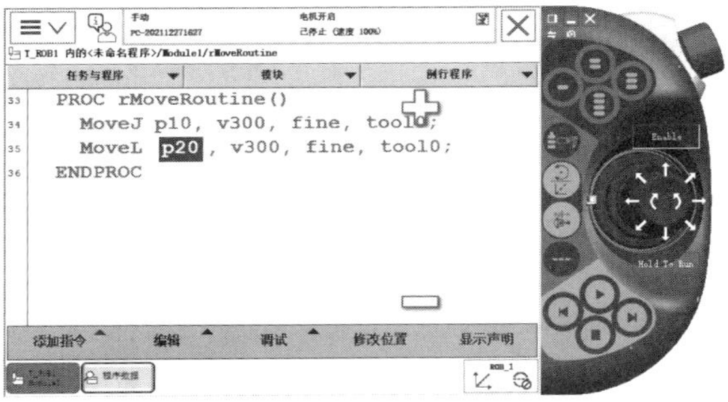
26	选择合适的运动模式，将机器人移至右图所示位置，作为机器人的 p20 点	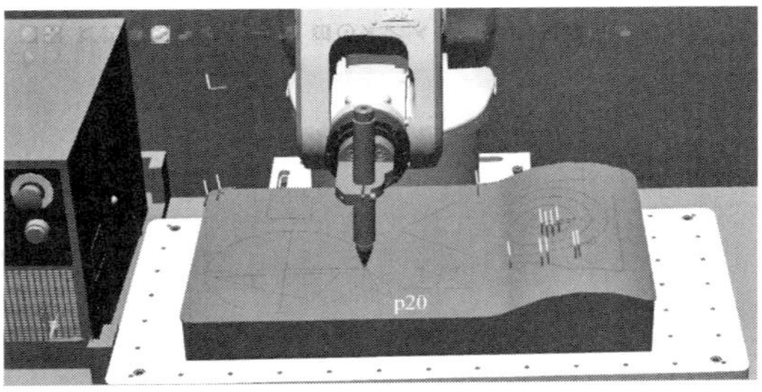
27	选中“p20”点，单击“修改位置”，弹出确定界面并单击“修改”，将机器人的当前位置记录到 p20 中	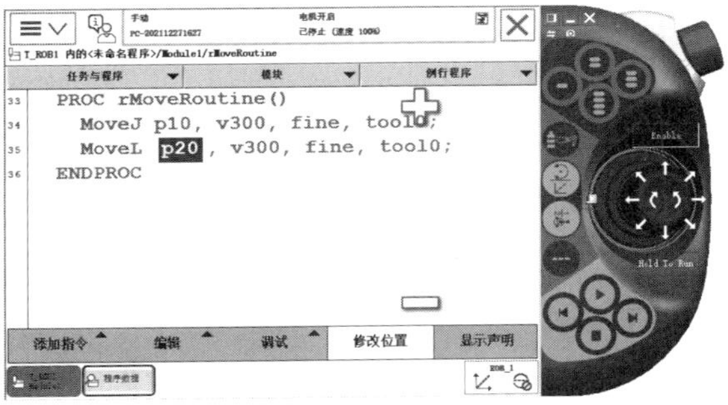
28	选择合适的运动模式，将机器人移至右图所示位置，作为机器人的 p20 点（作为圆弧起始点）	

续表 1-5-6

序号	操作步骤	图示
29	添加运动指令“MoveC”，并将其参数设置为合适的数值	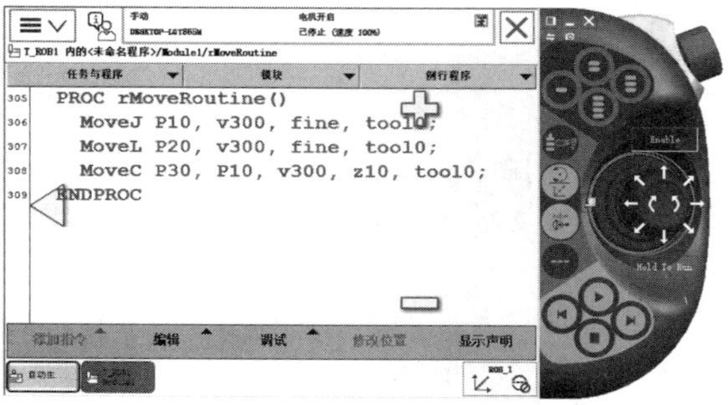
30	选择合适的运动模式，将机器人移至右图所示位置，作为机器人的 p30 点（作为圆弧中间点）	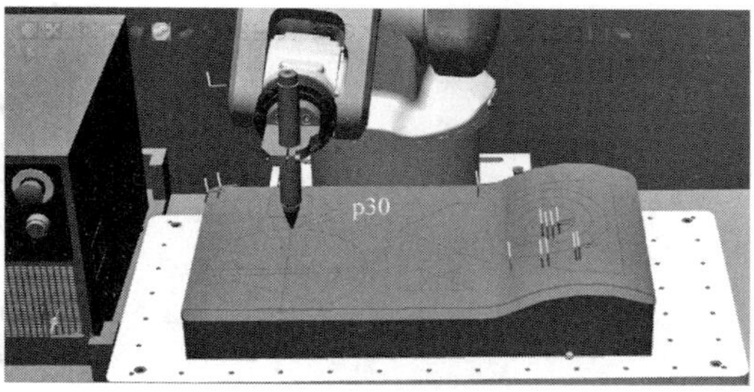
31	选中“p30”点，单击“修改位置”，弹出确定界面并单击“修改”，将机器人的当前位置记录到 p30 中	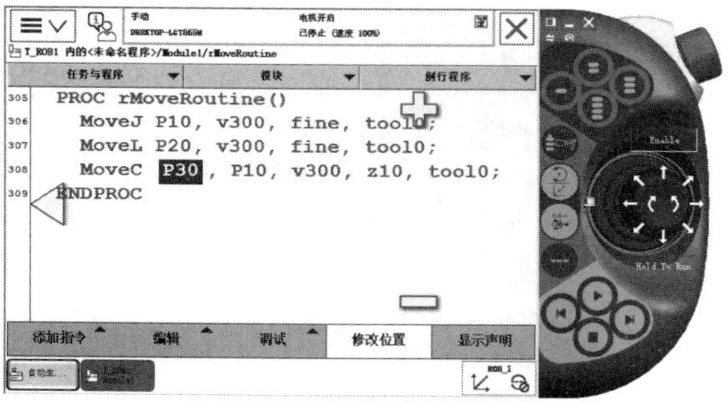
32	选择合适的运动模式，将机器人移至右图所示位置，作为机器人的 p10 点（作为圆弧目标点）	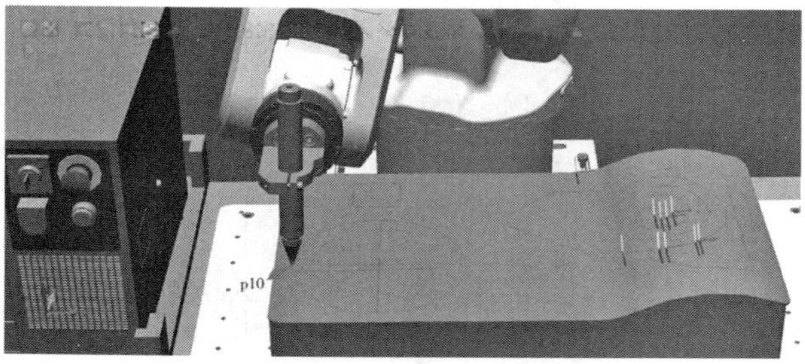

续表 1-5-6

序号	操作步骤	图示
33	返回例行程序界面，选中“main()”，然后单击“显示例行程序”	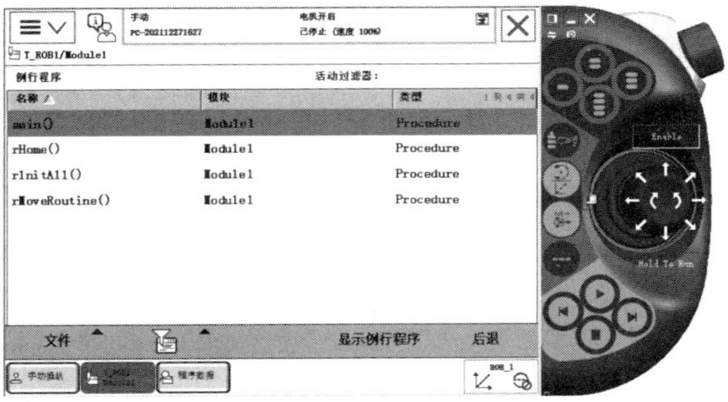
34	在开始位置调用初始化例行程序“rlnitAll”	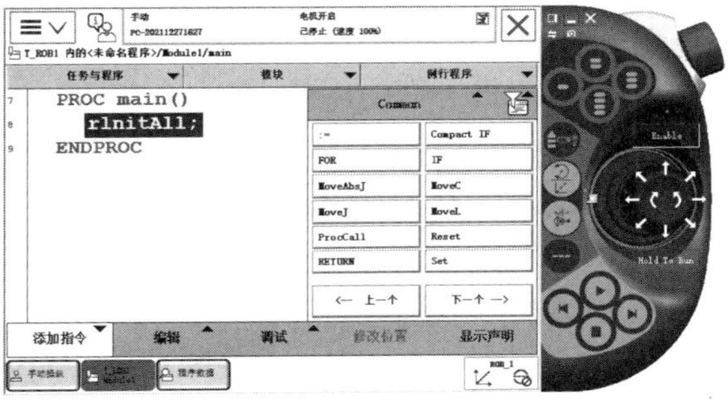
35	初始化程序只在一开始时执行一次，为将初始化程序与正常程序隔离开，使用 WHILE 循环指令构建一个死循环，并将条件设为“TRUE”	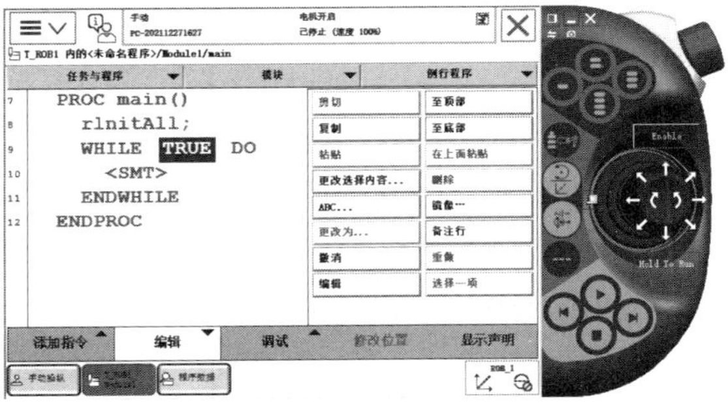
36	添加“IF”指令	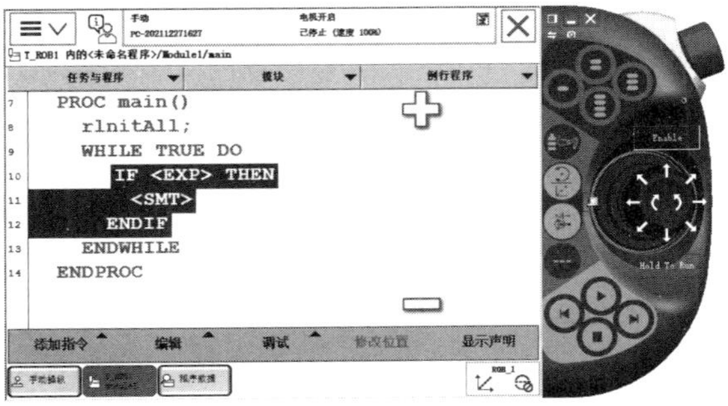

续表 1-5-6

序号	操作步骤	图示
37	当“di1 = 1”时，依次调用“rMoveRoutine”和“rHome”	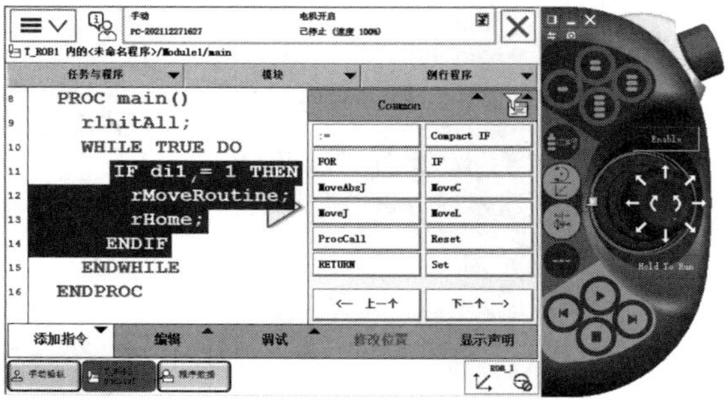
38	在“IF”指令下方添加“WaitTime”指令，防止 CPU 超负荷	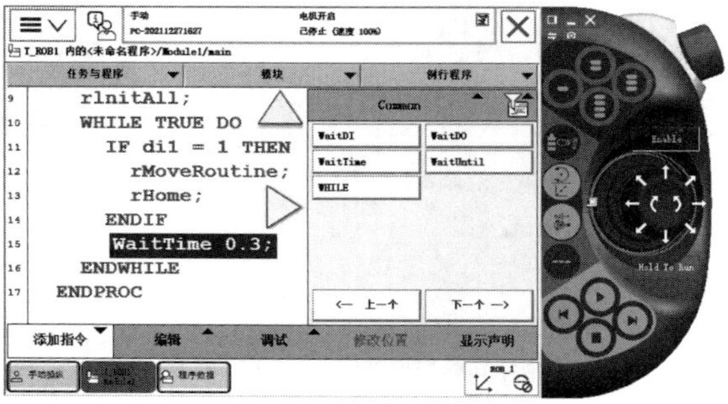
39	单击“调试”，打开调试菜单	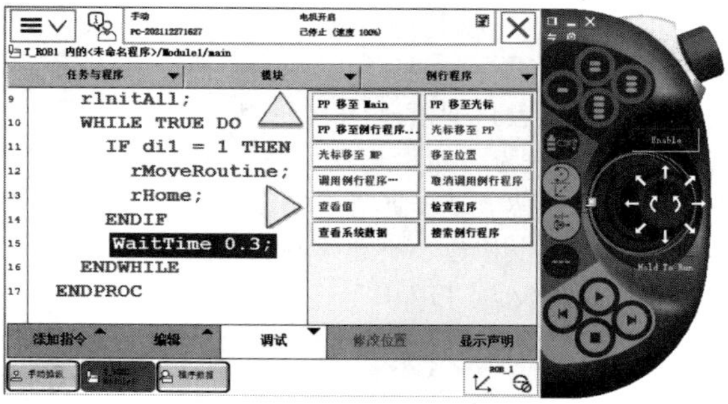
40	在“调试”菜单下单击“检查程序”，对程序的语法进行检查	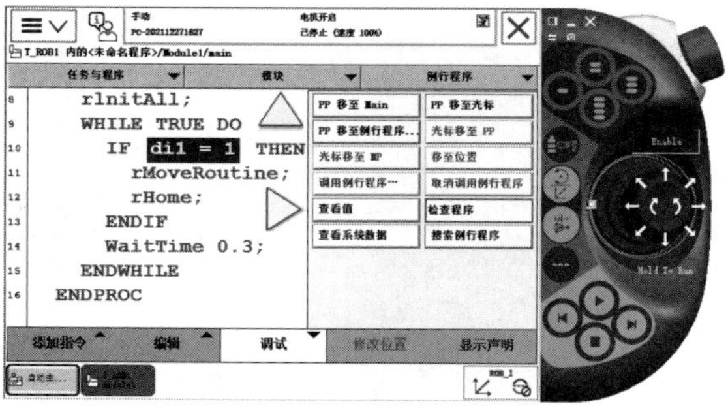

续表 1-5-6

序号	操作步骤	图示
41	弹出“未出现任何错误”的提示界面，如右图所示，单击“确定”完成	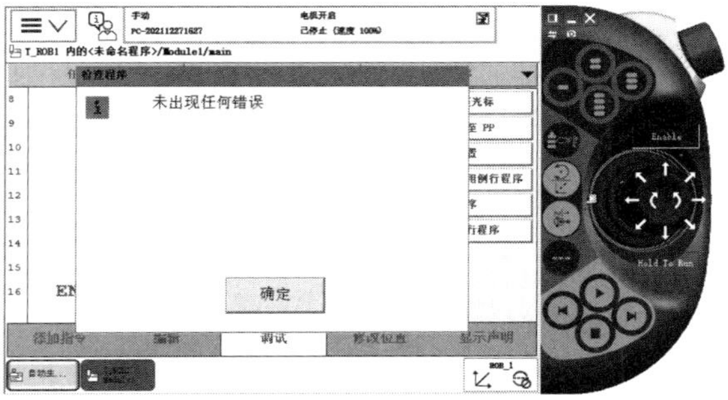

至此，一个简单的 RAPID 程序就建立完成了，可以先进行手动调试，如果没有问题，便可以自动运行。

思考题

1. RAPID 程序和程序的区别？
2. 如何为变量赋值？
3. 程序模块可以包含什么？

第 6 章　虚拟仿真软件的基本操作

6.1　认识和安装工业机器人仿真软件 RobotStudio

6.1.1　了解工业机器人仿真软件 RobotStudio

工业自动化的市场竞争压力日益加剧，客户在生产中要求更高的效率，以降低价格和提高质量。在新产品生产之前花费时间检测或试运行机器人编程是行不通的，因为这样就要停止现有的生产以对新的或修改的部件进行重新编程。冒险安装制造刀具和固定装置而不事先验证到达距离及工作区域已不再是首选方法，现代生产厂家在设计阶段就会采用虚拟仿真技术对新部件的可制造性进行检查。虚拟仿真技术基于计算机图形技术和机器人学原理，建立工业机器人及其工作环境的模型，再利用工业机器人语言及相关算法，通过对图形的控制和操作在离线的情况下进行轨迹规划。

工业机器人虚拟仿真系统可以通过单个或多台虚拟工业机器人组成仿真工作站或生产线，可以在产品制造之前对工业机器人系统进行离线编程，从而缩短产品研发周期，避免不必要的返工。在工业机器人实际安装之前进行离线编程，通过可视化及可确认的解决方案与布局来降低风险，通过创建更加精确的路径来获得更高的产品质量。

本章主要学习瑞士 ABB 公司开发的仿真软件 RobotStudio，它支持工业机器人的整个产品生命周期，使用图形化方式编辑和调试工业机器人系统来仿真工业机器人的运行，并模拟优化现有的工业机器人程序。该软件的主要功能如下。

（1）CAD 导入　RobotStudio 可以很便捷地将各种主要的 CAD 格式导入数据，包括 IGEA、STEP、VRML、VDAFS、ACIS 及 CATA。通过使用此类非常精确的 3D 模型数据，机器人程序设计员可以生成更为精确的机器人程序，从而提高产品质量。

（2）自动生成路径　这是 RobotStudio 最节省时间的功能之一，通过使用待加工部件的 CAD 模型，可在短短几分钟内自动生成跟踪曲线所需的机器人位置。如果人工执行此任务，则可能需要数小时或数天。

（3）自动分析伸展能力　此功能可让操作者灵活移动机器人或工件，直至所有位置均可达到，这使得验证和优化工作单元布局在短短几分钟内就可完成。

（4）碰撞检测　在 RobotStudio 中，可以对机器人在运动过程中是否可能与周边设备发生碰撞进行验证与确认，以确保机器人离线编程得出程序的可用性。

（5）在线作业　使用 RobotStudio 与真实的机器人进行连接通信，对机器人进行便捷的监控、程序修改、参数设定、文件传送及设备恢复的操作，使调试与维护工作更便捷。

(6)模拟仿真　根据设计，在 RobotStudio 中进行工业机器人工作站的动作模拟仿真以及周期节拍，为工程的实施提供真实的验证。

(7)应用功能包　针对不同的应用推出功能强大的工艺功能包，将机器人更好地与工艺应用进行有效的融合。

(8)二次开发　提供功能强大的二次开发平台，使机器人应用实现更多的可能，满足机器人的科研需要。

6.1.2　RobotStudio 软件界面介绍

1. RobotStudio 界面

RobotStudio 界面主要由以下几个功能选项卡组成："文件"功能选项卡、"基本"功能选项卡、"建模"功能选项卡、"仿真"功能选项卡、"控制器"功能选项卡、"RAPID"功能选项卡和"Add-Ins"功能选项卡。

"文件"功能选项卡包括创建新工作站、创建新机器人系统、连接到控制器、将工作站另存为查看器和 RobotStudio 等选项，如图 1-6-1 所示。

图 1-6-1　"文件"功能选项卡

"基本"功能选项卡，包含建立工作站、创建系统、路径编程和摆放物体所需的控件，如图 1-6-2 所示。

图 1-6-2　"基本"功能选项卡

"建模"功能选项卡，包含创建和分组工作站组件、创建实体、测量以及其他 CAD 操作所需的控件，如图 1-6-3 所示。

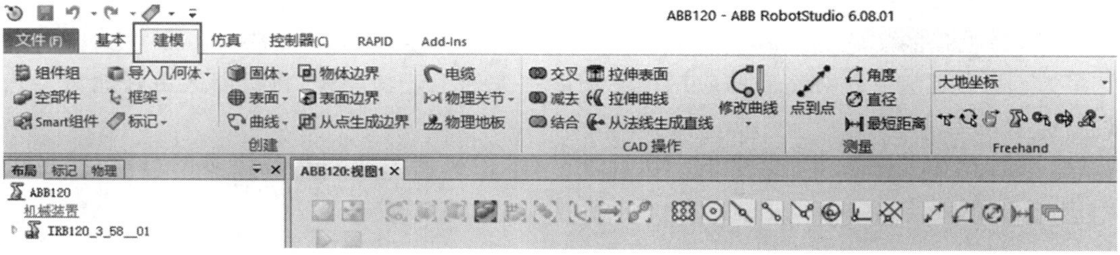

图 1-6-3 “建模”功能选项卡

“仿真”功能选项卡，包含创建、控制、监控和记录仿真所需的控件，如图 1-6-4 所示。

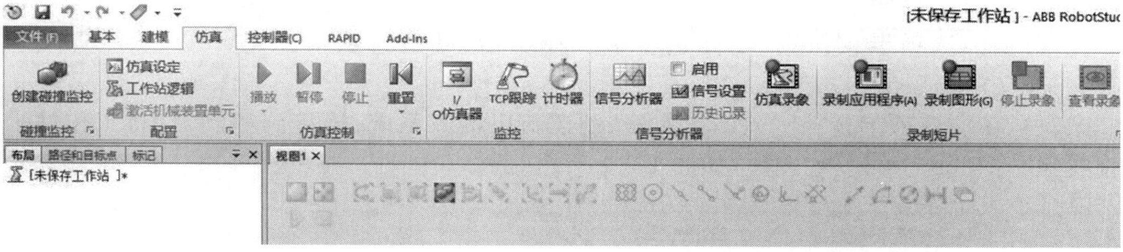

图 1-6-4 “仿真”功能选项卡

“控制器”功能选项卡，包含用于虚拟控制器的同步、配置和分配给它的任务控制措施，以及用于管理真实控制器的控制功能，如图 1-6-5 所示。

图 1-6-5 “控制器”功能选项卡

“RAPID”功能选项卡，包含集成的 RAPID 编辑器，用于编辑除机器人运动之外的其他所有机器人任务，如图 1-6-6 所示。

图 1-6-6 “RAPID”功能选项卡

“Add-Ins”功能选项卡，包含 PowerPac 和 VSTA 的相关控件，并且可在这里下载 RobotStudio 的相关资源，如图 1-6-7 所示。

2. 恢复默认 RobotStudio 软件界面

当 RobotStudio 的操作窗口被意外关闭，无法找到对应的操作对象和查看相关的信息时，可按如下步骤进行操作恢复默认的 RobotStudio 软件界面：单击“文件”下拉菜单，在“新建”子菜单中选择“默认布局”选项，即可恢复窗口的布局，如图 1-6-8 所示。

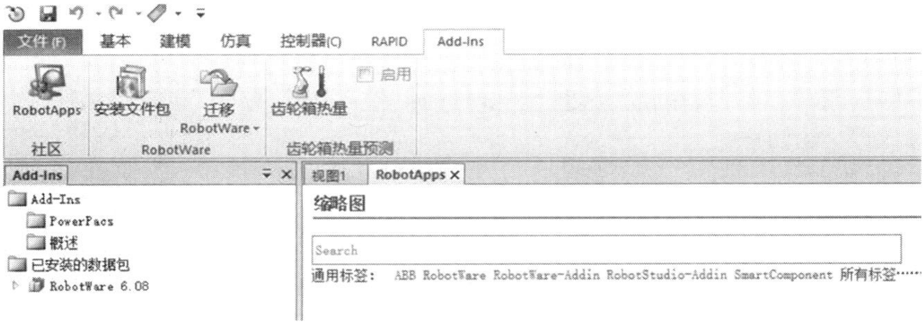

图 1-6-7　“Add-Ins”功能选项卡

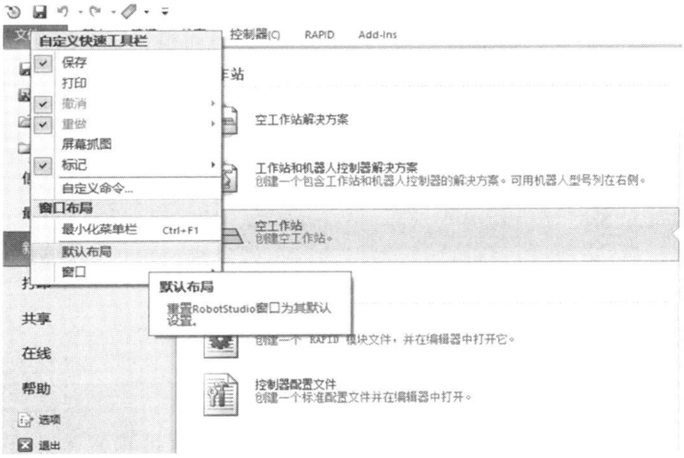

图 1-6-8　恢复默认 RobotStudio 软件界面

6.2　搭建机器人基本工作站

在离线编程之前，需要根据项目的要求构建一个机器人的仿真模型，模型包含所采用工业机器人的型号以及要完成的功能，这需要通过搭建工业机器人工作站来完成这一目标。新建工作站有 3 种方式，即空工作站解决方案、工作站和机器人控制器解决方案及空工作站。可以通过如图 1-6-9 所示的例子学习机器人基本工作站的搭建过程。

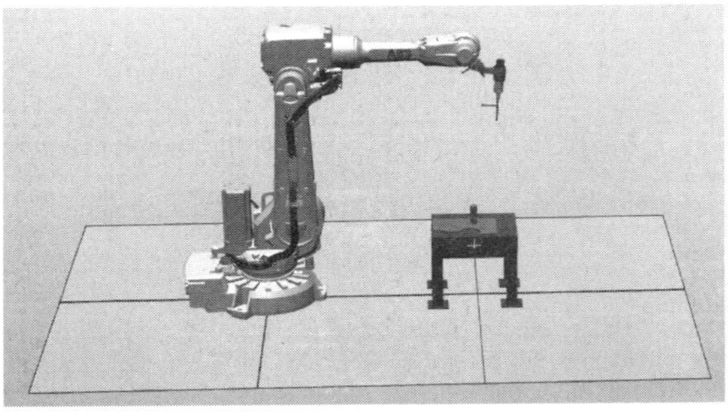

图 1-6-9　机器人基本工作站

6.2.1 导入机器人

1. 创建工作站

在“文件”功能选项卡中，单击“新建”选项，选择“空作站”，单击“创建”按钮，创建一个新的空工作站，如图 1-6-10 所示。

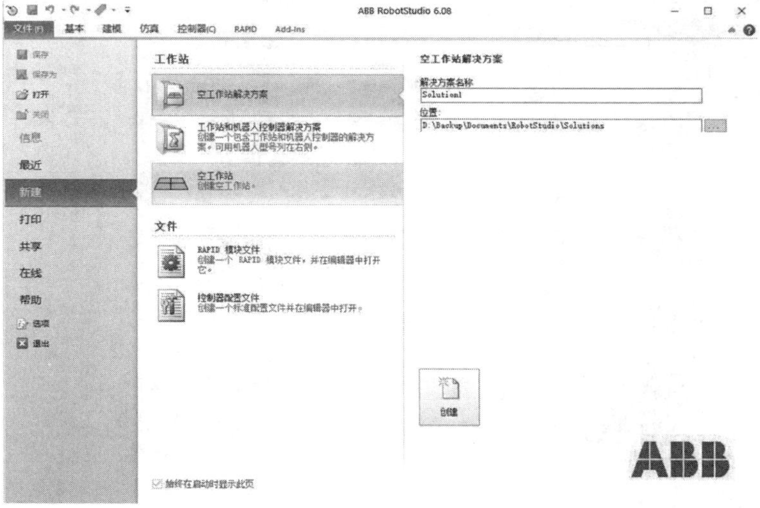

图 1-6-10 创建工作站

2. 导入机器人模型

在“基本”功能选项卡中，打开“ABB 模型库”选项，选择满足项目要求的工业机器人，本任务中机器人选择“IRB 2600”，然后选择机器人载荷容量和到达距离，单击“确定”完成导入，如图 1-6-11 所示。

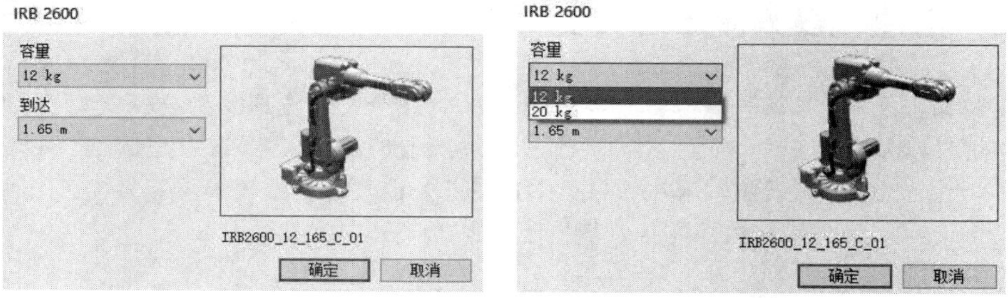

图 1-6-11 导入机器人模型

通过以上 2 步，在平台上搭建了一个 IRB 2600 型机器人的模型，通过使用键盘和鼠标的按键组合可以调整工作站示图。

平移：＜Ctrl＞+ 鼠标左键
视角：＜Ctrl + Shift＞+ 鼠标左键
缩放：滚动鼠标中间的滚轮

6.2.2　工业机器人工具的安装与拆除

1. 导入工具

在“基本”功能选项卡中，单击“导入模型库”选项，然后选择“设备”，选择“myTool”，具体过程如图 1-6-12 所示。

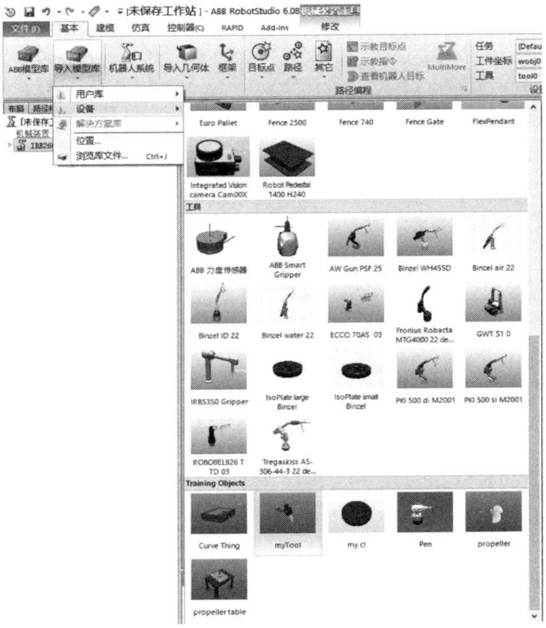

图 1-6-12　导入工具

2. 安装工具

(1)拖移安装法　在左侧“布局”栏中，单击选中“MyTool”并按住鼠标左键，将其拖到“IRB2600_12_165_C_01”后松开，在弹出的“更新位置”对话框中，单击“是(Y)”即可完成工具安装，如图 1-6-13 所示。

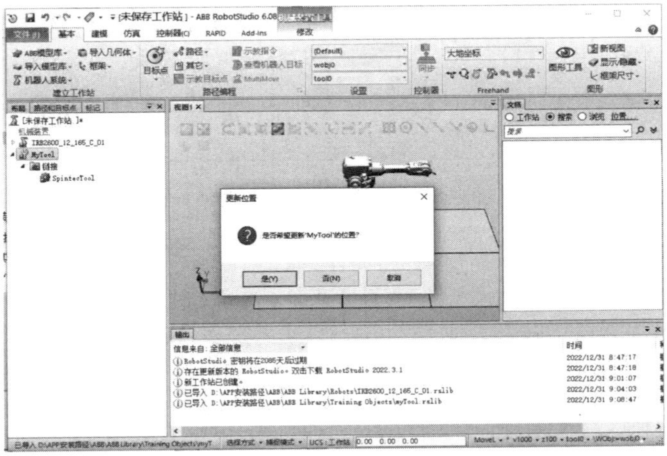

图 1-6-13　拖移安装法安装工具

(2)右键安装法　在左侧“布局”栏中，右击“MyTool”，在弹出的菜单中选择“安装到”和“IRB2600_12_165_C_01”，在弹出的“更新位置”对话框中，单击“是(Y)”即可完成工具安装，如图 1-6-14 所示。

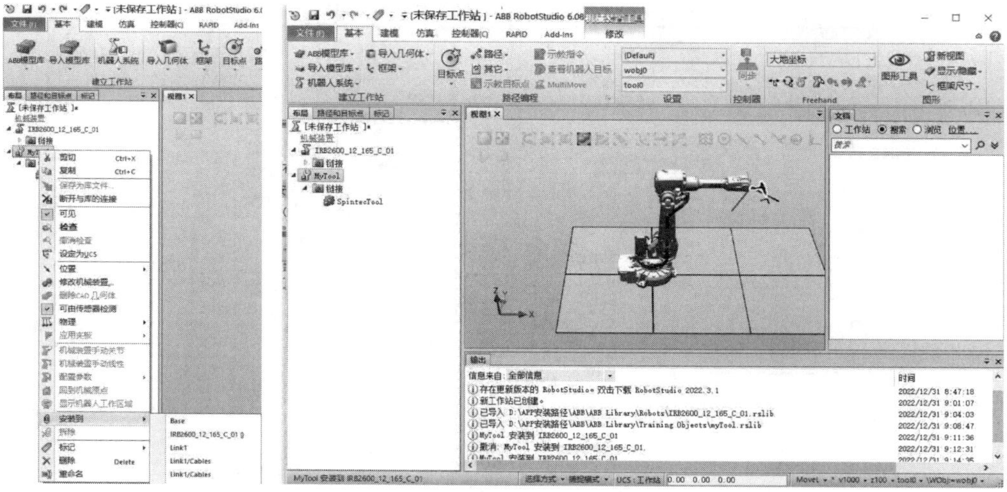

图 1-6-14　右键安装法安装工具

3. 拆除工具

右键菜单法拆除工具：在左侧“布局”栏中，右击“MyTool”，在弹出的菜单中选择“拆除”，在弹出的“更新位置”对话框中，单击“是(Y)”即可完成工具的拆除，如图 1-6-15 所示。

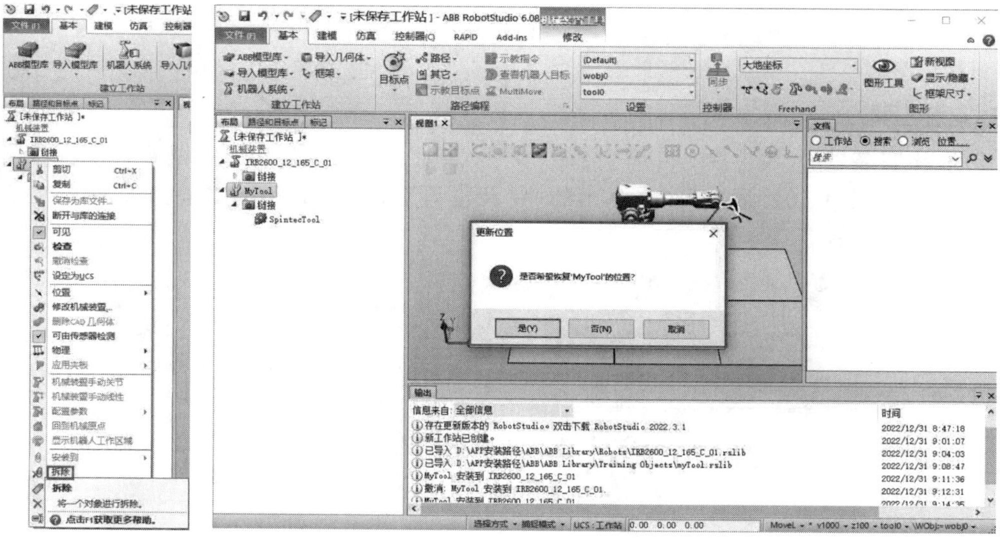

图 1-6-15　右键菜单法拆除工具

6.2.3　工业机器人周边模型的放置

RobotStudio 提供了丰富的机器人周边工具模型，在创建工作站过程中可以直接从模型库中导入需要的模型。

1. 导入机器人的周边模型“propeller table”

在“基本”功能选项卡中，单击“导入模型库”，选择“设备”，选择“propeller table”进行导入，导入完成后如图 1-6-16 所示。

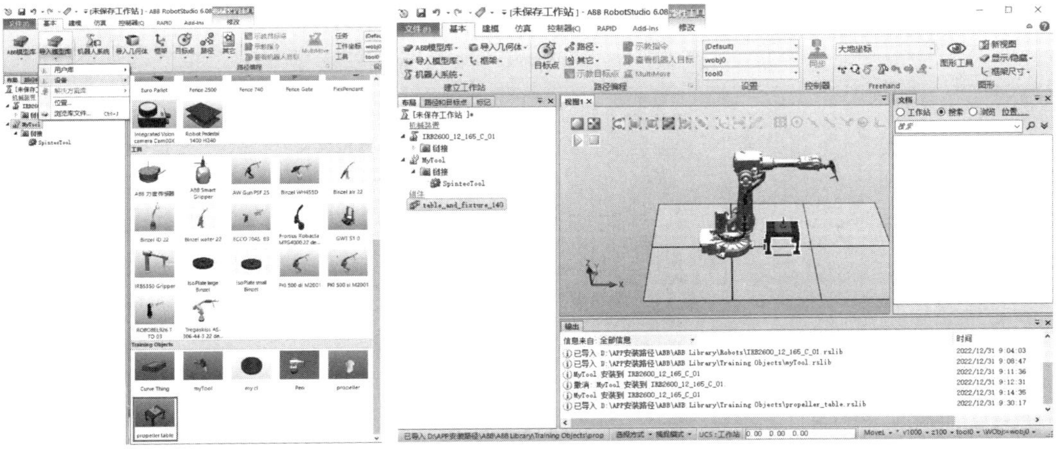

图 1-6-16　导入模型“propeller table”

2. 利用 Freehand 工具栏调整模型位置

机器人周边模型导入完成后，其位置不一定符合要求，有时还需要进一步调整，将其放置在机器人的工作区域范围之内。

(1)显示机器人工作区域　在左侧“布局”栏中，右击“IRB2600_12_165_C_01”，在下拉列表中选择“显示机器人工作区域”，如图 1-6-17 中白色曲线构成的封闭区域即机器人工作区域。为使机器人能顺畅工作，工作对象应调整到机器人的最佳工作范围，以提高节拍和方便轨迹规划。

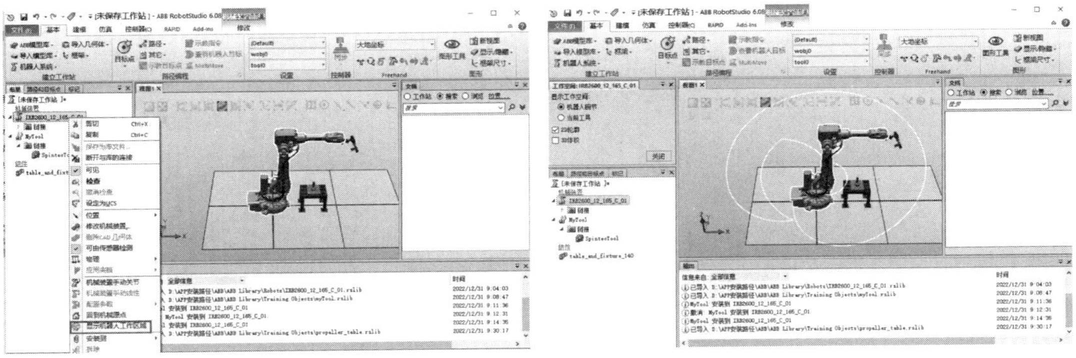

图 1-6-17　显示机器人工作区域

(2)利用 Freehand 工具操作模型　利用 Freehand 工具移动“propeller table”，在移动前要先根据操作需要选择合适的坐标系统，如图 1-6-18 所示，在 RobotStudio 中对部件的 Freehand 操作有移动、旋转、手动关节、手动线性、手动重定位、多个机器人手动操作等多种方式，如图 1-6-19 所示。

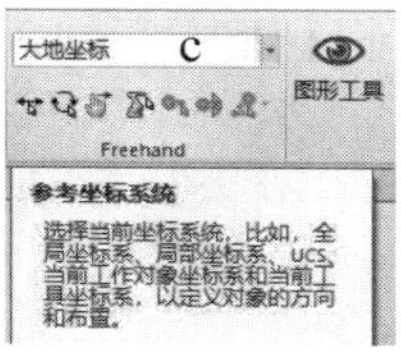

图 1-6-18　Freehand 参考坐标系统

图 1-6-19　Freehand 操作方式

3. 导入机器人其他部件“Curve_thing”

部件“propeller table”导入完成并调整位置后，继续导入其他相关的部件。在“基本”功能选项卡中，单击“导入模型库”，选择浏览“设备”，然后选择部件“Curve_thing”。导入完成后如图 1-6-20 所示。

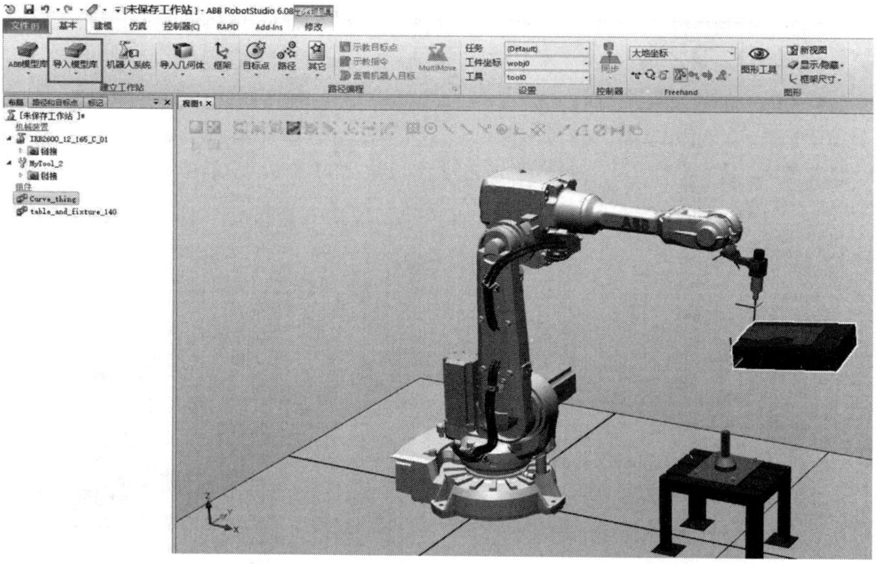

图 1-6-20　导入部件“Curve_thing”

4. 放置部件“Curve_thing”

为便于创建机器人轨迹，需将部件“Curve_thing”放置在部件“propeller table”上。在 RobotStudio 中放置部件的方法有一点法、两点法、三点法、框架法、两个框架法，这里主要介绍两点法。

（1）在“Curve_thing”上单击鼠标右键，在弹出的下拉菜单中选择“放置”中的两点法，如图 1-6-21 所示。

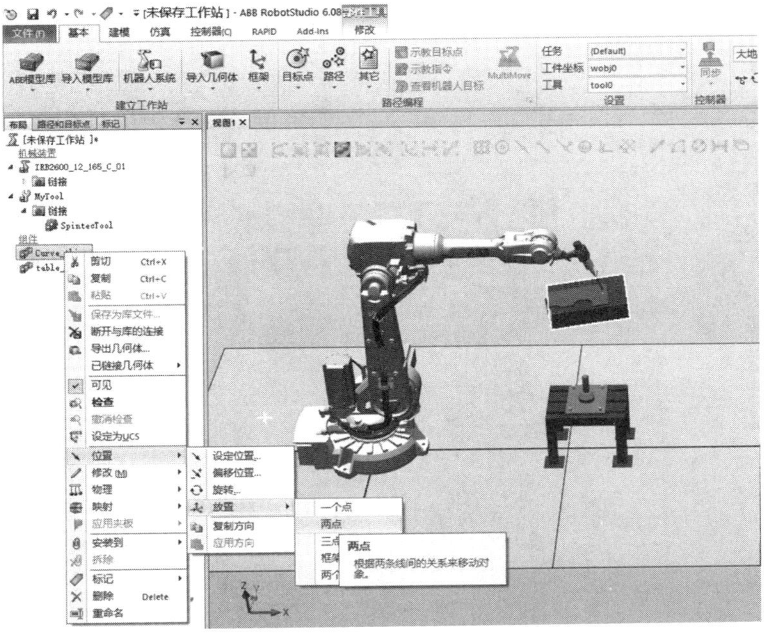

图 1-6-21　选择两点法

（2）选择捕捉方式和捕捉工具，选中“选择部件”和“捕捉末端”，如图 1-6-22 所示。

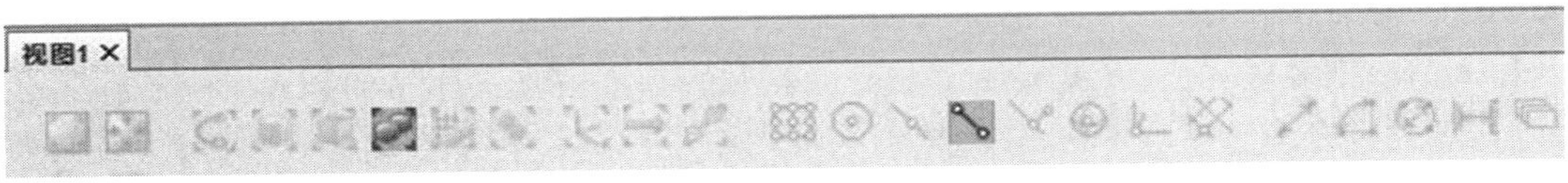

图 1-6-22　选择捕捉方式和工具

（3）在左上方“放置对象：Curve_thing”输入框中，单击“主点-从”的第一个坐标框（图 1-6-23），选中第 1 点，单击鼠标左键。完成第 1 个点确定之后，再依次选中第 2、第 3、第 4 点，单击后，对应点位的坐标值已自动显示在框中，单击“应用”按钮即可完成放置，如图 1-6-24 所示。

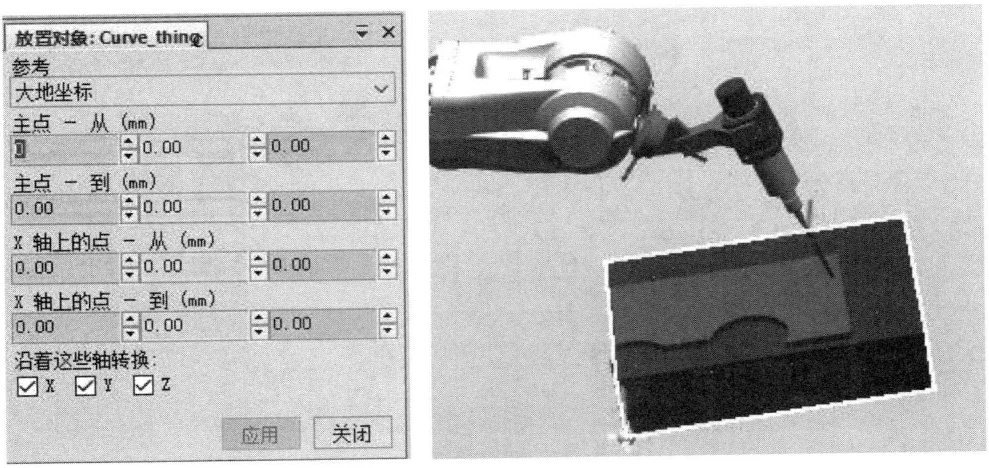

图 1-6-23　坐标框输入值

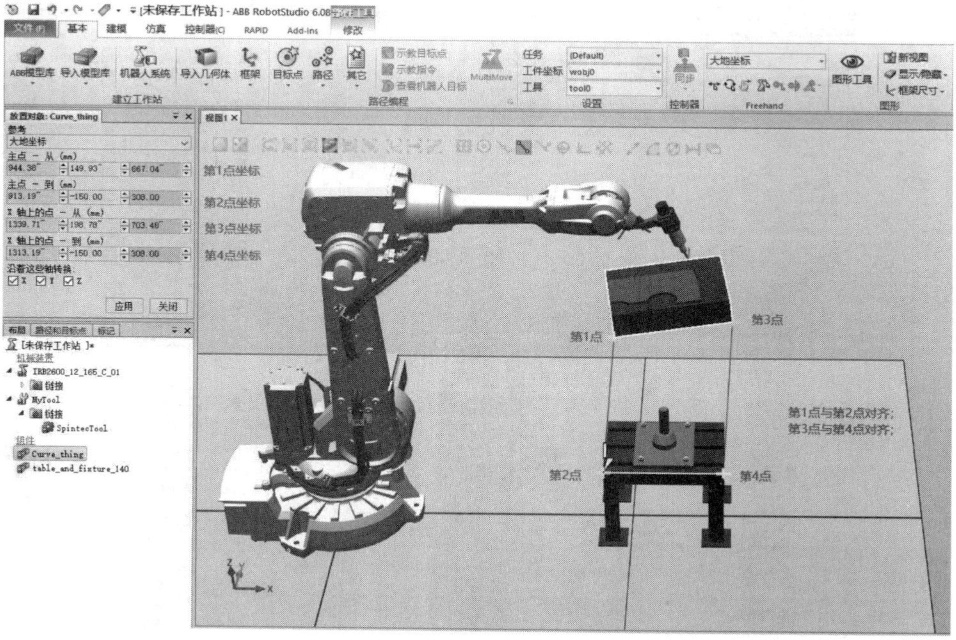

图 1-6-24　放置部件完成

6.2.4　建立工业机器人系统

导入的模型放置完成后，就完成了工业机器人的基本仿真工作站的创建。但工作站创建完成后，如果没有为机器人创建系统，机器人就无法进行运动和相应的仿真。因此，还需要创建机器人系统。创建系统的主要方法有 3 种，分别是根据工作站布局创建系统、为工作站创建新的系统和为工作站添加已有的系统。本节中，选择第一种方法创建机器人系统，具体过程如下。

(1)首先，在“基本”功能选项卡中，单击“机器人系统”，在下拉菜单中选择“从布局...”，如图 1-6-25 所示。

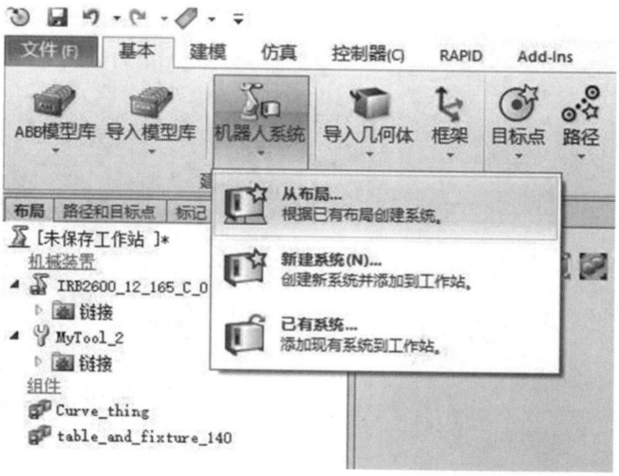

图 1-6-25　选择从布局创建系统

(2)在“从布局创建系统”对话框中，设置所创建的系统名称和保存位置同时选择相应版本的 RobotWare，如图 1-6-26 所示。

(3)系统名称和保存路径设置完成后，单击“下一个”按钮，再单击“选择系统的机械装置”，勾选所创建的机械装置“IRB2600_12_165_C_01”，然后单击“下一个”按钮，如图 1-6-27 所示。

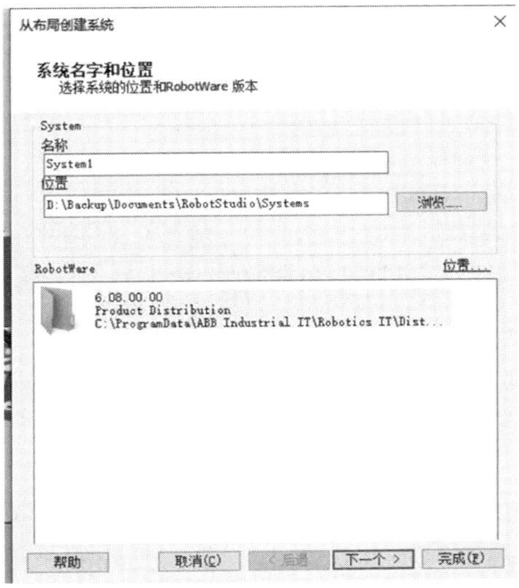

图 1-6-26　选择系统名字和位置

图 1-6-27　选择系统的机械装置

(4)在“系统选项”中配置系统参数，单击“选项”，在弹出的“更改选项”对话框中根据需求进行相应的设置(如语言、驱动模式等)，设置完成后单击“关闭”按钮，然后单击“完成”按钮即可完成系统的创建。

(5)工作站机器人系统创建完成并启动后，在状态栏右下角可以看到控制器状态为绿色，表明系统创建完成并启动运行，如图 1-6-28 所示。

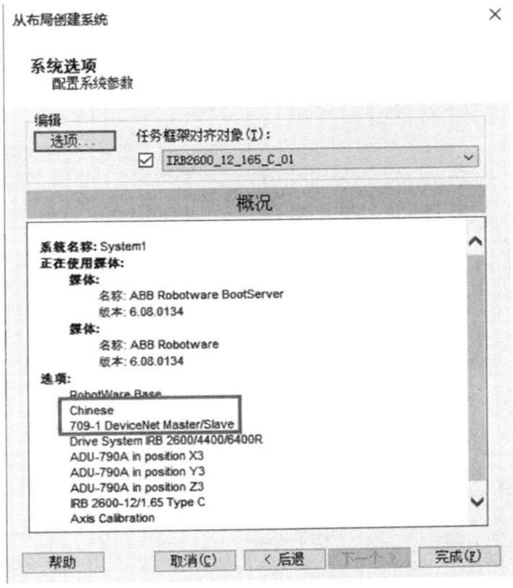

图 1-6-28　系统创建完成并启动运行

6.3 仿真软件中机器人的手动操作

6.3.1 直接拖动的方式

工业机器人手动操作方法主要有手动关节、手动线性、手动重定位 3 种运动模式，该模式也称为直接拖动控制方式。相关的操作在“基本”功能选项卡“Freehand”中有快捷图标。

1. 手动关节运动

工作站中所使用的机器人是 IRB 2600 型，该机器人拥有 6 个自由度。在手动关节运动模式下，可以独立操控每个轴。首先选择“基本”功能选项卡中 Freehand 的“手动关节运动模式”，然后选择要运动的机器人轴，拖动鼠标即可手动操作机器人相应的关节旋转。

2. 手动线性运动

手动关节运动方式是对机器人的关节轴进行独立操作，机器人末端工具的运动轨迹不一定是直线轨迹。但是在实际的操作调整过程中，经常需要机器人末端工具沿某条直线进行运动。

RobotStudio 提供了手动线性运动模式。在机器人线性运动之前要先设置好相关的参数，再选择“基本”功能选项卡中 Freehand 的“手动线性”，拖动机器人末端工具处的坐标箭头分别沿 X、Y、Z 轴移动，即可操作机器人的手动线性运动。

3. 手动重定位运动

机器人重定位运动是指机器人第六轴法兰盘上的 TCP 在空间绕工具坐标系旋转的运动，也可以理解为机器人绕 TCP 做姿态调整的运动。

在机器人重定位运动之前要设置好相关的参数，然后选择“基本”功能选项卡中 Freehand 的“手动重定位”，拖动机器人末端工具处的坐标箭头分别沿 X、Y、Z 轴移动，即可进行机器人的手动重定位调整。

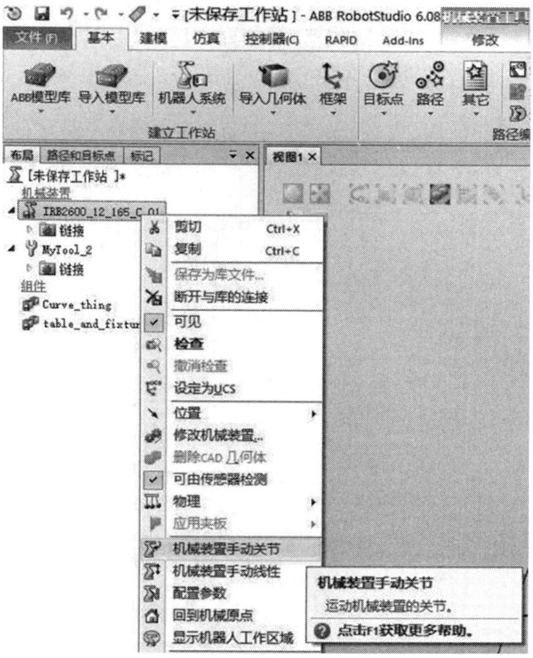

图 1-6-29 选择“机械装置手动关节”

6.3.2 精确手动操作的方式

精确手动控制方式根据运动方式的不同分为机械装置手动关节和机械装置手动线性两种运动方式。实现机器人的准确运动，是精确手动控制方式与直接拖动控制方式的本质区别。

1. 机械装置手动关节运动

(1)在“基本”功能选项卡左侧“布局”栏中，用鼠标右键单击“IRB2600_12_165_C_01”，选择“机械装置手动关节”，如图 1-6-29 所示。

(2)在左侧“手动关节运动”输入框中，拖动相应轴关节的滑块或单击“<”“>”按钮，即可实现轴关节的精确操作，运动的大小可由“Step”框设定，如图 1-6-30 所示。

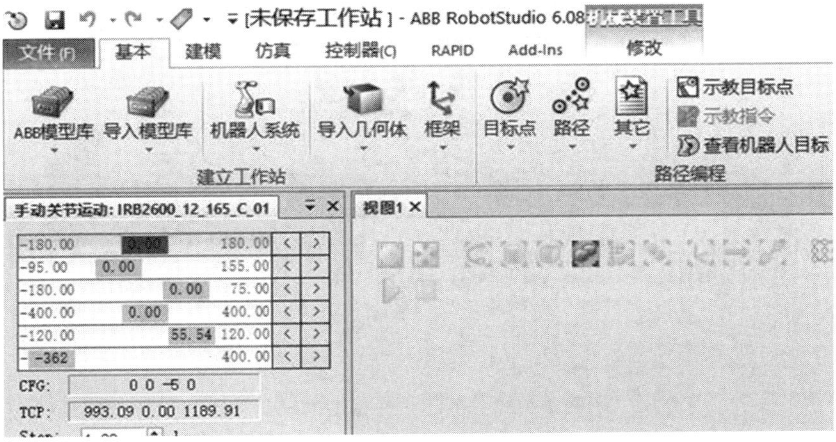

图 1-6-30　手动关节运动的设定

2. 机械装置手动线性运动

(1)在"基本"功能选项卡左侧"布局"栏中右击"IRB2600_12_165_C_01",选择"机械装置手动线性",如图 1-6-31 所示。

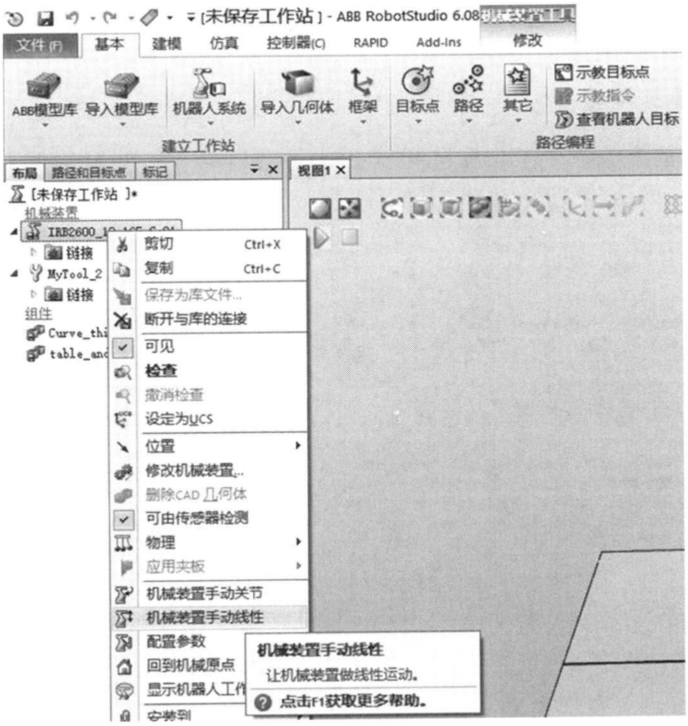

图 1-6-31　选择"机械装置手动线性"

(2)在左侧"手动线性运动"输入框中,可以设置 Step 大小、坐标系等参数,选择相应的线性坐标轴,单击"<"">"按钮,即可将机器人沿坐标轴移动到预定的位置。

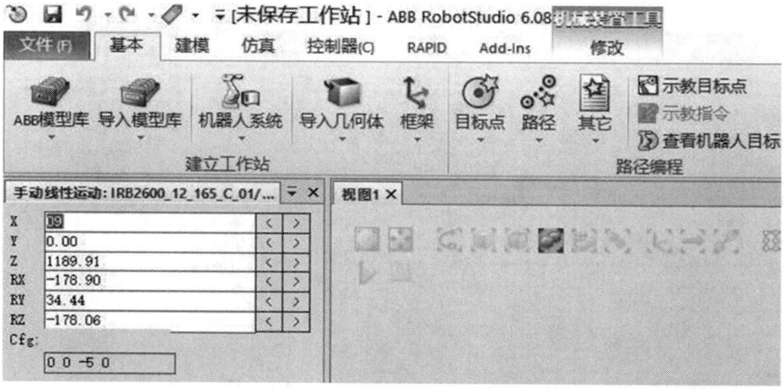

图 1-6-32　手动线性运动的设定

6.4　创建机器人工件坐标与轨迹程序

与真实的工业机器人一样，也需要在 RobotStudio 中对工件对象建立工件坐标。工件坐标用来定义工件相对于大地坐标(或其他坐标)的位置。机器人可以拥有若干工件坐标系，用于表示不同工件，或者表示同一工件在不同位置的若干副本。机器人进行编程时需要在工件坐标中创建目标和路径。

6.4.1　创建工件坐标

创建工件坐标的方法主要有位置法和三点法，本节中以“三点法”为例创建工件坐标。

(1)在“基本”功能选项卡中，单击“其它”按钮，选择“创建工件坐标”，如图 1-6-33 所示。

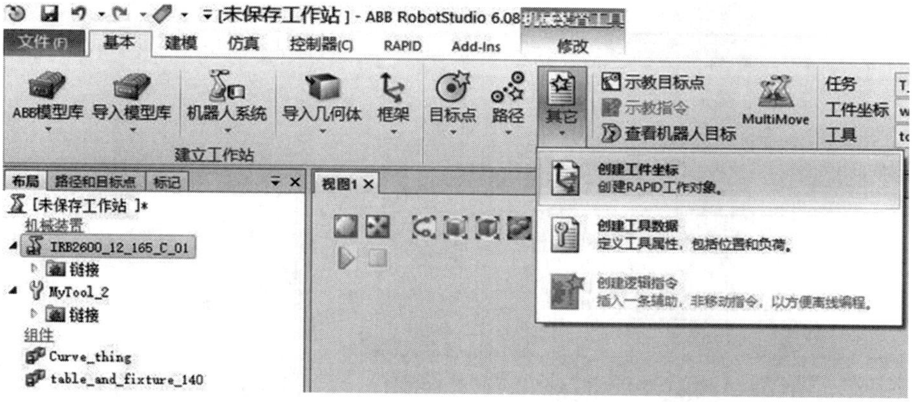

图 1-6-33　选择“创建工件坐标”

(2)在“视图”窗口工具栏选择合适的工具，选择方式为“选择表面”，捕捉方式为“捕捉末端”，然后在“创建工件坐标”输入框中设置相关参数，工件坐标的默认名称是 Workobject_1，可以根据实际情况进行修改，如图 1-6-34 所示。

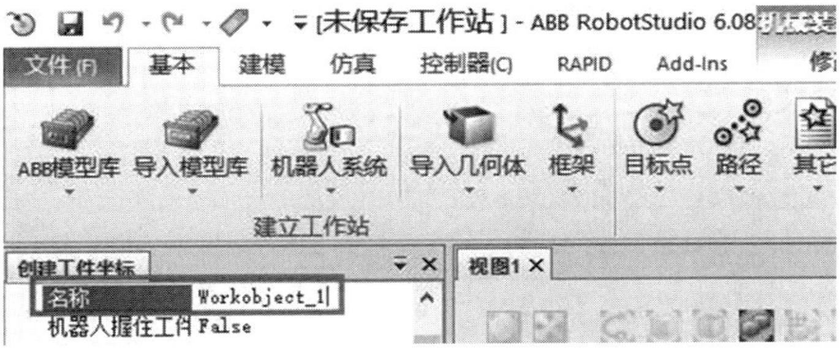

图 1-6-34 创建工件坐标并设置参数

(3)单击“创建工件坐标”输入框中的“取点创建框架”,选择“三点”,如图 1-6-35 所示。

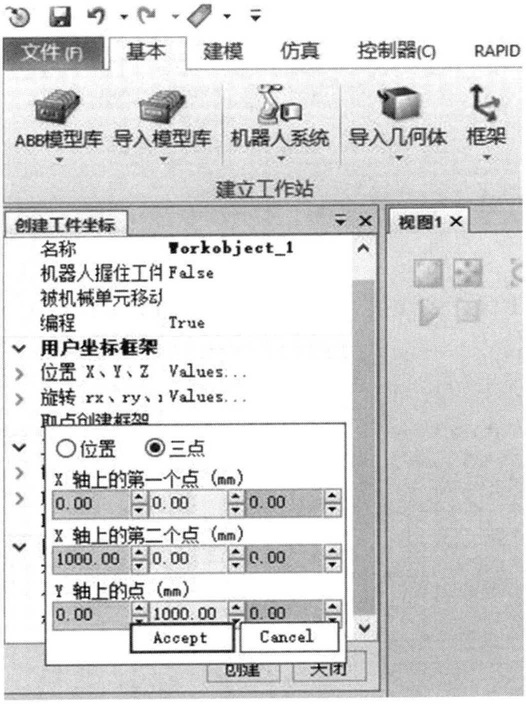

图 1-6-35 三点法创建工件坐标

(4)用鼠标左键单击“X 轴上的第一个点”的第一个输入框,依次单击 1 号点(X 轴上的第一个点)、2 号点(X 轴上的第二个点)、3 号点(Y 轴上的点),如图 1-6-36 所示。

(5)确认 3 个点的数据生成后,单击“Accept”按钮。

(6)确认数据完成后,单击“创建工件坐标”输入框中的“创建”按钮,即完成工件坐标的创建。

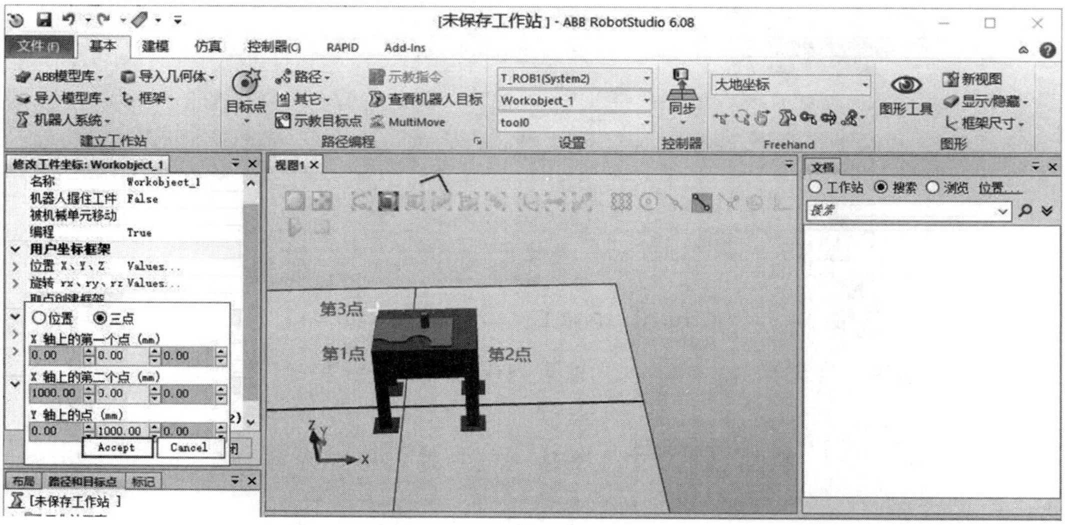

图 1-6-36　输入三个点的坐标数据

6.4.2　创建机器人运动轨迹程序

与真实的工业机器人一样，在 RobotStudio 中工业机器人运动轨迹也是通过 RAPID 程序指令进行控制的，从而最大限度地保证仿真结果的可靠性。在本节中，将使安装在法兰盘上的末端执行器在工作坐标系 Workobject_1 中沿着对象的边沿走一圈，具体步骤如下。

(1)在“基本”功能选项卡中，单击“路径”后选择“空路径”，如图 1-6-37 所示。

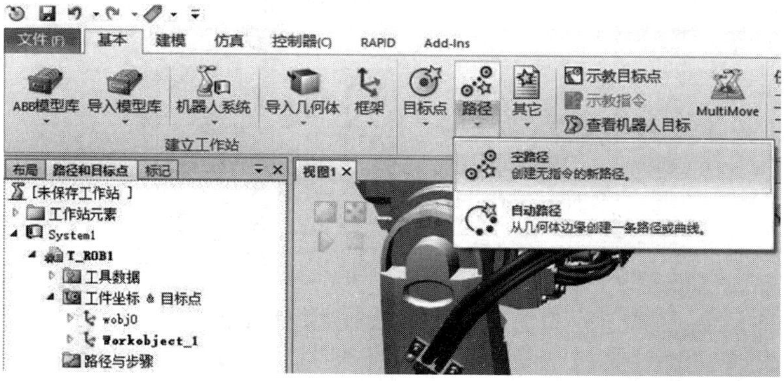

图 1-6-37　选择路径

(2)生成空路径 Path_10，设置坐标、工具、指令等相关参数。选择创建的系统任务，“工件坐标”设置为“Workobject_1”，“工具”设置为“MyTool”，“指令”设置为“MoveJ v200 fine…”，如图 1-6-38 所示。

(3)创建机器人起始路径

①示教机器人运动轨迹的初始位置目标点，选择 Freehand 中的“手动线性”。

②拖动机器人到合适的位置。

③单击“示教指令”，在左侧“路径和目标点”栏中生成相应的运动指令“MoveL Target_10”，如图 1-6-39 所示。

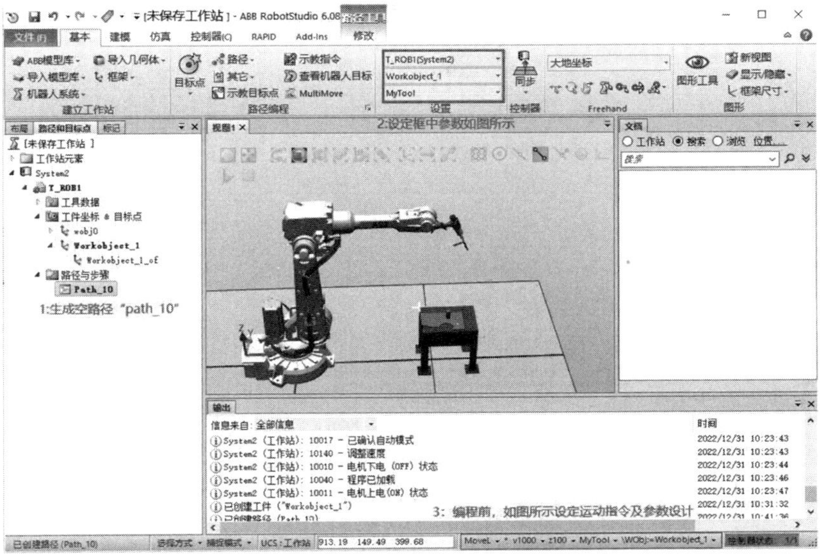
2:设定框中参数如图所示
1:生成空路径 "path_10"
3: 编程前，如图所示设定运动指令及参数设计

图 1-6-38　设置坐标、工具、指令等参数

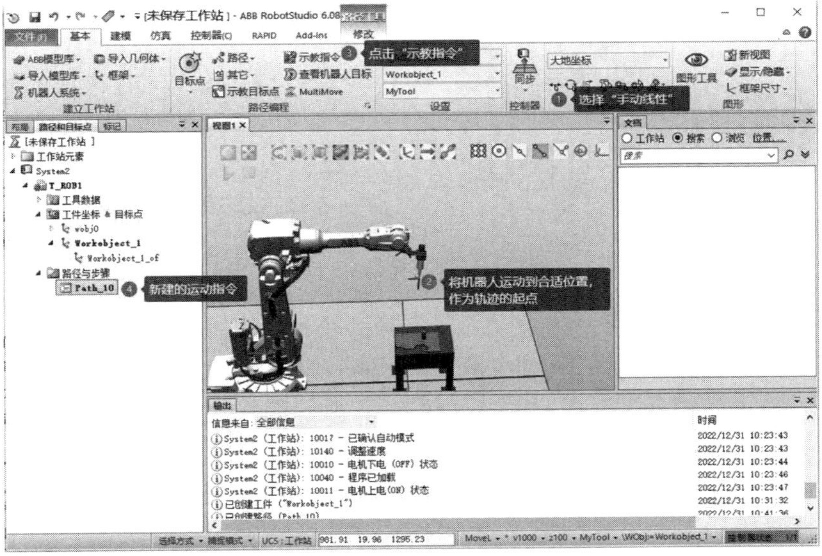
点击"示教指令"
选择"手动线性"
将机器人运动到合适位置，作为轨迹的起点
新建的运动指令

图 1-6-39　创建机器人起始路径

(4)依次示教 4 个目标点

①选择"捕捉末端"的捕捉方式。

②拖动机器人到目标点。

③单击"示教指令"，分别在左侧"路径和目标点"栏中生成相应的运动指令"MoveL Target_20""MoveL Target_30""MoveL Target_40""MoveL Target_50"。其中第一个目标点的示教如图 1-6-40 所示。

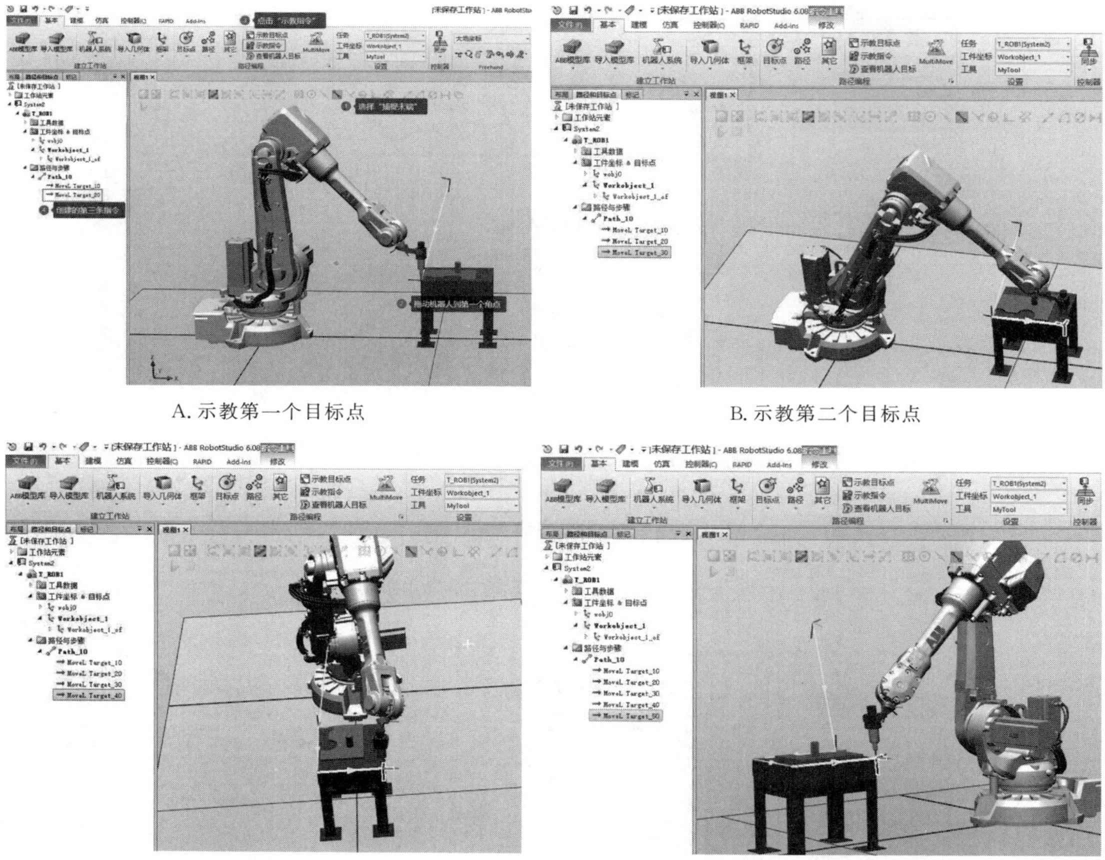

A. 示教第一个目标点　　B. 示教第二个目标点

C. 示教第三个目标点　　D. 示教第四个目标点

图 1-6-40　示教 4 个目标点

(5)二次示教第一个目标点　拖动机器人到第一个目标点,单击"示教指令",在左侧"路径和目标点"栏中生成相应的运动指令"MoveL Target_60",如图 1-6-41 所示。

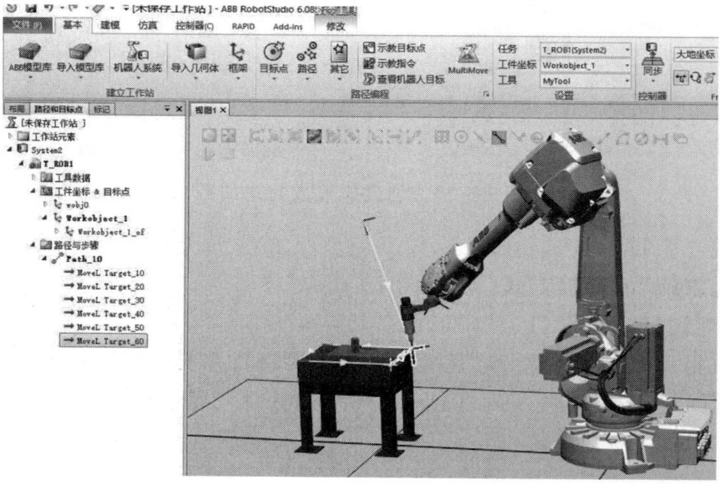

图 1-6-41　二次示教第一个目标点

(6)创建机器人返回路径　路径轨迹创建完成后,机器人停留在如图 1-6-42 中的第五个目标点(即第一个目标点)位置处。为便于机器人后续仿真运行,需将机器工具拖动到起始位置处,然后单击“示教指令”生成相应的运动指令,或复制第一条指令作为最后一条指令,并将其重命名为“MoveL Target_70”。

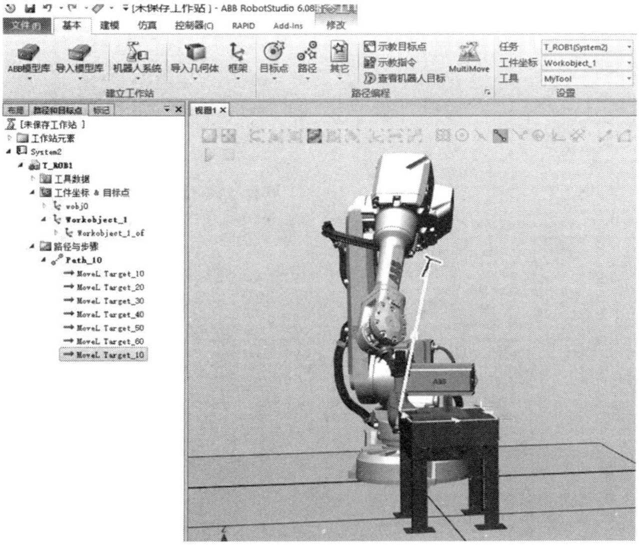

图 1-6-42　创建机器人返回路径

(7)验证路径

①为确保目标点路径正确,在进行仿真前需进行路径的验证。选择“Path_10”,单击鼠标右键,选择下拉菜单中的“执行移动指令”。

②单击“执行移动指令:Path_10”,若机器人能运行到该点,则表示路径没有问题;若机器人停留在当前位置,则表示路径存在问题,需要进行相应的调整,如图 1-6-43 所示。

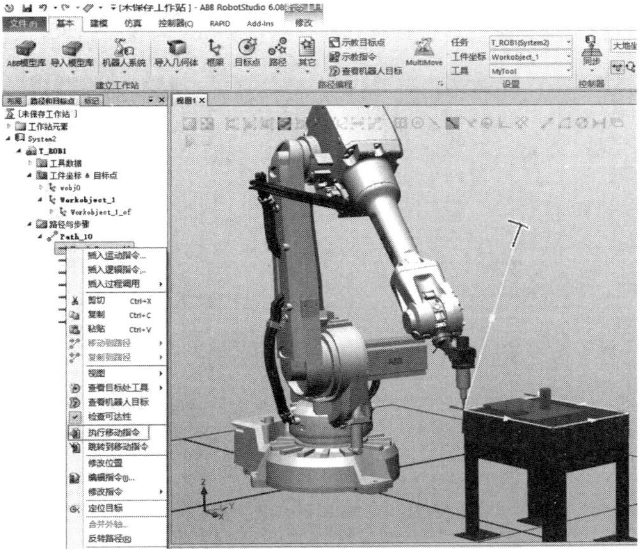

图 1-6-43　执行移动指令验证路径

(8)配置轴参数　目标点路径验证完成后,需要对关节轴的参数进行配置。为提高执行效率,本任务中采用自动配置的方法为关节轴配置相应的轴参数。选择“Path_10”,单击鼠标右键,选择下拉菜单“配置参数”下的“自动配置”,机器人就会沿着创建的路径运动一个循环完成轴参数的自动配置,如图 1-6-44 所示。

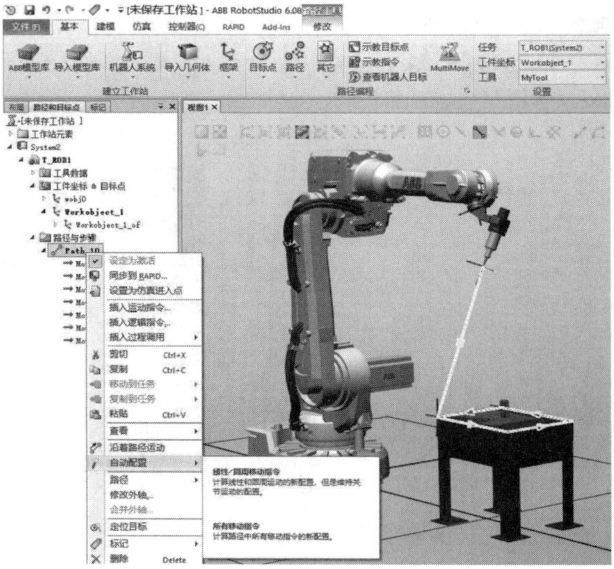

图 1-6-44　配置轴参数

(9)沿着路径运动　轴参数配置完成后,需在仿真前检查机器人能否正常运行。选择“Path_10”,单击鼠标右键,选择下拉菜单中的“沿着路径运动”。若没有问题则机器人沿着创建的路径运动一个循环,如图 1-6-45 所示;若存在问题则需要根据相应的输出提示信息修改路径,直至确保路径正确无误。

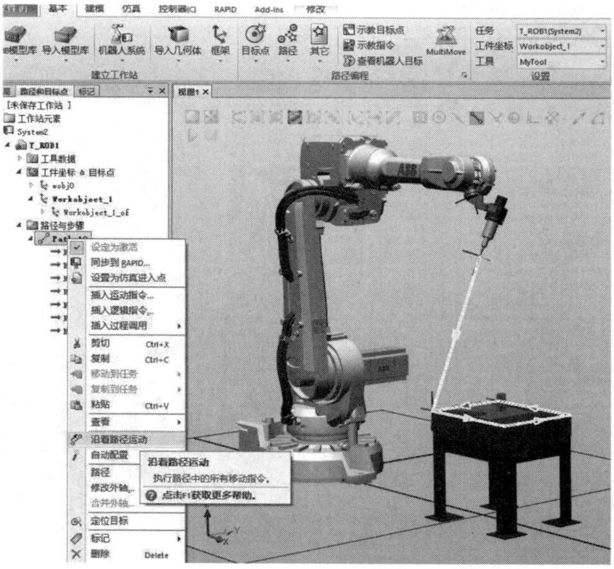

图 1-6-45　沿着路径运动

6.4.3　机器人运动轨迹仿真运行

1. 同步工作站

仿真运行前需将工作站同步到 RAPID 程序，具体有以下两种方式：①在“基本”功能选项卡中，单击“同步”，选择“同步到 RAPID”；②在左侧“路径和目标点”栏中以鼠标右键单击“Path_10”，选择“同步到 RAPID”，如图 1-6-46 所示。

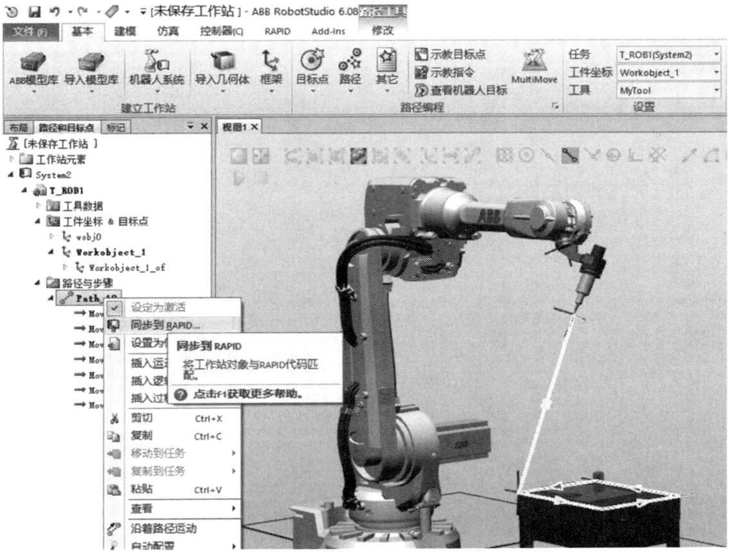

图 1-6-46　同步工作站

2. 设置同步参数

在“同步到 RAPID”对话框中勾选需要同步的项目，一般全部勾选，然后单击“确定”按钮，如图 1-6-47 所示。

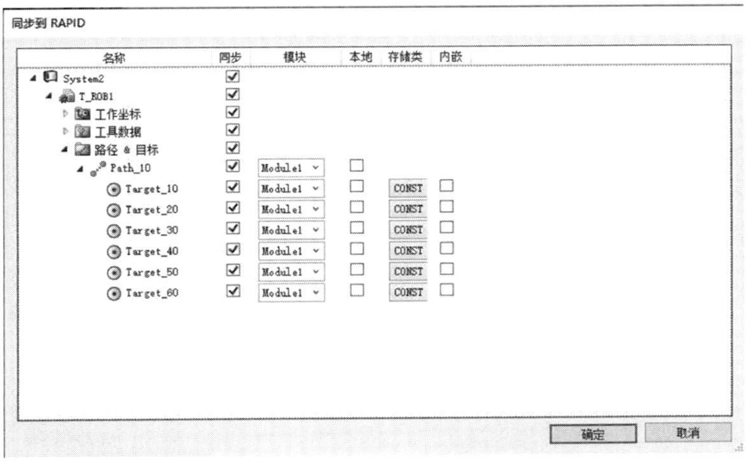

图 1-6-47　设置同步参数

3. 仿真设定

仿真设定即设定仿真程序的进入点是主程序 main 还是某一条 Path 路径。本任务中没有创建主程序 main，因此仿真“进入点”要设置为“Path_10”。

(1)在“仿真”功能选项卡中，单击“仿真设定”。

(2)在“仿真对象”输入框中单击“T_ROB1”，然后在“T_ROB1 的设置”中选择“进入点”为“Path_10”。

(3)单击“确定”按钮完成设定，如图 1-6-48 所示。

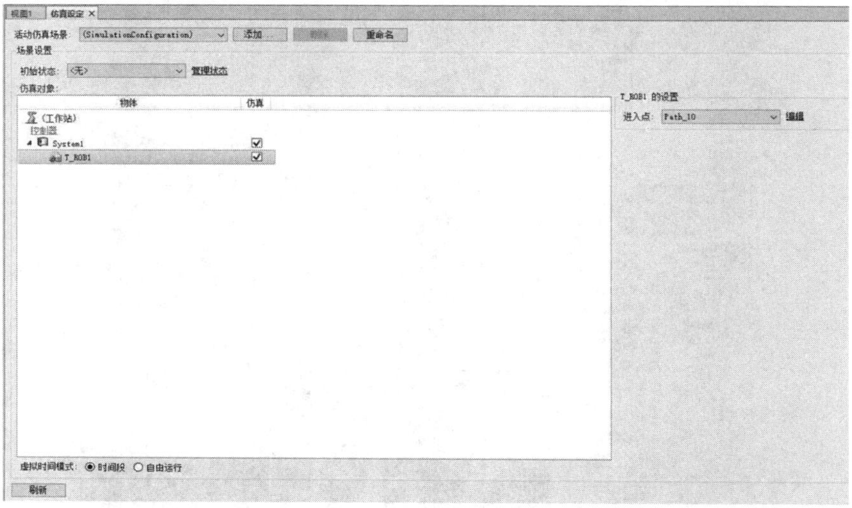

图 1-6-48　仿真设定

4. 仿真运行

在“仿真”功能选项卡中，单击“播放”按钮，即可看到机器人按照之前示教的轨迹进行运动。单击“保存”按钮，可以将工作站保存起来。

思考题

1. RobotStudio 仿真软件中可以实现的主要功能有哪些？
2. Robotstudio 仿真软件有哪些优点？
3. Robotstudio 仿真软件中机器人的手动操作有哪些方式？
4. Robotstudio 界面操作时，布局窗口被意外关闭后如何恢复默认的界面？

第二篇

机器人典型应用实训项目

项目一　工业机器人轨迹描绘任务实训

一、任务目的

（1）了解工业机器人基础工作站及轨迹描绘工作单元，掌握机器人工具坐标系、工件坐标系的标定方法。

（2）熟悉工业机器人基本编程指令，掌握工业机器人轨迹描绘任务的程序编写与调试方法。

（3）培养求真务实的态度和团队合作能力。

二、任务内容

（1）安装轨迹描绘模型与配套夹具。

（2）创建工具坐标系与工件坐标系。

（3）编写如图 2-1-1 所示轨迹图形描绘的程序，对相应的点位进行示教并调试程序，实现自动模式下的轨迹描绘程序运行。

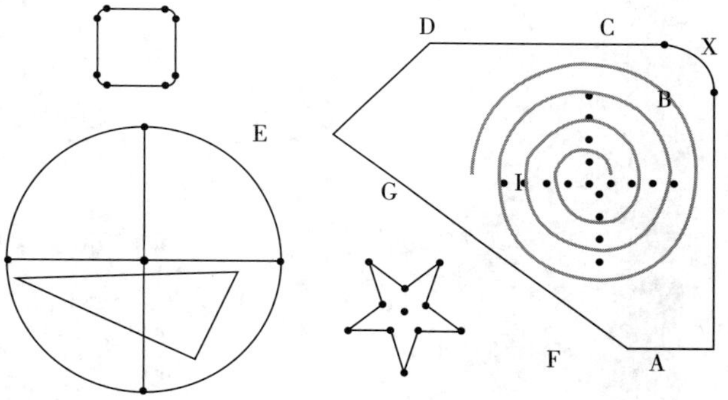

图 2-1-1　轨迹图形

三、任务相关知识点

1. 工业机器人基础工作站

工业机器人基础工作站即工业机器人实训平台，集合了电气控制棋块、操作面板、气动系统、机器人末端执行工具和多种可拆装式实训模块，方便学习者根据学习内容进行拆装组合。

2. 机器人指令与用法

请参照学习第 5 章 5.2 节中程序指令的相关内容。

四、任务实施步骤

1. 安装轨迹描绘模型与夹具

（1）安装轨迹描绘模型　打开实训模块存储箱，从存储箱上层取出轨迹描绘模型（模型存放在存储箱上层），放置到模型实训平台面板合适位置，用 M5 型号内六角螺丝将模型的四角固定锁紧到平台台面（在轨迹描绘模型四个角有用于安装固定的螺丝孔），保证模型紧固牢靠，整体布局如图 2-1-2 所示。

（2）安装轨迹描绘配套夹具　与轨迹描绘模型配套使用的是基础绘图笔夹具，从存储箱上层取出绘图笔夹具，绘图笔夹具连接块上有 4 个螺丝安装孔，将其与机器人 J6 轴连接法兰的 4 个螺丝安装孔对正，用内六角 M5×15 螺丝将其固定锁紧，保证夹具紧固牢靠，如图 2-1-3 所示。

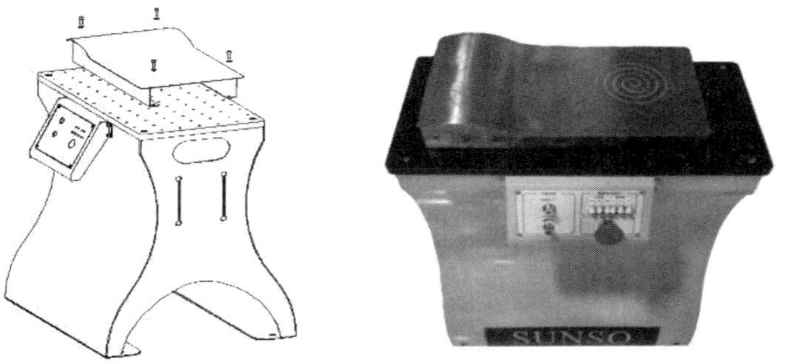

图 2-1-2　轨迹描绘模型安装示意图

图 2-1-3　绘图笔夹具安装示意图

2. 连接机器人硬件及 I/O 接口电气线路

对机器人本体、控制器、示教器进行线缆连接；对机器人 I/O 接口进行连接与设置；对机器人工作站外围设备进行安装与接线。

PLC 输入 I/O	功能描述	机器人输出 I/O	PLC 输出 I/O	功能描述	机器人输入 I/O
I0.3	Auto On	DO4	Q0.0	Motors On	DI1
I0.4	Motors On	DO5	Q0.1	Start at Main	DI2
I0.5	Cycle On	DO6	Q0.2	Motors off	DI3
I0.6	Emergency Stop	DO7	Q0.3	Stop	DI4
I0.7	Execution Error	DO8	Q0.4	Start	DI5
I1.0	机器人原点位置	DO9	Q0.5	Reset Execution Error Signal	DI6
I2.0	停止按钮		Q0.6	开始运行	DI7
I2.1	复位按钮		Q2.0	警示灯（红）	
I2.2	启动按钮		Q2.1	警示灯（黄）	
I2.4	控制柜急停		Q2.2	警示灯（绿）	
I2.5	门磁开关		Q2.3	停止指示灯	
			Q2.4	复位指示灯	
			Q2.5	启动指示灯	

3.机器人转数计数器更新操作

在手动状态下，使用关节运动模式，手动操作示教器使机器人各关节回到机械原点位置(原点校准)，进行转数计数器更新操作，步骤及说明见表 2-1-1。

表 2-1-1　转数计数器更新操作

步骤	图示	说明
1		在主菜单，选择“手动操纵”
2	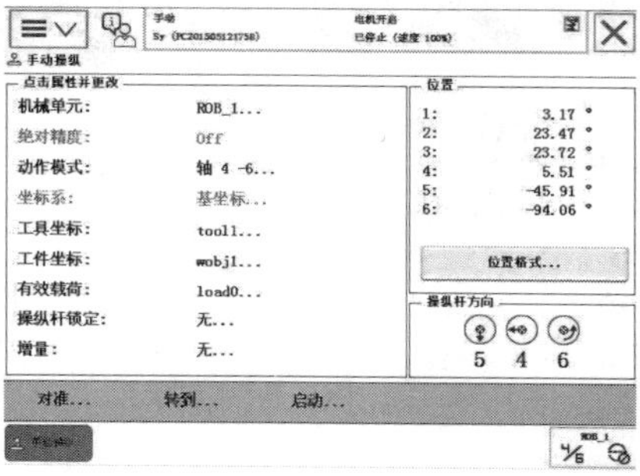	选择“关节运动”方式。 操作“操纵杆”将关节轴 4 运动到机械原点的刻度位置。 * 手动操纵使机器人各关节轴运动到机械原点刻度位置，其顺序是 4—5—6—1—2—3
3		操作“操纵杆”将关节轴 4 运动到机械原点的刻度位置
4	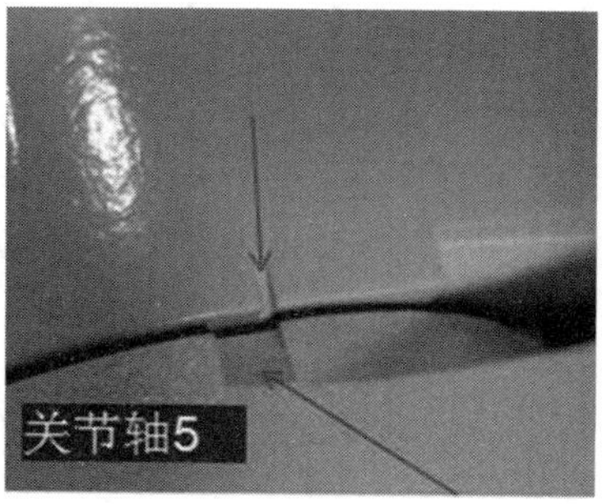	操作“操纵杆”将关节轴 5 运动到机械原点的刻度位置

续表 2-1-1

步骤	图示	说明
5	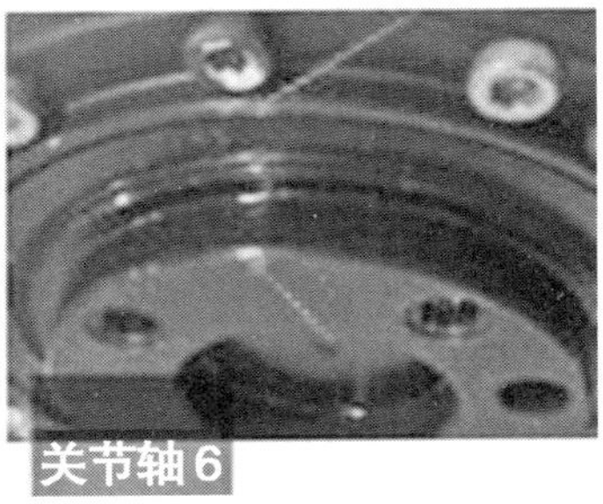	操作“操纵杆”将关节轴 6 运动到机械原点的刻度位置
6	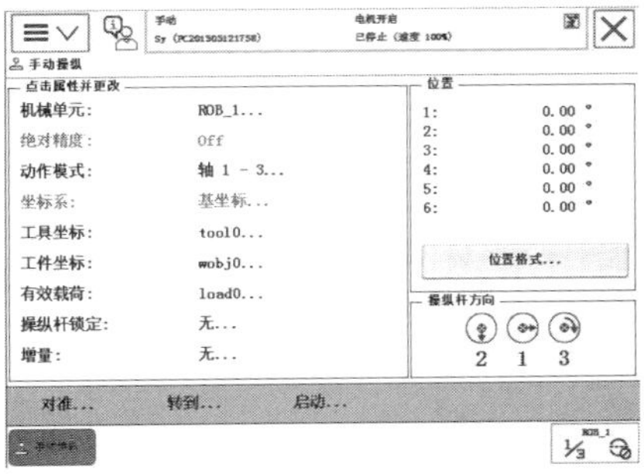	在手动操纵菜单中，选择“轴 1-3”动作模式
7	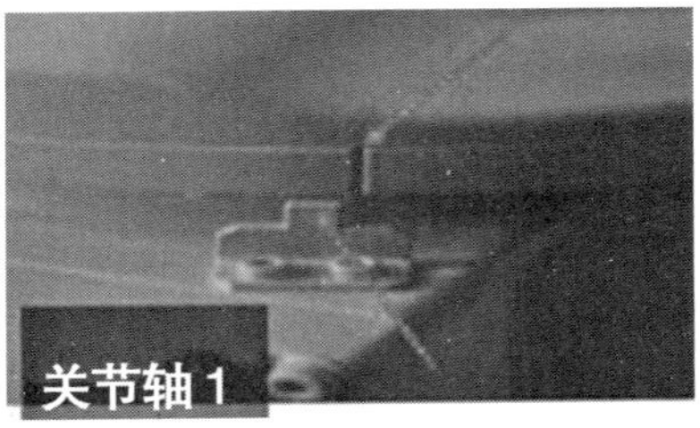	操作“操纵杆”将关节轴 1 运动到机械原点的刻度位置
8	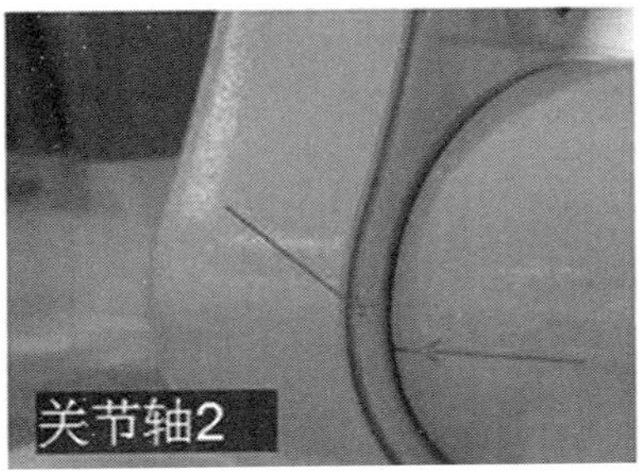	操作“操纵杆”将关节轴 2 运动到机械原点的刻度位置
9	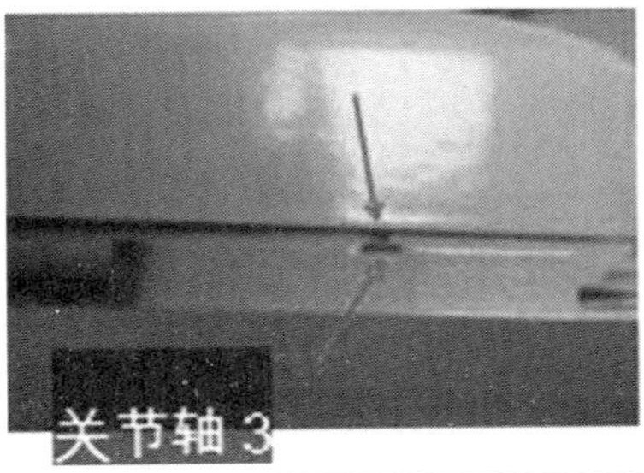	操作“操纵杆”将关节轴 3 运动到机械原点的刻度位置

续表 2-1-1

步骤	图示	说明
10		单击主菜单中的“校准”
11	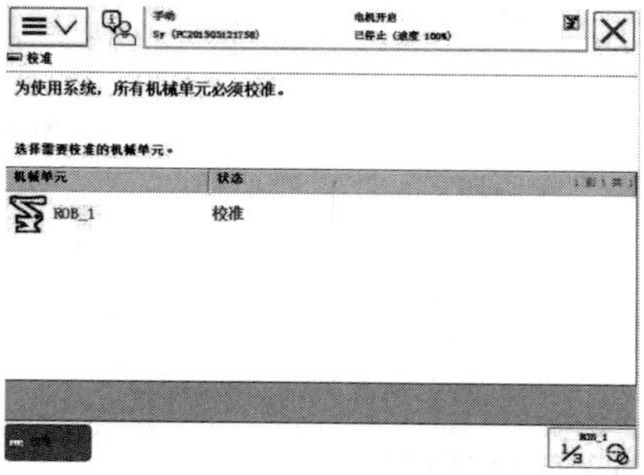	弹出“校准”界面，单击“ROB_1　校准”
12	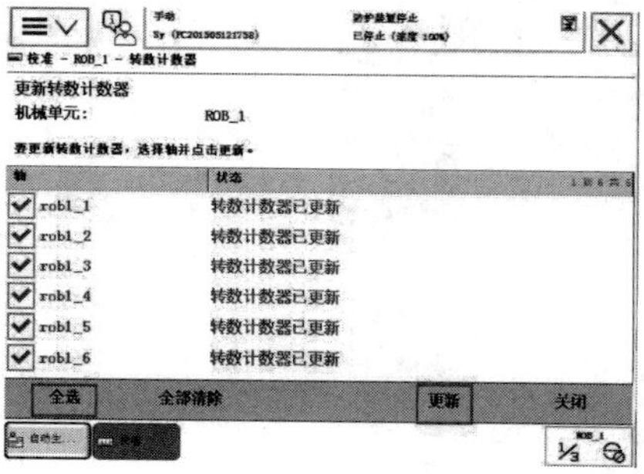	单击“全选”，然后单击“更新”。 ＊也可逐一对 6 个关节轴进行转数计数器更新
13	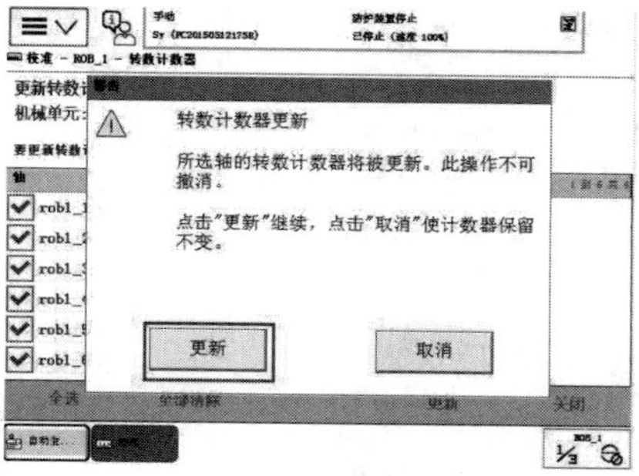	单击“更新”，等待更新过程完成

续表 2-1-1

步骤	图示	说明
14	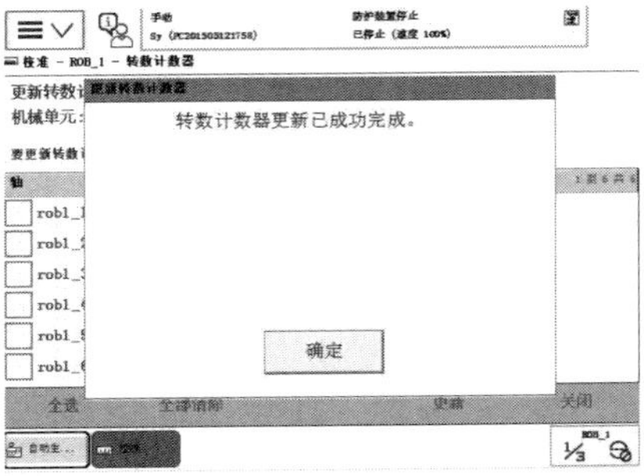	单击“确定”，转数计数器更新完成。 ＊能够完成更新操作，并知道什么情况下需要进行转数计数器更新

4. 设定机器人工具坐标

在“新建工具坐标”窗口，使用“4 点加 X、Z 方向”进行工具坐标的设定。本任务的轨迹描绘夹具的工具数据设定的步骤与说明见表 2-1-2。

表 2-1-2　轨迹描绘夹具的工具数据设定

步骤	图示	说明
1		轨迹描绘夹具（绘图笔）的质量是 0.5 kg，重心在默认 tool0 的 Z 轴正方向上偏移 60 mm，TCP 设定在夹具的最下端中心，从默认 tool0 的 Z 轴正方向上偏移 115 mm
2	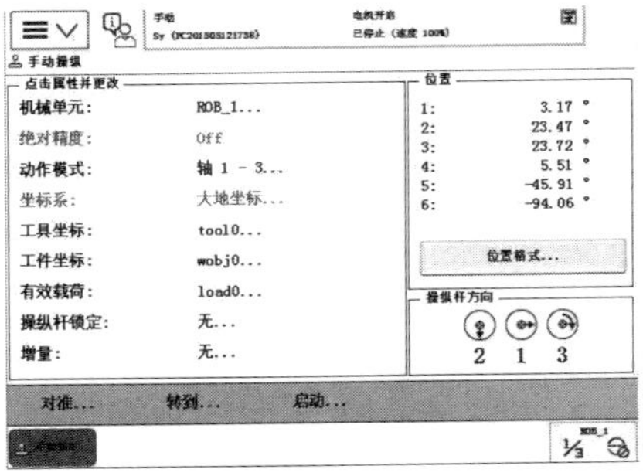	进入示教器“手动操纵”界面，选中“工具坐标”
3	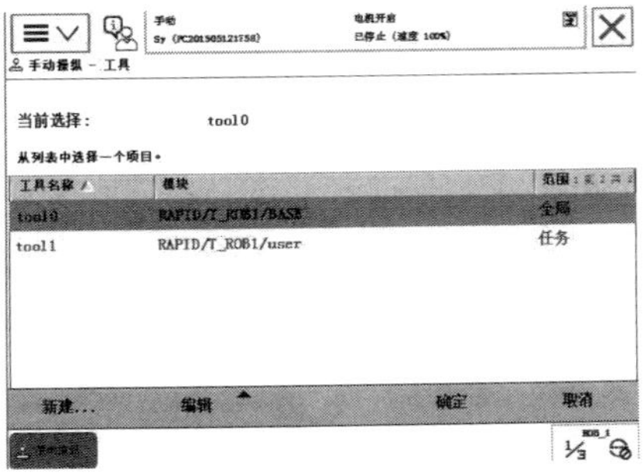	选中“tool0”，然后单击“新建…”

续表 2-1-2

步骤	图示	说明
4	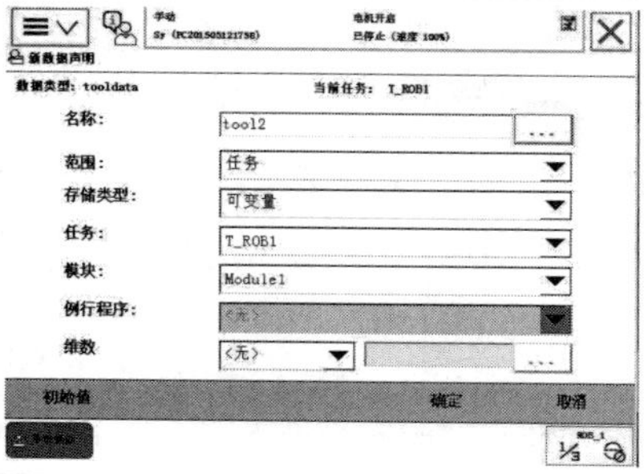	单击“...”进行名称设定；单击下拉菜单选择对应参数；然后单击“确定”。 ＊按要求对工具数据属性进行设定
5	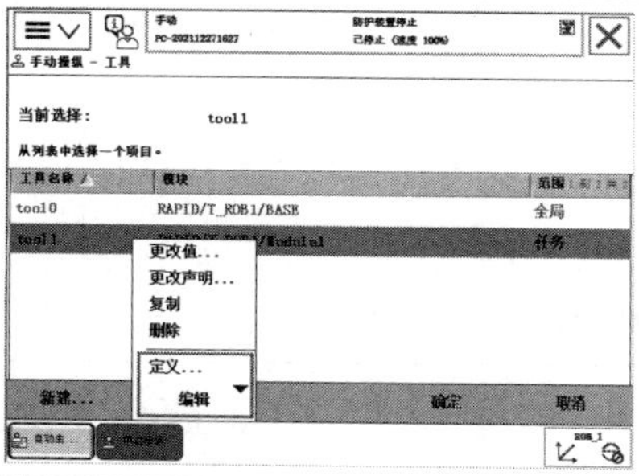	选中“tool1”，单击“编辑”中的“定义...”
6	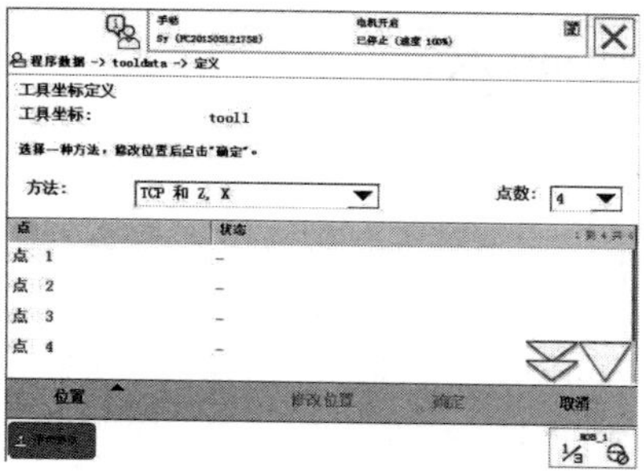	单击“方法：”下拉菜单，选中“TCP 和 Z,X”，使用 4 点法设定 TCP（建立绘图笔 TCP）
7	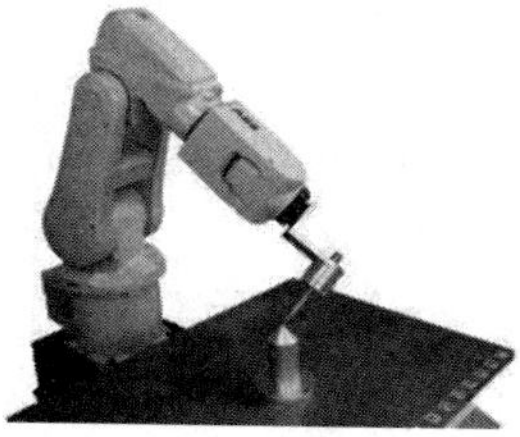	选择合适的手动操作模式，按下使能键，操作操纵杆使工具参考点靠上固定点（使绘图笔的尖端与 TCP 定位器的尖端相碰），作为第 1 个点
8	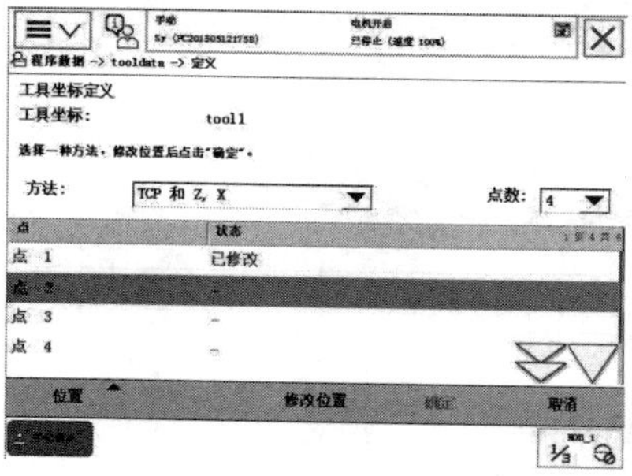	单击“修改位置”，将点 1 位置记录下来

续表 2-1-2

步骤	图示	说明
9	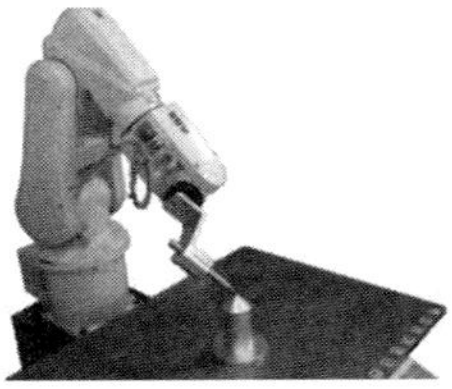	操作操纵杆使工具参考点以左图姿态靠上固定点，作为第 2 个点
10	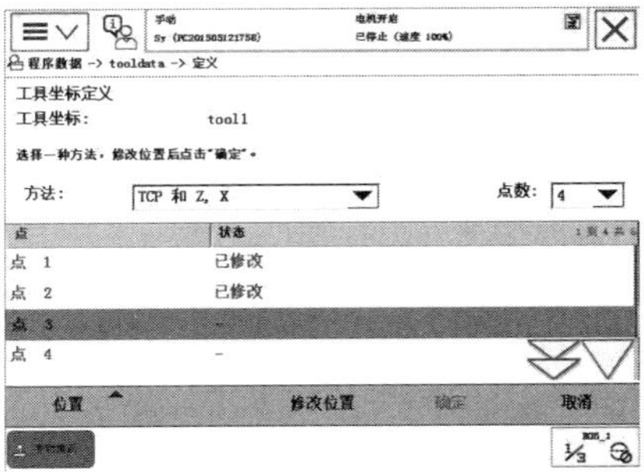	单击“修改位置”，将点 2 位置记录下来
11	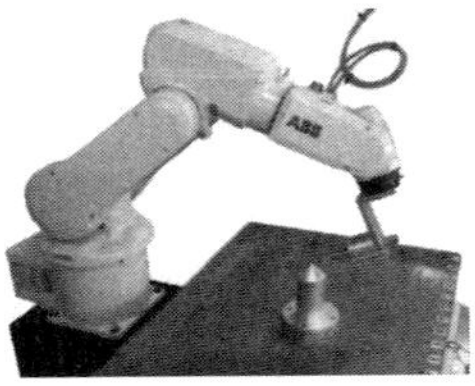	操作操纵杆使工具参考点以左图姿态靠上固定点，作为第 3 个点
12	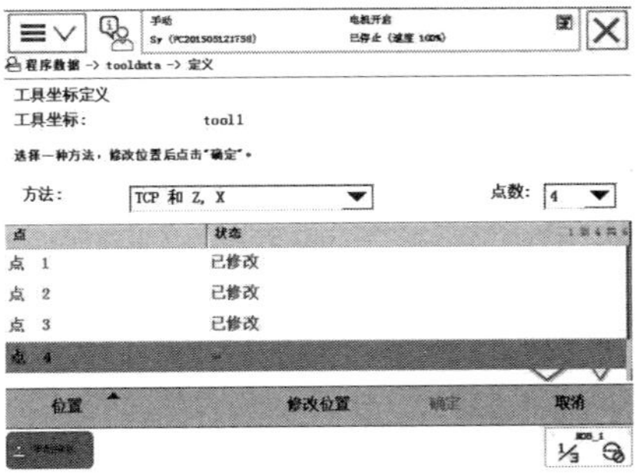	单击“修改位置”，将点 3 位置记录下来
13	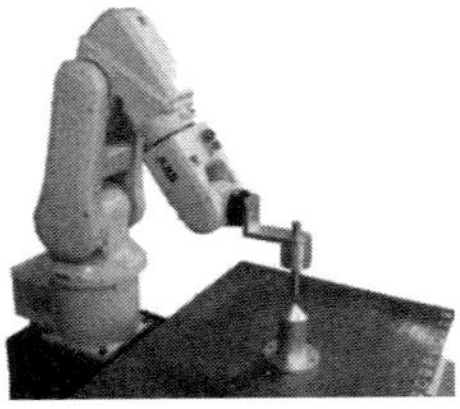	操作操纵杆使工具参考点以左图姿态垂直靠上固定点，作为第 4 个点

续表 2-1-2

步骤	图示	说明
14	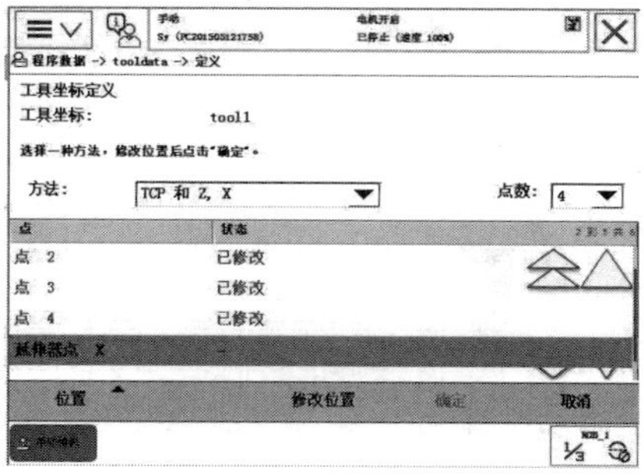	单击“修改位置”，将点 4 位置记录下来
15	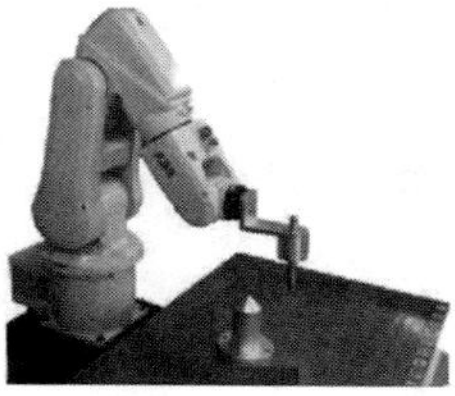	工具参考点以点 4 的姿态从固定点移动到 TCP 的 X 轴正方向
16	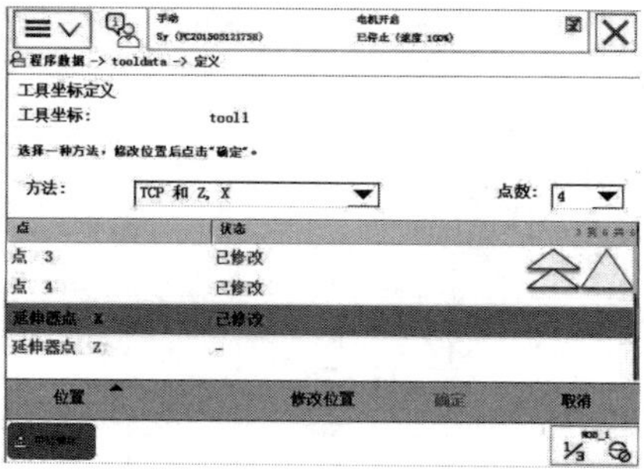	单击“修改位置”，将延伸器点 X 位置记录下来
17	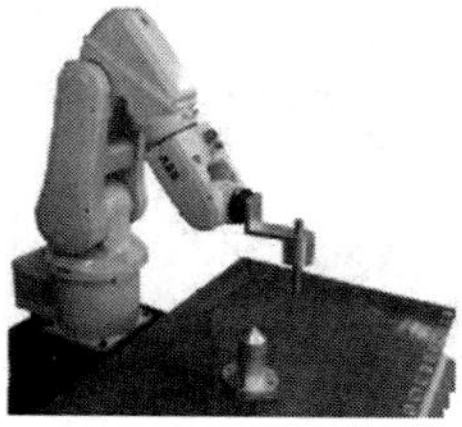	工具参考点以左图姿态从固定点移动到 TCP 的 Z 轴正方向(可自己定义)
18	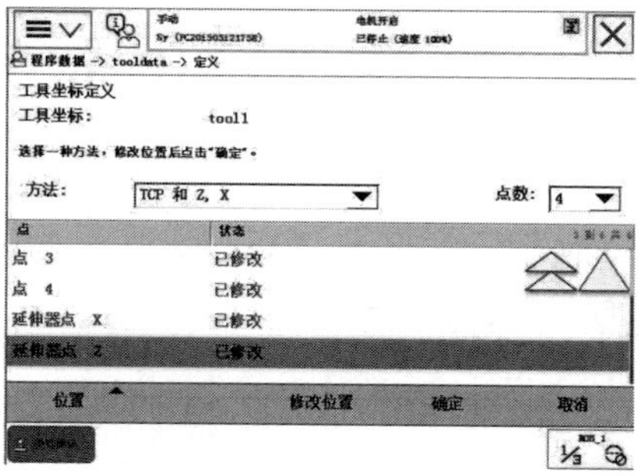	单击“修改位置”，将延伸器点 Z 位置记录下来；单击“确定”完成设定

续表 2-1-2

步骤	图示	说明
19	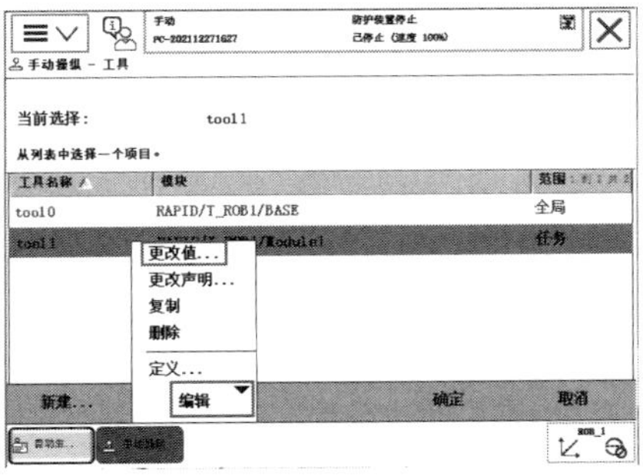	选中“tool1”,单击“编辑”中的“更改值…”,对 tool1 工具数据进行设定
20	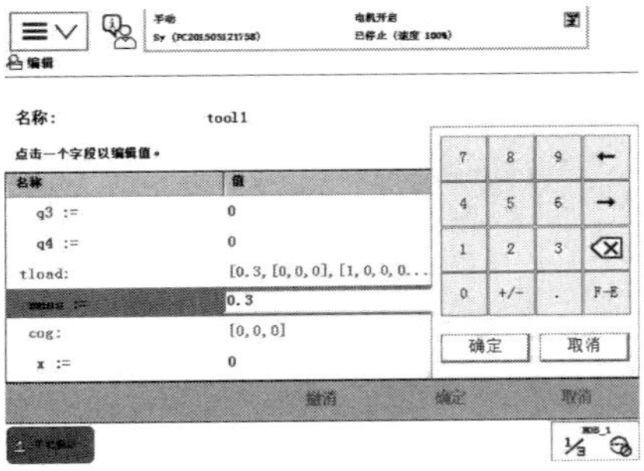	根据实际情况设定工具质量 mass(单位:kg)数据
21	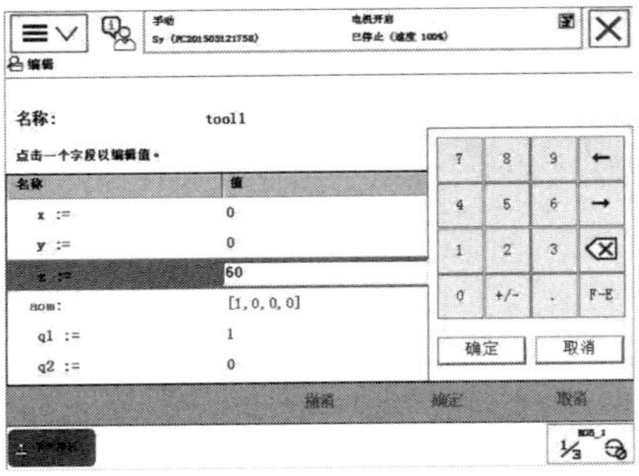	设定工具重心 cog 的位置数据(此重心是基于 tool0 的偏移值,单位:mm)
22	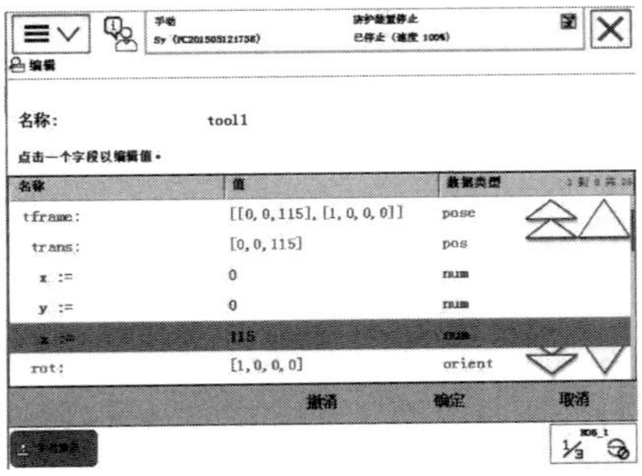	设定 TCP 的偏移数据 trans(此偏移是基于 tool0 的 TCP 偏移值,单位:mm),然后单击“确定”。 * 工具数据设定完后单击“确定”回到工具坐标选项界面

续表 2-1-2

步骤	图示	说明
23	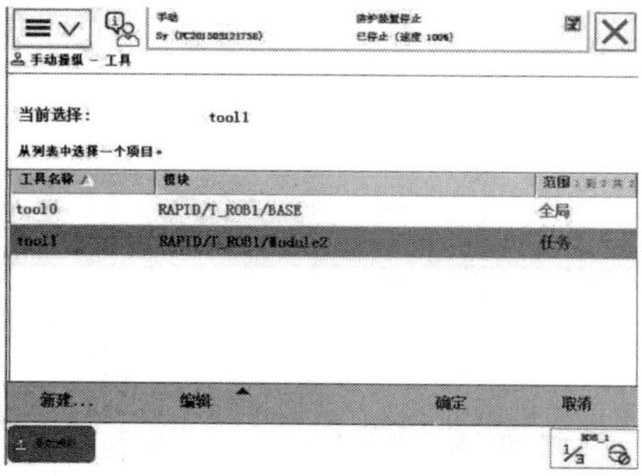	在工具坐标选项界面选中“tool1”,单击“确定”
24	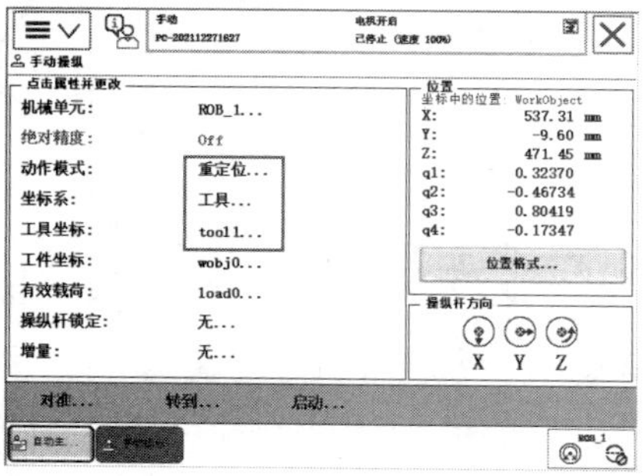	在手动窗口,动作模式选定为“重定位…”,坐标系选定为“工具…”,工具坐标选定为“tool1…”
25	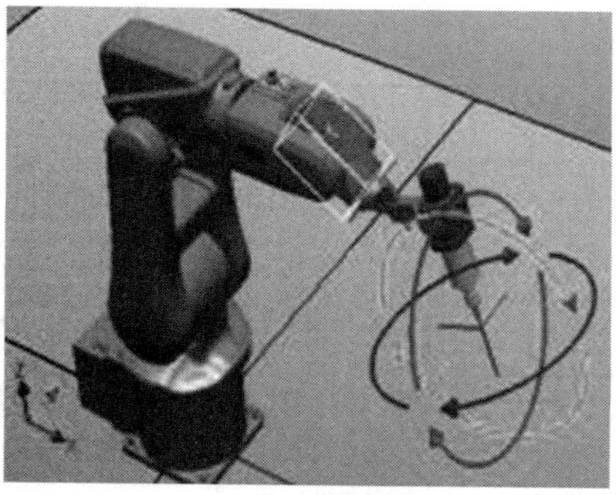	使用摇杆将工具参考点靠上固定点,然后在重定位模式下手动操作机器人,如果TCP设定精确的话,可以看到工具参考点与固定点始终保持接触,而机器人会根据重定位操作改变姿态

5. 轨迹描绘任务的编程与调试

(1)规划机器人运动轨迹及示教点　根据实际需要,规划工业机器人运行轨迹(以五角星轨迹描绘为例,如图 2-1-4 所示),确定其运动所需要的程序点(表 2-1-3),并示教。

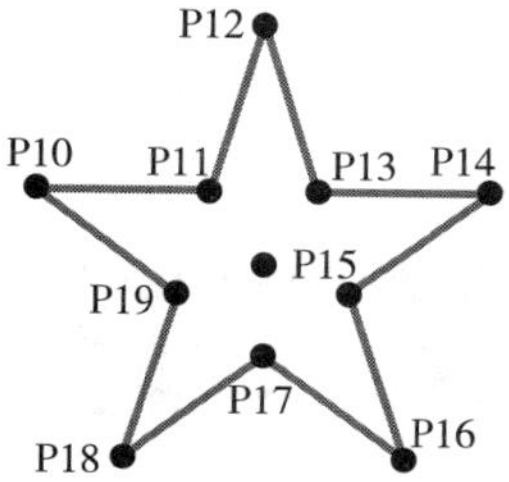

图 2-1-4　五角星运动轨迹

表 2-1-3 机器人五角星运动轨迹示教点

序号	程序点	注释	备注
1	Home	机器人初始位置	需示教
3	P01	机器人在 P10 向上提升 50 mm	程序中定义
4	P02	机器人在 P10 向上提升 100 mm	程序中定义
5	P10～P19	红色五角星轨迹点	需示教

(2)制定工艺流程图 机器人运动轨迹编写机器人程序时，首先要根据控制要求绘制机器人程序流程图，然后编写机器人主程序和子程序。主程序主要是调用子程序和回原点 ht_home。子程序主要包括等边三角形子程序、四方形子程序、圆形子程序和五角星子程序等。

根据控制功能，设计机器人程序流程图如下：

机器人控制柜上电→复位→画红色五角星→画红色等边三角形→画绿黑色十字→画蓝色多边形→画绿色框→画黄色圆弧→画蓝色的圆→复位(回原点)。

(3)确定编程思路 第一步，先回原点；第二步，从某一方向依次按图形编程；第三步，设置程序循环条件。

(4)机器人程序编写 以五角星轨迹描绘为例编写程序，其他图形轨迹描绘的程序自行对照编写。编写程序前请先确定好机器人的工具坐标及工件坐标(如本任务选择了建立好的工具坐标 tool1、工件坐标 wobj1)。

①编写主程序，主要用来调用程序与相关逻辑信号控制等相关条件判断指令、循环指令)。

```
PROC main ()
  rIntiall;              //初始化
  WHILE TRUE DO          //无限循环控制
    IF di1 = 7 THEN       //等信号(启动信号)
     rP;                 //五角星子程序
      rHome;             //回原点子程序
     ENDIF
     WaitTime 0.3;       //延时 0.3 s
  ENDWHILE
  END PROC
```

②编写五角星轨迹描绘子程序。

```
PROC rP()
  MoveJ  p01, v300, z50, tool1\wobj: = wobj1;
  MoveL  p10, v300, z1, tool1\wobj: = wobj1;
  MoveL  p11, v300, z1, tool1\wobj: = wobj1;
  MoveL  p12, v300, z1, tool1\wobj: = wobj1;
  MoveL  p13, v300, z1, tool1\wobj: = wobj1;
  MoveL  p14, v300, z1, tool1\wobj: = wobj1;
  MoveL  p15, v300, z1, tool1\wobj: = wobj1;
  MoveL  p16, v300, z1, tool1\wobj: = wobj1;
```

```
  MoveL  p17, v300, z1, tooll\wobj: = wobj1;
  MoveL  p18, v300, z1, tooll\wobj: = wobj1;
  MoveL  p19, v300, z1, tooll\wobj: = wobj1;
  MoveL  p10, v300, fine, tooll\wobj: = wobj1;
  MoveL  p02, v300, z50, tooll\wobj: = wobj1;
ENDPROC
```

③编写回初始点子程序。

```
PROC rHome()
MoveJ Home, v300, fine, tooll\wobj: = wobj1;
ENDPROC
```

④编写初始化子程序。

```
初始化子程序
PROC rIntiall()
  Accset 100, 100;          //加速度设置
  Velset 100, 500;          //速度设置
  rHome;                    //回原点程序
ENDPROC
```

(5)输入机器人程序　在输入机器人程序前，要创建程序模块以及创建例行程序，具体操作步骤见表 2-1-4。

表 2-1-4　程序模块及例行程序的创建

步骤	图示	操作说明
1	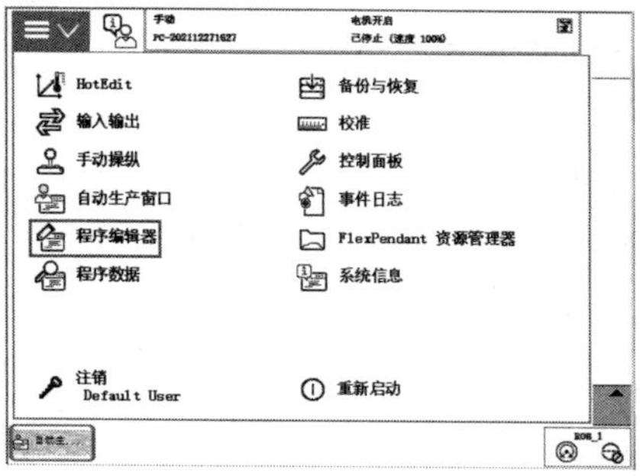	在主菜单界面下，单击“程序编辑器”
2	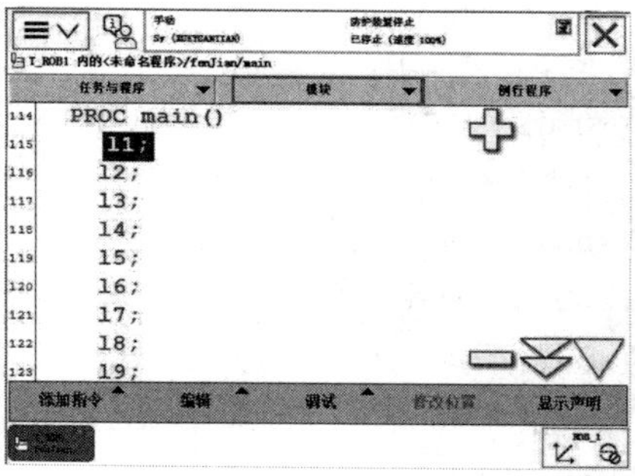	单击“模块”，进入模块界面

续表 2-1-4

<table>
<tr><th>步骤</th><th>图示</th><th>操作说明</th></tr>
<tr><td>3</td><td>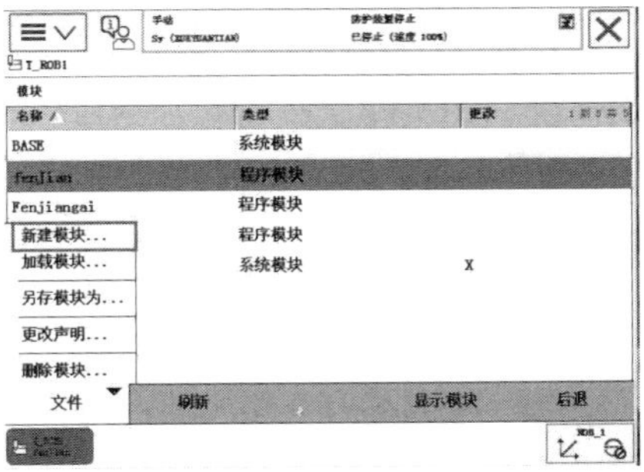
</td><td>单击“文件”，出现模块操作界面；单击“新建模块…”</td></tr>
<tr><td>4</td><td>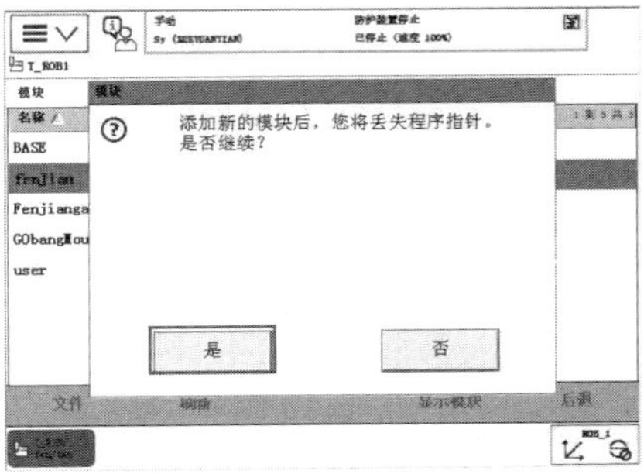
</td><td>单击“是”</td></tr>
<tr><td>5</td><td>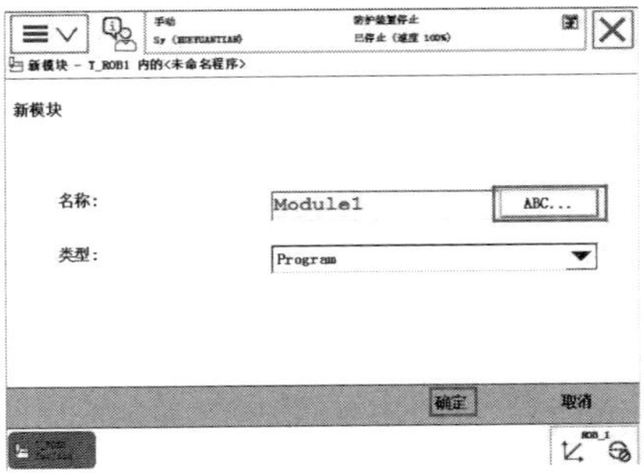
</td><td>单击“ABC…”设置模块名称（一般模块名称与工作任务相关，也可以使用默认的模块名称“Module1”），单击“确定”</td></tr>
<tr><td>6</td><td>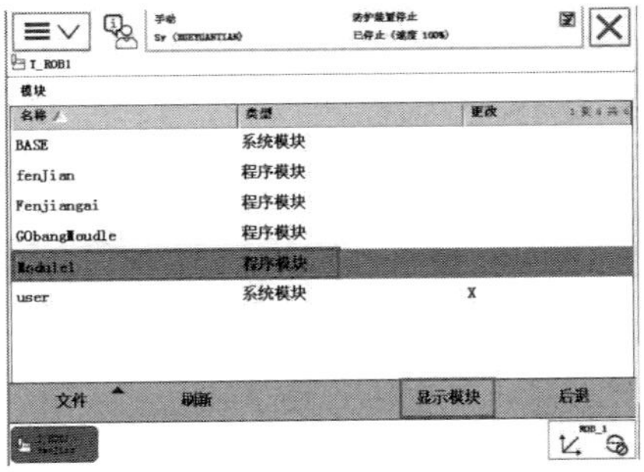
</td><td>选中创建的模块名称，双击它或者单击“显示模块”</td></tr>
</table>

续表 2-1-4

步骤	图示	操作说明
7	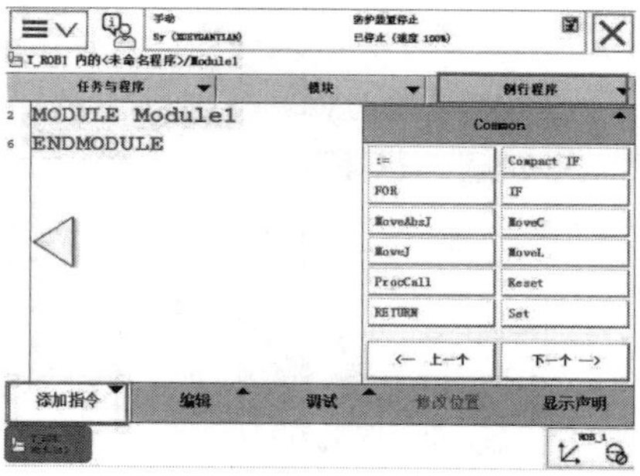	单击“添加指令”显示的指令是灰色的；然后单击“例行程序”
8	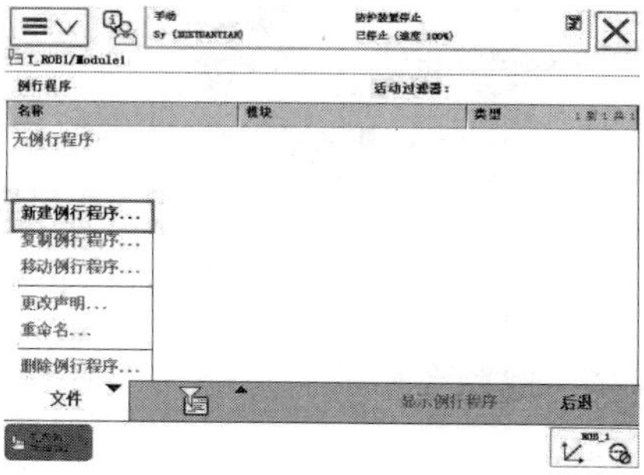	单击“文件”中的“新建例行程序…”，创建要编写的例行程序名称
9	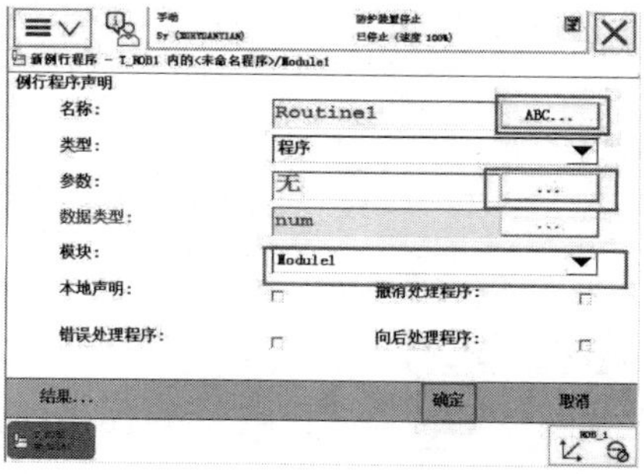	“ABC…”用来给程序命名；“参数”选项根据实际需要进行选择添加；“模块”选项选择程序要放置的位置，设置完成后，单击“确定”
10	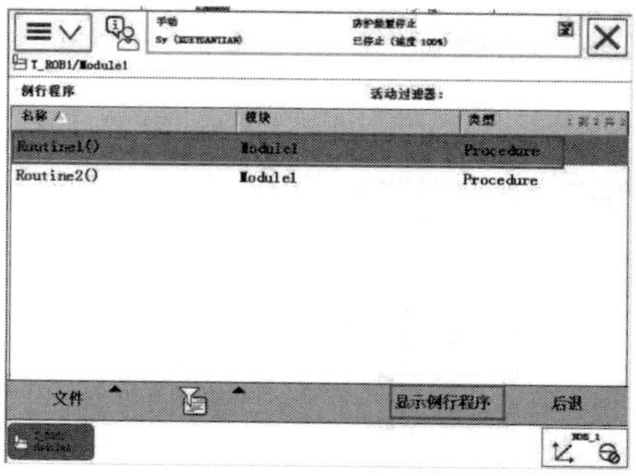	选中要编写的程序名称，如 PROC Routine1 ( )；单击“显示例行程序”

续表 2-1-4

步骤	图示	操作说明
11	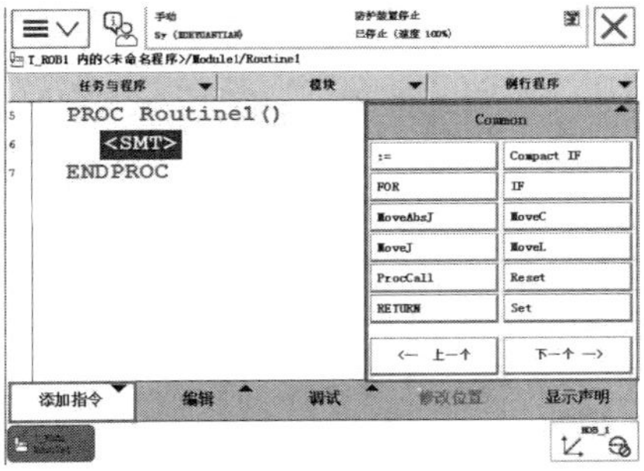	单击“添加指令”,在指令窗口中选择所需的指令
12	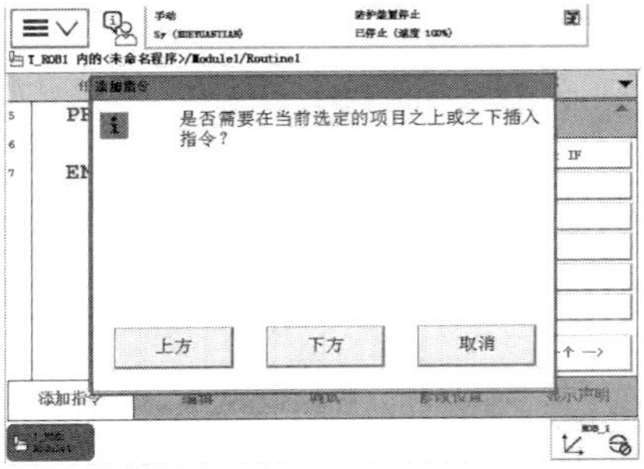	选中第一条指令添加时,会出现左图展示的提示窗口,根据实际需要进行选择
13	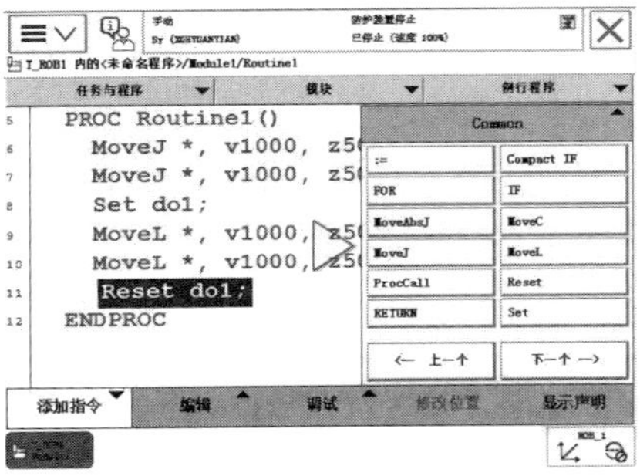	逐条输入五角星轨迹描绘程序 PROC Routine1 ();相同方法输入其他程序

(6)点位示教 点位的示教方法见表 2-1-5。

表 2-1-5 点位的示教

步骤	图示	操作说明
1	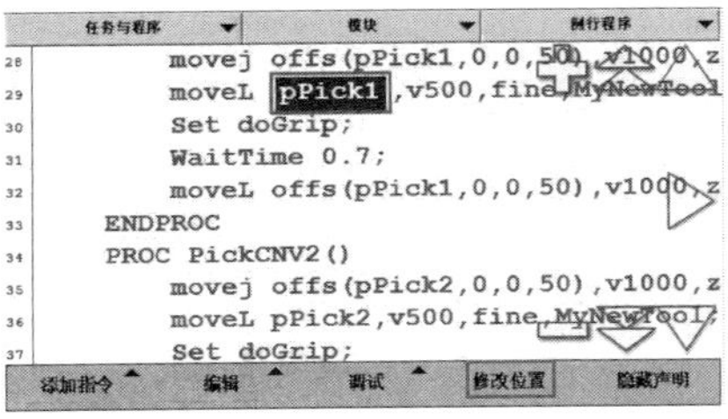	手动移动机器人 TCP 到要示教的位置;然后在程序中找到需要示教的点,如“pPick1”选中;单击“修改位置”,即完成当前点的示教

续表 2-1-5

步骤	图示	操作说明
2	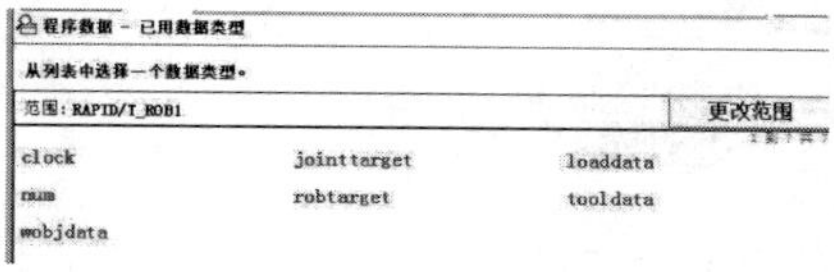	在程序数据里找到需要的点
3	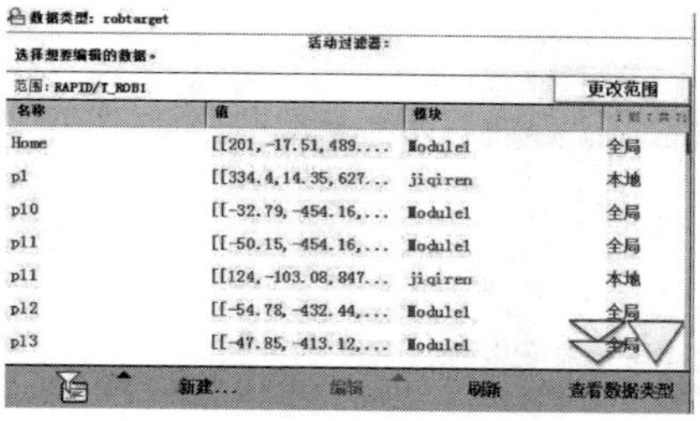	双击“robtarget”
4	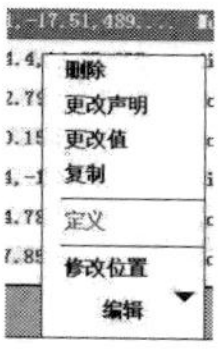	选中需要示教的点，单击“编辑”出现菜单，单击“修改位置”，然后单击“确定”，就可以将当前位置赋值给选中的示教点

(7)程序调试　调试机器人程序包括单步调试和连续调试两种。调试运行程序，观察机器人绘图笔的运行轨迹。机器人程序调试运行过程见表 2-1-6。

表 2-1-6　程序调试运行过程

步骤	图示	操作说明
1	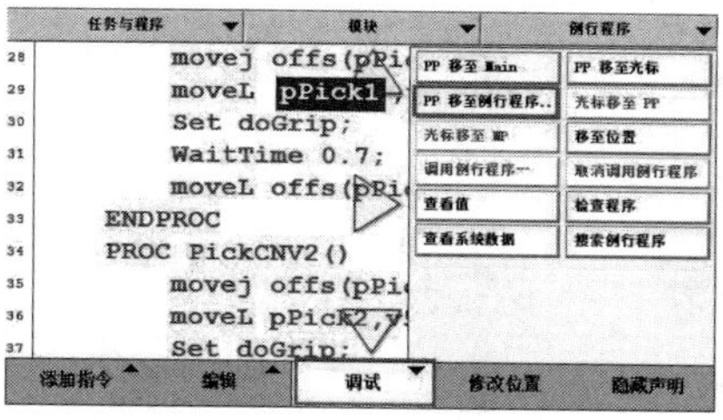	单击“调试”，单击“PP 移至例行程序...”
2	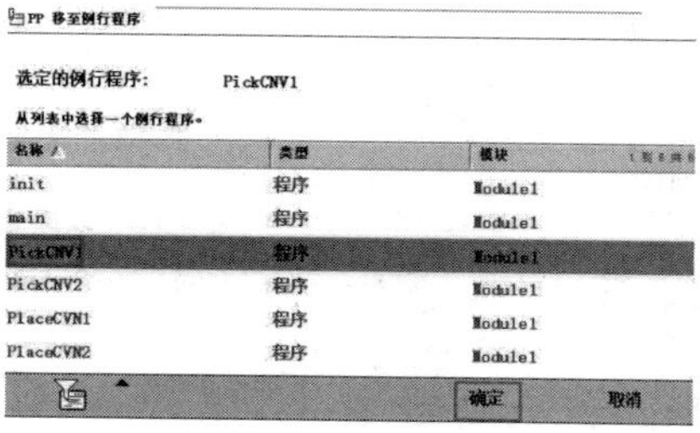	选中要调试的“程序”，单击“确定”

续表 2-1-6

步骤	图示	操作说明
3	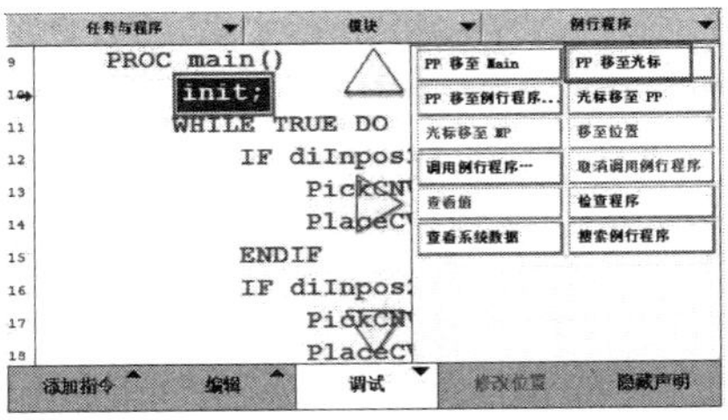	当光标移动到要调试运行的程序后，按下伺服上电，先进行单步运行调试，当单步运行满足功能后，进行整体运行调试
4	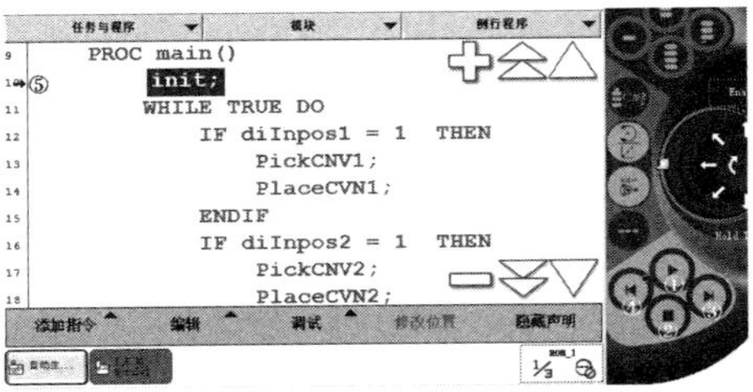	光标与按键功能的介绍。 ①：运行按钮 ②：暂停按钮 ③：单步前进运行 ④：单步后退运行 ⑤：当前运行光标
5	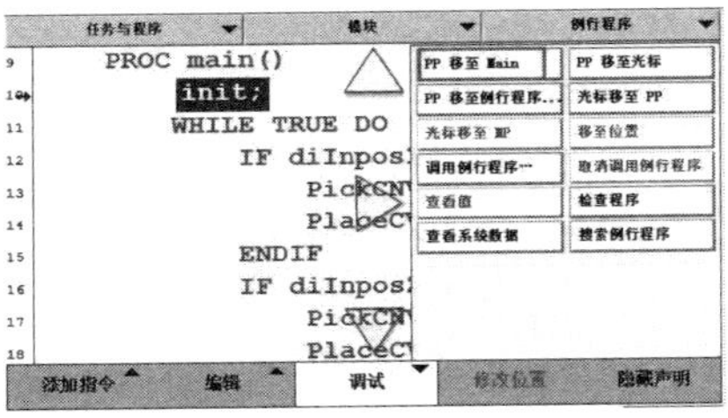	单击“PP 移至 Main”
6	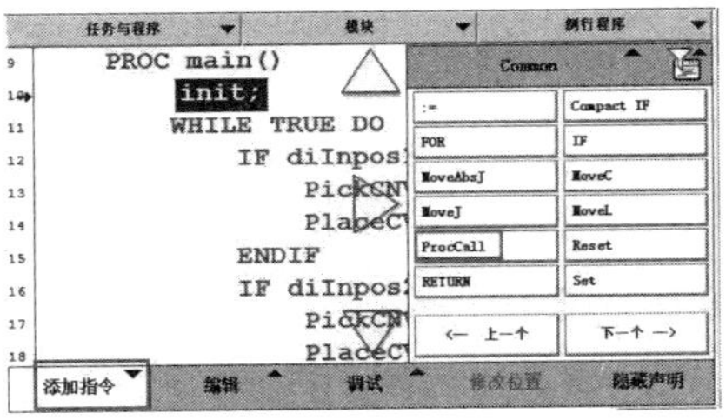	单击“<SMT>”，单击“添加指令”，单击“ProcCall”调用要运行的程序
7	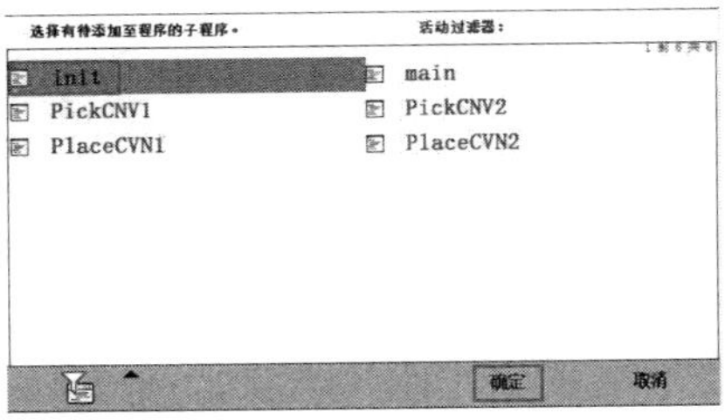	选中要运行的程序，单击“确定”

续表 2-1-6

步骤	图示	操作说明
8	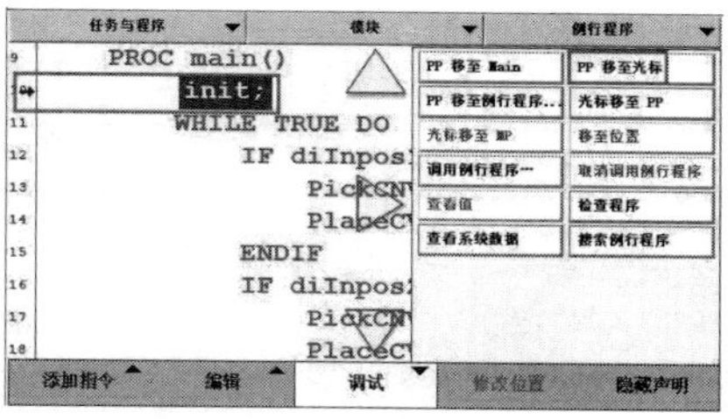	在主程序里选择要运行的程序后，将控制器上的手动/自动切换开关打到“自动”档，按下电机启动按钮，然后在示教器上选择程序运行方式，就可以进行自动运行
9	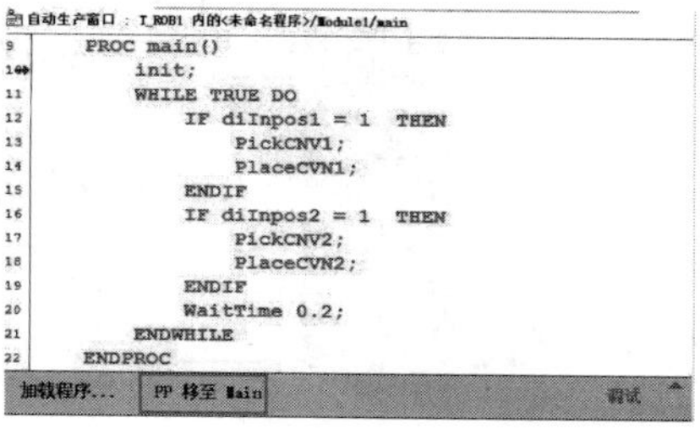	单击“PP 移至 Main”
10	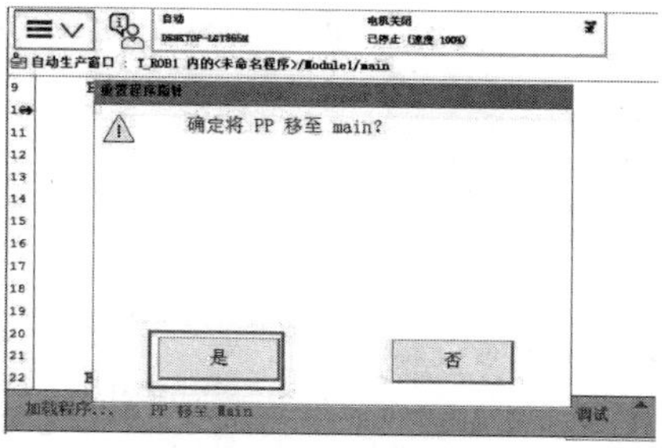	单击“是”

项目二　工业机器人毛笔字书写任务实训

一、任务目的

(1)了解工业机器人毛笔字书写工作单元和机器人夹具安装方法。

(2)熟悉工业机器人基本编程指令,掌握工业机器人毛笔字书写任务的程序编写与调试方法。

(3)培养求真务实的态度和团队合作能力。

二、任务内容

(1)安装机器人的毛笔字书写的夹具和毛笔。

(2)编写书写如图 2-2-1 所示毛笔字的程序,对相应的点位进行示教并调试程序,实现自动模式下的毛笔字书写程序的运行。

三、任务相关知识点

机器人指令与用法请参照学习第 5 章 5.2 节中程序指令的相关内容。

四、任务实施步骤

1.放置毛笔字书写白纸及安装夹具

(1)安装毛笔字书写配套夹具　与毛笔字书模型配套使用的是毛笔夹具,从存储箱上层取出毛笔夹具,毛笔夹具连接块上有 4 个螺丝安装孔,将其与机器人 J6 轴连接法兰的 4 个螺丝安装孔对正,用内六角 M5×15 螺丝将其固定锁紧,保证夹具紧固牢靠,如图 2-2-2 所示。

图 2-2-1　训练用“福”字

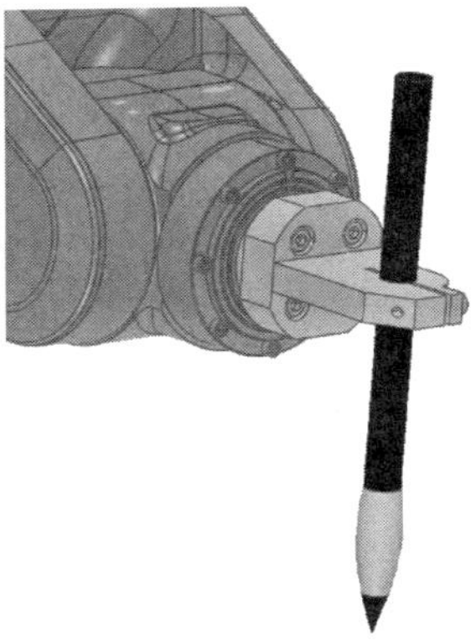

图 2-2-2　毛笔夹具安装示意图

(2)安装毛笔字书写白纸　把一张 A3 白纸放置在实训平台面板合适位置,白纸的四角用透明胶固定在平台台面,保证白纸在机器人书写过程中位置不变。

2.连接机器人硬件及 I/O 接口电气线路

对机器人本体、控制器、示教器进行线缆连接,对机器人 I/O 接口进行连接与设置,对机器人工作站外围设备进行安装与接线。

PLC 输入 I/O	功能描述	机器人输出 I/O	PLC 输出 I/O	功能描述	机器人输入 I/O
I0.3	Auto On	DO4	Q0.0	Motors On	DI1
I0.4	Motors On	DO5	Q0.1	Start at Main	DI2
I0.5	Cycle On	DO6	Q0.2	Motors off	DI3
I0.6	Emergency Stop	DO7	Q0.3	Stop	DI4
I0.7	Execution Error	DO8	Q0.4	Start	DI5
I1.0	机器人原点位置	DO9	Q0.5	Reset Execution Error Signal	DI6
I2.0	停止按钮		Q0.6	开始运行	DI7
I2.1	复位按钮		Q2.0	警示灯(红)	
I2.2	启动按钮		Q2.1	警示灯(黄)	
I2.4	控制柜急停		Q2.2	警示灯(绿)	
I2.5	门磁开关		Q2.3	停止指示灯	
			Q2.4	复位指示灯	
			Q2.5	启动指示灯	

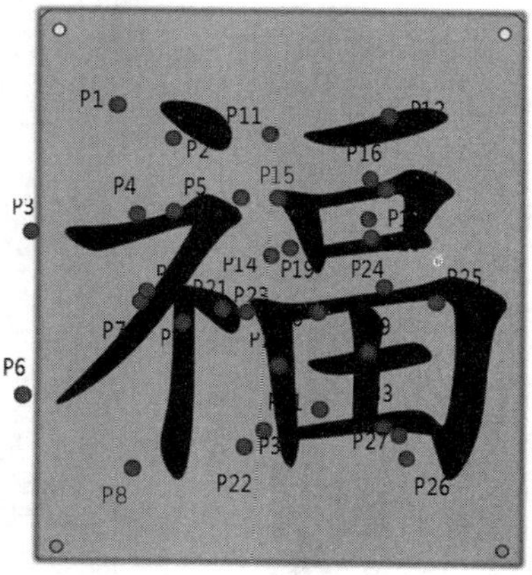

图 2-2-3　书法福字运动轨迹

3.机器人转数计数器更新操作

机器人转数计数器更新操作方法请参照“项目一　工业机器人轨迹描绘任务实训”中的机器人转数计数器更新操作相关内容。

4.设定机器人工具坐标

机器人设定工具坐标操作方法请参照“项目一　工业机器人轨迹描绘任务实训”中的设定机器人工具坐标相关内容。

5.毛笔字书写任务的编程与调试

(1)规划机器人运动轨迹及示教点　根据实际需要,规划工业机器人运行轨迹(以五角星轨迹描绘为例,如图 2-2-3 所示),确定其运动所需要的程序点(表 2-2-1),并示教。

表 2-2-1　机器人五角星运动轨迹示教点

序号	程序点	注释	备注
1	Home	机器人初始位置	需示教
3	P1	机器人在 P1 向上提升 60 mm	程序中定义

续表 2-2-1

序号	程序点	注释	备注
4	P2	机器人在 P2 向上提升 60 mm	程序中定义
5	P3	机器人在 P3 向上提升 60 mm	程序中定义
6	P6～P15	机器人在 P6～P15 向上提升 60 mm	程序中定义
7	P18～P23	机器人在 P18～P23 向上提升 60 mm	程序中定义
8	P27～P33	机器人在 P27～P33 向上提升 60 mm	程序中定义
9	P1～P33	毛笔书法福字轨迹点	需示教

(2)制定机器人运动流程与程序编写、调试　编写机器人毛笔书法程序时，首先要根据控制要求绘制机器人程序流程图，然后编写机器人主程序和子程序。主程序主要是调用子程序和回原点 home。在主程序 main 调用子程序“Pp”。

根据控制功能，设计机器人程序流程如下：

机器人控制柜上电→复位→启动：机器人启动书写“福”字，完成后回原点 home。

(3)确定编程思路　第一步，先回原点；第二步，从“福”字第一笔画依次按书写编程；第三步，执行完“福”字书写回原点 home。

编写主程序：

```
PROC main ()
    IF di1 = 7 THEN              //等信号(启动信号)
      rHome;                     //回原点子程序
     Pp;                         //“福”字书写子程序
     rHome;                      //回原点子程序
    ENDIF
END PROC
```

原点子程序：

```
PROC rHome ()
  MoveJ  Home,v300,z0,tool0;
END PROC
```

福字书写子程序：

```
PROC Pp ()
  MoveJ  offs(P1,0,0,60),v300,z0,tool0;
  MoveL  p1,v100,fine,tool0;
  MoveL  p2,v100,fine,tool0;
  MoveJ  offs(P2,0,0,60),v300,z0,tool0;

  MoveJ  offs(P3,0,0,60),v300,z0,tool0;
  MoveL  p3,v100,fine,tool0;
  MoveL  p4,v100,fine,tool0;
  MoveL  p5,v100,fine,tool0;
```

```
MoveL  p6,v100,fine,tool0;
MoveJ  offs(P6,0,0,60),v300,z0,tool0;

MoveJ  offs(P7,0,0,60),v300,z0,tool0;
MoveL  p7,v100,fine,tool0;
MoveL  p8,v100,fine,tool0;
MoveJ  offs(P8,0,0,60),v300,z0,tool0;

MoveJ  offs(P9,0,0,60),v300,z0,tool0;
MoveL  p9,v100,fine,tool0;
MoveL  p10,v100,fine,tool0;
MoveJ  offs(P10,0,0,60),v300,z0,tool0;

MoveJ  offs(P11,0,0,60),v300,z0,tool0;
MoveL  p11,v100,fine,tool0;
MoveL  p12,v100,fine,tool0;
MoveJ  offs(P12,0,0,60),v300,z0,tool0;

MoveJ  offs(P13,0,0,60),v300,z0,tool0;
MoveL  p13,v100,fine,tool0;
MoveL  p14,v100,fine,tool0;
MoveJ  offs(P14,0,0,60),v300,z0,tool0;

MoveJ  offs(P15,0,0,60),v300,z0,tool0;
MoveL  p15,v100,fine,tool0;
MoveL  p16,v100,fine,tool0;
MoveL  p17,v100,fine,tool0;
MoveL  p18,v100,fine,tool0;
MoveJ  offs(P18,0,0,60),v300,z0,tool0;

MoveJ  offs(P19,0,0,60),v300,z0,tool0;
MoveL  p19,v100,fine,tool0;
MoveL  p20,v100,fine,tool0;
MoveJ  offs(P20,0,0,60),v300,z0,tool0;

MoveJ  offs(P21,0,0,60),v300,z0,tool0;
MoveL  p21,v100,fine,tool0;
MoveL  p22,v100,fine,tool0;
MoveJ  offs(P22,0,0,60),v300,z0,tool0;

MoveJ  offs(P23,0,0,60),v300,z0,tool0;
```

```
  MoveL  p23,v100,fine,tool0;
  MoveL  p24,v100,fine,tool0;
  MoveL  p25,v100,fine,tool0;
  MoveL  p26,v100,fine,tool0;
  MoveL  p27,v100,fine,tool0;
  MoveJ  offs(P27,0,0,60),v300,z0,tool0;

  MoveJ  offs(P28,0,0,60),v300,z0,tool0;
  MoveL  p28,v100,fine,tool0;
  MoveL  p29,v100,fine,tool0;
  MoveJ  offs(P29,0,0,60),v300,z0,tool0;

  MoveJ  offs(P30,0,0,60),v300,z0,tool0;
  MoveL  p30,v100,fine,tool0;
  MoveL  p31,v100,fine,tool0;
  MoveJ  offs(P31,0,0,60),v300,z0,tool0;

  MoveJ  offs(P32,0,0,60),v300,z0,tool0;
  MoveL  p32,v100,fine,tool0;
  MoveL  p33,v100,fine,tool0;
  MoveJ  offs(P33,0,0,100),v300,z0,tool0;
END PROC
```

项目三　工业机器人搬运任务实训

一、任务目的

(1)了解工业机器人搬运工作单元及常用 I/O 配置,熟悉程序数据的创建方法。

(2)熟悉工业机器人基本编程指令,掌握工业机器人搬运任务的程序编写与调试方法。

(3)培养求真务实的态度和团队合作能力。

二、任务内容

(1)安装机器人的搬运夹具和模型,并正确连接搬运夹具的气动回路。

(2)创建工件坐标系。

(3)编写图块搬运模型的程序,对两个物料底盘里的物料进行搬运。

图块搬运模型如图 2-3-1 所示,有 2 个正方形物料底盘,每个底盘有 16 个物料位置,每个物料间距是 50 mm。要求工业机器人先将物料底盘 A 中 1～16 号位置的物料搬放到物料底盘 B 中 1～16 号相应的位置,然后再将底盘 B 中的物料搬回到底盘 A 中原来的位置。

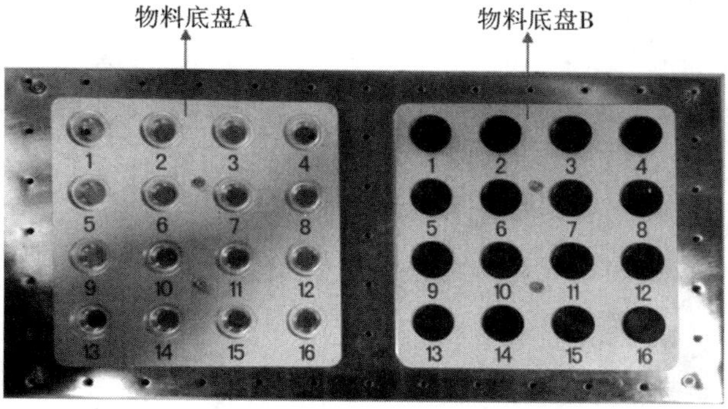

图 2-3-1　图块搬运模型

三、任务相关知识点

1. 机器人指令与用法

机器人基本运动指令、逻辑功能指令、位置偏移功能等的用法,请参照学习第 5 章 5.2 节中程序指令的相关内容。

2. ProcCall 调用例行程序指令

通过使用 ProcCall 指令在指定的位置调用例行程序。ProcCall 调用例行程序指令的应用如表 2-3-1 所示。

表 2-3-1　ProcCall 调用例行程序指令的应用

步骤	图示	说明
1	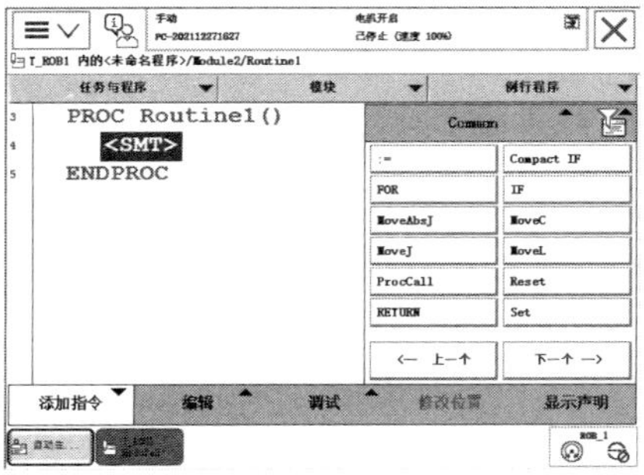	选中＜SMT＞为要调用例行程序的位置。 在添加指令的列表中，选择“ProcCall”指令
2	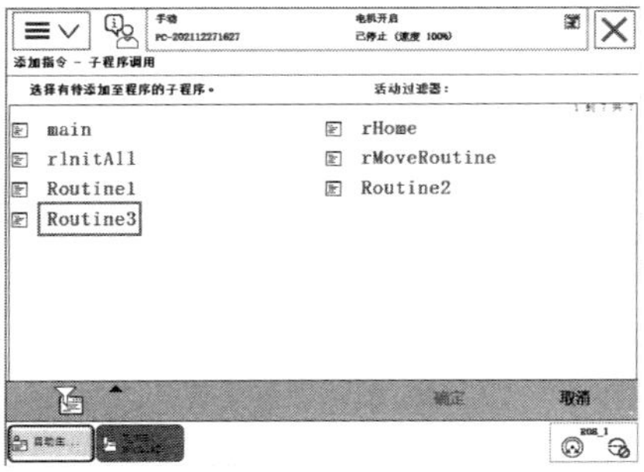	选中要调用的例行程序 Routine3，然后单击“确定”
3	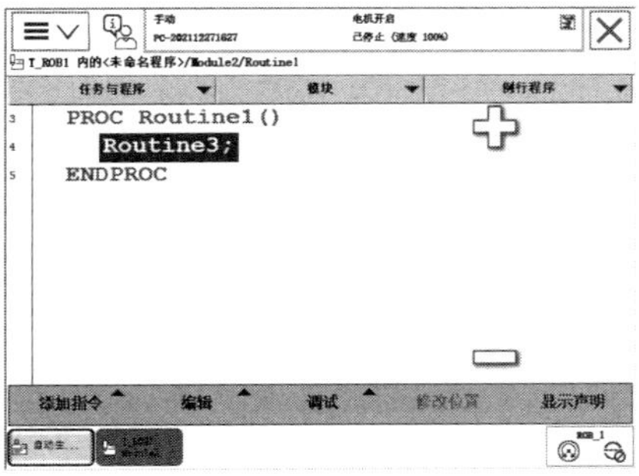	调用例行程序执行的结果

3. I/O 信号分类

I/O 信号是输入信号(Input Signal)和输出信号(Output Signal)的首字母缩写。对于机器人系统而言，输入信号通常由按钮、接近开关、传感器等产生并以电信号的形式输入系统之中，从而触发机器人对应运动程序的执行；输出信号由机器人系统产生，以电信号的形式输出到外围设备，通常应用与控制的信号指示灯、吸盘、抓手等执行元器件或者与 PLC 进行信号传递。

I/O 信号可以分为数字量信号(Digital Signal)与模拟量信号(Analog Signal)两种基本类型。数字量信号在时间上和数量上都是离散的，有 0 和 1 两种信号状态，通常用于标识物理触

图 2-3-2　I/O 通信接口示意图

点的断开与闭合两种状态。模拟量信号在时间上和数量上都是连续的，通常用于标识压力、流量、速度等连续变化的物理量。

(1)ABB 的标准 I/O 板提供的常用处理信号有数字输入 DI、数字输出 DO、模拟输入 AI、模拟输出 AO 以及输送链跟踪，在本任务中以最常用的 ABB 标准 I/O 板 DSQC 652 接口线为例，进行详细讲解相关的数据。

(2)DSQC 652 板主要提供 16 个数字输入信号和 16 个数字输出信号的处理。

(3)接口说明(此图仅使用 ABB 机器人 IRC5 紧凑新型控制器)如图 2-3-2 所示。

(4)XS12、XS13 数字输入接口接 PLC 的输出端或其他设备(如传感器、限位等)；XS14、SX15 数字输出接口接 PLC 的输入端或其他设备(如电磁阀、伺服等)；XS16 电源接口通过开关电源供电，如图 2-3-3 所示。

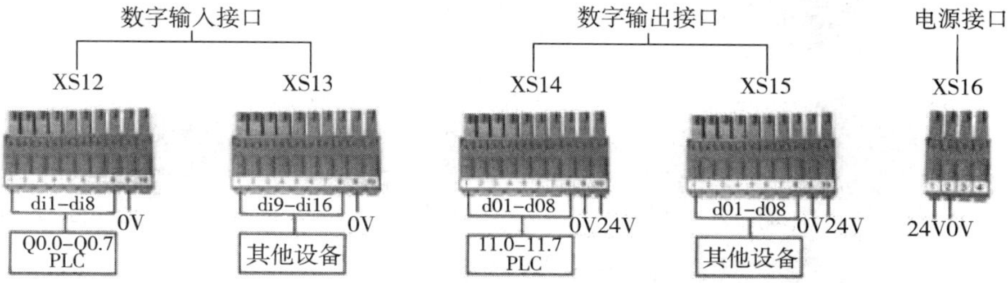

图 2-3-3　I/O 接口接线图

(5)机器人的 I/O 通信配置。标准 I/O 模块的参数配置，I/O 模块配置所需设置参数等说明，见表 2-3-2。

表 2-3-2　I/O 模块配置参数说明

参数名称	配置说明
Name	设定 I/O 模块在系统中的名称
Address	设定 I/O 模块的地址值

注：设定参数前要先选好 I/O 板的类型。

(6)I/O 信号配置所需设置的参数及说明，见表 2-3-3。

表 2-3-3　I/O 信号配置参数及说明

参数名称	配置说明
Name	设定信号的名称
Type of Signal	设定信号的类型
Assigned to Device	设定信号所在的 I/O 模块
Device Mapping	设定信号在 I/O 模块上的地址

(7)根据 I/O 模块的参数配置进行实际操作，掌握 I/O 模块的参数配置方法(表 2-3-4)。

表 2-3-4 I/O 模块的参数配置

<table>
<tr><th>步骤</th><th>图示</th><th>说明</th></tr>
<tr><td>1</td><td>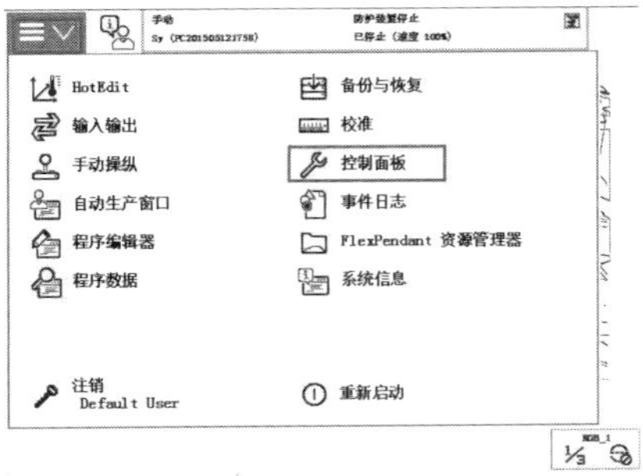
</td><td>在示教器主菜单中单击“控制面板”</td></tr>
<tr><td>2</td><td>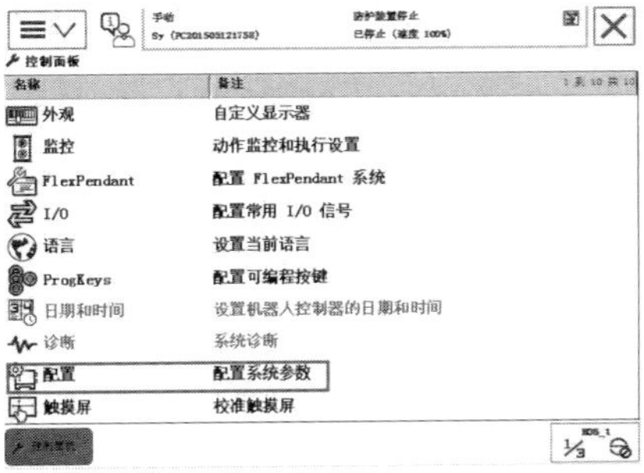
</td><td>单击“配置　配置系统参数”</td></tr>
<tr><td>3</td><td>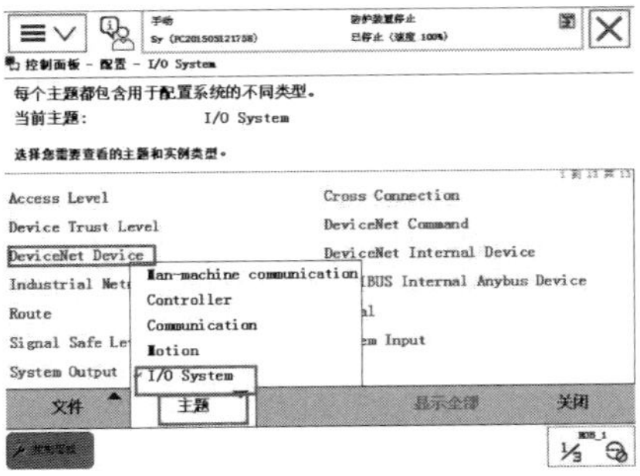
</td><td>单击“主题”,选择“I/O System”,在这个主题下选择“DeviceNet Device”,双击或单击“显示全部”</td></tr>
<tr><td>4</td><td>
</td><td>单击“添加”,进入配置界面</td></tr>
</table>

续表 2-3-4

<table>
<tr><th>步骤</th><th>图示</th><th>说明</th></tr>
<tr><td>5</td><td>
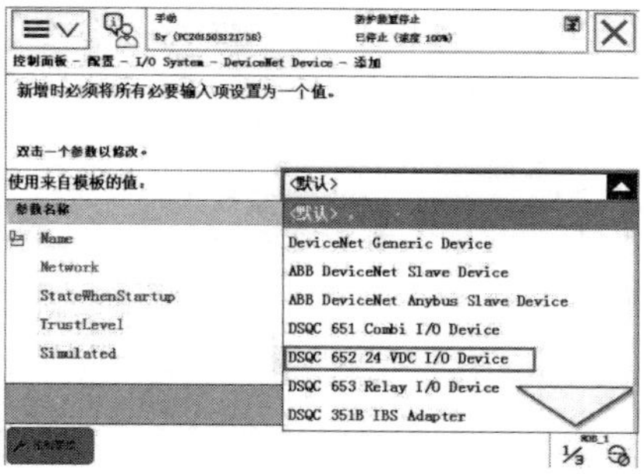

</td><td>单击“<默认>”,选择所需的 I/O 板,如“DSQC 652 24 VDC I/O Device”</td></tr>
<tr><td>6</td><td>
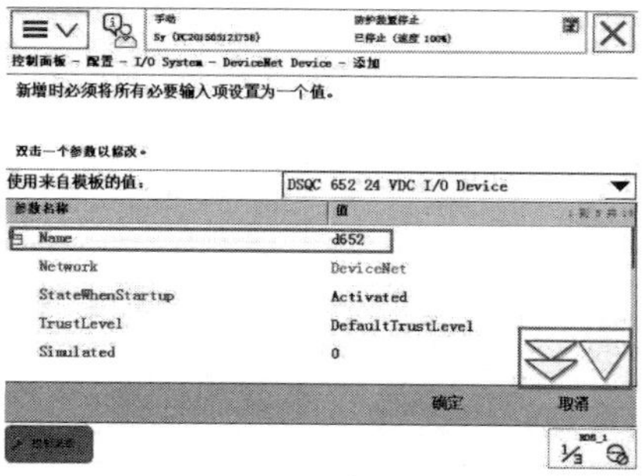

</td><td>可以单击“Name”进行 I/O 板的命名,默认是模板类型;单击箭头进行上下翻,查找需要设置的其他参数</td></tr>
<tr><td>7</td><td>
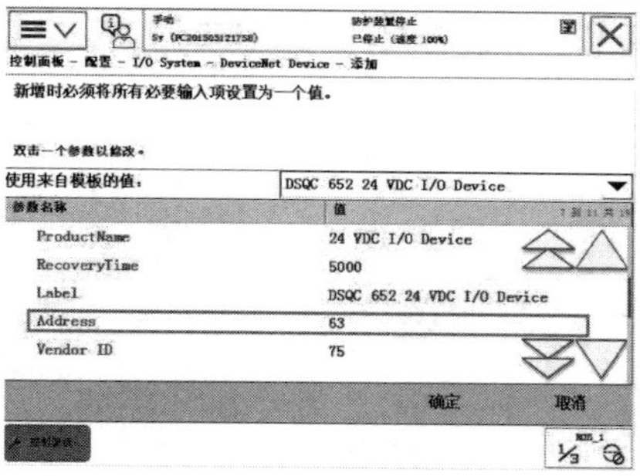

</td><td>单击“Address”,进入地址的设定</td></tr>
<tr><td>8</td><td>
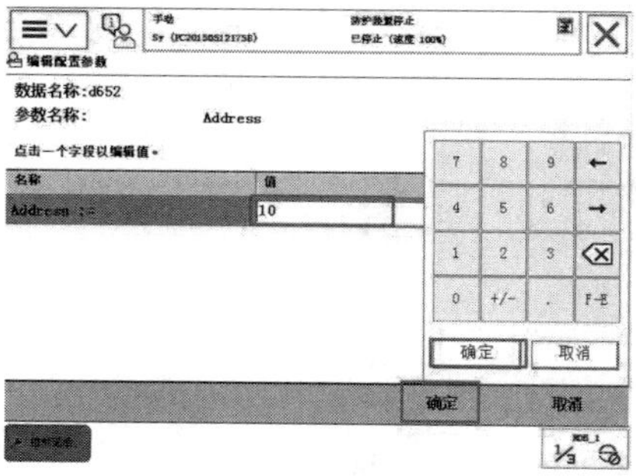

</td><td>将实际 I/O 板的跳线地址输入,如 ABB 自带 I/O 板的地址为 10,单击“确定”,再单击“确定”</td></tr>
</table>

续表 2-3-4

步骤	图示	说明
9		单击“确定”
10	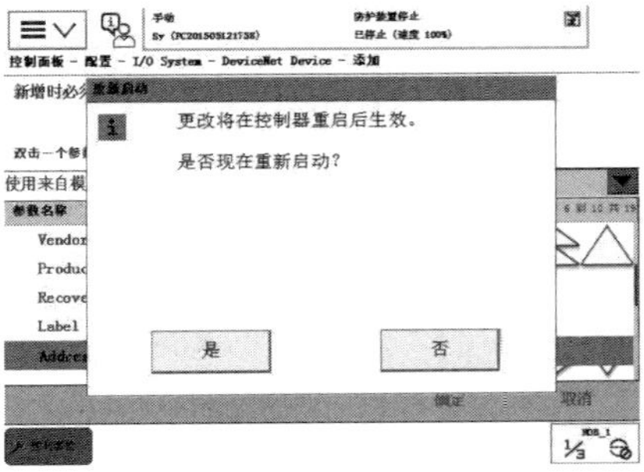	单击“是”，控制器将重新启动，启动后就可以查看配置是否有效；单击“否”，控制器不重启，配置还未生效

(8)PLC 与机器人 I/O 分配　见表 2-3-5。

表 2-3-5　PLC 与机器人 I/O 分配

PLC 输入 I/O	功能描述	机器人输出 I/O	PLC 输出 I/O	功能描述	机器人输入 I/O
	通用电磁阀 1	DO1	Q0.0	Motors On	DI1
	吸盘电磁阀 1	DO2	Q0.1	Start at Main	DI2
	吸盘电磁阀 2	DO3	Q0.2	Motors off	DI3
I0.3	Auto On	DO4	Q0.3	Stop	DI4
I0.4	Motors On	DO5	Q0.4	Start	DI5
I0.5	Cycle On	DO6	Q0.5	Reset Execution Error Signal	DI6
I0.6	Emergency Stop	DO7	Q0.6	开始运行	DI7
I0.7	Execution Error	DO8	Q0.7	预留	DI8
I1.0	机器人原点位置	DO9	Q1.0	预留	DI9
I2.0	停止按钮		Q2.0	警示灯(红)	
I2.1	复位按钮		Q2.1	警示灯(黄)	
I2.2	启动按钮		Q2.2	警示灯(绿)	
I2.4	控制柜急停		Q2.3	停止指示灯	
I2.5	门磁开关		Q2.4	复位指示灯	
			Q2.5	启动指示灯	

4.I/O 控制指令

I/O 控制指令用于控制 I/O 信号，以达到与机器人周边设备进行通信的目的。常用 I/O 控制指令有以下 6 种。

（1）Set 数字信号置位指令　Set 数字信号置位指令用于将数字输出“Digital Output”置位为“1”，如图 2-3-4 所示。

（2）Reset 数字信号复位指令　Reset 数字信号复位指令用于将数字输出（Digital Output）置位为“0”，如图 2-3-5 所示。

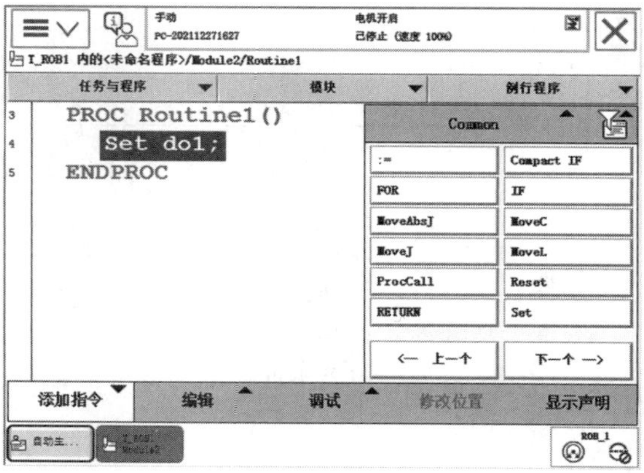

图 2-3-4　Set 数字信号置位指令的应用

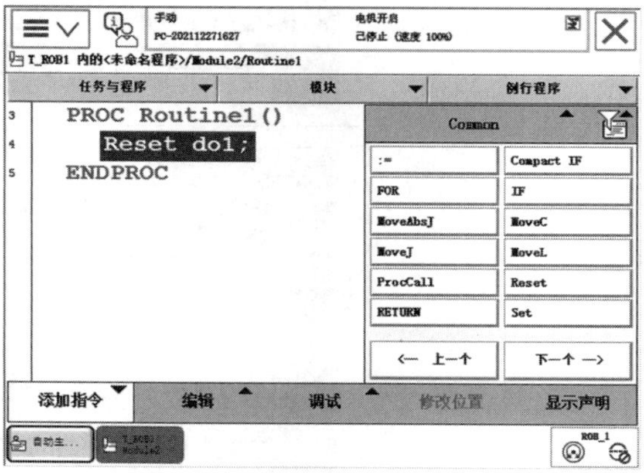

图 2-3-5　Reset 数字信号复位指令的应用

如果在 Set、Reset 指令前有运动指令 MoveJ、MoveL、MoveC、MoveAbsJ 的转弯区数据，必须使用 fine 才可以准确地输出 I/O 信号状态的变化。

（3）WaitDI 数字输入信号判断指令　WaitDI 数字输入信号判断指令用于判断数字输入信号的值是否与目标值一致。WaitDI 数字输入信号判断指令的应用如图 2-3-6 所示。

在程序执行此指令时，等待 di1 的值为 1，如果 di1 的值为 1，则程序继续往下执行；如果到达最大等待时间 300 s（此时间可根据实际进行设定）以后，di1 的值还不为 1，则机器人报警或进入出错处理程序。

（4）WaitDO 数字输出信号判断指令　WaitDO 数字输出信号判断指令用于判断数字输出信号的值是否与目标值一致。WaitDO 数字输入信号判断指令的应用如图 2-3-7 所示。

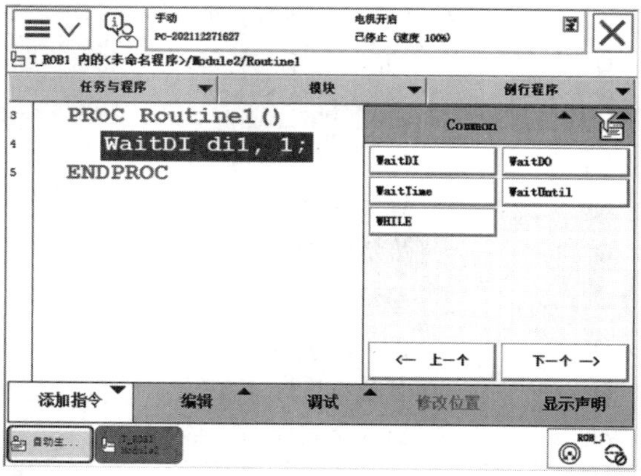

图 2-3-6　WaitDI 数字输入信号判断指令的应用

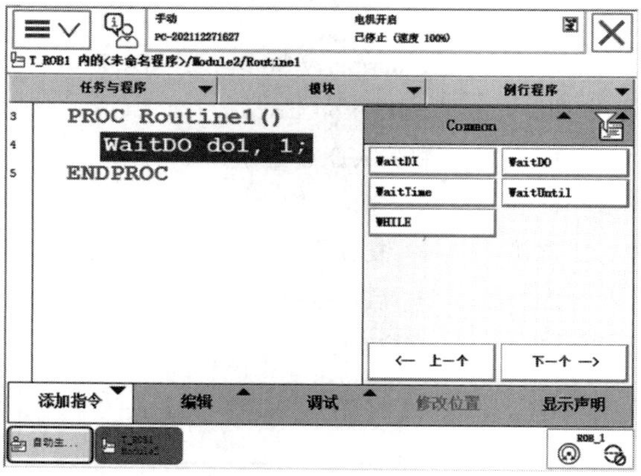

图 2-3-7　WaitDO 数字输出信号判断指令的应用

在程序执行此指令时，等待 do1 的值为 1，如果 do1 的值为 1，则程序继续往下执行；如果到达最长等待时间 300 s(此时间可根据实际进行设定)以后，do1 的值还不为 1，则机器人报警或进入出错处理程序。

(5) WaitUntil 信号判断指令　WaitUntil 信号判断指令可用于布尔量、数字量和 I/O 信号值的判断，如果条件到达指令中的设定值，程序继续往下执行，否则就一直等待，除非设置了最大等待时间。WaitUntil 信号判断指令的应用如图 2-3-8 所示。

(6) WaiteTime 时间等待指令　WaiteTime 时间等待指令，用于程序在等待一个指定的时间以后，再继续向下执行。WaiteTime 时间等待指令的应用如图 2-3-9 所示，等待 2 s 后，程序向下执行 Set do1 指令。

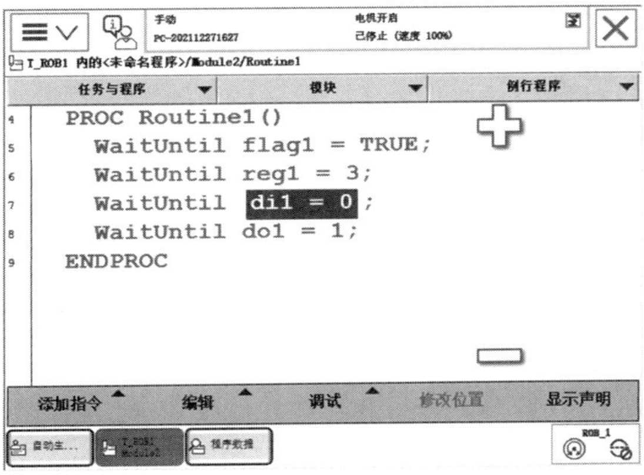

图 2-3-8　WaitUntil 信号判断指令的应用

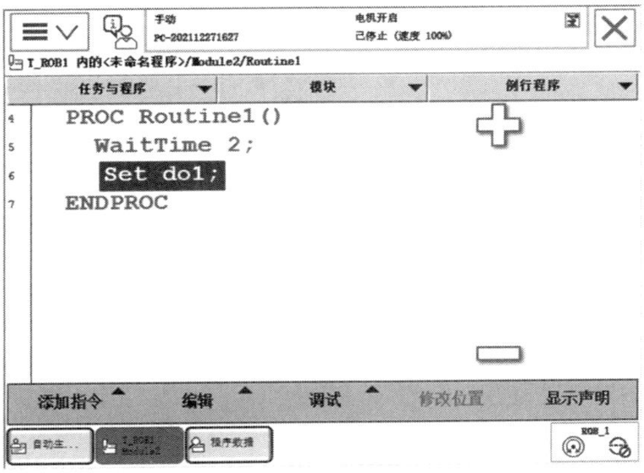

图 2-3-9　WaiteTime 时间等待指令的应用

四、任务实施步骤

1. 硬件连接

(1) 机器人搬运模型的安装　把图块搬运模型板放置到实训平台上，调整到合适位置使得模型板中间用于安装的螺钉孔与实训平台安装孔对应，然后用螺钉把模型板锁紧到实训平台上。

(2) 双吸盘夹具的安装　首先调整双吸盘夹具到合适位置(利于机器人运转中吸取)，接着对正夹具安装孔与机器人 J6 轴安装孔位，然后用螺钉将夹具锁紧到 J6 轴上，最后连接气管与夹具吸盘上真空发生器的输入端，如图 2-3-10 所示。

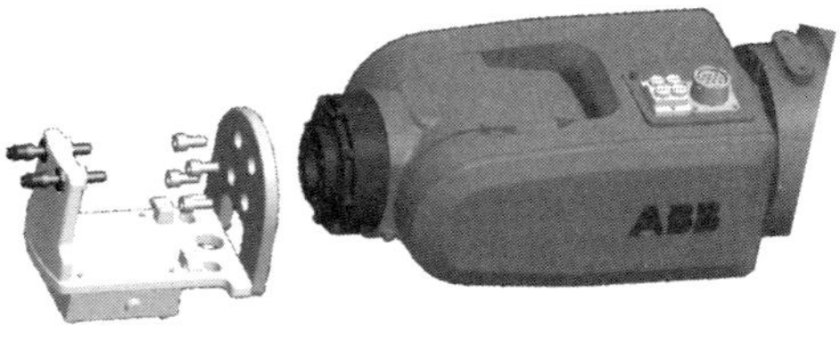

图 2-3-10　双吸盘夹具的安装

2. 设定机器人的工件坐标

在“新建工件坐标”窗口，使用“用户方法”选定为“3 点”方法进行工件坐标的设定，本任务的吸盘夹具的工具数据设定的步骤与说明见表 2-3-6。

表 2-3-6　工件数据 wobjdata 的设定

步骤	图示	说明
1	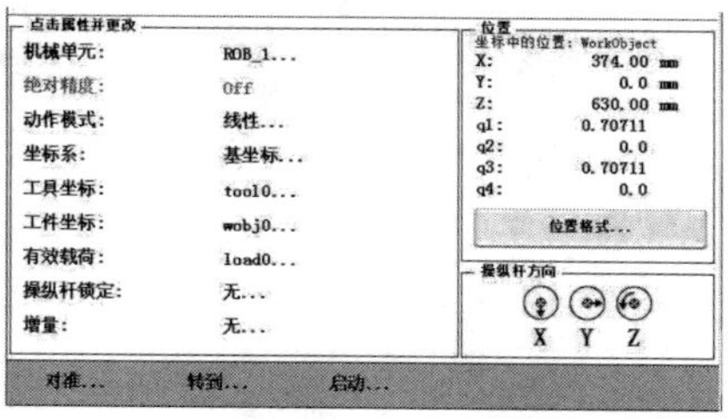	进入示教器“手动操纵”界面，选中“工件坐标”
2	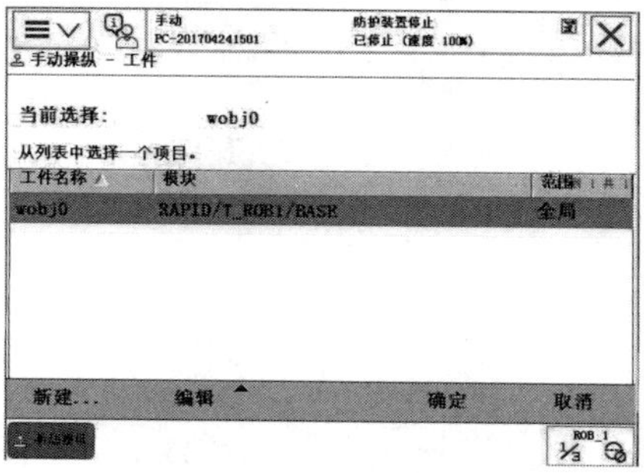	选中“wobj0”，然后单击“新建...”
3	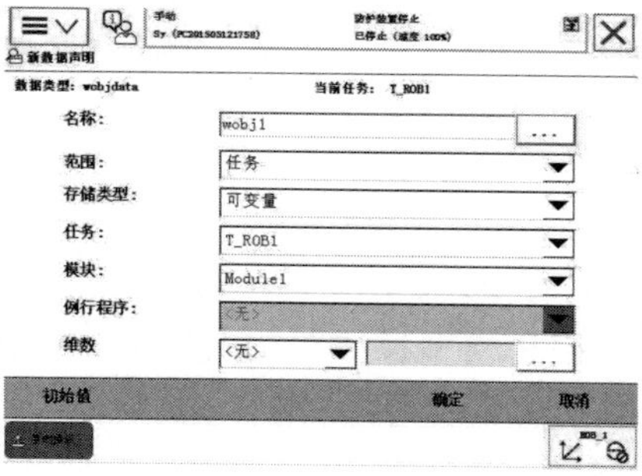	对新建工件坐标数据属性进行设定后，单击“确定”
4	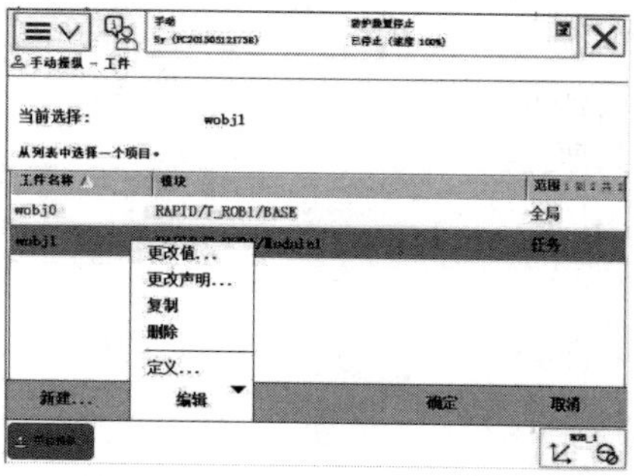	选中“wobj1”单击“编辑”，选择“定义...”

续表 2-3-6

步骤	图示	说明
5	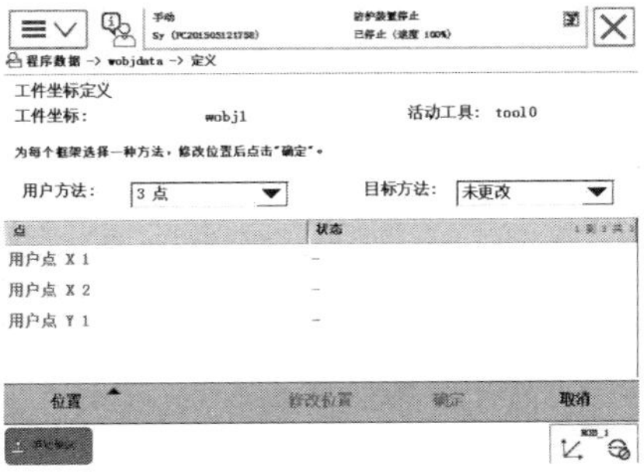	“用户方法”选定为“3 点”
6	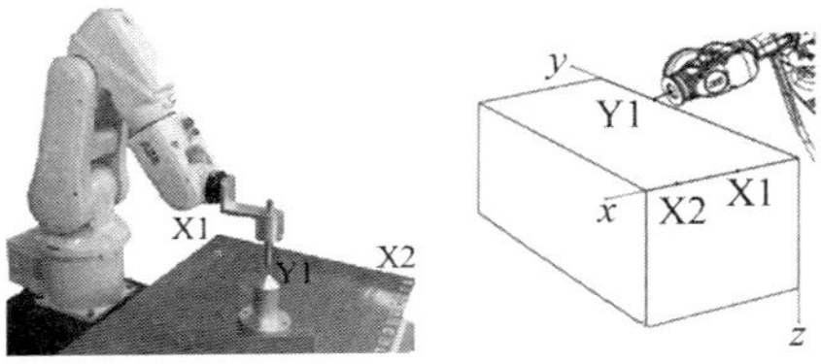	手动操纵机器人使其工具参考点（夹具上的绘图笔尖）靠近定义工件坐标的“X1”点
7	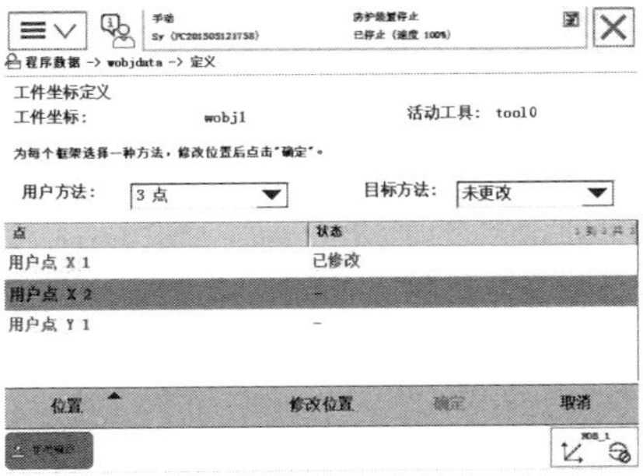	在示教器上选中“用户点X1”，单击“修改位置”，即完成“X1”点的已修改
8	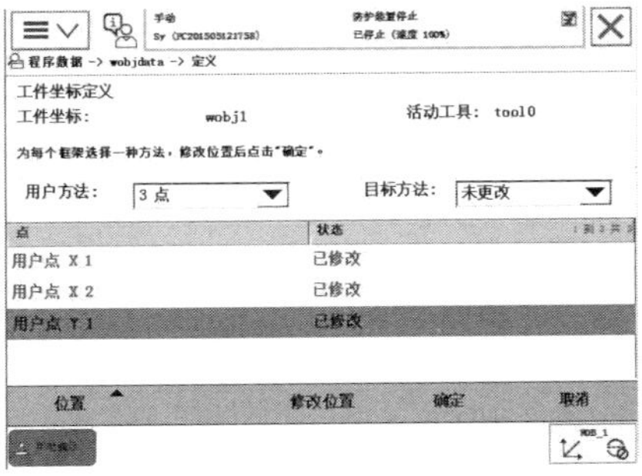	同上，分别选中“用户点X2”“用户点 Y1”，单击“修改位置”，即可完成工件坐标“X2”和“Y1 点”的已修改。然后单击“确定”

续表 2-3-6

步骤	图示	说明
9	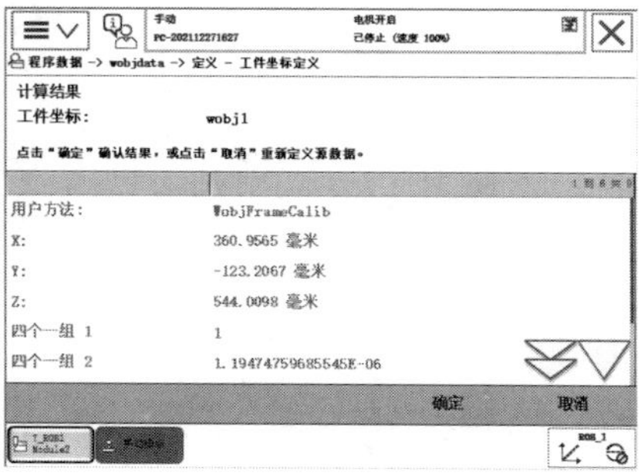	对自动生成的工件坐标数据进行确认后，单击"确定"
10	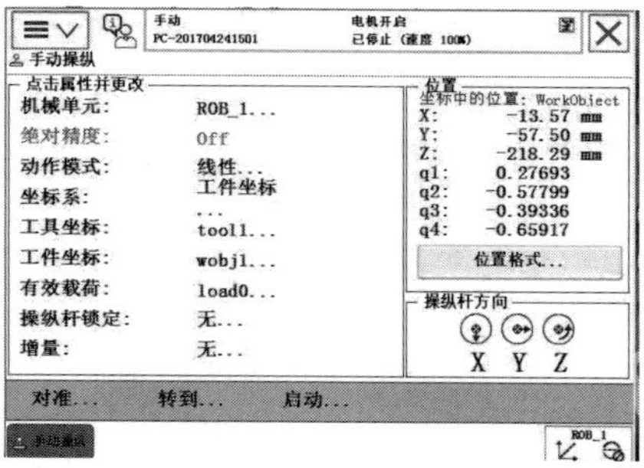	选中"wobj1"后，单击"确定"，设定完成
11	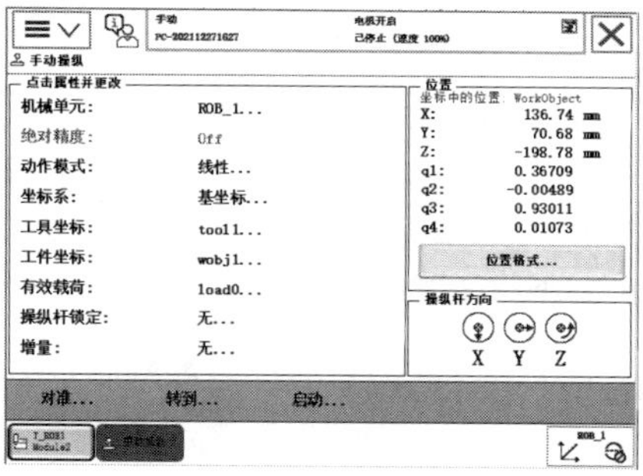	设定手动操纵界面，使用线性动作模式，体验新建立的工件坐标。 * 坐标系选工件坐标

3.程序编写及调试

(1)制定工艺流程　复位→从物料底盘 A 吸取物料并提升→放到物料底盘 B 同样位置并提升→复位→从物料底盘 B 吸取物料并提升→放到物料底盘 A 同样位置并提升→复位。

(2)定义机器人目标点　根据机器人实际运行的位置，新建和示教机器人的目标点，表 2-3-7 和图 2-3-11 定义的机器人程序目标点可供参考。

表 2-3-7　机器人程序点的定义

序号	点序号	注释	备注
1	rHome	机器人初始位置	需示教
2	P10	物料底盘 A 里吸 1、2 位置	需示教
3	P20	物料底盘 B 里吸 1、2 位置	需示教

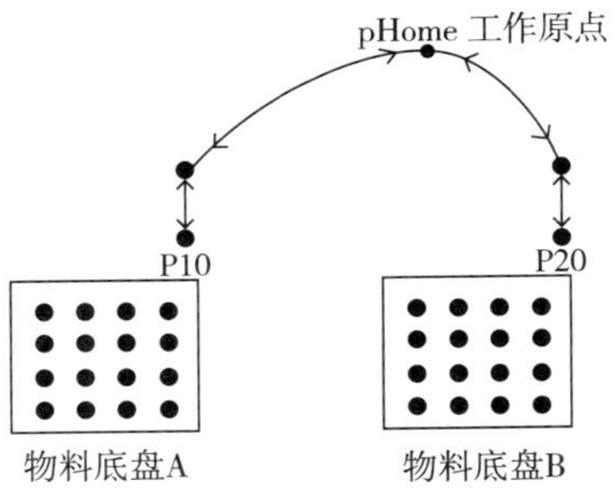

图 2-3-11　机器人程序目标点

(3)规划机器人目标点　规划机器人程序中的其他的点位，如图 2-3-12 所示，可利用位置偏移功能确定程序里其他的点位。

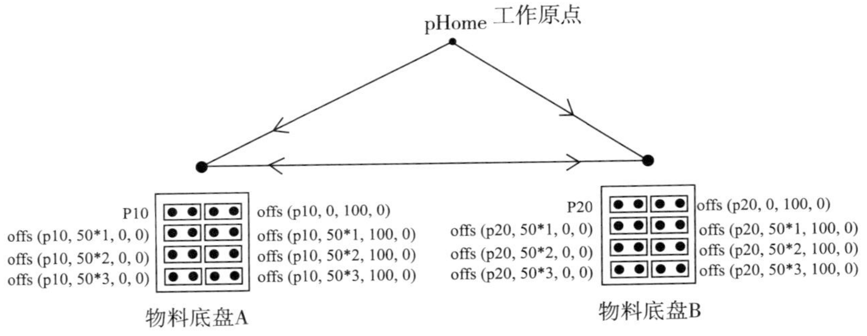

图 2-3-12　机器人程序点位规划图

(4)机器人程序编写

```
PROC MAIN()
  rInitAll(); (初始化子程序)
  AB ();(物料底盘 A 到物料底盘 B 程序)
  BA ();(物料底盘 B 到物料底盘 A 程序)
ENDPROC
```

下面具体介绍各个子程序以及子程序中所调用的功能子程序。

①初始化子程序，具体程序如下。

```
PROC rInitAll()
  AccSet  100,100;
  VelSet  100,500;
  Reset  do2;          //复位电磁阀
  Reset  do3;          //复位电磁阀
  reg1 = 1;
  reg2 = 1;
  rHome;                 //机器人回归原点
ENDPROC
```

初始化子程序又调用了回原点子程序，具体程序如下。

```
PROC  rHome()
  MoveJ  phome,v200,fine,tool0;
ENDPROC
```

②物料底盘 A 到物料底盘 B 程序，具体程序如下。

```
PROC AB()
  MoveJ  offs(P10,0,0,0),v200,z50,tool0;
  MoveL  p10,v50,fine,tool0;
  Xq;                              //调用吸盘工作程序，吸取物料块
  MoveL  offs(P10,0,0,50),v200,z50,tool0;
  MoveJ  offs(P20,0,0,50),v200,z50,tool0;
  MoveL  p20,v50,fine,tool0
  Fq;                              //调用吸盘工作程序，放置物料块
  WHILE  reg1<4 and reg2 = 1 DO
  MoveJ  offs(P10,50 * reg1,0,50),v200,z50,tool0; //吸盘移动到 A 盘物料块上方
  MoveL  offs(P10,50 * reg1,0,0),v50,fine,tool0;  //吸盘缓慢下降至 A 盘物料块吸取点
  Xq;
  MoveL  offs(P10,50 * reg1,0,50),v200,z50,tool0;  //吸盘上升到 A 盘物料块上方
  MoveJ  offs(P20,50 * reg1,0,50),v200,z50,tool0;  //吸盘移动到 B 盘物料块上方
  MoveL  offs(P20,50 * reg1,0,0),v50,fine,tool0   //吸盘缓慢下降至 B 盘物料块放置点
  Fq;                              //调用吸盘停止程序
  MoveL  offs(P20,50 * reg1,0,50),v200,z50,tool0;
    reg1 = reg1 + 1
ENDWHILE
  reg2 = reg2 + 1
  reg1 = 1;
WHILE reg1<4 and reg2 = 2 DO
    MoveJ  offs(P10,50 * reg1,100,50),v200,z50,tool0;
    MoveL  offs(P10,50 * reg1,100,0),v50,fine,tool0;
    Xq;
    MoveL  offs(P10,50 * reg1,100,50),v200,z50,tool0;
    MoveJ  offs(P20,50 * reg1,100,50),v200,z50,tool0;
    MoveL  offs(P20,50 * reg1,100,0),v50,fine,tool0
    Fq;
    MoveL  offs(P20,50 * reg1,100,50),v200,z50,tool0;
reg1 = reg1 + 1
  ENDWHILE
  rHome;
```

```
ENDPROC
```

③物料底盘 B 到物料底盘 A 程序，具体程序如下。

```
PROC BA()
    reg1 = 1;
    reg2 = 1
    MoveJ  offs(P20,0,0,50),v200,z50,tool0;
    MoveL  p20,v50,fine,tool0;
    Xq;
    MoveL  offs(P20,0,0,50),v200,z50,tool0;
    MoveJ  offs(P10,0,0,50),v200,z50,tool0;
    MoveL  p10,v50,fine,tool0
    Fq;
  WHILE reg1<4 and reg2 = 1 DO
    MoveJ  offs(P20,50 * reg1,0,50),v200,z50,tool0;
    MoveL  offs(P20,50 * reg1,0,0),v50,fine,tool0;
    Xq;
    MoveL  offs(P20,50 * reg1,0,50),v200,z50,tool0;
    MoveJ  offs(P10,50 * reg1,0,50),v200,z50,tool0;
    MoveL  offs(P10,50 * reg1,0,0),v50,fine,tool0;
    Fq;
    MoveL  offs(P10,50 * reg1,0,50),v200,z50,tool0;
    reg1 = reg1 + 1
  ENDWHILE
    reg2 = reg2 + 1
    reg1 = 1;
  WHILE  reg1<4 and reg2 = 2 DO
    MoveJ  offs(P20,50 * reg1,100,50),v200,z50,tool0;
    MoveL  offs(P20,50 * reg1,100,0),v50,fine,tool0;
    Xq;
    MoveL  offs(P20,50 * reg1,100,50),v200,z50,tool0;
    MoveJ  offs(P10,50 * reg1,100,50),v200,z50,tool0;
    MoveL  offs(P10,50 * reg1,100,0),v50,fine,tool0;
    Fq;
    MoveL  offs(P10,50 * reg1,100,50),v200,z50,tool0;
    reg1 = reg1 + 1;
ENDWHILE
rHome;
ENDPROC
```

④吸盘工作程序，具体程序如下。

```
PROC Xq ()                //吸取物料块子程序
```

```
    Set  do2;
    Set  do3;
    WaitTime 0.5;
ENDPROC
PROC Fq ()                //放置物料块子程序
    Reset  do2;
    Reset  do3;
    WaitTime 0.5;
ENDPROC
```

如果利用 FOR 循环指令来编写搬运程序,可简化程序结构和内容,使整体程序精简。具体的机器人图块搬运简化程序示例如下。

```
PROC BY()
    MoveJ  p0,v1000,z0,MyTool;
    FOR j FROM 0 TO 3 DO
      FOR k FROM 0 TO 3 DO
        MoveJ  offs(p10,j * 50,k * 50,50),v1000,z0,MyTool;
        MoveL  offs(p10,j * 50,k * 50,0),v20,fine,MyTool;
        Set do1;
        WaitTime 1;
        MoveL  offs(p10,j * 50,k * 50,50),v1000,z0,MyTool;
        MoveJ  offs(p20,j * 50,k * 50,50),v1000,z0,MyTool;
        MoveL  offs(p20,j * 50,k * 50,0),v20,fine,MyTool;
        Reset do1;
        WaitTime 1;
        MoveL  offs(p20,j * 50,k * 50,50),v1000,z0,MyTool;
      ENDFOR
    ENDFOR
    MoveAbsJ phome\NoEOffs,v1000,z0,MyTool;
ENDPROC
```

(5)调试运行机器人程序,实现搬运任务功能。

项目四　工业机器人码垛任务实训

一、任务目的

(1)了解工业机器人码垛工作单元及常用I/O配置,学习并创建码垛所需的程序数据。

(2)分析规划机器人码垛任务的路径,掌握工业机器人码垛任务的程序编写与调试方法。

(3)培养求真务实的态度和团队合作能力。

二、任务内容

(1)安装机器人的码垛夹具和模型,并正确连接码垛夹具的气动回路。

(2)创建工件坐标系。

(3)编写零件码垛模型的程序,实现零件码垛任务。

零件码垛模型如图2-4-1所示,有一个物料底盘和一个码垛底盘,需要从物料底盘选取对应的物料,搬运到码垛底盘进行码垛。码垛要求参照表2-4-1。

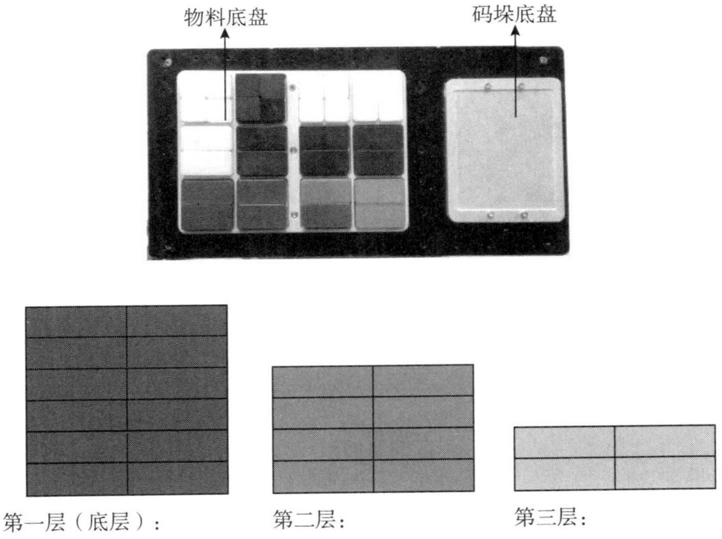

图2-4-1　零件码垛模型

表 2-4-1 码垛参数

层号	物料个数	单个物料尺寸(长×宽)/mm
第一层	12 个	44×20
第二层	8 个	44×20
第三层	4 个	44×20

三、任务相关知识点

(1)学习第 5 章 5.2 节程序指令的相关内容。

(2)PLC 机器人 I/O 信号分配　机器人配置 I/O 参考“项目三　工业机器人搬运任务实训”内容相关配置方法,PLC 与机器人 I/O 分配如表 2-4-2 所示。

表 2-4-2 PLC 与机器人 I/O 分配

PLC 输入 I/O	功能描述	机器人输出 I/O	PLC 输出 I/O	功能描述	机器人输入 I/O
	通用电磁阀 1	DO1	Q0.0	Motors On	DI1
	吸盘电磁阀 1	DO2	Q0.1	Start at Main	DI2
	吸盘电磁阀 2	DO3	Q0.2	Motors off	DI3
I0.3	Auto On	DO4	Q0.3	Stop	DI4
I0.4	Motors On	DO5	Q0.4	Start	DI5
I0.5	Cycle On	DO6	Q0.5	Reset Execution Error Signal	DI6
I0.6	Emergency Stop	DO7	Q0.6	开始运行	DI7
I0.7	Execution Error	DO8	Q0.7	预留	DI8
I1.0	机器人原点位置	DO9	Q1.0	预留	DI9
I2.0	停止按钮		Q2.0	警示灯(红)	
I2.1	复位按钮		Q2.1	警示灯(黄)	
I2.2	启动按钮		Q2.2	警示灯(绿)	
I2.4	控制柜急停		Q2.3	停止指示灯	
I2.5	门磁开关		Q2.4	复位指示灯	
			Q2.5	启动指示灯	

四、任务实施步骤

1.硬件连接

(1)安装机器人码垛模型　把码垛模型板放置到实训平台上,调整到合适位置,并保证模型板中间用于安装的螺丝孔与实训平台安装孔对应,然后用螺丝把模型板锁紧到实训平台上。

(2)安装双吸盘夹具　此任务采用双吸盘夹具,首先把双吸盘夹具调整到合适位置(利于机器人运转中吸取),并把夹具安装孔与机器人 J6 轴安装孔位对正,然后用螺钉把夹具锁紧到

J6 轴上，最后把气管与夹具吸盘上真空发生器的输入端连接，如图 2-4-2 所示。

(3)电气控制板的连接　机器人配置 IO 参考“项目三　工业机器人搬运任务实训”内容相关配置方法，电气控制板的连接、PLC I/O 分配表、机器人 I/O 信号分配表。

2. 设定机器人工具坐标和工作台的工件坐标

(1)在“新建工件坐标”窗口，使用“用户方法”选定为“3 点”方法进行工件坐标的设定。

(2)机器人“新建工件坐标”参考“项目三　工业机器人搬运任务实训”内容相关配置方法。

3. 程序编写及调试

(1)制定工艺流程　复位→从物料底盘吸取物料并提升→放到码垛底盘并提升→复位→从码垛底盘吸取物料并提升→放到物料底盘并提升→复位。

(2)规划机器人运行路径　根据模型布局，码垛宽度为 61 mm，物料尺寸是 44 mm×20 mm，只有靠近的两个物料可以通过计算来目标点，参考如图 2-4-1 所示的码垛示意图和图 2-4-3 所示的机器人的运动轨迹规划图。

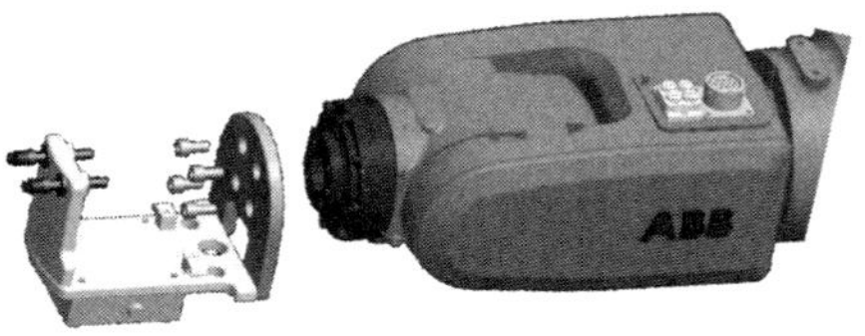

图 2-4-2　安装双吸盘夹具

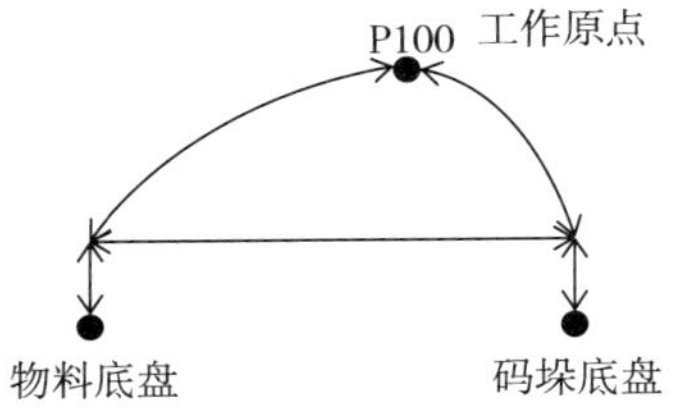

图 2-4-3　机器人运动轨迹规划图

(3)定义机器人的目标点　根据机器人实际运行的位置，定义机器人的目标点，参考表 2-4-3。

表 2-4-3　机器人目标点的定义

序号	点序号	注释	备注
1	Home	机器人初始位置	需示教
2	P1	取第一层物料底盘点	需示教
3	P2	取第一层物料底盘点	需示教
4	P3	取第二层物料底盘点	需示教
5	P4	取第二层物料底盘点	需示教
6	P5	取第三层物料底盘点	需示教
7	P10	放第一层码垛底盘点	需示教
8	P11	放第一层码垛底盘点	需示教
9	P12	放第二层码垛底盘点	需示教
10	P13	放第二层码垛底盘点	需示教
11	P14	放第三层码垛底盘点	需示教

(4)机器人程序编写

```
PROC main()
  rhome();          //复位子程序
```

```
  WHILE TRUE DO
  MD ();                //物料底盘到码垛底盘程序
  ENDWHILE
ENDPROC
```

在这个模型运用到的指令、编程方式与项目三模型一致，详细程序可以参考图块搬运模型的程序。

(5)rhome 子程序

```
PROC rhome ()
MoveJ  Home,v300,z0,tool1\wobj: = wobj1;
Reset  do2;
Reset  do3;
N1 = 0;
M1-M10 初始值为 0
ENDPROC
```

(6)MD 子程序

```
PROC MD ()
```

第一层：

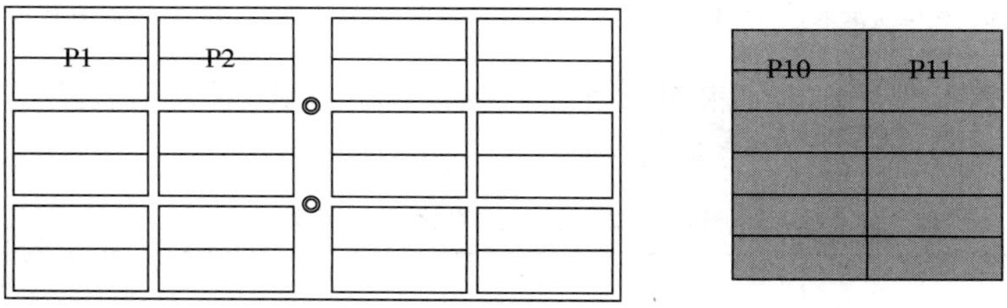


```
IF N1 <=  3 THEN
X1 = M1 * 50
X2 = M2 * 46
MoveJ  offs(P1,X1,00,100),v200,z0,tool0\wobj: = wobj1;
MoveL  offs(P1,X1,00,0),v100,fine,tool0\wobj: = wobj1;
Set  do2;
Set  do3;
WaitTime 0.5;
MoveL  offs(P1,X1,00,100),v200,z0,tool0\wobj: = wobj1;
MoveJ  offs(P10,X2,00,100),v200,z0,tool0\wobj: = wobj2;
MoveL  offs(P10,X2,00,0),v100,fine,tool0\wobj: = wobj2;
Reset  do2;
Reset  do3;
WaitTime 0.5;
MoveL  offs(P10,X2,00,100),v200,z0,tool0\wobj: = wobj2;
```

```
M1 = M1 + 1;
M2 = M2 + 1;
N1 = N1 + 1;
ENDIF
IF N1 >= 4 AND N1 <= 6 THEN
X3 = M3 * 50
X4 = M4 * 46
MoveJ  offs(P2,X3,00,100),v200,z0,tool0\wobj:=wobj1;
MoveL  offs(P2,X3,00,0),v100,fine,tool0\wobj:=wobj1;
Set  do2;
Set  do3;
WaitTime 0.5;
MoveL  offs(P2,X3,00,100),v200,z0,tool0\wobj:=wobj1;
MoveJ  offs(P11,X4,00,100),v200,z0,tool0\wobj:=wobj2;
MoveL  offs(P11,X4,00,0),v100,fine,tool0\wobj:=wobj2;
Reset  do2;
Reset  do3;
WaitTime 0.5;
MoveL  offs(P11,X4,00,100),v200,z0,tool0\wobj:=wobj2;
M3 = M3 + 1;
M4 = M4 + 1;
N1 = N1 + 1;
ENDIF
```

第二层：

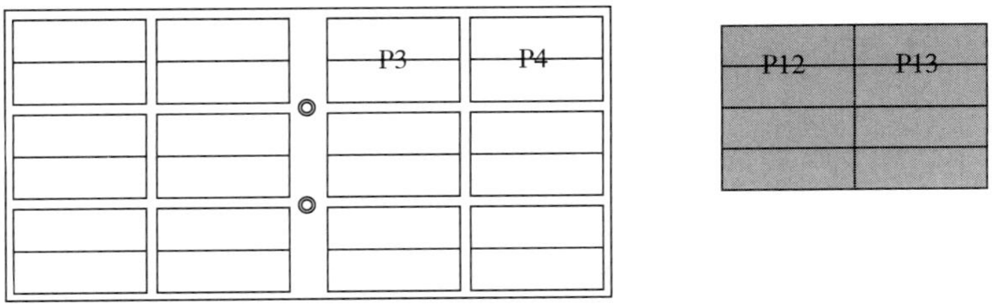


```
IF N1 >= 7 AND N1 <= 8 THEN
X5 = M5 * 50
X6 = M6 * 46
MoveJ  offs(P3,X5,00,100),v200,z0,tool0\wobj:=wobj1;
MoveL  offs(P3,X5,00,0),v100,fine,tool0\wobj:=wobj1;
Set  do2;
Set  do3;
WaitTime 0.5;
MoveL  offs(P3,X5,00,100),v200,z0,tool0\wobj:=wobj1;
MoveJ  offs(P12,X6,00,100),v200,z0,tool0\wobj:=wobj2;
```

```
MoveL  offs(P12,X6,00,0),v100,fine,tool0\wobj:=wobj2;
Reset  do2;
Reset  do3;
WaitTime 0.5;
MoveL  offs(P12,X6,00,100),v200,z0,tool0\wobj:=wobj2;
M5=M5+1;
M6=M6+1;
N1=N1+1;
ENDIF
IF N1 >= 9 AND N1 <= 10 THEN
X7=M7*50
X8=M8*46
MoveJ  offs(P4,X7,00,100),v200,z0,tool0\wobj:=wobj1;
MoveL  offs(P4,X7,00,0),v100,fine,tool0\wobj:=wobj1;
Set  do2;
Set  do3;
WaitTime 0.5;
MoveL  offs(P3,X7,00,100),v200,z0,tool0\wobj:=wobj1;
MoveJ  offs(P12,X8,00,100),v200,z0,tool0\wobj:=wobj2;
MoveL  offs(P12,X8,00,0),v100,fine,tool0\wobj:=wobj2;
Reset  do2;
Reset  do3;
WaitTime 0.5;
MoveL  offs(P12,X8,00,100),v200,z0,tool0\wobj:=wobj2;
M7=M7+1;
M8=M8+1;
N1=N1+1;
ENDIF
```

第三层：

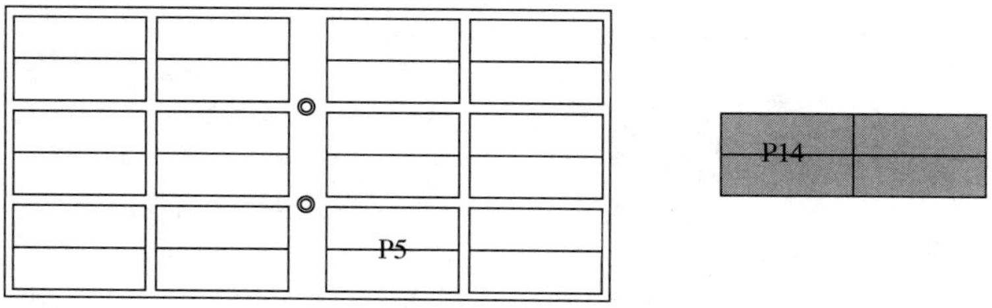


```
IF N1 >= 11 AND N1 <= 12 THEN
X9=M9*50
X9=M9*46
MoveJ  offs(P5,0,X9,100),v200,z0,tool0\wobj:=wobj1;
MoveL  offs(P5,0,X9,0),v100,fine,tool0\wobj:=wobj1;
```

```
Set  do2;
Set  do3;
WaitTime 0.5;
MoveL  offs(P5,0,X9,100),v200,z0,tool0\wobj:=wobj1;

MoveJ  offs(P13,0,X10,100),v200,z0,tool0\wobj:=wobj2;
MoveL  offs(P13,0,X10,0),v100,fine,tool0\wobj:=wobj2;
Reset  do2;
Reset  do3;
WaitTime 0.5;
MoveL  offs(P13,0,X10,100),v200,z0,tool0\wobj:=wobj2;
M9 = M9 + 1;
M10 = M10 + 1;
N1 = N1 + 1;
ENDIF
ENDPROC
```

项目五　工业机器人装配任务实训

一、任务目的

(1)了解工业机器人装配工作单元及常用I/O配置,学习并创建装配所需的程序数据。

(2)分析规划机器人装配任务的路径,掌握工业机器人装配任务的程序编写与调试方法。

(3)培养求真务实的态度和团队合作能力。

二、任务内容

(1)安装机器人的装配夹具和模型,并正确连接装配夹具的气动回路。

(2)配置工件装配模型I/O分配表。

(3)编写工件装配模型的程序,实现工件的组装和拆解。

工件装配模型如图2-5-1所示,有两个支架模型,一个是排列支架,另一个是组装支架。要求机器人把排列支架上的大小工件放到组装支架上,完成组装过程后,再把组装支架上的大、小工件拆解,搬回到排列支架上原来位置。

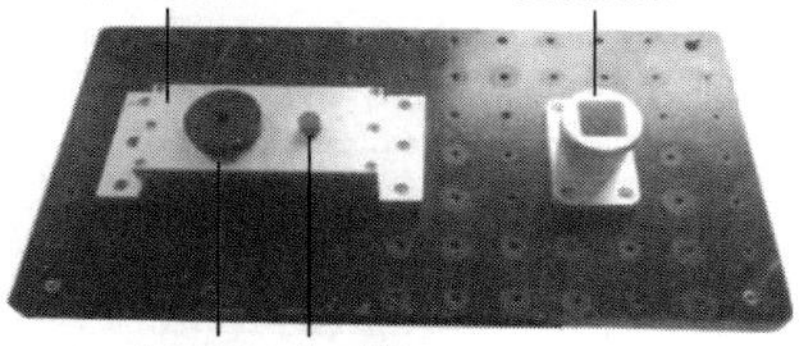

图2-5-1　工件装配模型

三、任务相关知识点

机器人指令与用法请参照学习第5章5.2节中程序指令的相关内容。

四、任务实施步骤

1.硬件连接

(1)安装机器人工件装配模型　首先把工件板与装配件放置到实训平台的合适位置,并保持安装螺丝孔与实训平台固定螺钉孔对应,用螺钉把其锁紧,然后将该小工件放置在排列支架上。

(2)安装抓手吸盘夹具　工件装配模型可采用双吸盘夹具,也可采用抓手吸盘夹具。双吸盘夹具的安装同项目四,抓手吸盘夹具安装时,首先把夹具调整到合适位置并把安装螺丝孔与机器人J6轴法兰安装孔对应,然后用螺钉锁紧,最后把气管与夹具上真空发生器及抓手气缸连接,如图2-5-2所示。

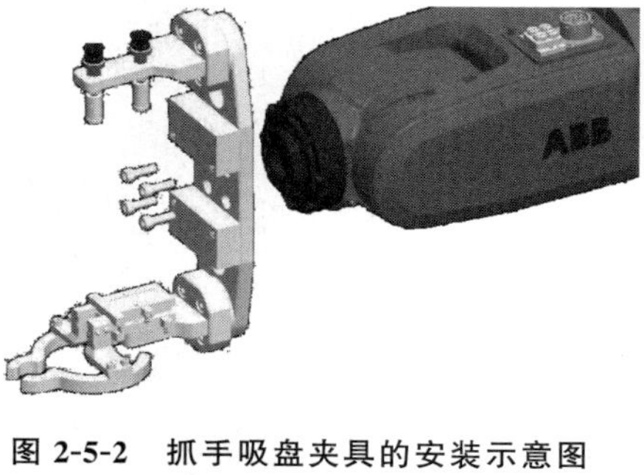

图2-5-2　抓手吸盘夹具的安装示意图

(3)PLC 与机器人 I/O 分配 机器人 I/O 配置参考“项目三 工业机器人搬运任务实训”内容相关配置方法,PLC 与机器人 I/O 分配如表 2-5-1 所示。

表 2-5-1 PLC 与机器人 I/O 分配

PLC 输入 I/O	功能描述	机器人输出 I/O	PLC 输出 I/O	功能描述	机器人输入 I/O
	气爪电磁阀	DO1	Q0.0	Motors On	DI1
	吸盘电磁阀 1	DO2	Q0.1	Start at Main	DI2
	吸盘电磁阀 2	DO3	Q0.2	Motors off	DI3
I0.3	Auto On	DO4	Q0.3	Stop	DI4
I0.4	Motors On	DO5	Q0.4	Start	DI5
I0.5	Cycle On	DO6	Q0.5	Reset Execution Error Signal	DI6
I0.6	Emergency Stop	DO7	Q0.6	开始运行	DI7
I0.7	Execution Error	DO8	Q0.7	预留	DI8
I1.0	机器人原点位置	DO9	Q1.0	预留	DI9
I2.0	停止按钮		Q2.0	警示灯(红)	
I2.1	复位按钮		Q2.1	警示灯(黄)	
I2.2	启动按钮		Q2.2	警示灯(绿)	
I2.4	控制柜急停		Q2.3	停止指示灯	
I2.5	门磁开关		Q2.4	复位指示灯	
			Q2.5	启动指示灯	

2. 程序编写及调试

(1)制定工艺流程 上电启动→初始化→开始组装,从排列支架取大工件,放到组装支架大工件位→从排列支架取小工件,放到组装支架小工件位→复位→开始拆解,从组装支架取小工件,放到排列支架小工件位→从组装支架取大工件,放到排列支架大工件位→复位。制定工件装配工艺流程如图 2-5-3 所示。

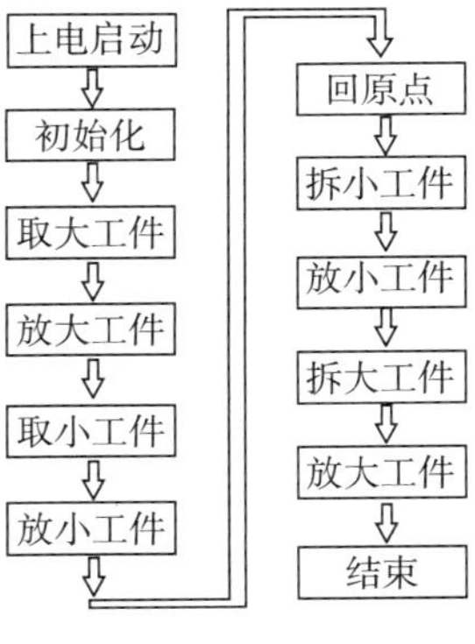

图 2-5-3 工件装配工艺流程

(2)规划编程思路 第一步,规划工件装配模型的工作流程,具体如下。

①夹具从原点移动到排列支架取大工件上方合适距离,然后从排列支架上夹住大工件,提升合适距离。

②大工件移动到组装支架放置位置的正上方合适位置,然后移动到放置位置,再松开夹具,提升合适距离。

③夹具运动到排列支架取小工件上方合适距离,然后从排列支架上夹住小工件,提升合适距离。

④小工件移动到组装支架放置位置的正上方合适位置,然后移动到放置位置,再松开夹具,提升合适距离。

⑤回到工作原点。

⑥夹具运动到组装支架取小工件上方合适距离,然后从组装支架上夹住小工件,再提升合适距离。

⑦小工件移动到排列支架放置位置的正上方合适位置，然后移动到放置位置，再松开夹具，提升合适距离。

⑧夹具运动到组装支架取大工件上方合适距离，然后从组装支架上夹住大工件，再提升合适距离。

⑨大工件移动到排列支架放置位置的正上方合适位置，然后移动到放置位置，再松开夹具，提升合适距离。

⑩回到工作原点。

第二步，设计程序的整体框架。

根据观察此模型工作流程的特点，有很多的重复动作及点位，因此设计子程序如下：

①组装子程序“ZZ”。

②拆解子程序“CJ”。

③夹具夹紧子程序“JJ”。

④夹具松开子程序“SK”。

第三步，定义机器人程序点(表 2-5-2 仅供参考)。

表 2-5-2　机器人程序点

序号	点序号	注释	备注
1	pHome	机器人初始位置	需示教
2	P10-50	排列支架上大工件位置上方 50 mm	程序中定义
3	P10	排列支架上大工件位置	需示教
4	P11-50	组装支架上大工件位置上方 50 mm	程序中定义
5	P11	组装支架上大工件位置	需示教
6	P20-50	排列支架上小工件位置上方 50 mm	程序中定义
7	P20	排列支架上小工件位置	需示教
8	P21-50	组装支架上小工件位置上方 50 mm	程序中定义
9	P21	组装支架上小工件位置	需示教
10	P30	排列支架中间点	需示教
11	P40,P50	组装支架中间点	需示教

第四步，画出机器人跑点图，如图 2-5-4 所示。

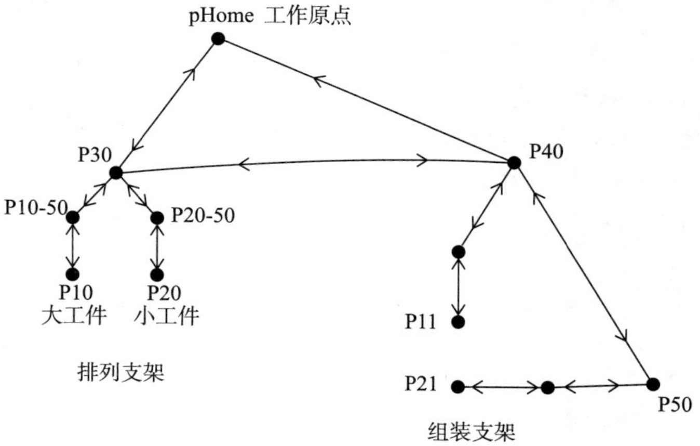

图 2-5-4　机器人跑点图

(3)编写机器人程序,如下程序供参考。

```
PROC main()
  rInitAll();(复位子程序)
  ZZ ();(组装子程序)
  CJ ();(拆解子程序)
ENDPROC
```

下面具体介绍各个子程序以及子程序中所调用的功能子程序。

①复位子程序,具体程序如下。

```
PROC rInitAll()
  AccSet  100,100;
  VelSet  100,5000;
  Reset  do2;          //复位电磁阀,大工件夹具松开
  Reset  do3;          //复位电磁阀,小工件夹具松开
  rHome;              //机器人回归原点
ENDPROC
```

复位子程序又调用了回原点子程序,具体程序如下:

```
PROC rHome()
  MoveJ  phome,v500,fine,tool0;
ENDPROC
```

②组装子程序,具体程序如下。

```
PROC ZZ()
  MoveJ  p30,v500,fine,tool0;                //机器人移到排列支架中间点
  MoveJ  offs(P10,0,0,50),v500,z50,tool0;   //移到排列支架上大工件位置上方 50 mm
  MoveL  p10,v50,fine,tool0;                //吸盘缓慢下降至大工件位置
  JJ;                                     //调用夹具夹紧子程序,夹紧工件
  MoveL  offs(P10,0,0,50),v500,z50,tool0;   //返回放置点上方
  MoveJ  p40,v500,fine,tool0;                //移到组装支架中间点
  MoveJ  offs(P11,0,0,50),v500,z50,tool0;   //移到组装支架上大工件位置上方 50 mm
  MoveL  p11,v50,z50,tool0;                 //缓慢下降至组装支架上大工件位置
  SK;                                     //调用夹具夹紧子程序,松开工件
  MoveL  offs(P11,0,0,50),v50,z50,tool0;    //移到组装支架上大工件位置上方 50 mm
  MoveJ  p40,v500,fine,tool0;                 //移到组装支架中间点
  MoveJ  p30,v500,fine,tool0;                 //机器人移到排列支架中间点
  MoveJ  offs(P20,0,0,50),v500,z50,tool0;   //移到排列支架上小工件位置上方 50 mm
  MoveL  p20,v50,fine,tool0;                  //吸盘缓慢下降至小工件位置
  JJ;          //调用夹具夹紧子程序,夹紧工件
  MoveL  offs(P20,0,0,50),v50,z50,tool0;   //返回放置点上方
  MoveJ  p40,v500,fine,tool0;                 //移到组装支架中间点
```

```
  MoveJ  p50,v500,fine,tool0;              //移到组装支架中间点
  MoveJ  offs(P21,0,0,50),v500,z50,tool0;  //移到组装支架上小工件位置右方 50 mm
  MoveL  p21,v50,z50,tool0;               //缓慢移至组装支架上小工件位置
  SK;                                     //调用夹具夹紧子程序,松开工件
  MoveL  offs(P21,0,0,50),v50,z50,tool0;   //移到组装支架上小工件位置右方 50 mm
  MoveJ  p50,v500,fine,tool0;              //移到组装支架中间点
  MoveJ  p40,v500,fine,tool0;              //移到组装支架中间点
  rHome;          //回原点
ENDPROC
PROC  JJ()            //夹具夹紧子程序
  Set do2;
  Reset do3;
  WaitTime 0.3;
ENDPROC
PROC  SK()            //夹具松开子程序
  Reset do2;
  Set do3;
  WaitTime 0.3;
ENDPROC
```

③组装子程序,具体程序如下。

```
PROC  CJ()
  MoveJ  p40,v500,fine,tool0;              //移到组装支架中间点
  MoveJ  offs(P11,0,0,50),v500,z50,tool0;  //移到组装支架上大工件位置上方 50 mm
  MoveL  p11,v50,z50,tool0;               //缓慢下降至组装支架上大工件位置
  JJ;
  MoveL  offs(P11,0,0,50),v50,z50,tool0;     //返回放置点上方
  MoveJ  p40,v500,fine,tool0;                //移到组装支架中间点
  MoveJ  p30,v500,fine,tool0;                //机器人移到排列支架中间点
  MoveJ  offs(P10,0,0,50),v500,z50,tool0;    //移到排列支架上大工件位置上方 50 mm
  MoveL  p10,v50,fine,tool0;                //吸盘缓慢下降至大工件位置
  SK;
  MoveL  offs(P10,0,0,50),v500,z50,tool0;   //移到排列支架上大工件位置上方 50 mm
  MoveJ  p30,v500,fine,tool0;                //机器人移到排列支架中间点
  MoveJ  p40,v500,fine,tool0;                //移到组装支架中间点
  MoveJ  p50,v500,fine,tool0;                //移到组装支架中间点
  MoveJ  offs(P21,0,0,50),v500,z50,tool0;  //移到组装支架上小工件位置右方 50 mm
  MoveL  p21,v50,z50,tool0;                 //缓慢移至组装支架上小工件位置
  JJ;
  MoveL  offs(P21,0,0,50),v50,z50,tool0;    //移到组装支架上小工件位置右方 50 mm
  MoveJ  p50,v500,fine,tool0;                //移到组装支架中间点
```

```
  MoveJ  p40,v500,fine,tool0;              //移到组装支架中间点
  MoveJ  p30,v500,fine,tool0;              //机器人移到排列支架中间点
  MoveJ  offs(P20,0,0,50),v500,z50,tool0;  //移到排列支架上小工件位置上方 50 mm
  MoveL  p20,v50,fine,tool0;               //吸盘缓慢下降至小工件位置
  SK;
  MoveL  offs(P20,0,0,50),v50,z50,tool0;   //返回放置点上方
  MoveJ  p30,v500,fine,tool0;              //机器人移到排列支架中间点
  rHome;                                   //回原点
ENDPROC
```

(4)示教点,调试程序,实现组装拆装任务。

项目六　工业机器人物料检测任务实训

一、任务目的

(1)了解工业机器人物料颜色检测工作单元及常用 I/O 配置，熟悉机器人 PC-Interface 通信参数设置的方法。

(2)熟悉工业机器人 Socket 编程指令，掌握工业机器人物料颜色检测任务的程序编写与调试方法。

(3)掌握视觉图像识别、颜色识别、通信参数设置等方法。

(4)培养创新精神和团队合作能力。

二、任务内容

(1)安装机器人的搬运夹具、输送带、输送带末端挡板和视觉模型，并正确连接。

(2)创建工具坐标系。

(3)视觉参数设置。

(4)编写机器人抓取、放置、通信的程序。

机器人根据视觉拍照识别不同的圆形物料颜色进行抓取，放置到料盘模型中，相同物料间距是 40 mm，黄色圆形物料放置第一个孔位，白色圆形物料放置第二孔位，蓝色圆形物料放置左边料框中，相同颜色进行叠放，料盘模型如图 2-6-1 所示。

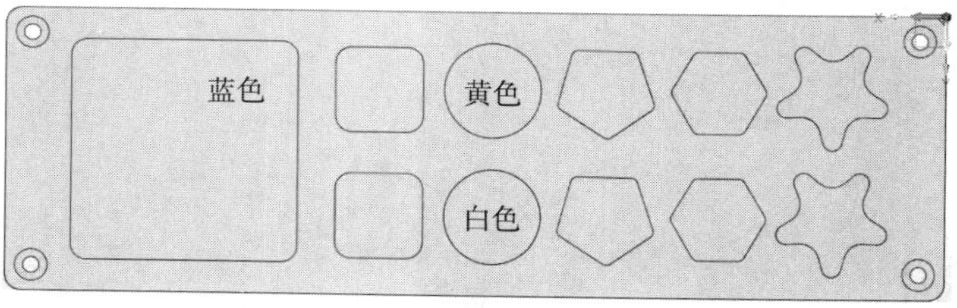

图 2-6-1　料盘模型

三、任务相关知识点

1. 机器人指令与用法

机器人基本运动指令、逻辑功能指令、位置偏移功能等的用法，请参照学习第 5 章 5.2 节中程序指令的相关内容。

2. PLC 与机器人 I/O 分配

PLC 与机器人 I/O 分配如表 2-6-1 所示。

表 2-6-1 PLC 与机器人 I/O 分配

PLC 输入 I/O	功能描述	机器人输出 I/O	PLC 输出 I/O	功能描述	机器人输入 I/O
	通用电磁阀 1	DO1	Q0.0	Motors On	DI1
	吸盘电磁阀 1	DO2	Q0.1	Start at Main	DI2
	吸盘电磁阀 2	DO3	Q0.2	Motors off	DI3
I0.3	Auto On	DO4	Q0.3	Stop	DI4
I0.4	Motors On	DO5	Q0.4	Start	DI5
I0.5	Cycle On	DO6	Q0.5	预留	DI6
I0.6	预留	DO7	Q0.6	机器人启动运行	DI7
I0.7	机器人复位完成	DO8	Q0.7	物料到位信号	DI8
I1.0	机器人触发拍照	DO9	Q1.0	预留	DI9
I1.1	预留		Q1.1	预留	
I1.2	预留		Q1.2	预留	
I1.3	预留		Q1.3	预留	
I1.4	传感器检测物料到位		Q1.4	皮带运行	
I1.5	预留		Q1.5	触发相机拍照	
I1.6	预留		Q1.6	预留	
I1.7	预留		Q1.7	预留	
I2.0	停止按钮		Q2.0	警示灯(红)	
I2.1	复位按钮		Q2.1	警示灯(黄)	
I2.2	启动按钮		Q2.2	警示灯(绿)	
I2.4	控制柜急停		Q2.3	停止指示灯	
I2.5	门磁开关		Q2.4	复位指示灯	
			Q2.5	启动指示灯	

3. 机器人通信 IP 设置

机器人进行 Socket 通信，需要对控制柜网口 IP 进行设定，与通信方需要设定同一网段，设置步骤如表 2-6-2 所示。

表 2-6-2　机器人 IP 设置

步骤	图示	说明
1	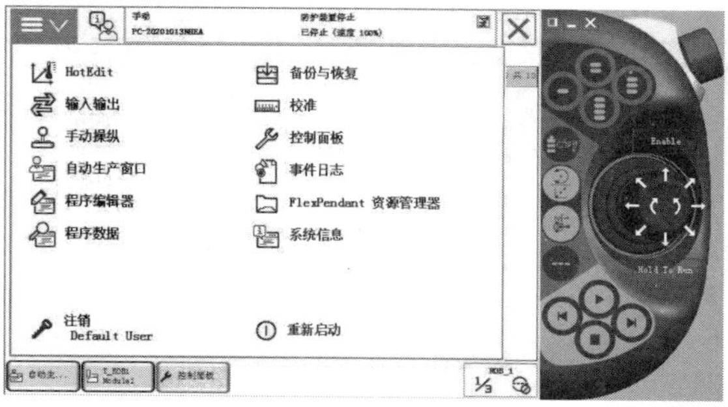	在示教器主菜单单击“控制面板”
2	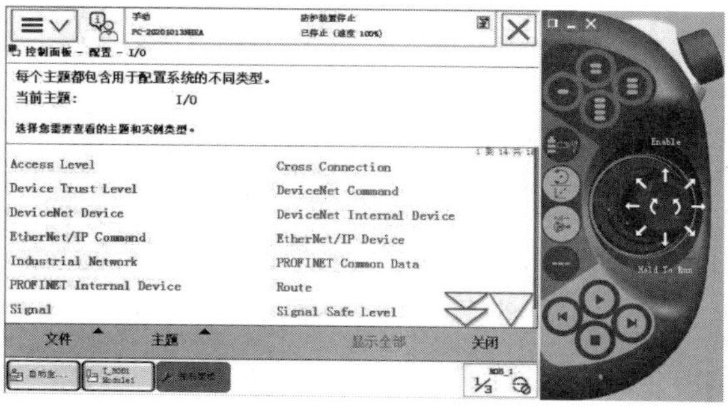	进入“当前主题”是“I/O”类型
3	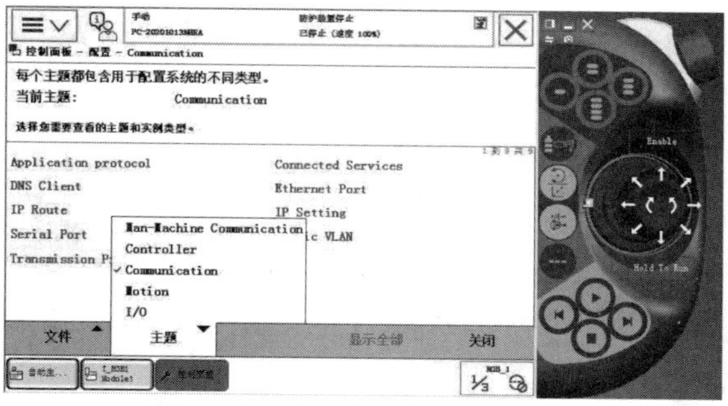	单击左下角“主题”，然后单击“Communication”
4	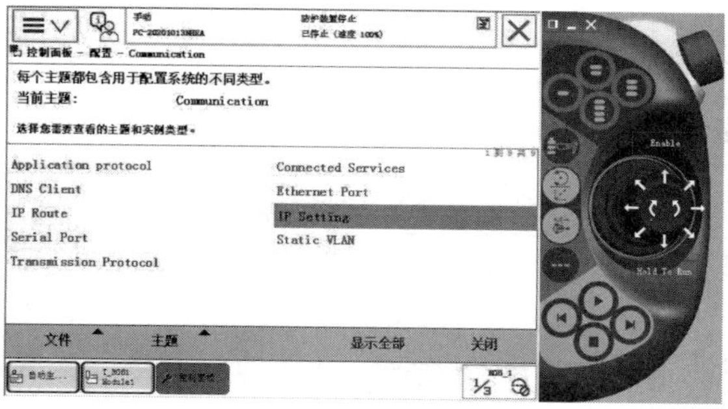	双击“IP Setting”

续表 2-6-2

步骤	图示	说明
5		单击左下角“添加”
6	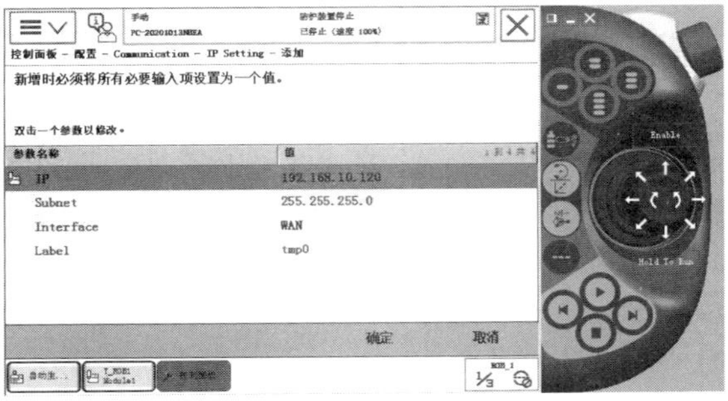	填写机器人 IP 地址、Interface 网口类型“WAN”，单击“确定”
7	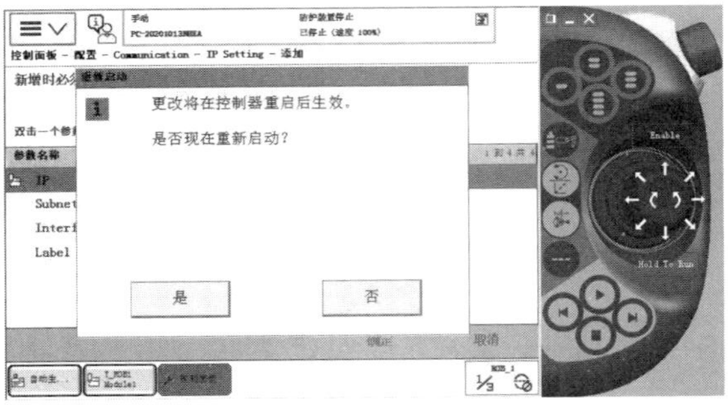	选择“是”，重新启动控制器，重启后才能生效，需要将网线插到机器人控制柜“WAN”网口

4. Socket 通信程序指令

通过表 2-6-3 所示，掌握 SocketClose、SocketCreate、SocketConnect、SocketReceive、SocketSend 等指令的应用。

表 2-6-3　关于 Socket 程序指令的应用

<table>
<tr><th>步骤</th><th>图示</th><th>说明</th></tr>
<tr><td>1</td><td>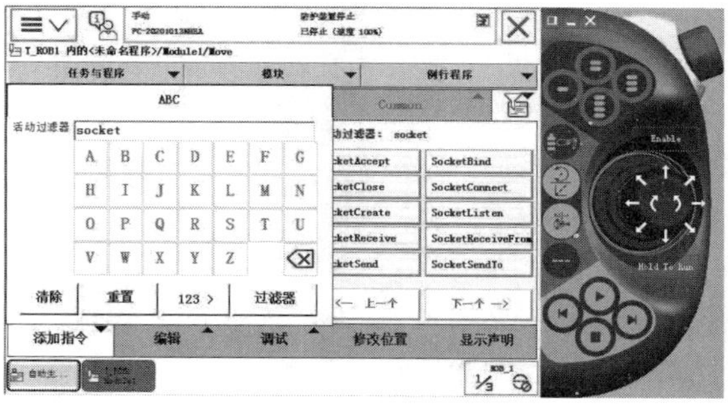
</td><td>选中<SMT>为要增加程序的位置。
在添加指令的列表中，右上角单击过滤器，填写“socket”，单击过滤器将有关 Socket 指令进行搜索</td></tr>
<tr><td>2</td><td>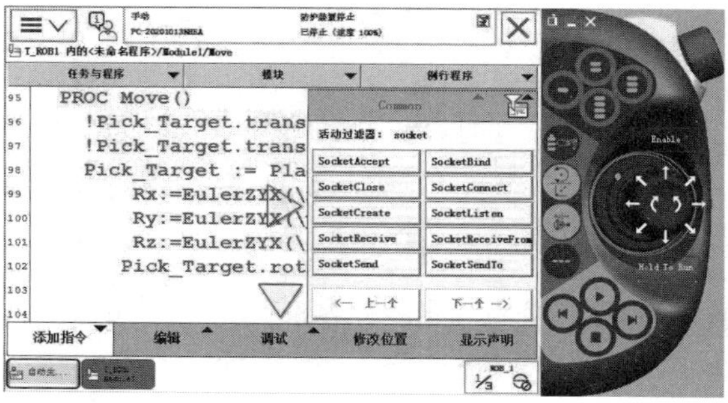
</td><td>单击右上角过滤器后，将关闭过滤器显示的窗口，便可以看到有关 Socket 指令</td></tr>
<tr><td>3</td><td>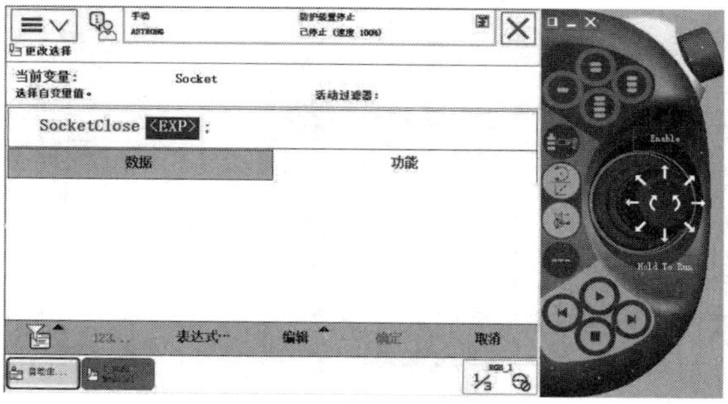
</td><td>单击指令表中“SocketClose”指令(通信关闭)</td></tr>
<tr><td>4</td><td>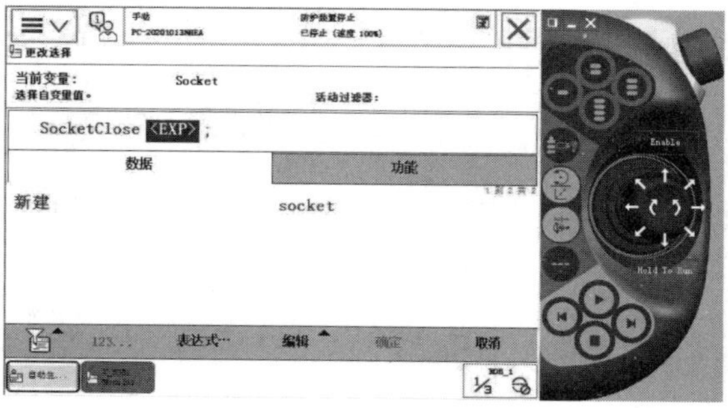
</td><td>窗口弹出需要选择的 Socketdev 数据类型的变量，在“数据”栏中单击“新建”</td></tr>
</table>

续表 2-6-3

步骤	图示	说明
5	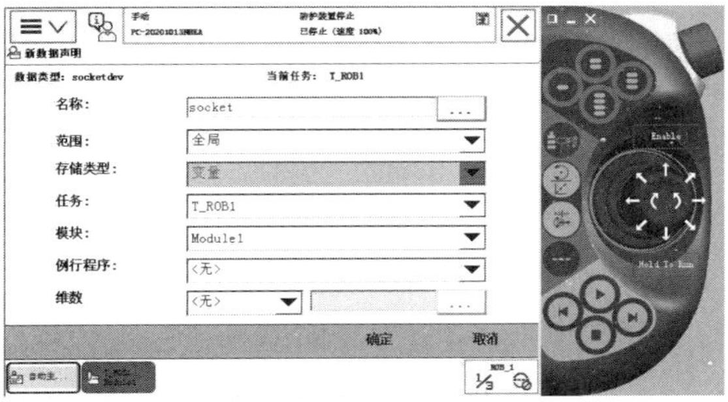	自定义变量名称，然后单击“确定”，完成通信关闭指令的编写
6	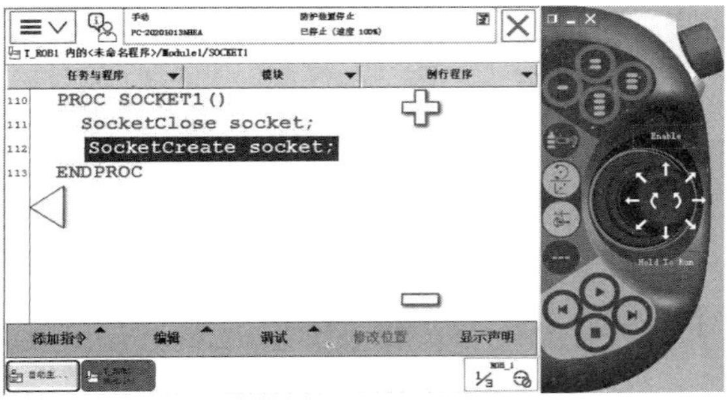	单击指令表中 SocketCreate 指令（通信创建），选择创建自定义变量名称，完成通信创建指令的编写
7	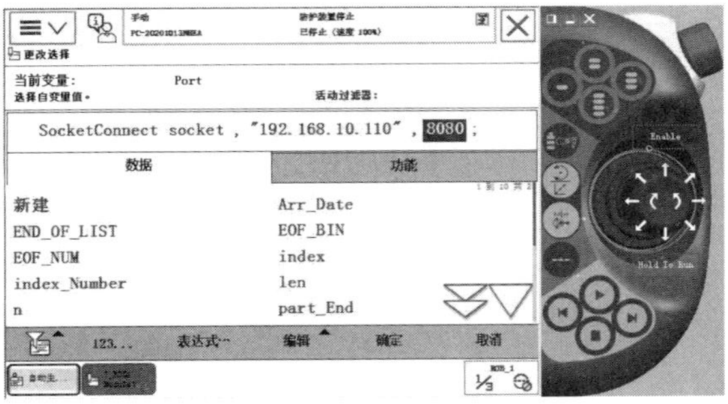	单击指令表中 SocketConnect 指令（通信连接），填写相机的 IP 地址和端口号，然后单击“确定”
8	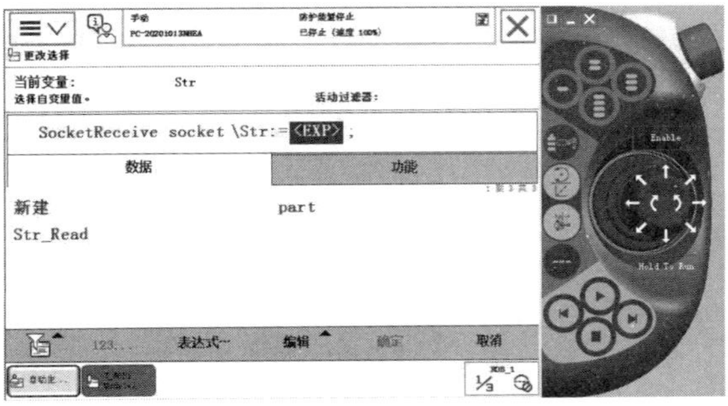	单击指令表中 SocketReceive 指令（通信数据接收）

续表 2-6-3

步骤	图示	说明
9		单击“新建”，自定义名称，存储类型选择“变量”的 String 类型的变量，单击“确定”
10	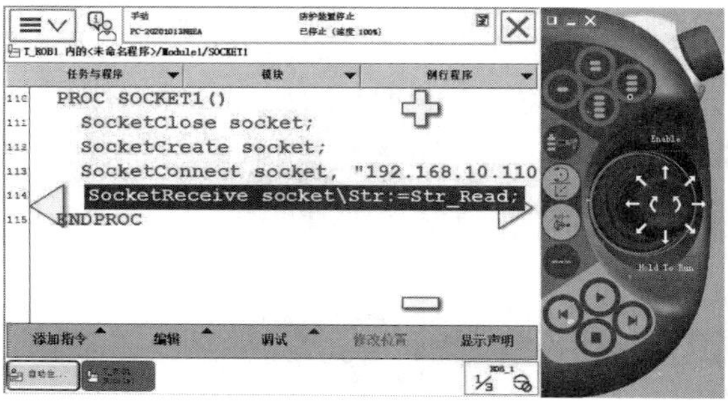	机器人接收的数据是 String 类型，如果需要修改为其他的数据类型，通过单击通信数据接收指令
11	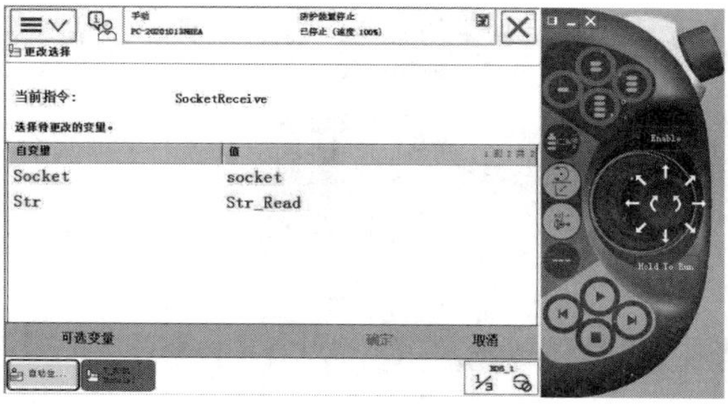	单击左下角“可选变量”
12	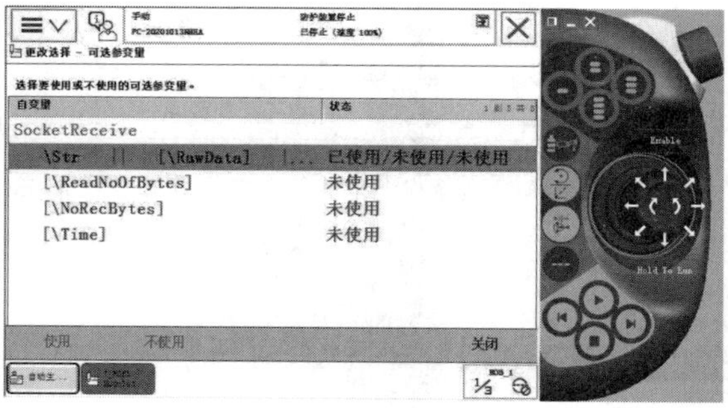	单击“\Str”，可改变通信接收的数据类型，也可以单击“[\Time]”设置通信等候时间等

续表 2-6-3

步骤	图示	说明
13	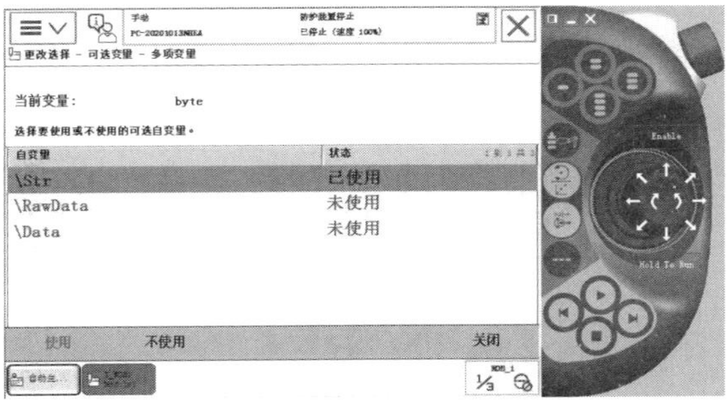	选择机器人接收需要接收的数据类型，单击左下角“使用”，然后单击“关闭”
14	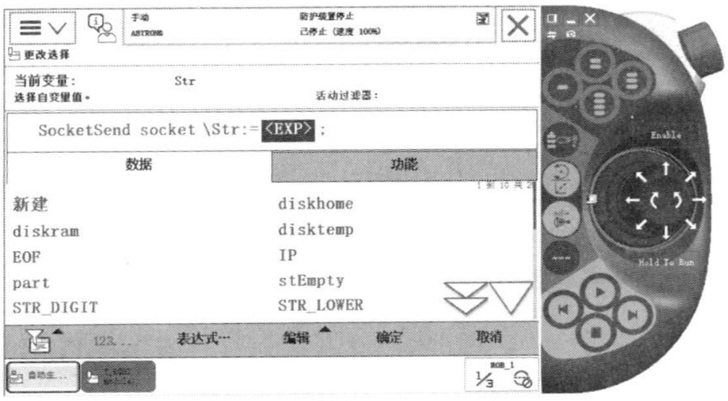	单击指令表中 SocketSend 指令(通信数据发送)，单击“新建”变量
15	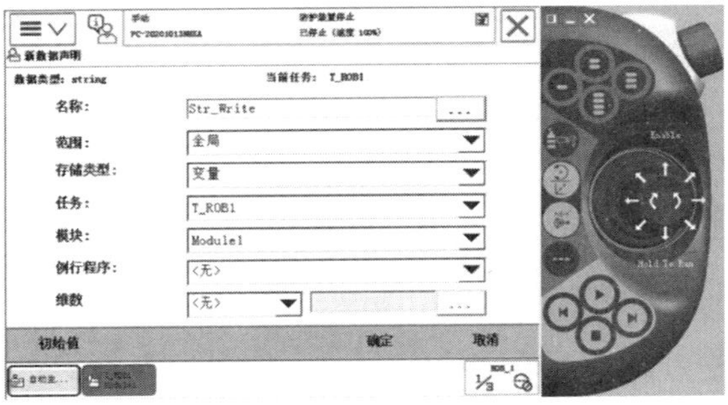	自定义变量名称，存储类型选择“变量”，单击“确定”完成创建
16	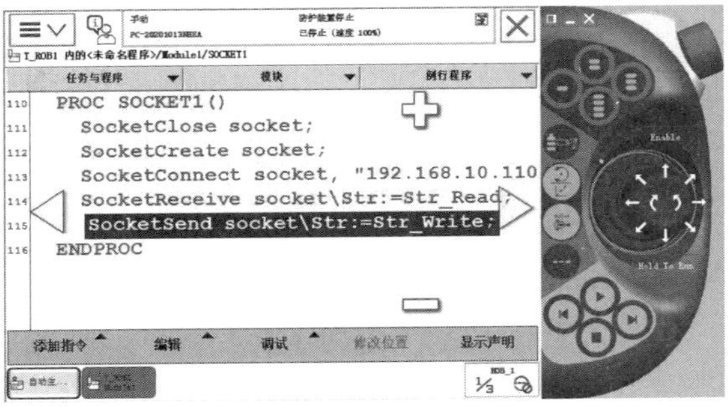	指令示例如左图所示

5. 机器人数据处理程序指令

通过表 2-6-4 所示，掌握返回字符串的长度——StrLen()；返回分割符的位置——StrFind()；

返回分割字符串——StrPart()；将字符串转换成数值，返回 bool 类型——StrToVal()等指令的应用。

表 2-6-4　关于数据处理程序指令的应用

步骤	图示	说明
1	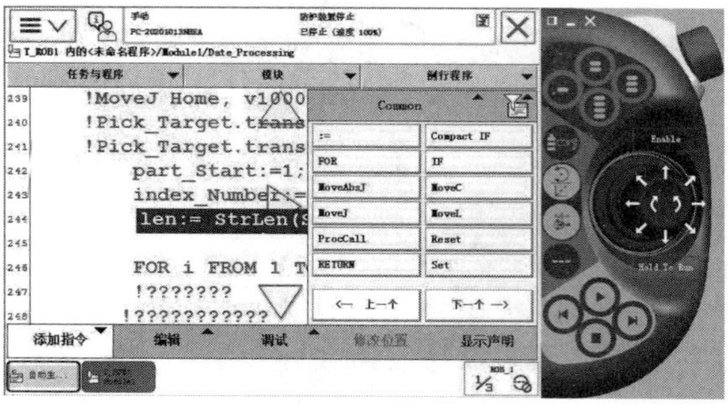	StrLen()指令添加，首先单击“添加指令”，然后单击赋值指令“:=”
2	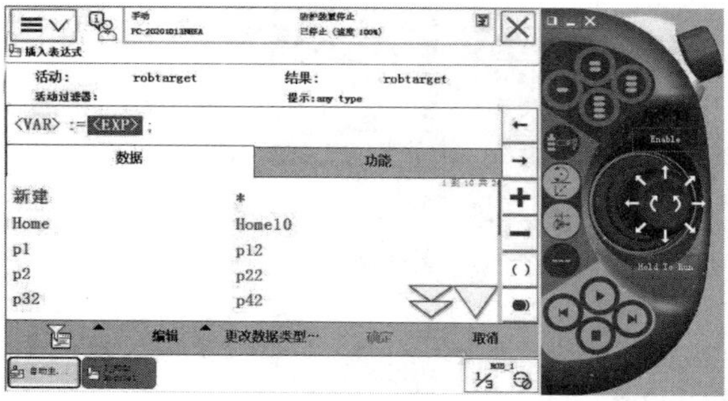	单击下方“更改数据类型…”
3	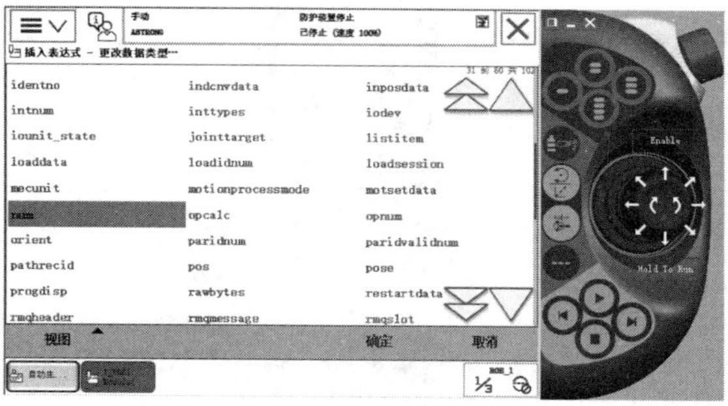	选择“num”数据类型，单击“确定”
4	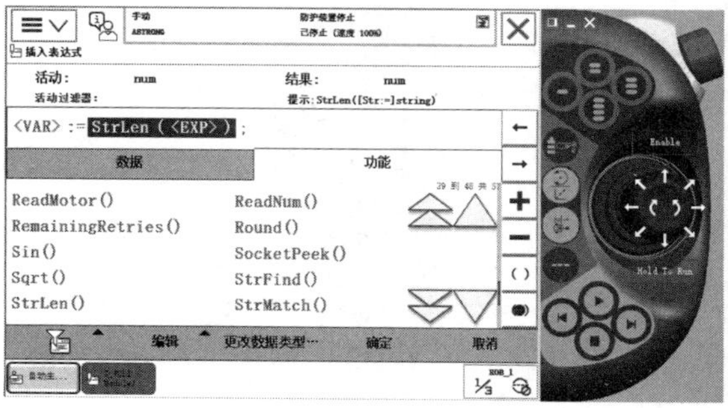	单击“功能”，在功能函数中找到 StrLen()指令

续表 2-6-4

步骤	图示	说明
5	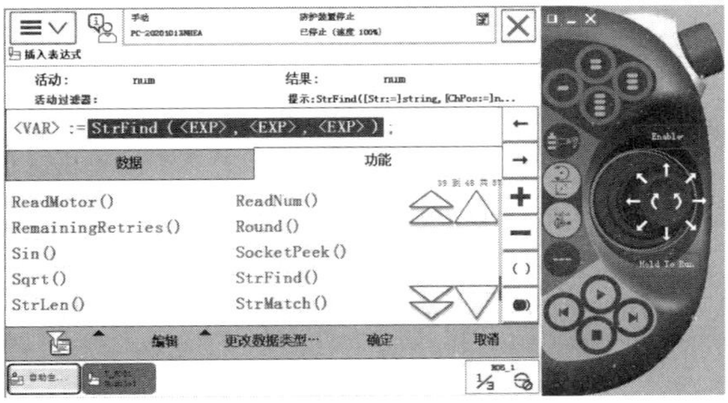	StrFind()指令添加，与StrLen()添加的方式一致
6	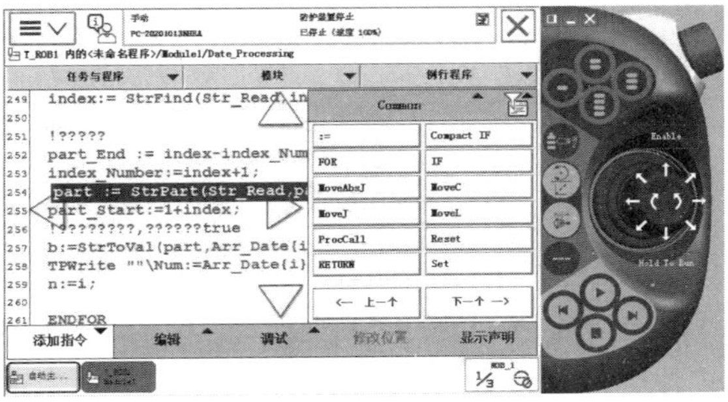	StrPart()指令添加，首先单击“添加指令”，然后单击赋值指令“:=”
7	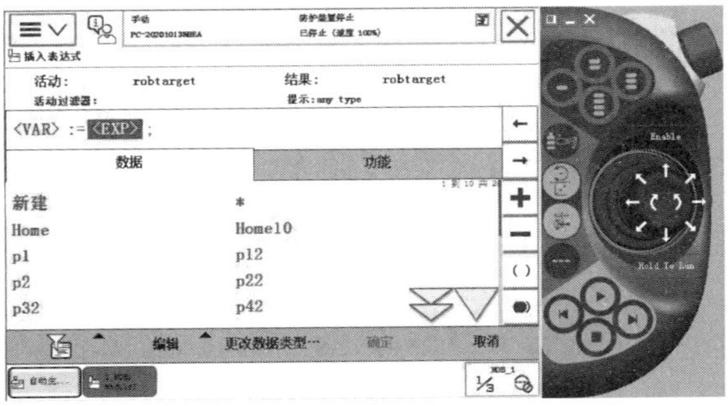	单击下方“更改数据类型…”
8	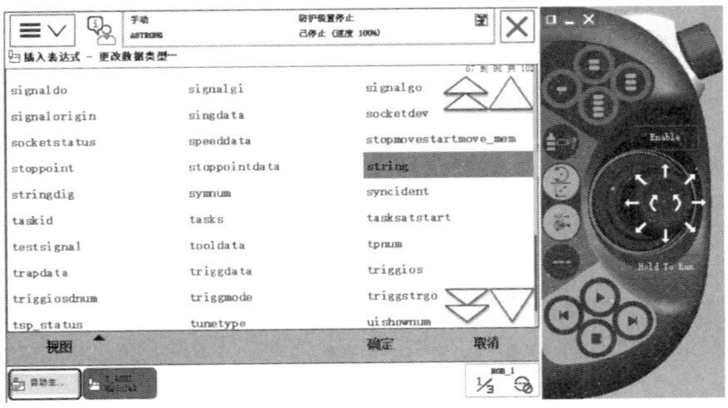	选择“string”数据类型，单击“确定”

续表 2-6-4

步骤	图示	说明
9	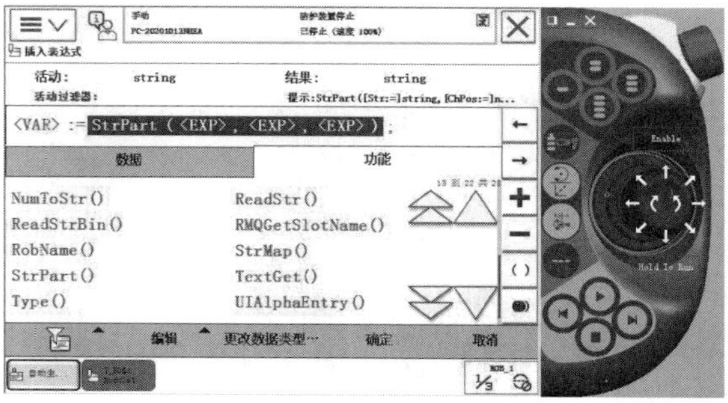	单击“功能”，在功能函数中找到 StrPart()指令
10	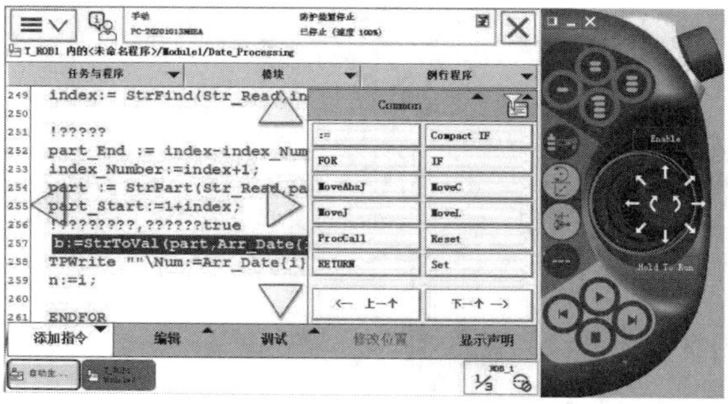	StrToVal()指令添加，首先单击“添加指令”，然后单击赋值指令“:=”
11	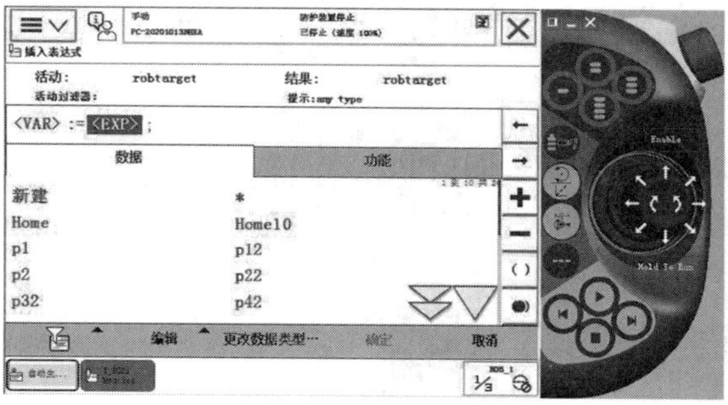	单击下方“更改数据类型…”
12	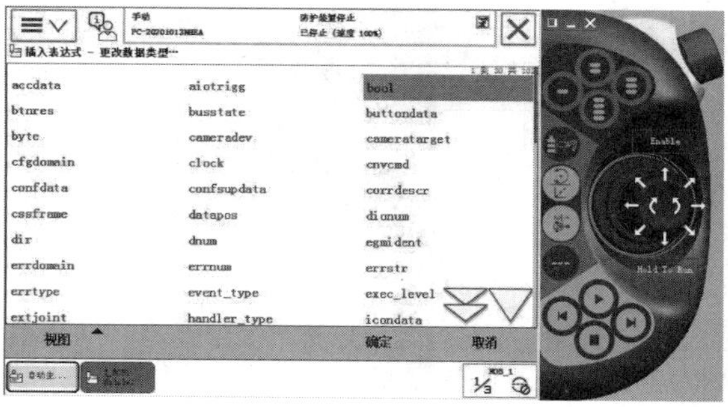	选择“bool”数据类型，单击“确定”

续表 2-6-4

步骤	图示	说明
13	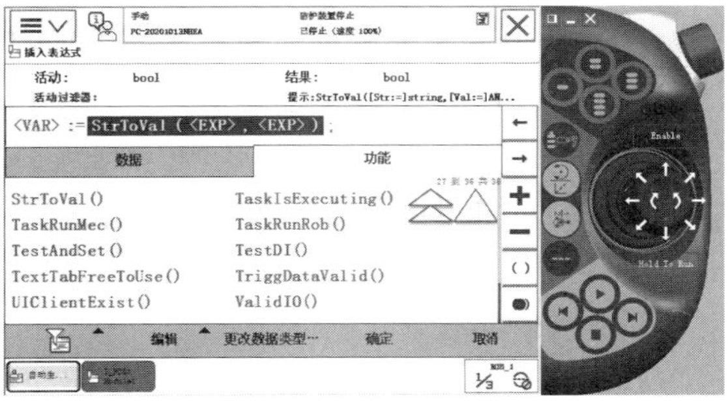	单击“功能”，在功能函数中找到 StrToVal()指令

6. 相机与机器人通信数据格式定义

数据示例：3.000|5000.0|
（类型定义|像素值|）

7. 相机参数设置

（1）康耐视智能相机通过 In-Sight Explorer 软件进行编程与调试，程序编写完成后，将程序保存到相机，无须连接电脑软件运行，相机能独立运行；相机配套有网线和电源线，电源线缆是 12 芯电缆，6＃是信号输入公共端接 0 V、7＃是电源 24 V、8＃是电源 0 V、10＃是触发相机拍照信号，接 PLC 输出信号，如图 2-6-2 所示。

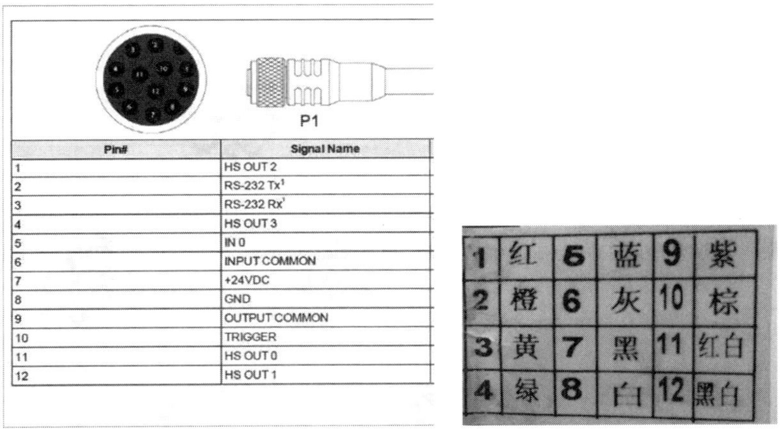

Pin#	Signal Name
1	HS OUT 2
2	RS-232 Tx[1]
3	RS-232 Rx[1]
4	HS OUT 3
5	IN 0
6	INPUT COMMON
7	+24VDC
8	GND
9	OUTPUT COMMON
10	TRIGGER
11	HS OUT 0
12	HS OUT 1

1	红	5	蓝	9	紫
2	橙	6	灰	10	棕
3	黄	7	黑	11	红白
4	绿	8	白	12	黑白

图 2-6-2　相机电源线缆示意图

（2）相机供电，连接相机网线（同一局域网），双击打开相机操作软件，如图 2-6-3 所示。

图 2-6-3　相机软件

（3）打开软件后，软件提示没有许可，如图 2-6-4 所示，相机与电脑不在同一网段或者相机网线没有连接。当需要设置相机 IP 时，需要相机与电脑不在同一网段。

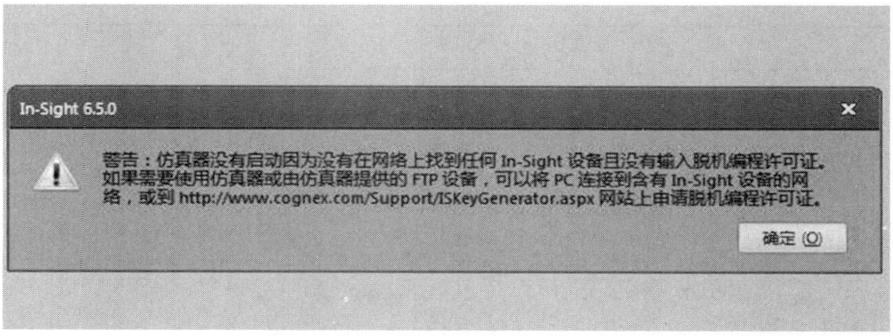

图 2-6-4　提示许可

(4)相机与电脑不在同一网段，单击“系统”，选择“将传感器/设备添加到网络…”，如图 2-6-5 所示。

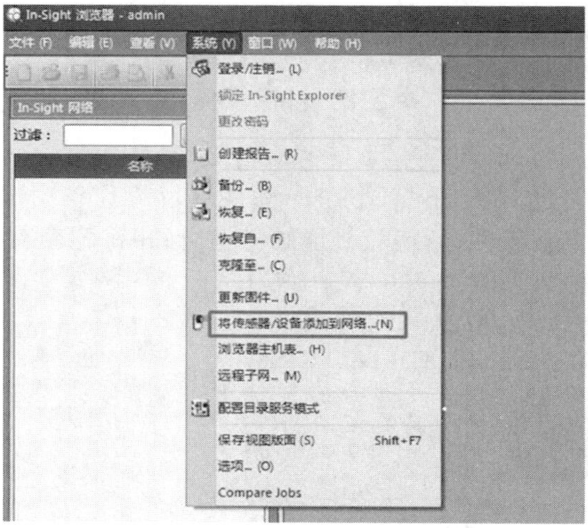

图 2-6-5　查看网络设备

(5)查看到局域网内和电脑不在同一网段的相机列表，如图 2-6-6 所示。

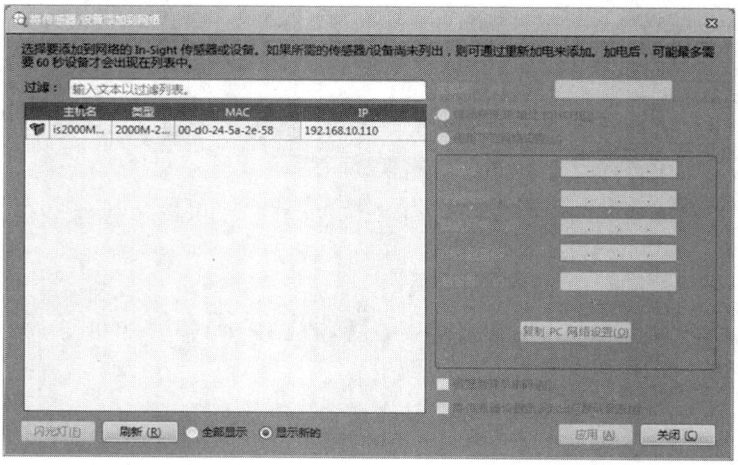

图 2-6-6　选择设备

(6)选择相机,填写需要设置相机的 IP 地址,单击“应用”,相机会自动重启,如图 2-6-7 所示。

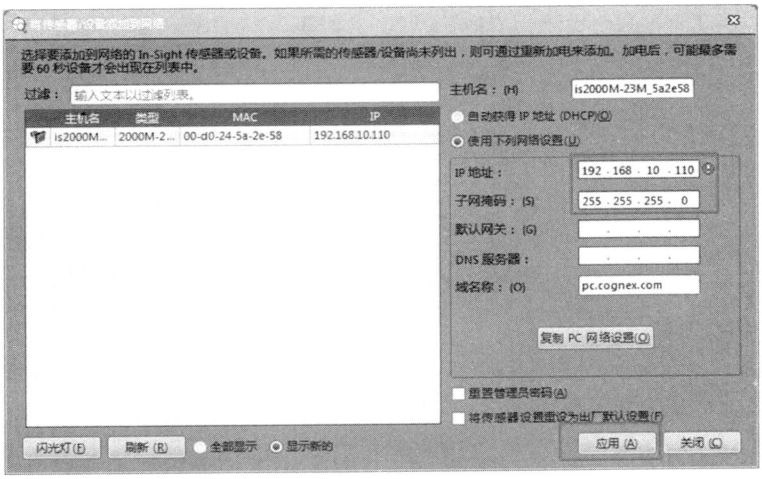

图 2-6-7 相机 IP 设置

(7)将电脑 IP 设置与相机 IP 网段一致,如图 2-6-8 所示。

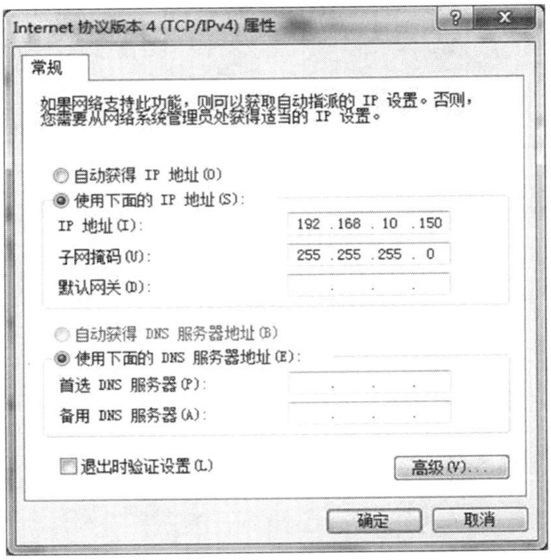

图 2-6-8 电脑 IP 设置

(8)IP 设置完成后,单击“查看”,选择“In-Sight 网络”,如图 2-6-9 所示。

(9)在左侧列表中选择需要连接的相机,如图 2-6-10 所示。

(10)单击工具栏中的“联机”按钮,相机退出运行模式,如图 2-6-11 所示。

(11)单击工具栏中“实况视频”按钮,可以实时查看相机画面,如图 2-6-12 所示。

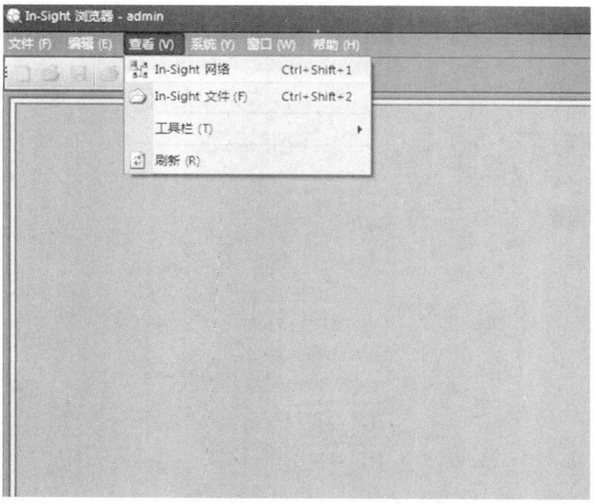

图 2-6-9 查看 In-Sight 网络

图 2-6-10 选择需要连接的相机

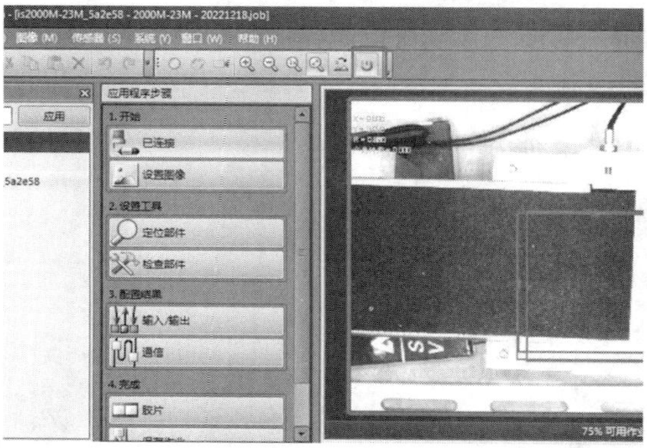

图 2-6-11 相机联机按钮

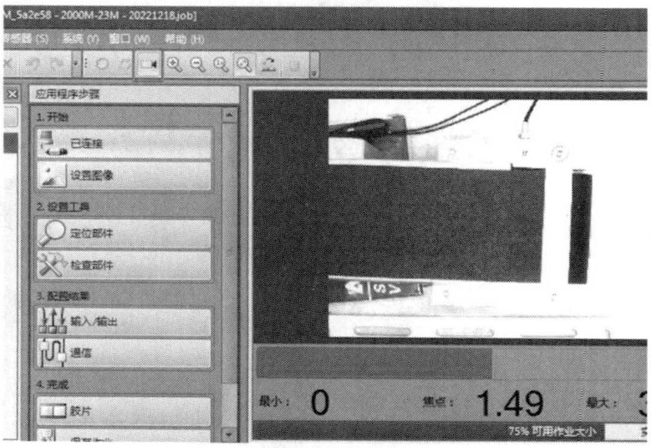

图 2-6-12 相机实时采集

(12)当画面不清晰时,可以利用一字螺丝刀,旋转调整相机焦距,达到画面清晰,如图 2-6-13 所示。

(13)相机实时视频,图案清晰可见,如图 2-6-14 所示。

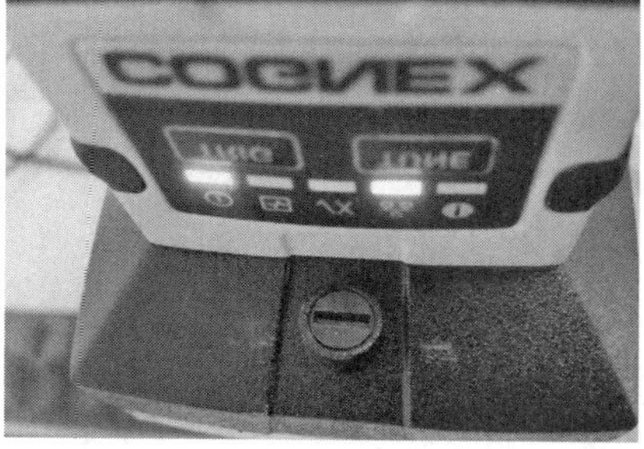

图 2-6-13 相机焦距调整

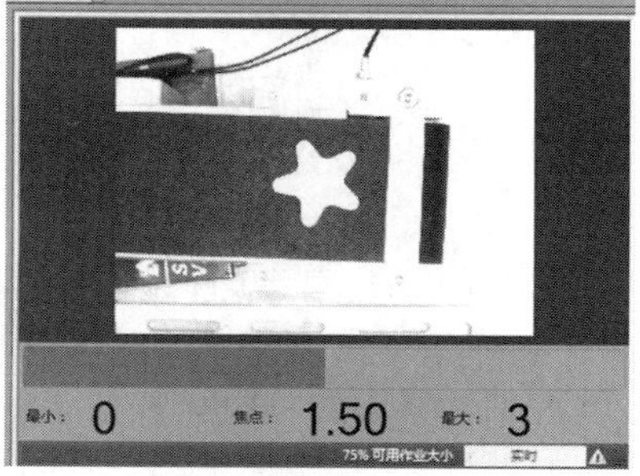

图 2-6-14 相机实时视频画面

(14)单击相机应用程序步骤的“已连接”,下方可以创建新作业和打开作业,如图 2-6-15 所示。

(15)单击相机应用程序步骤的“设置图像”的“触发器”,可选择相机触发拍照的类型,如图 2-6-16 所示。

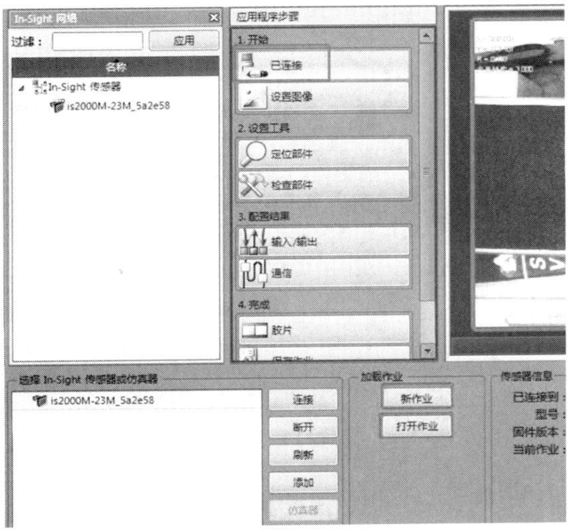

图 2-6-15 创建新作业或打开作业

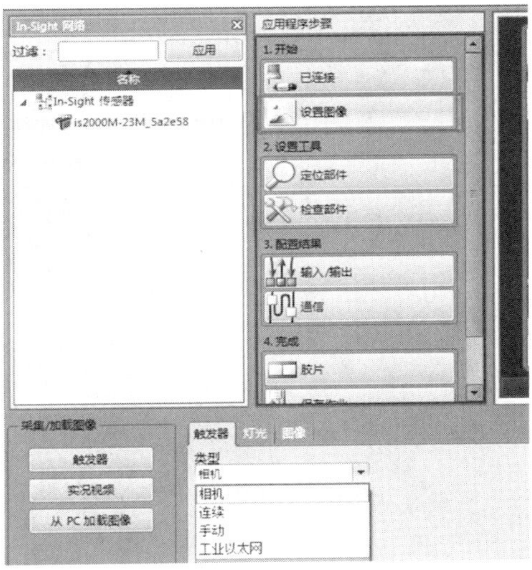

图 2-6-16 设置相机触发拍照类型

(16)单击相机应用程序步骤的“设置图像”的“灯光”,可设置相机图像亮度、曝光等参数,如图 2-6-17 所示。

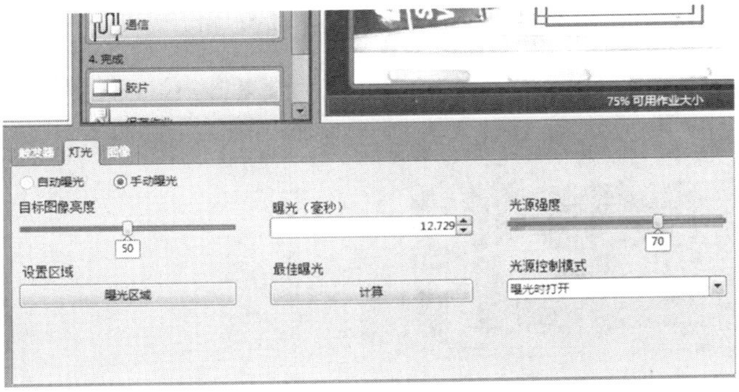

图 2-6-17 灯光参数设置

(17)单击相机应用程序步骤的“设置图像”的“图像”,可导入标定文件,如图 2-6-18 所示。

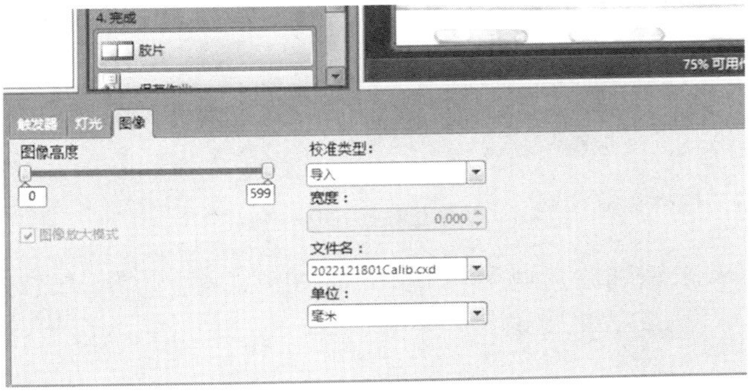

图 2-6-18 标定文件选择

(18)双击相机应用程序步骤的“定位部件”的图案工具,如图 2-6-19 所示。

(19)在相机下方放置需要学习的图形,将相机画面的学习框移动到图形学习区域中,单击“确定”按钮,如图 2-6-20 所示。

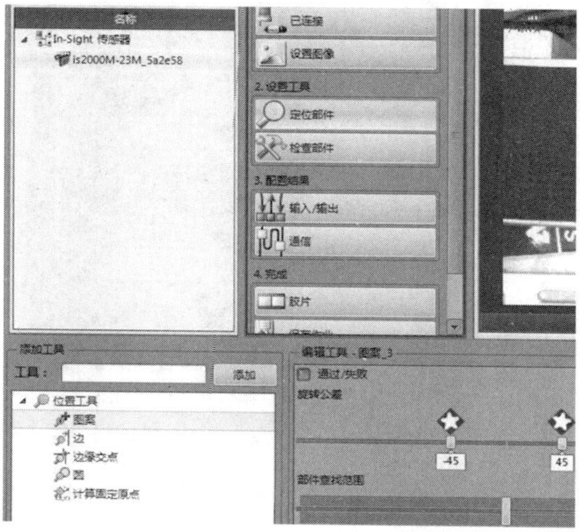

图 2-6-19　定位工具选择

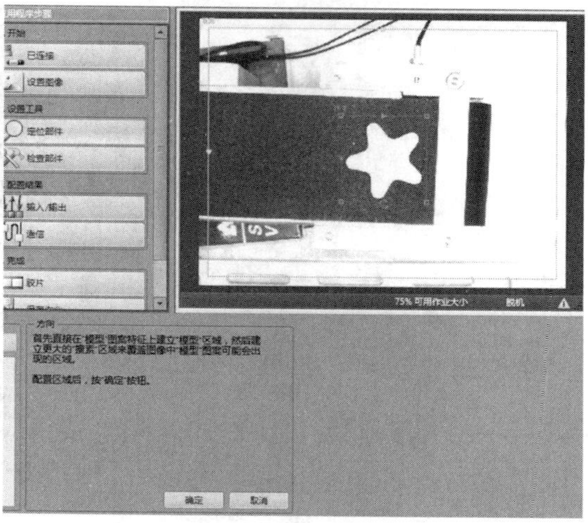

图 2-6-20　模板匹配

(20)学习完成后,可对模型旋转公差和部件相似度参数修改,如图 2-6-21 所示。

(21)单击相机应用程序步骤的“检查部件”的“存在/不存在工具”的“颜色像素计数”,如图 2-6-22 所示,该工具用于识别颜色的像素值来区分各种颜色。

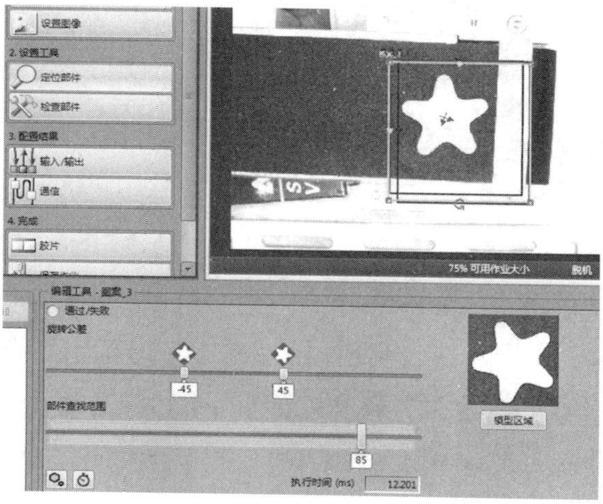

图 2-6-21　模板参数设置

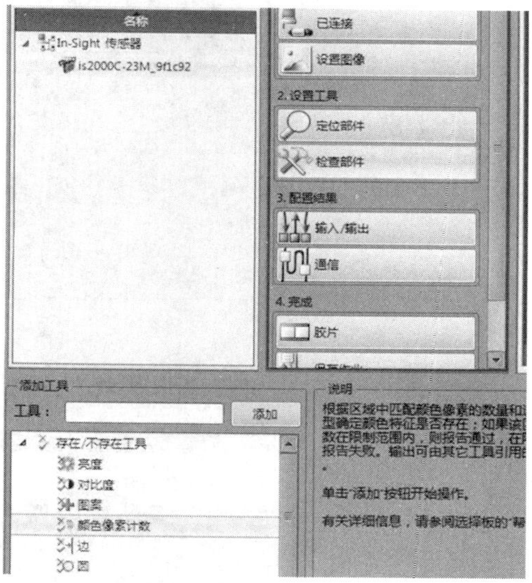

图 2-6-22　检查部件颜色工具选择

(22)选择“圆”形状来识别圆形物料,如图 2-6-23 所示,拖动界面的圆形检测框到物料检测上,如图 2-6-24 所示,完成后单击确定。

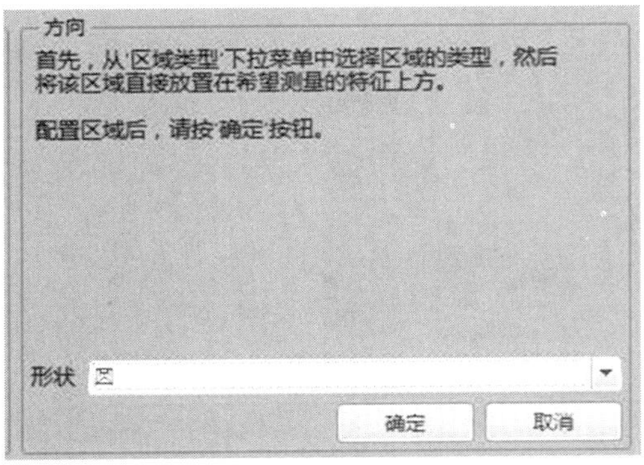

图 2-6-23　圆形检测形状选择

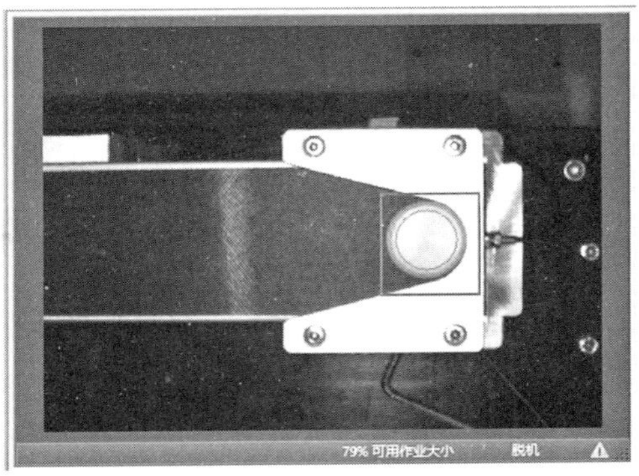

图 2-6-24　圆形检测形状检测

(23)在编辑工具栏中，单击“训练颜色”，如图 2-6-25 所示。

(24)在编辑工具栏中单击添加颜色选择，然后在画面中将通过鼠标单击采集物料颜色，如图 2-6-26 所示，完成后，在编辑工具栏中单击“完成颜色选择”。

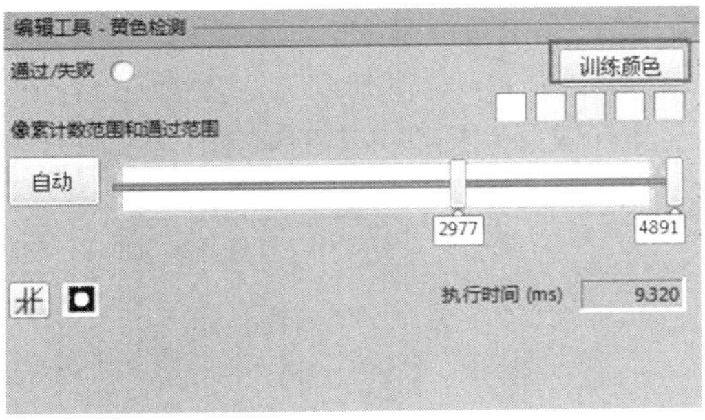

图 2-6-25　训练颜色

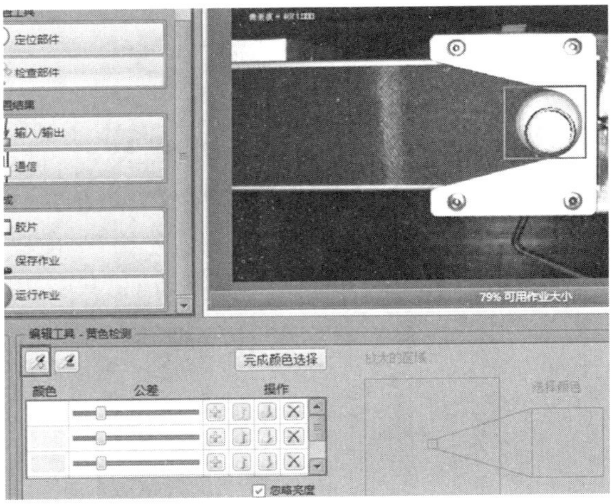

图 2-6-26　颜色采集

(25)在编辑工具栏中，可以修改像素计数范围和通过范围，如图 2-6-27 所示。

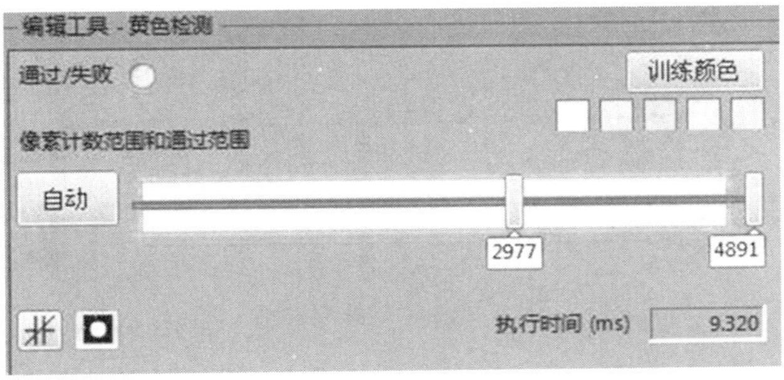

图 2-6-27　训练颜色

(26)单击相机应用程序步骤的“检查部件”的“数学逻辑工具”，如图 2-6-28 所示，该工具用于将图案匹配识别到数据存储在工具里，利于通信时将数据打包发送。

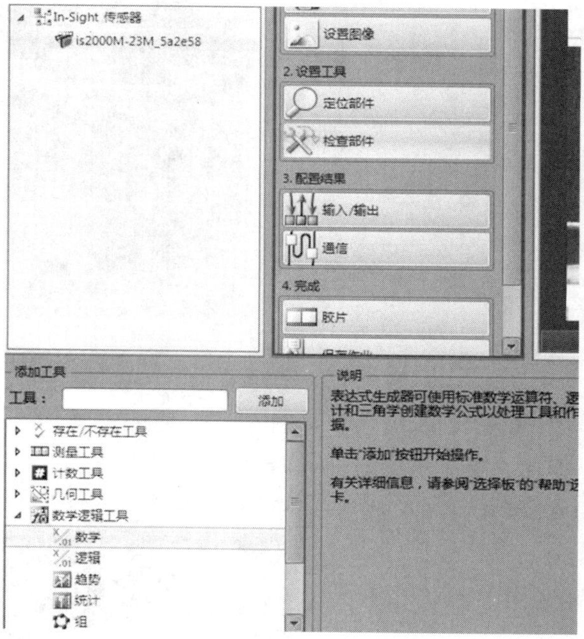

图 2-6-28　检查部件工具选择

(27)数学逻辑表达式编写格式，如图 2-6-29 所示，程序格式 If(黄色检测.通过 = = 1,1, If(白色检测.通过 = = 1,2,If(蓝色检测.通过 = = 1,3,0.00)))，当识别到第一种颜色，该逻辑输出是 1；当识别到第二种颜色，该逻辑输出是 2；当没有识别到图案，该逻辑输出是 0.00。

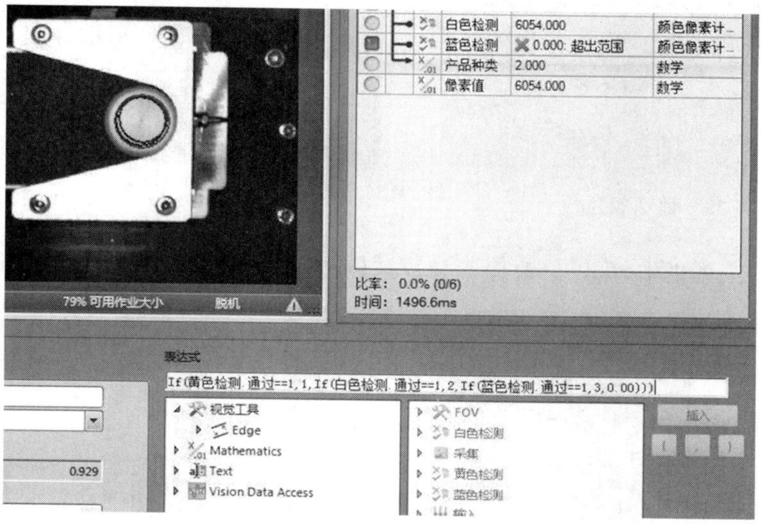

图 2-6-29　工具表达式

(28)单击相机应用程序步骤的“通信”，单击左下方“添加设备”，选择“其他”，协议“TCP/IP”，如图 2-6-30 所示。设置 TCP/IP 端口“8080”，如图 2-6-31 所示。

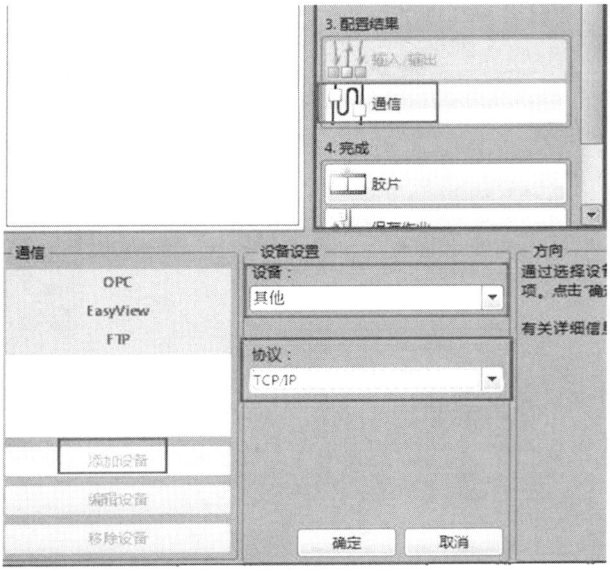

图 2-6-30　创建 TCP/IP

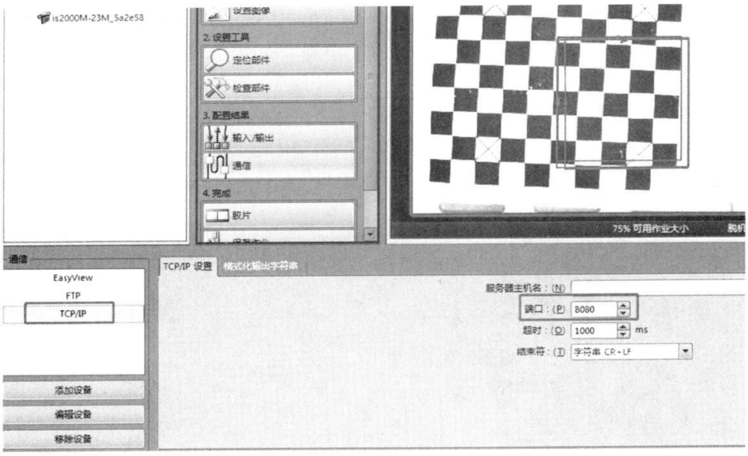

图 2-6-31　TCP/IP 端口设置

(29)单击“格式化输出字符串”按钮，再单击“格式字符串…(F)”，如图 2-6-32 所示。

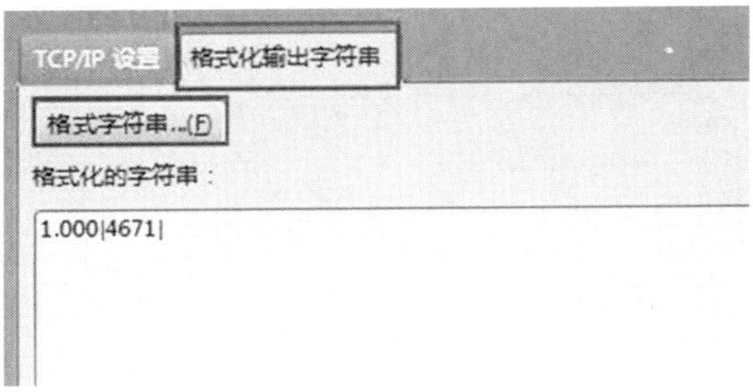

图 2-6-32　通信格式设置

(30)设置 TCP/IP 通信格式，格式要求 0.000|0.000|，需要设置结尾文本和使用分隔符，并单击“添加”按钮，如图 2-6-33 所示。

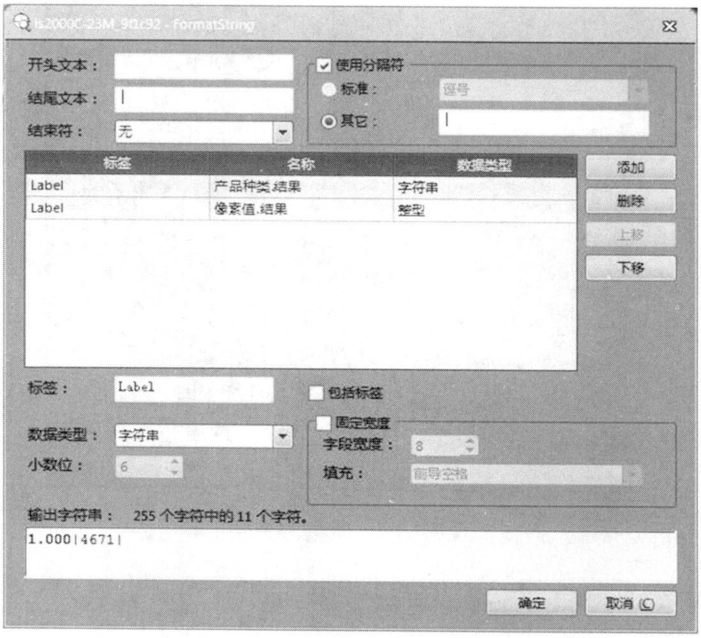

图 2-6-33　添加通信输出内容

(31)将数学逻辑工具中的产品种类、像素值的“结果”添加到数据发送列表，如图 2-6-34 所示。

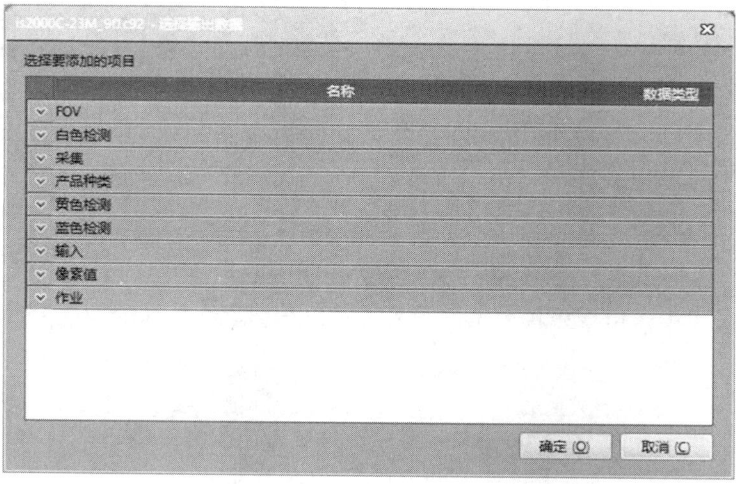

图 2-6-34　选择输出数据

(32)对应产品种类的结果添加，如图 2-6-35 所示。

(33)发送的数据示例，如图 2-6-36 所示。

图 2-6-35　选择输出工具结果

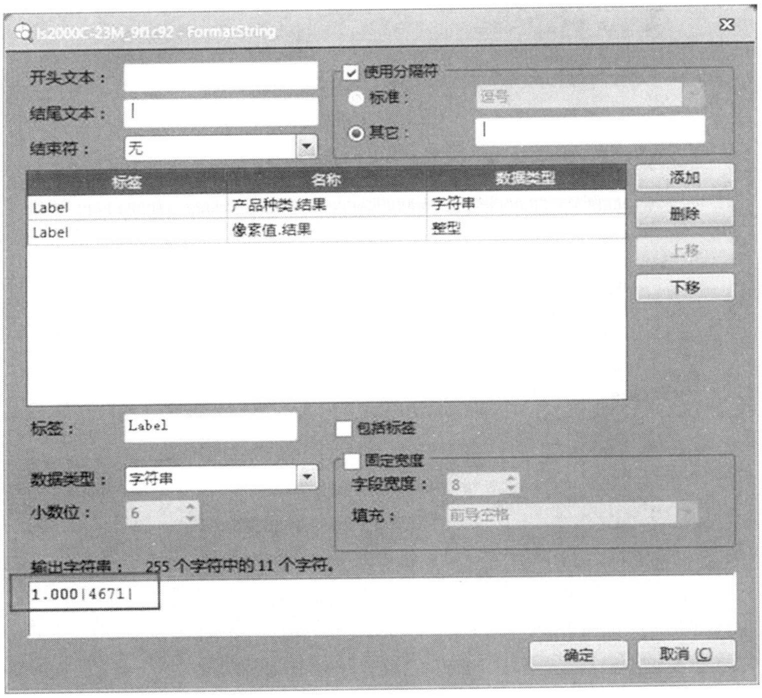

图 2-6-36　输出数据格式示例

(34)单击相机应用程序步骤的“保存作业”，如图 2-6-37 所示。

(35)将程序另存为到相机中，如图 2-6-38 所示。

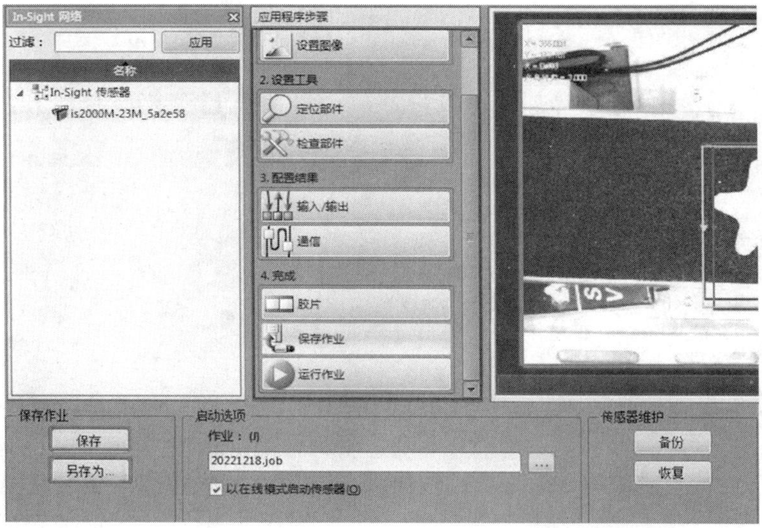

图 2-6-37　保存作业

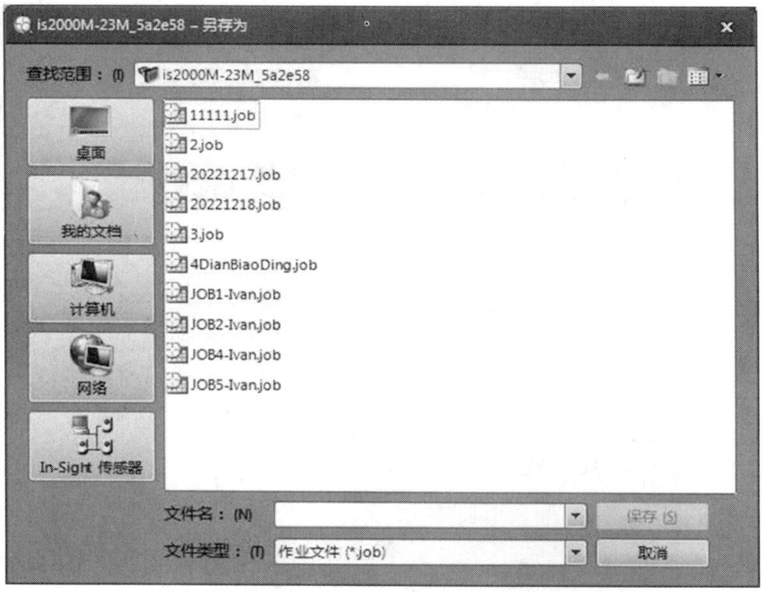

图 2-6-38　另存作业到相机

(36)完成项目程序的编写后，需要在“设置图像”中将触发器的类型设置“相机”(外部 I/O 触发)，如图 2-6-39 所示。

(37)将相机设置到“联机”模式，进行运行模式，如图 2-6-40 所示。

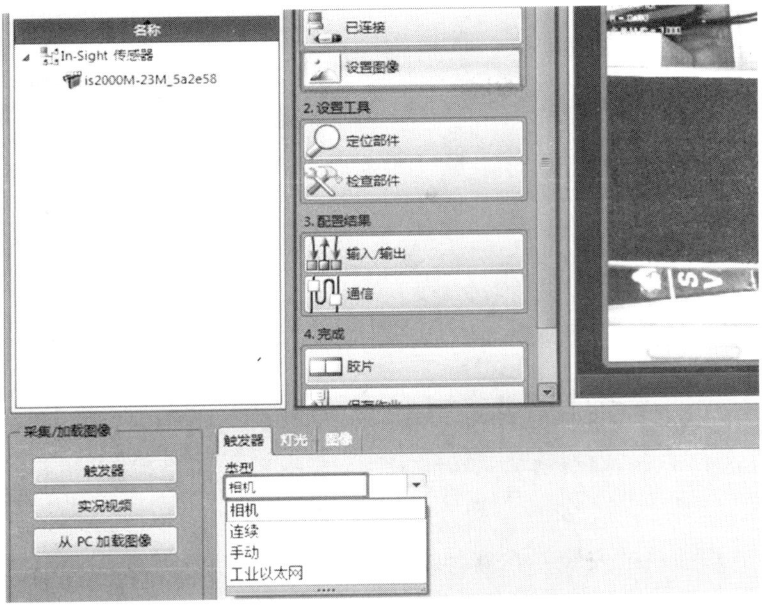

图 2-6-39　设置相机拍照类型

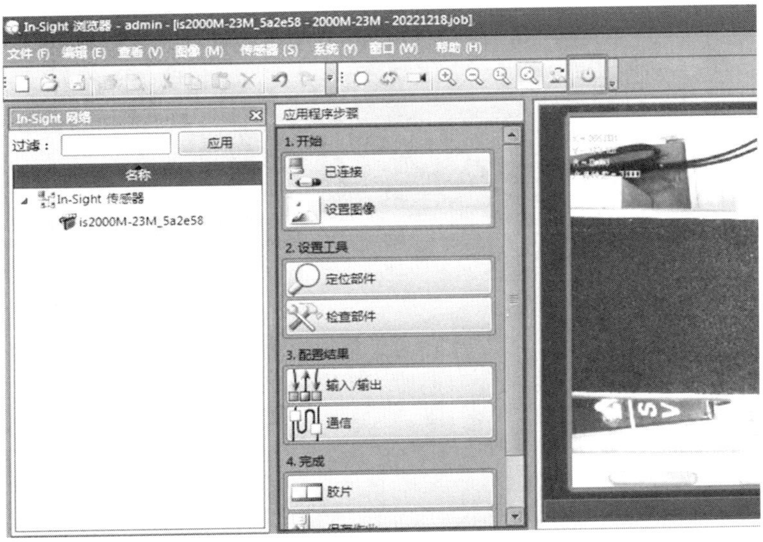

图 2-6-40　单击相机运行按钮

四、任务实施步骤

1. 硬件连接

(1)输送带和视觉模块的安装与连接　把输送带和视觉模块放置到实训平台上，调整到合适位置使得模型板中间用于安装的螺钉孔与实训平台安装孔对应，然后用螺钉把模型板锁紧到实训平台上，如图 2-6-41 所示。

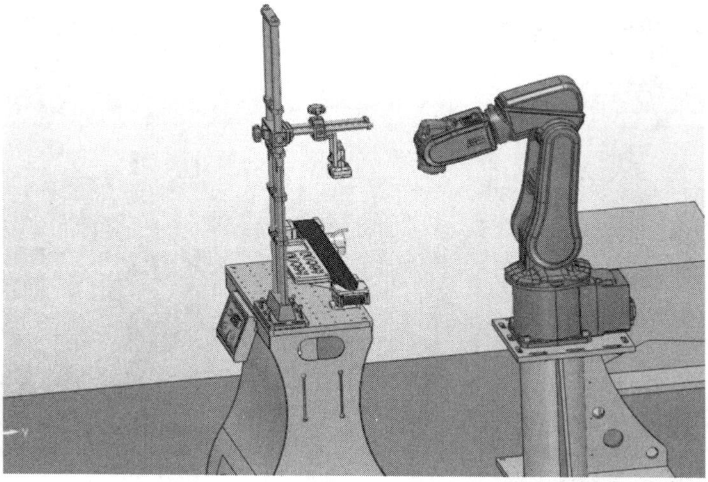

图 2-6-41　模块安装

(2)输送带末端挡块的安装　在储物箱中找到U形挡块和螺丝，根据安装孔完成4个螺丝孔位的安装，然后将物料到位检测传感器安装在挡块的末端上，如图2-6-42所示。

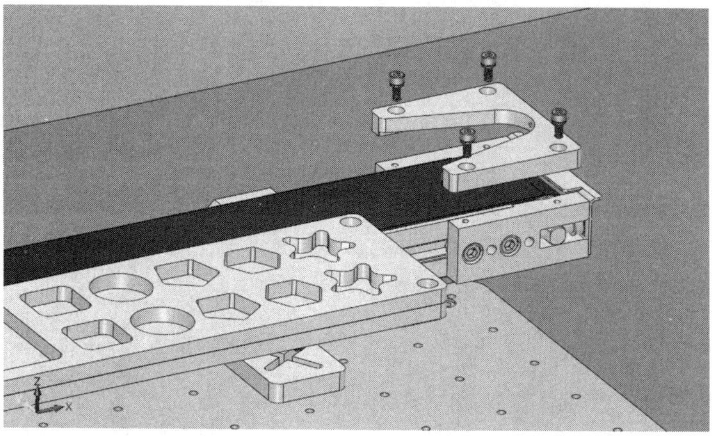

图 2-6-42　挡块安装

(3)双吸盘夹具的安装　首先调整双吸盘夹具到合适位置(利于机器人运转中吸取)，接着对正夹具安装孔与机器人J6轴安装孔位，然后用螺钉将夹具锁紧到J6轴上，最后连接气管与夹具吸盘上真空发生器的输入端，如图2-6-43所示。

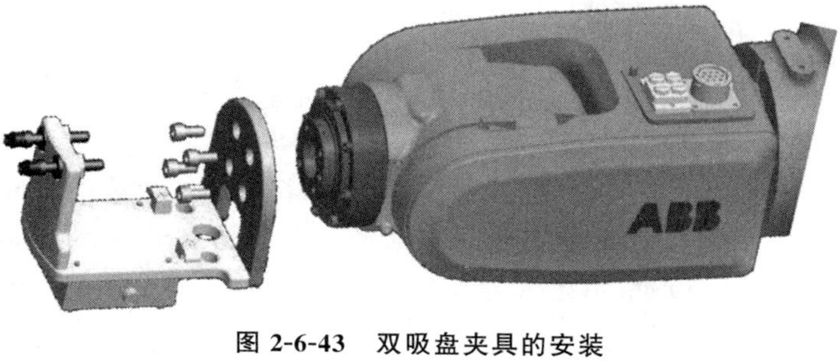

图 2-6-43　双吸盘夹具的安装

(4)连接中继端子台插头　在设备主控柜中，将 DB15 公对母连接线插到中继端子台(母)上，在输送带模块上，将安装台内 DB15 公对母连接线另外一侧连接到中继端子台(公)一侧，如图 2-6-44 所示。

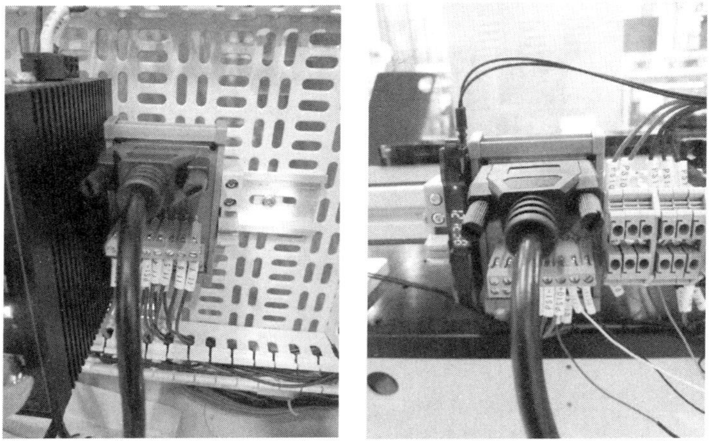

图 2-6-44　DB15 公对母连接线安装

(5)视觉电路连接　在输送带侧对视觉 12 芯电源线缆中的 6＃是信号输入公共端接 0 V(灰色 PS1－)、7＃是电源 24 V(黑色 PS1＋，接 DB15 模块的 1 脚)、8＃是电源 0 V(白色 PS1－，接 DB15 模块的 2 脚)、10＃是触发相机拍照信号(棕色 Q1.5，接 DB15 模块的 11 脚)，接 PLC 输出信号，如图 2-6-45 所示。

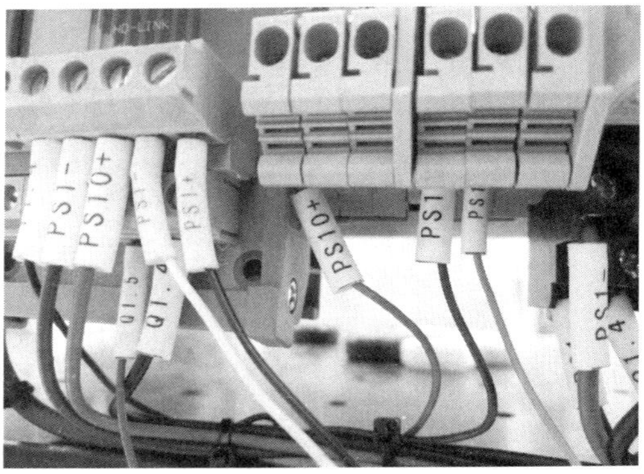

图 2-6-45　视觉电气连接

2. 设定机器人的工具坐标

在“新建工具坐标”窗口，使用“TCP 默认方向”选定“4 点”方法进行工具坐标的标定，本任务吸盘夹具标定需安装标定轴，如图 2-6-46 所示，机器人“新建工具坐标”参考“项目一　工业机器人轨迹描绘任务实训”内容相关配置方法。

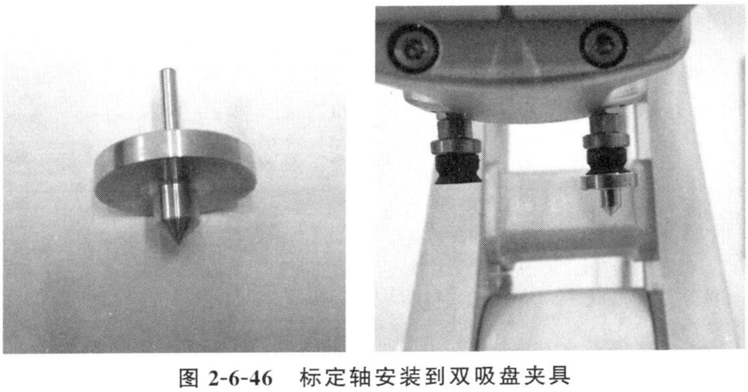

图 2-6-46　标定轴安装到双吸盘夹具

3.视觉参数设置

（1）视觉焦距调整　连接视觉软件，单击“实况视频”查看画面，调整相机画面，达到清晰状态，如图 2-6-47 所示。

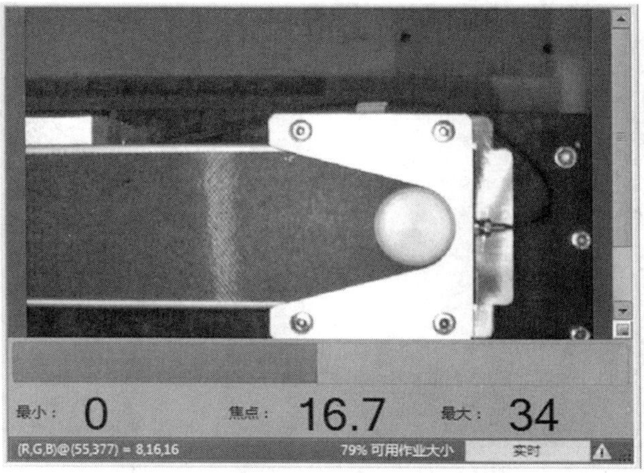

图 2-6-47　相机焦距调整

（2）颜色采集　添加 3 个颜色像素计数工具，自定义工具名称，分别对黄色、白色、蓝色物料进行采集颜色，将需要采集的颜色物料逐一放置在相机下方进行采集，如图 2-6-48 所示。

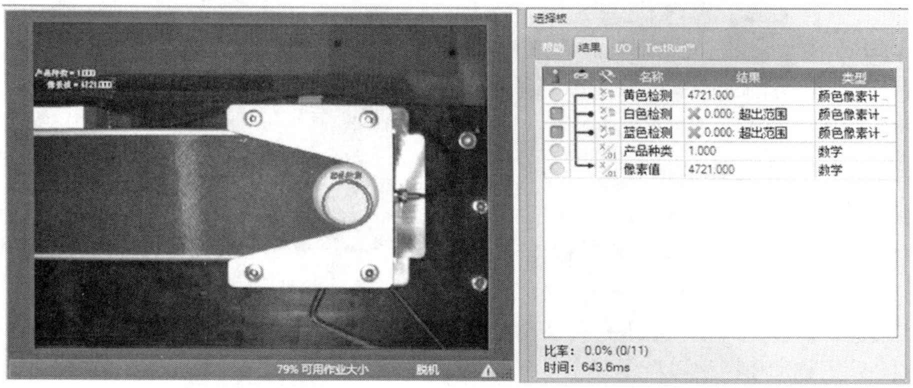

图 2-6-48　颜色采集

（3）编写数学逻辑工具　添加 2 个数学逻辑工具，自定义工具名称，用于存储检测到的产品种类、像素值，在工具表达式中编写一下逻辑，如表 2-6-5 所示。

表 2-6-5　数学逻辑工具表达式

序号	名称	表达式	备注
1	产品种类	If(黄色检测.通过 = =1,1,If(白色检测.通过 = =1,2,If(蓝色检测.通过 = =1,3,0.00)))	检测到黄色检测通过，赋值 1；白色检测通过，赋值 2；以此类推

续表 2-6-5

序号	名称	表达式	备注
2	像素值	If(黄色检测.通过 = =1,黄色检测.像素,If(白色检测.通过 = =1,白色检测.像素,If(蓝色检测.通过 = =1,蓝色检测.像素,0.00)))	检测到黄色检测通过,赋值黄色检测的像素值;以此类推

(4)TCP/IP通信格式设置　设置TCP/IP通信的结尾文本和使用分隔符,并添加需要发送的数据,如图2-6-49所示。

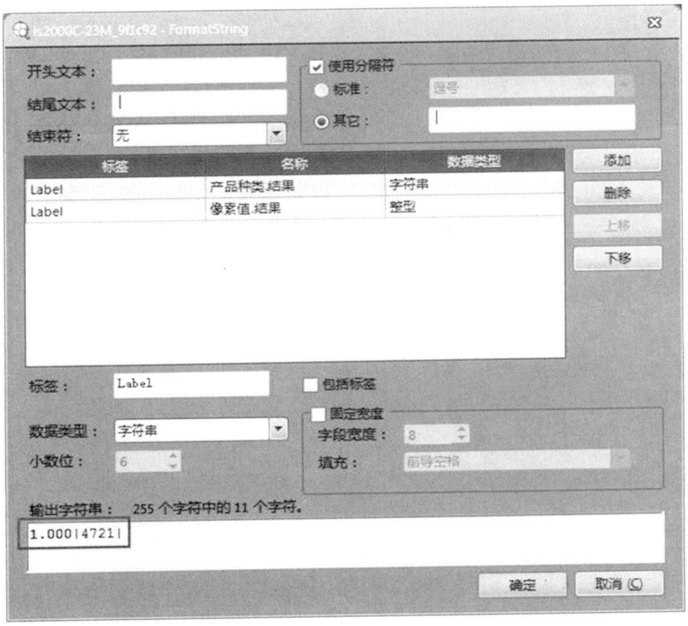

图 2-6-49　通信格式

(5)物料颜色测试　将圆形物料逐一放置到相机下方进行检测,如果有出现误判,可以调整对应颜色的范围,如图2-6-50所示。

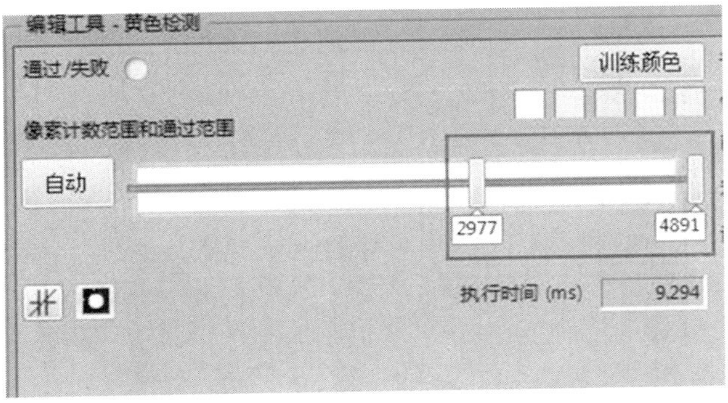

图 2-6-50　模型相似度调整

(6)进入联机模式　完成颜色采集后,进入联机模式才能发送数据,单击联机,如图2-6-51所示。

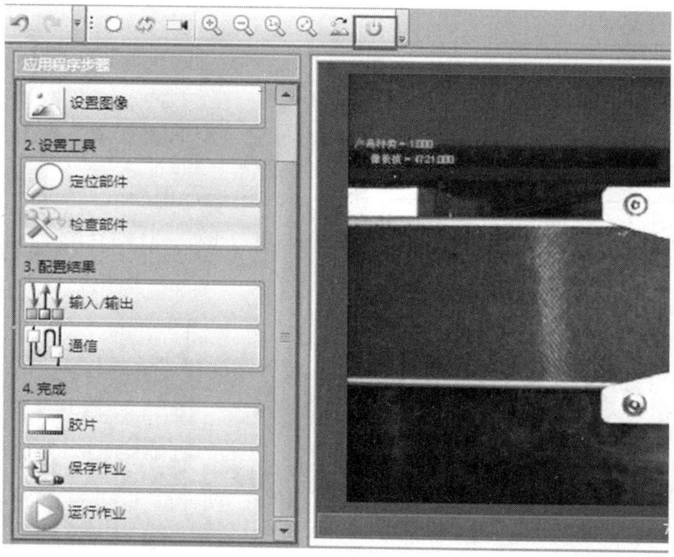

图 2-6-51　单击联机模式

4. PLC 程序编写及调试

(1)PLC 控制流程图　复位→机器人回工作原点→复位完成→启动→输送带运行→输送带末端检测到物料→输送带停止→信号传送给机器人。

(2)PLC 程序编写　PLC 与机器人通过 I/O 的方式进行交互;传感器、输送带控制、触发相机拍照等信号连接到 PLC 的输入输出,PLC 程序编写如图 2-6-52 所示。

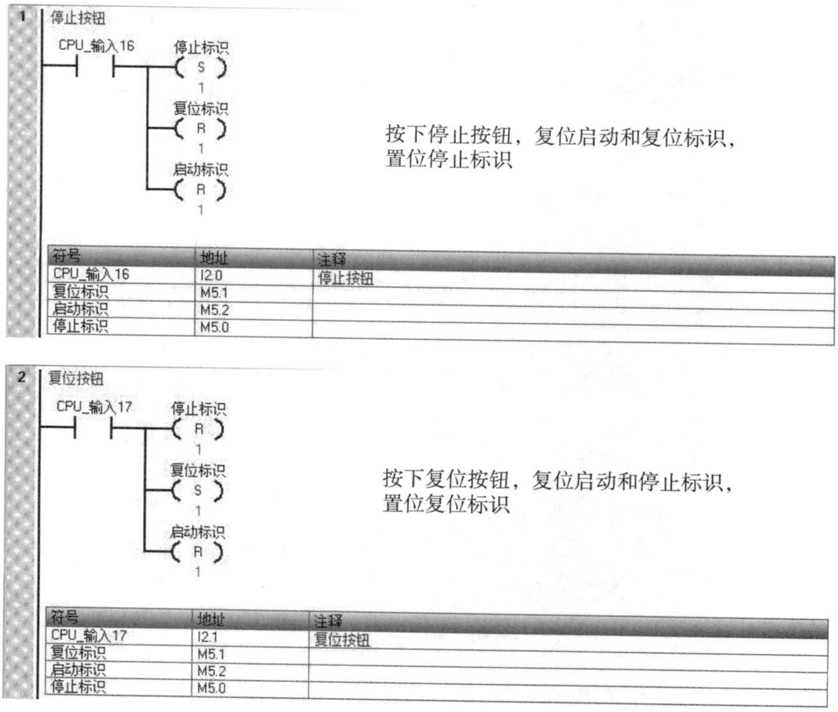

符号	地址	注释
CPU_输入16	I2.0	停止按钮
复位标识	M5.1	
启动标识	M5.2	
停止标识	M5.0	

符号	地址	注释
CPU_输入17	I2.1	复位按钮
复位标识	M5.1	
启动标识	M5.2	
停止标识	M5.0	

图 2-6-52　PLC 程序编写

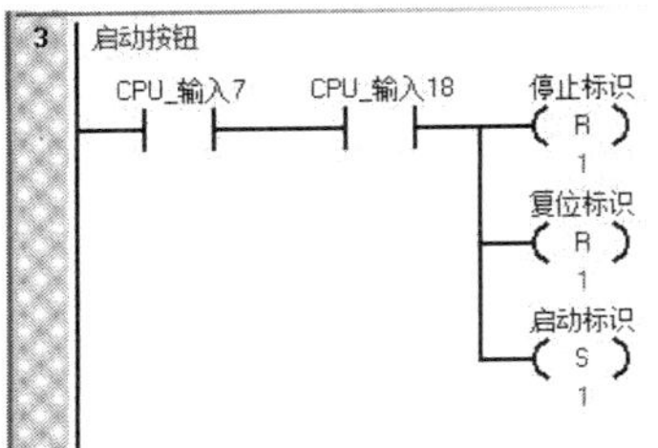

按下启动按钮，复位停止和复位标识，置位启动标识

符号	地址	注释
CPU_输入18	I2.2	启动按钮
CPU_输入7	I0.7	机器人复位完成
复位标识	M5.1	
启动标识	M5.2	
停止标识	M5.0	

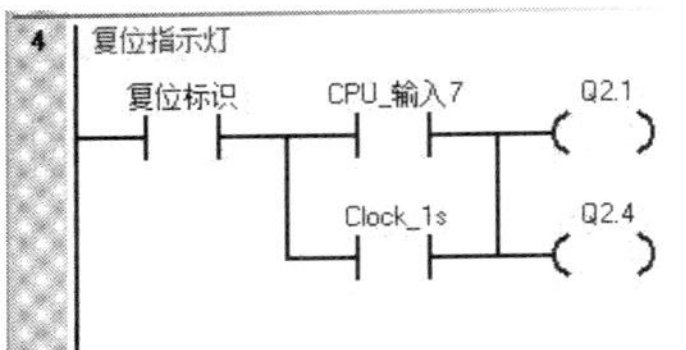

在复位状态下，未复位完成指示灯闪烁，复位完成后常亮

符号	地址	注释
Clock_1s	SM0.5	针对1 s的周期时间，时钟脉冲接通0.5 s，断开0.5 s.
CPU_输入7	I0.7	机器人复位完成
复位标识	M5.1	

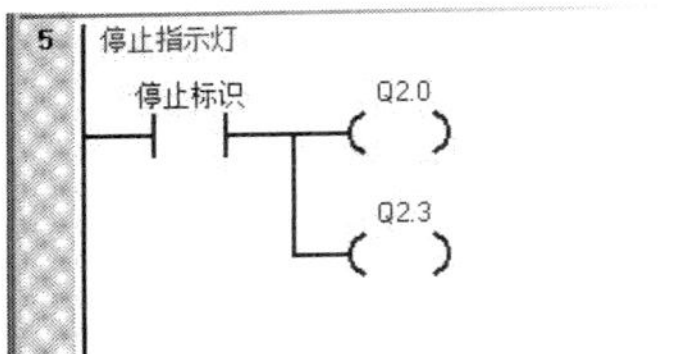

在停止状态下，停止指示灯亮

符号	地址	注释
停止标识	M5.0	

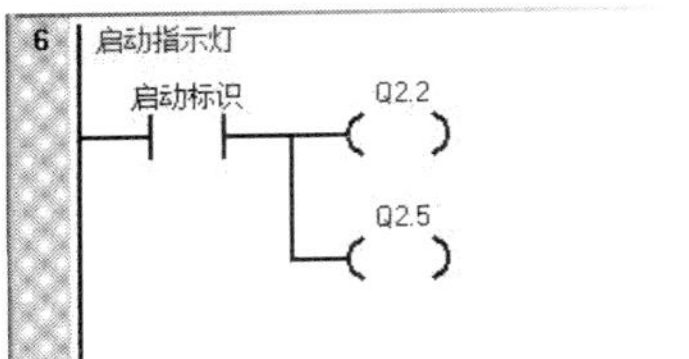

在启动状态下，启动指示灯亮

符号	地址	注释
启动标识	M5.2	

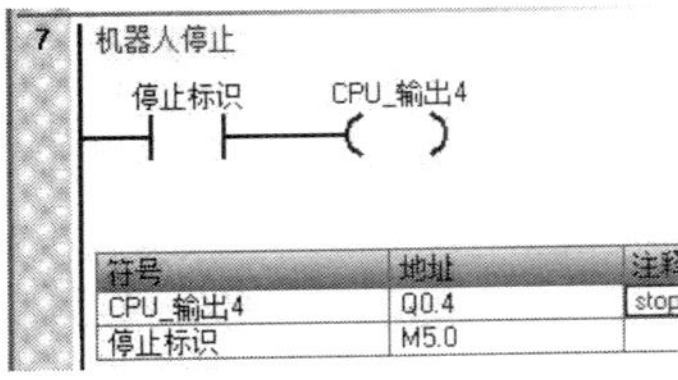

在停止状态下，控制机器人停止信号

符号	地址	注释
CPU_输出4	Q0.4	stop
停止标识	M5.0	

图 2-6-52（续）

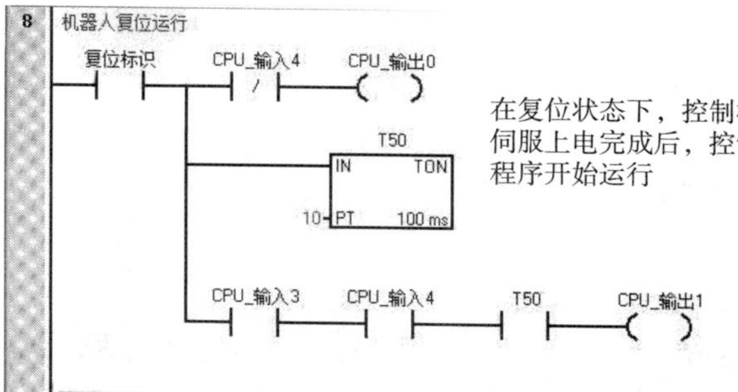

在复位状态下，控制机器人上伺服，伺服上电完成后，控制机器人从首行程序开始运行

符号	地址	注释
CPU_输出0	Q0.0	motonstart
CPU_输出1	Q0.1	StarMain
CPU_输入3	I0.3	AutoON
CPU_输入4	I0.4	motorON
复位标识	M5.1	

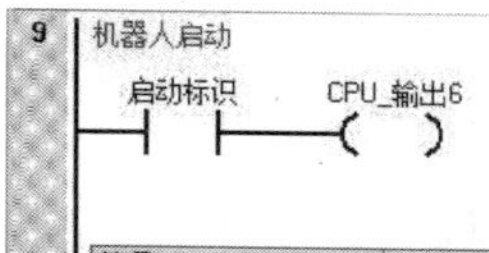

设备启动，PLC发信号给机器人可以运行

符号	地址	注释
CPU_输出6	Q0.6	机器人启动运行
启动标识	M5.2	

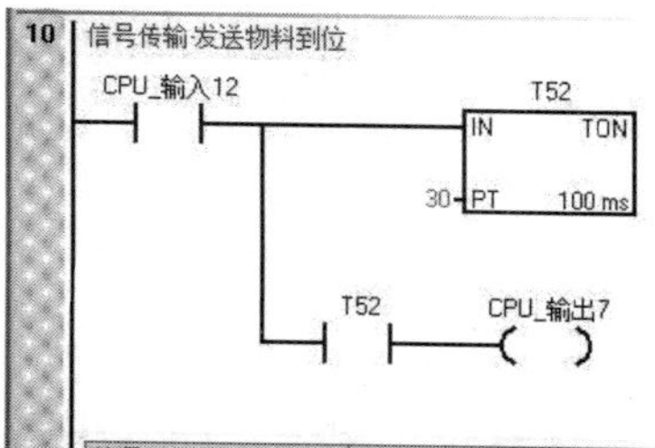

物料到位后，PLC将信号传递给机器人

符号	地址	注释
CPU_输出7	Q0.7	发送物料到位
CPU_输入12	I1.4	传感器检测物料到位

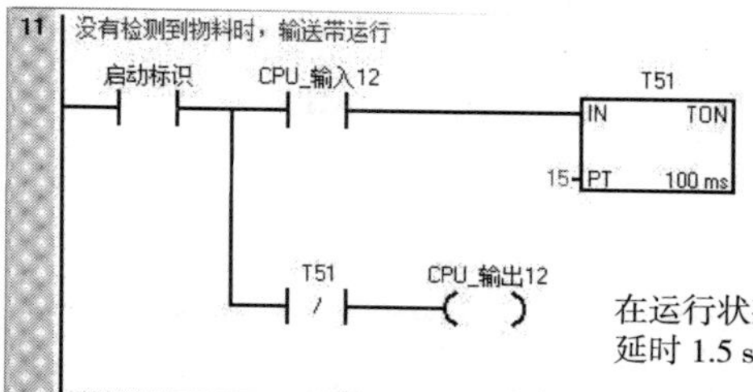

在运行状态下，传感器检测到物料时，延时 1.5 s停止输送带运行

符号	地址	注释
CPU_输出12	Q1.4	皮带运行
CPU_输入12	I1.4	传感器检测物料到位
启动标识	M5.2	

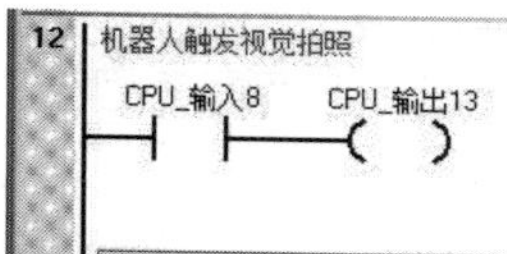

机器人发送信号，触发相机拍照

符号	地址	注释
CPU_输出13	Q1.5	触发拍照
CPU_输入8	I1.0	机器人触发拍照

图 2-6-52（续）

5.机器人程序编写及调试

(1)制定工艺流程图　复位→机器人回原点→启动→输送带运行→检测到输送带物料到位→输送带停止→视觉拍照→机器人抓取→机器人放置→循环。

(2)定义机器人目标点　根据机器人实际运行的位置,新建、示教机器人的目标点,表 2-6-6 和图 2-6-53 定义的机器人程序目标点可供参考。

表 2-6-6　机器人程序点的定义

序号	点序号	注释	备注
1	Home	机器人初始位置	需示教
2	Pick_Target	抓取点共用位置	需示教
3	Place_YellowYuanXing	黄色圆形放置点位置	需示教
4	Place_WhiteYuanXing	黄色圆形放置点位置	需示教
5	Place_BlueYuanXing	黄色圆形放置点位置	需示教
6	Place_Target	放置点共用位置	不需要示教,程序赋值
7	Place_GuoDul	放料过渡位置点	需示教

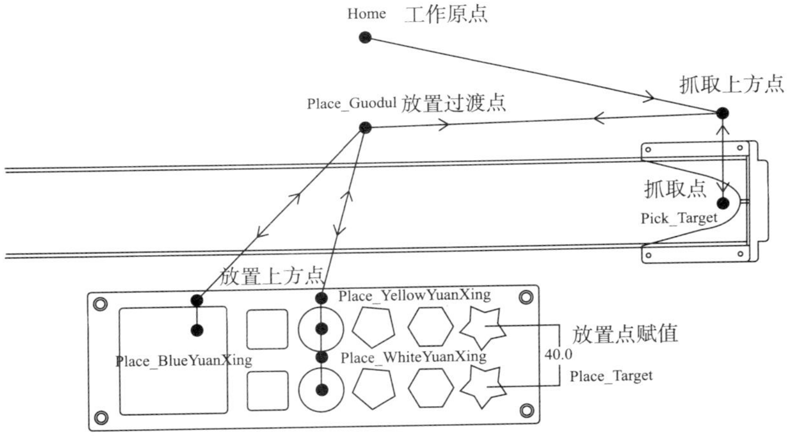

图 2-6-53　机器人程序目标点

(3)机器人程序编写

```
PROC main()
      DataInit;                   //数据清除子程序
      rHome;                      //机器人回原点子程序
      TCP_Create;                 //TCP/IP 创建子程序
      WaitDI  di7,1;              //等待运行信号
      Reset  do8;                 //复位机器人回到原点信号
      L1:                         //循环标签
      WaitDI  di8,1;              //等待物料到位信号
      WaitTime  0.5;              //等待 0.5 s
      Set  do9;                   //机器人触发拍照
      TCP_Read;                   //读取相机数据
```

```
        Reset do9;                    //复位拍照信号
        Date_Processing;              //数据分割存储子程序
        IF Arr_Date{1}>0 THEN         //判断是否检测到工件
          Move_Processing;            //放置点位置赋值子程序
          Move_P;                     //抓取子程序
          Move_F;                     //放置子程序
        ENDIF
        GOTO L1;                      //运行回到标签位置
ENDPROC
```

下面具体介绍各个子程序以及子程序中所调用的功能子程序。

①初始化子程序，具体程序如下。

```
PROC DataInit()
        Reset  do1;                   //复位信号
        Reset  do2;
        Reset  do3;
        Reset  do8;
        Reset  do9;
        Yellow_num:=0;                //黄色放置数量计算
        White_num:=0;                 //白色放置数量计算
        Blue_num:=0;                  //蓝色放置数量计算
        !AccSet 100,100;
        !VelSet 100,5000;
        Str_Read:="";                 //清空读取变量
ENDPROC
```

②回原点子程序，具体程序如下。

```
PROC rHome()
        MoveJ  Home,v100,z100,tool0;              //运行到工作原点
        Set  do8;                                 //机器人复位完成信号
        TPWrite "Running: Reset complete!";       //示教器提示复位完成
ENDPROC
```

③数据分割存储子程序：具体程序如下。

```
PROC Date_Processing()  //数据示例:3.000|5000.0|(颜色定义|像素值|)
        part_Start:=1;  //定义分割字符的首个位置
        index_Number:=1;  //定义从第几个字符开始搜索
        len:=StrLen(Str_Read);  //获取数据长度
        FOR i FROM 1 TO 2 DO  //循环 2 次
        index:= StrFind(Str_Read,index_Number,"|");  //查询"|"的位置
        part_End:= index-index_Number;  //计算"|"字符前一个位置,分割字符的末
个位置
```

```
        index_Number: = index + 1;  //计算"|"字符后一个位置
        part: = StrPart(Str_Read,part_Start,part_End);  //分割"|"与"|"之间字符
        part_Start: = 1 + index;  //加下一循环开始位置计算
        b: = StrToVal(part,Arr_Date{i});  //将字符转换到数值
        TPWrite ""\Num: = Arr_Date{i};  //将数值显示到示教器上
        n: = i;
        ENDFOR
    ENDPROC
```

④放置目标点程序赋值子程序，具体程序如下。

```
PROC Move_Processing()
        !1
        IF Arr_Date{1}  =  1 THEN       //检测到黄色时
            Place_Target: = Offs(Place_YellowYuanXing,0,0,12 * Yellow_num);  //放置位置点进行赋值，并对叠放高度计算
            Yellow_num: = Yellow_num + 1;     //物料计算
        !2
        ELSEIF Arr_Date{1} = 2 THEN     //检测到白色时
            Place_Target: = Offs(Place_WhiteYuanXing,0,0,12 * White_num);
            White_num: = White_num + 1;
        !3
        ELSEIF Arr_Date{1} = 3 THEN//     检测到蓝色时
            Place_Target: = Offs(Place_BlueYuanXing,0,0,12 * Blue_num);
            Blue_num: = Blue_num + 1;
        ELSE
        ENDIF
    ENDPROC
```

⑤TCP/IP 创建子程序，通信 IP 填写相机的 IP 地址和端口号，具体程序如下。

```
PROC TCP_Create()
        SocketClose socket;     //关闭通信
        WaitTime 0.2;
        SocketCreate socket;     //创建通信
        WaitTime 0.2;
        SocketConnect socket,IP,port\Time: = 30;     //连接通信对象
ENDPROC
```

⑥TCP/IP 读取子程序，具体程序如下。

```
PROC TCP_Read()
        SocketClose socket;     //关闭通信
        WaitTime 0.1;
        SocketCreate socket;     //创建通信
```

```
        WaitTime 0.1;
        SocketConnect socket,IP,port\Time:= 30;    //连接通信对象
        SocketReceive socket\Str:= Str_Read\Time:= 30;    //获取通信数据
ENDPROC
```

⑦TCP/IP 写入子程序,具体程序如下。

```
PROC TCP_Write()
        SocketClose socket;    //关闭通信
        WaitTime 0.1;
        SocketCreate socket;    //创建通信
        WaitTime 0.1;
        SocketConnect socket,IP,port;    //连接通信对象
        SocketSend socket\Str:= Str_Write;    //读取通信数据
ENDPROC
```

⑧物料抓取子程序,具体程序如下。

```
PROC Move_P()
        MoveL  ffs(Pick_Target,0,0,20),v200,z50,tool1;
        MoveL  Pick_Target,v100,fine,tool1;  //抓取点运行指令
        Set do1;
        WaitTime 0.5;
        MoveL  Offs(Pick_Target,0,0,20),v200,z50,tool1;
ENDPROC
```

⑨物料放置子程序,具体程序如下。

```
PROC Move_F()
        MoveJ  Place_GuoDu1,v200,z50,tool1; //放置过渡点运行指令
        MoveL  Offs(Place_Target,0,0,20),v200,z50,tool1;
        MoveL  Place_Target,v100,fine,tool1; //放置点运行指令
        Reset  do1;
        WaitTime 0.5;
        MoveL  Offs(Place_Target,0,0,20),v200,z50,tool1;
        MoveJ  Place_GuoDu1,v200,z50,tool1;
ENDPROC
```

(4)调试运行程序,实现物料颜色检测任务功能。
①运行视觉软件。
②下载 PLC 程序软件。
③机器人设置到自动运行模式。
④按下控制台停止按钮。
⑤按下控制台复位按钮,等待复位指示灯常亮后。
⑥按下控制台启动按钮,设备进入运行状态。

项目七　工业机器人物料定位分拣任务实训

一、任务目的

(1)了解工业机器人物料定位分拣工作单元及常用I/O配置,熟悉机器人 PC-Interface 通信参数设置的方法。

(2)熟悉工业机器人 Socket 编程指令,掌握工业机器人物料定位分拣任务的程序编写与调试方法。

(3)掌握视觉图像识别、视觉标定、通信参数设置等方法。

(4)培养创新精神和团队合作能力。

二、任务内容

(1)安装机器人的搬运夹具、输送带、输送带末端挡板和视觉模型,并正确连接。

(2)创建工具坐标系。

(3)视觉参数设置。

(4)编写机器人抓取、放置、通信的程序。

机器人根据视觉拍照识别不同的物料形状、位置、角度进行抓取,放置到料盘模型中,相同物料间距是 40 mm。当料盘中对应形状的物料大于 2 个时,放置到左边废料筐中,料盘模型如图 2-7-1 所示。

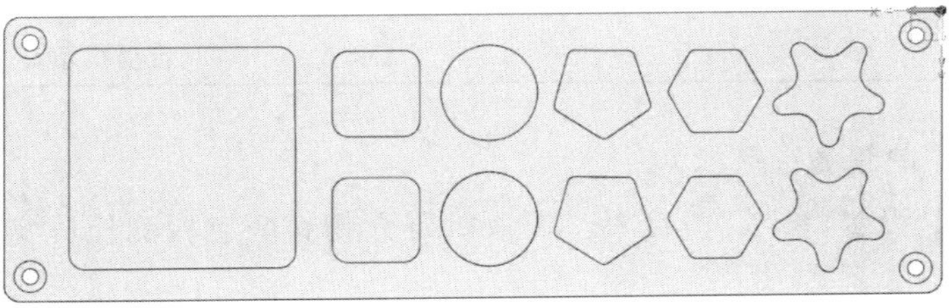

图 2-7-1　料盘模型

三、任务相关知识点

1. 机器人指令与用法

机器人基本运动指令、逻辑功能指令、位置偏移功能等的用法,请参照学习第 5 章 5.2 节中程序指令的相关内容。

2. PLC 与机器人 I/O 分配

PLC 与机器人 I/O 分配如表 2-7-1 所示。

表 2-7-1　PLC 与机器人 I/O 分配

PLC 输入 I/O	功能描述	机器人输出 I/O	PLC 输出 I/O	功能描述	机器人输入 I/O
	通用电磁阀 1	DO1	Q0.0	Motors On	DI1
	吸盘电磁阀 1	DO2	Q0.1	Start at Main	DI2
	吸盘电磁阀 2	DO3	Q0.2	Motors off	DI3
I0.3	Auto On	DO4	Q0.3	Stop	DI4
I0.4	Motors On	DO5	Q0.4	Start	DI5
I0.5	Cycle On	DO6	Q0.5	预留	DI6
I0.6	预留	DO7	Q0.6	机器人启动运行	DI7
I0.7	机器人复位完成	DO8	Q0.7	物料到位信号	DI8
I1.0	机器人触发拍照	DO9	Q1.0	预留	DI9
I1.1	预留		Q1.1	预留	
I1.2	预留		Q1.2	预留	
I1.3	预留		Q1.3	预留	
I1.4	传感器检测物料到位		Q1.4	皮带运行	
I1.5	预留		Q1.5	触发相机拍照	
I1.6	预留		Q1.6	预留	
I1.7	预留		Q1.7	预留	
I2.0	停止按钮		Q2.0	警示灯(红)	
I2.1	复位按钮		Q2.1	警示灯(黄)	
I2.2	启动按钮		Q2.2	警示灯(绿)	
I2.4	控制柜急停		Q2.3	停止指示灯	
I2.5	门磁开关		Q2.4	复位指示灯	
			Q2.5	启动指示灯	

3. 机器人通信 IP 设置

机器人通信 IP 设置，参考“项目六　工业机器人物料颜色检测任务实训”内容相关配置方法。

4. Socket 通信程序指令

Socket 通信程序指令应用，参考“项目六　工业机器人物料颜色检测任务实训”内容相关配置方法。

5. 机器人位置获取赋值指令

通过表 2-7-2 所示，掌握目标数据赋值 trans、获取位置 ZYX 数据 EulerZYX()、位置点角度赋值 OrientZYX()等指令的应用。

表 2-7-2　关于数据处理程序指令的应用

步骤	图示	说明
1	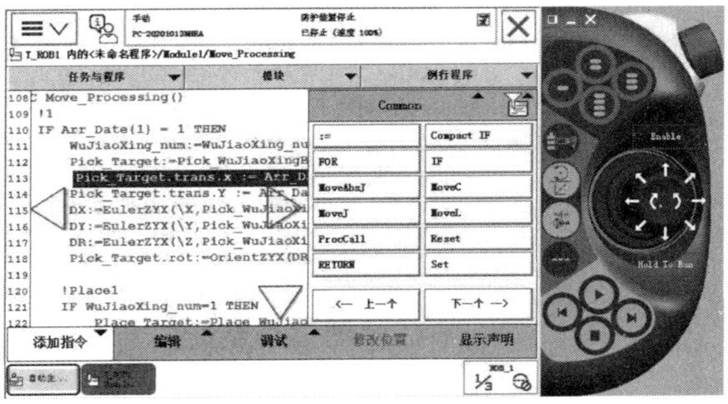	trans 指令添加，首先单击“添加指令”，然后单击赋值指令“:=”
2	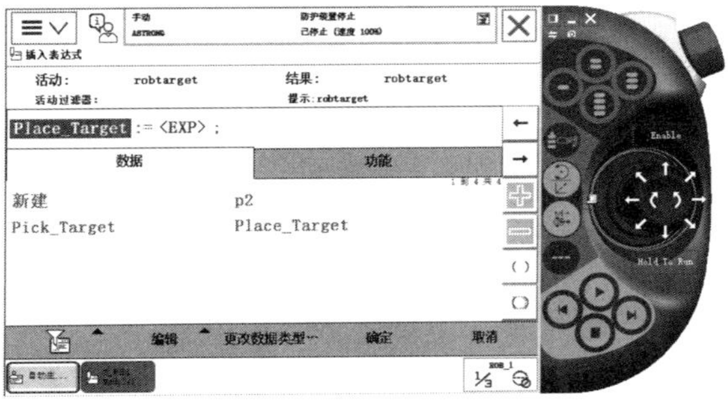	选择对应目标点位置
3	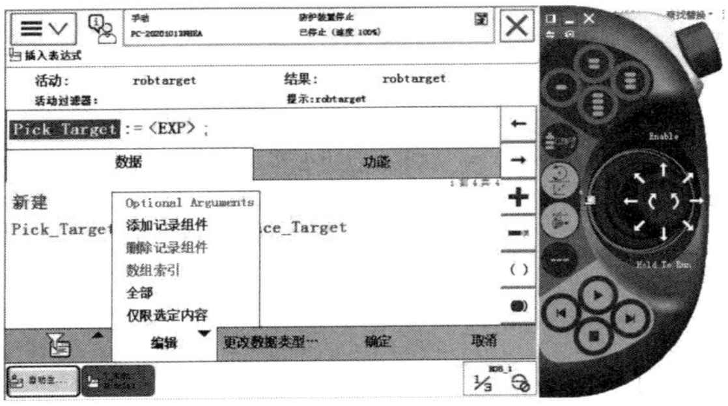	单击下方“编辑”，选择“添加记录组件”
4	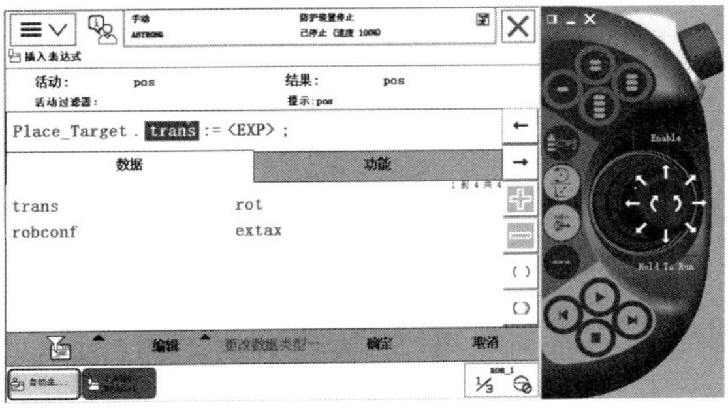	鼠标单击“trans”

续表 2-7-2

步骤	图示	说明
5	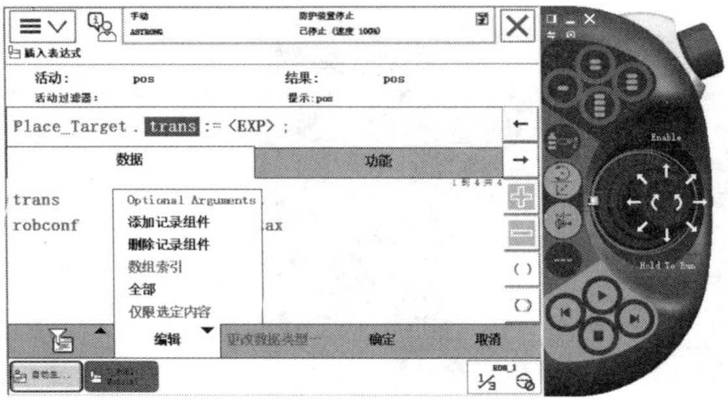	单击下方“编辑”，选择“添加记录组件”
6	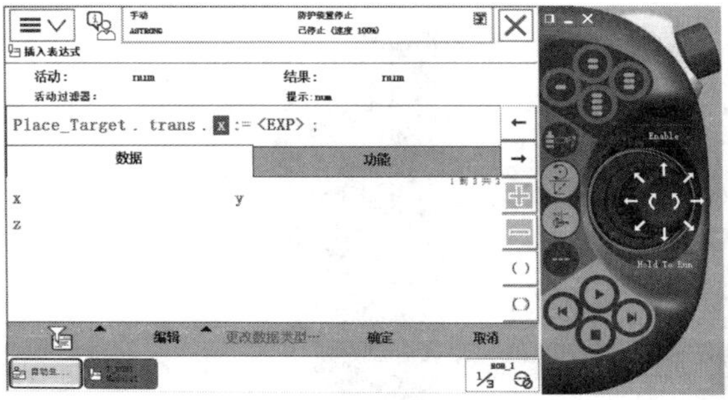	单击“x”。此处根据需要赋值数据进行选择
7	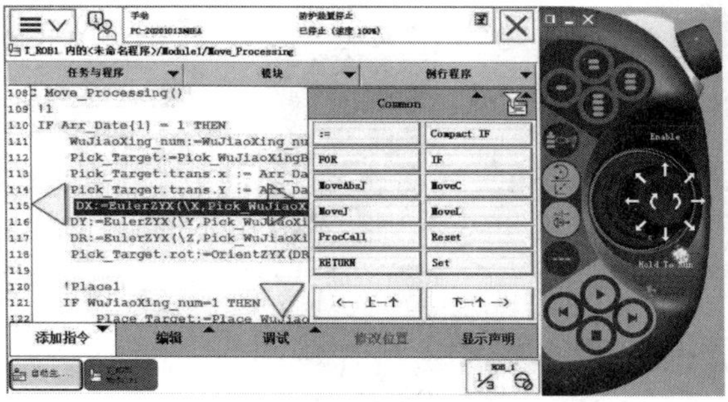	EulerZYX( )指令添加，首先单击“添加指令”，然后单击赋值指令“:=”
8	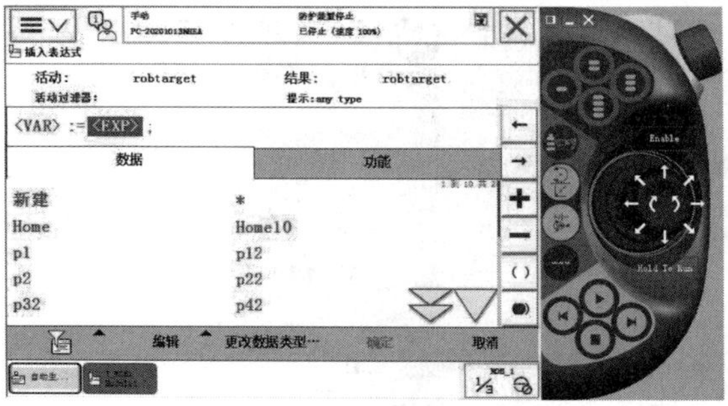	单击下方“更改数据类型…”

续表 2-7-2

步骤	图示	说明
9	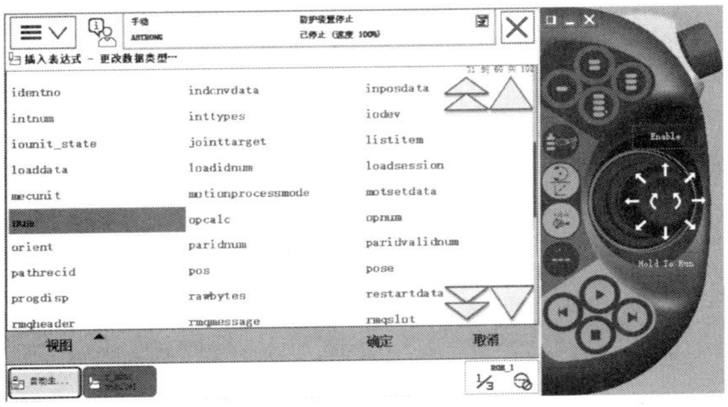	选择“num”数据类型，单击“确定”
10	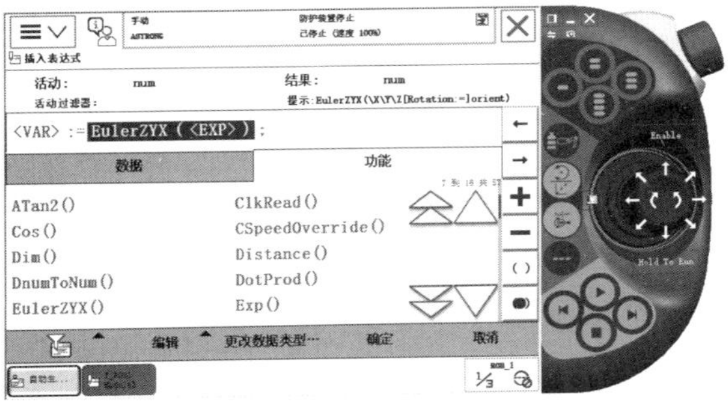	单击“功能”，在功能中找到“EulerZYX()”函数
11	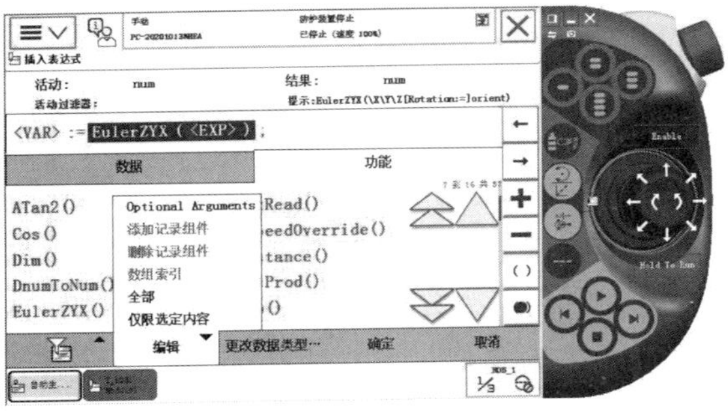	单击下方“编辑”，选择“Optional Arguments”
12	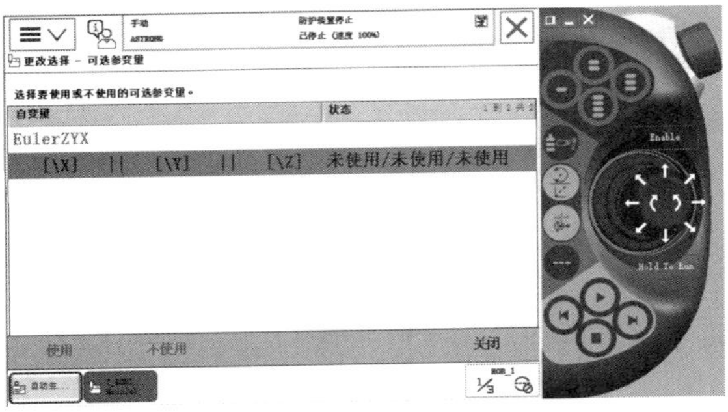	单击选择栏

续表 2-7-2

步骤	图示	说明
13	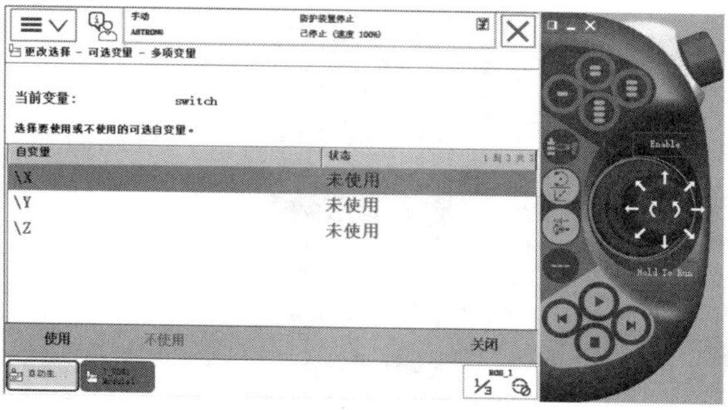	选择“\X”，左下方单击“使用”，然后单击“关闭”
14	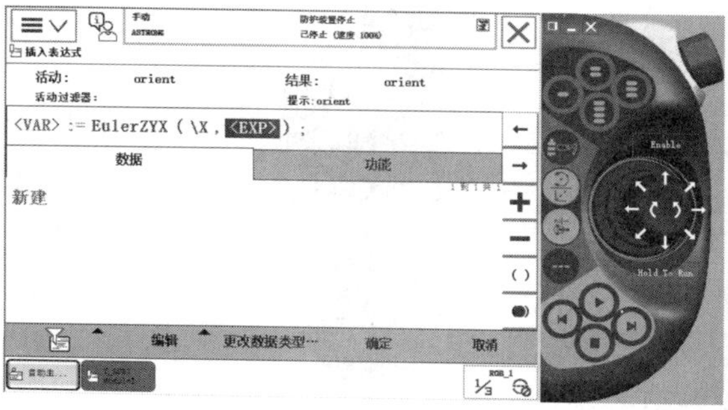	单击“＜EXP＞”处，然后再单击下方“更改数据类型…”
15	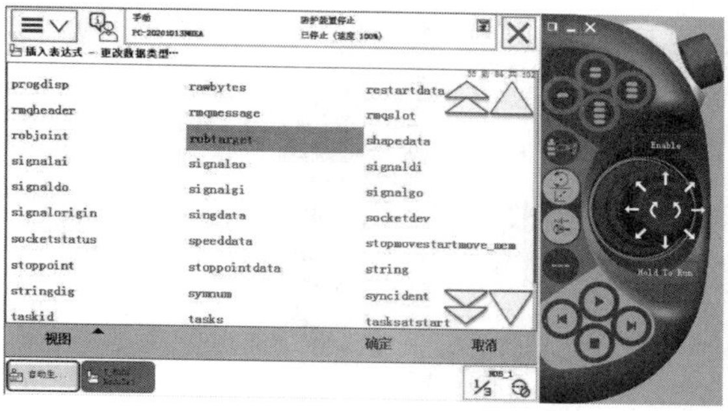	选择“robtarget”数据类型，单击“确定”
16	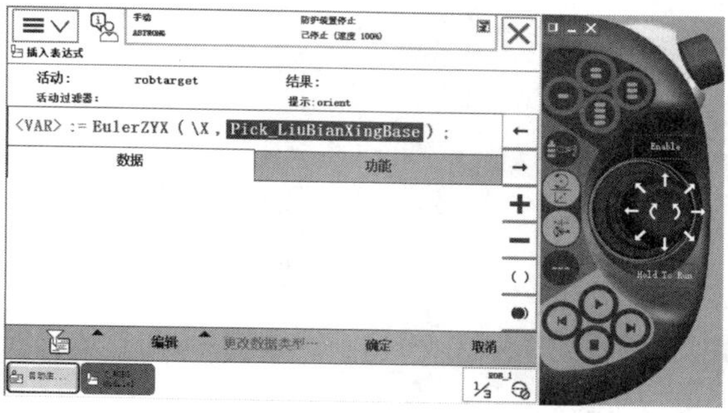	选择对应的位置点位

续表 2-7-2

步骤	图示	说明
17	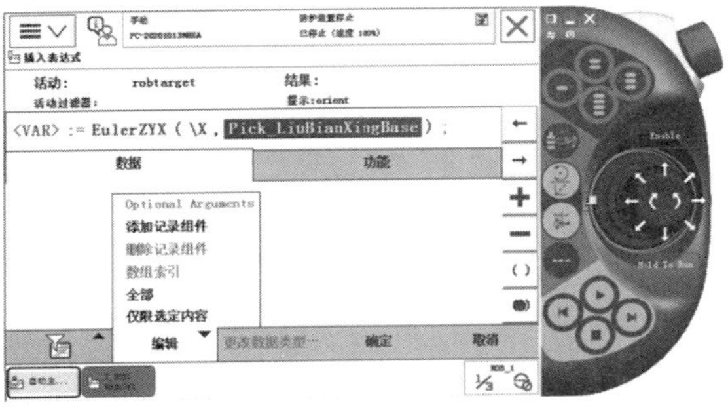	单击下方“编辑”，选择“添加记录组件”
18	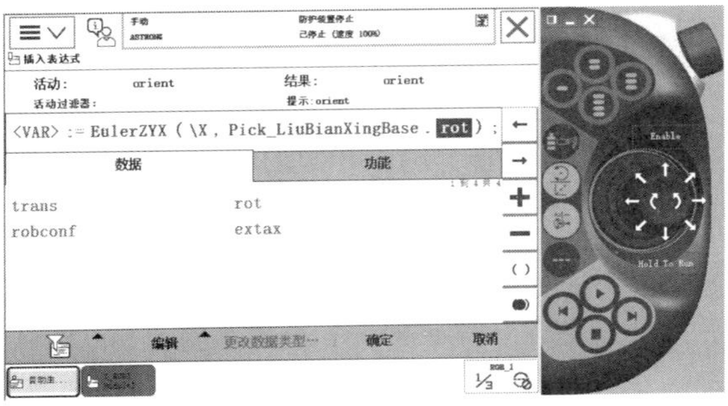	选择“rot”
19	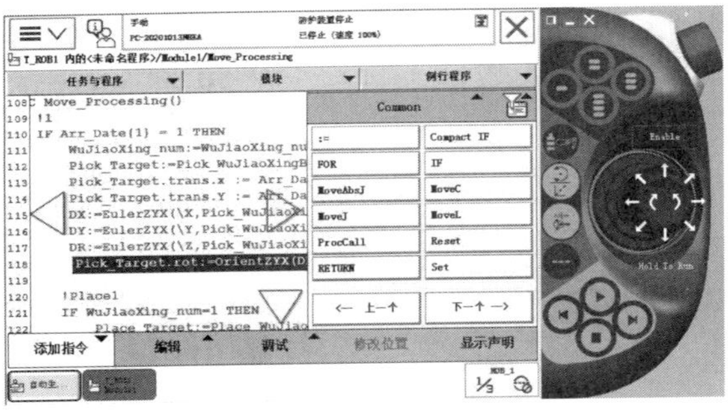	OrientZYX()指令添加，首先单击“添加指令”，然后单击赋值指令“:=”
20	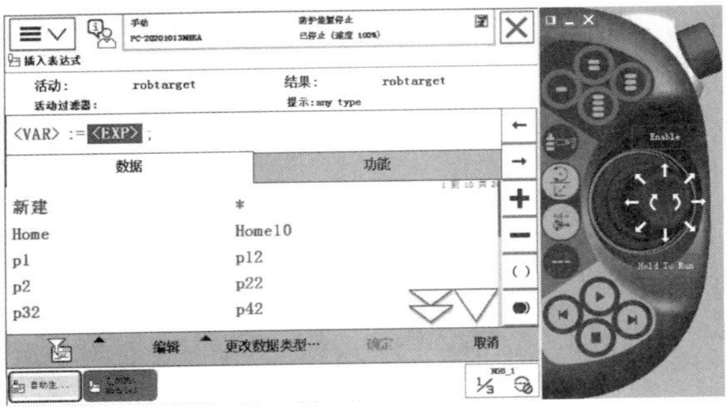	单击下方“更改数据类型…”

续表 2-7-2

步骤	图示	说明
21	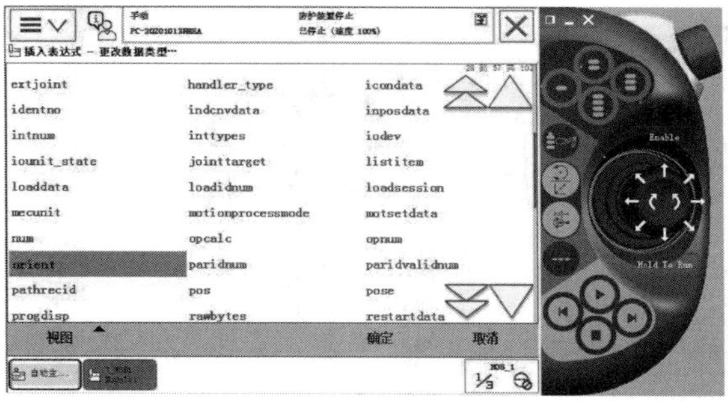	选择“orient”数据类型，单击“确定”
22	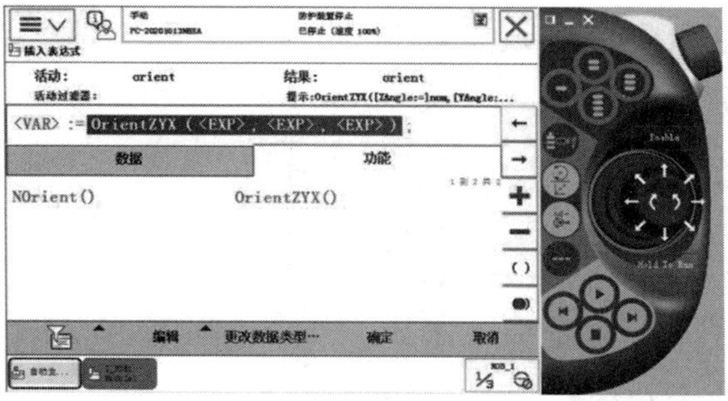	单击“功能”，在功能中找到“OrientZYX()”函数

6.相机与机器人通信数据格式定义

数据示例：3.000|366.001|173.107|0.113|

（类型定义|物料X位置|物料Y位置|物料角度R|）

7.相机参数设置

（1）单击相机应用程序步骤的“已连接”，下方可以创建新作业和打开作业，如图 2-7-2 所示。

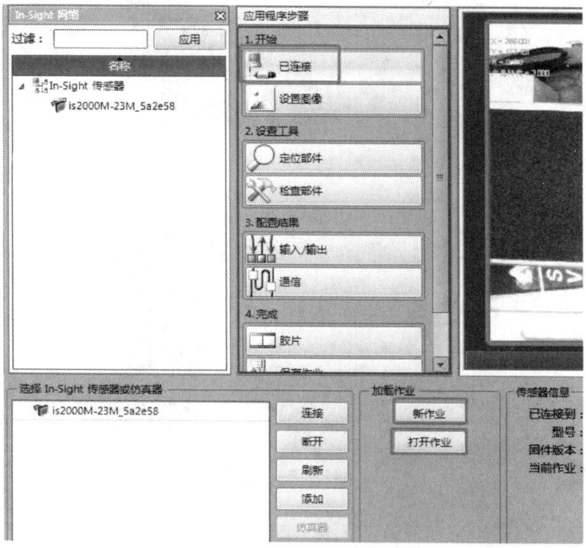

图 2-7-2　创建或打开作业

(2)单击相机应用程序步骤的"设置图像"的触发器,可选择相机触发拍照的类型,如图 2-7-3 所示。

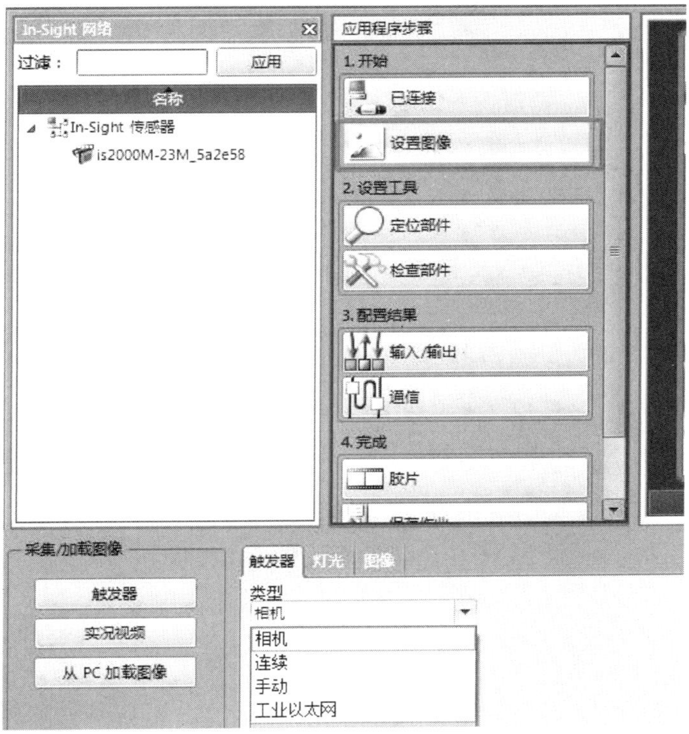

图 2-7-3　设置相机触发拍照类型

(3)单击相机应用程序步骤的"设置图像"的灯光,可设置相机图像亮度、曝光等参数,如图 2-7-4 所示。

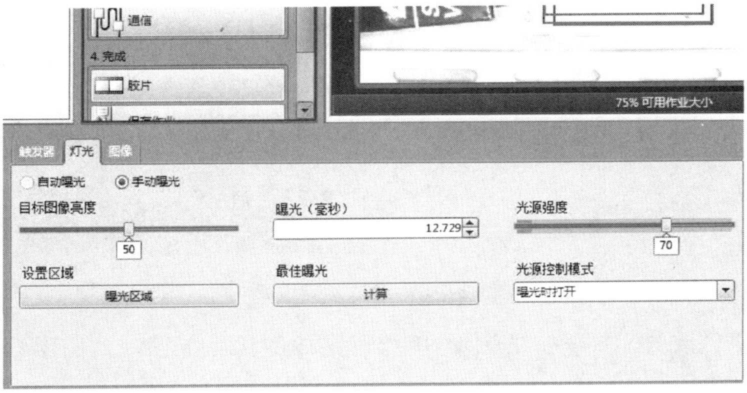

图 2-7-4　灯光参数设置

(4)单击相机应用程序步骤的"设置图像"的图像,可导入标定文件,如图 2-7-5 所示。

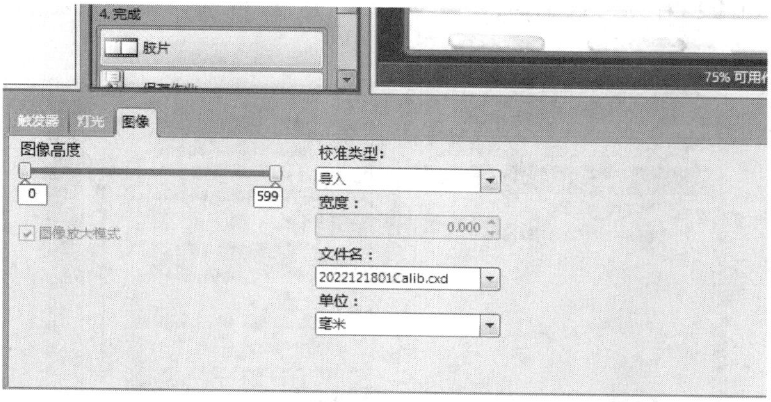

图 2-7-5　标定文件选择

(5)双击相机应用程序步骤的“定位部件”的图案工具,如图 2-7-6 所示。

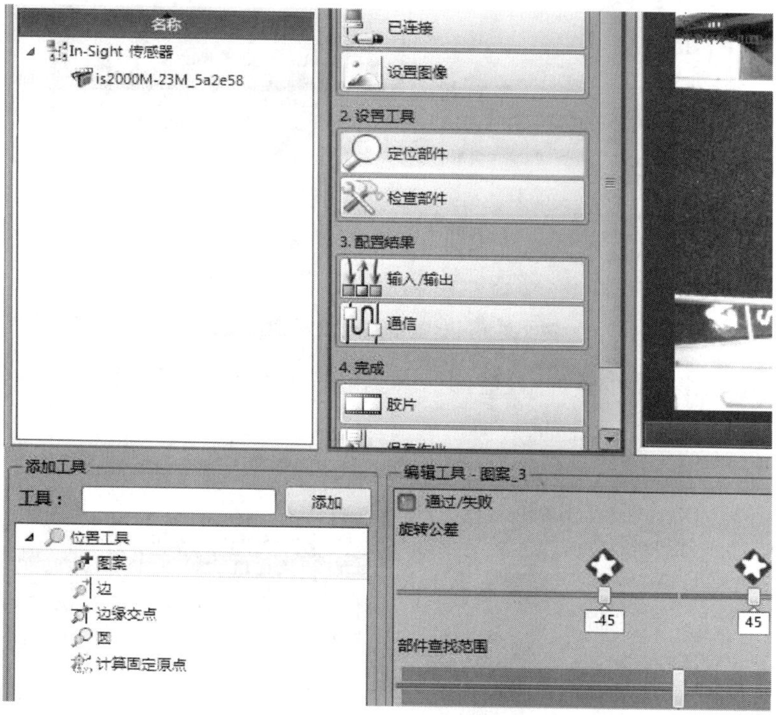

图 2-7-6　定位工具选择

(6)在相机下方放置需要学习的图形,将相机画面的学习框移动到图形学习区域中,单击“确定”按钮,如图 2-7-7 所示。

(7)学习完成后,可对模型旋转公差和部件相似度参数修改,如图 2-7-8 所示。

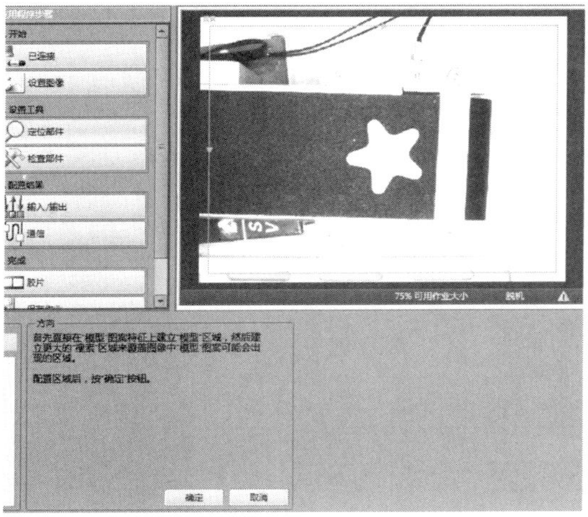

图 2-7-7　模板匹配

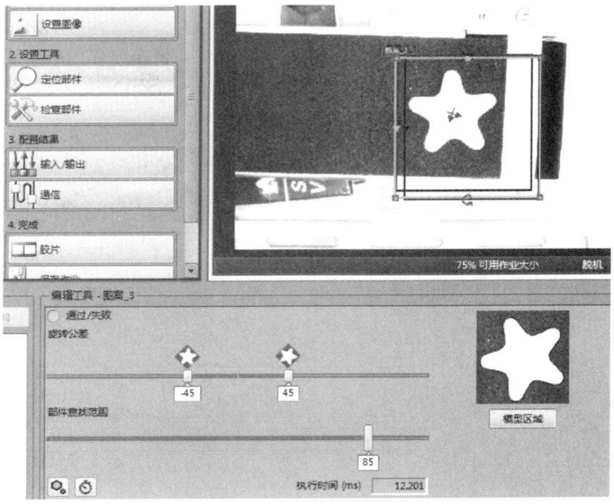

图 2-7-8　模板参数设置

(8)单击相机应用程序步骤的“检查部件”的数学逻辑工具，如图 2-7-9 所示，该工具用于将图案匹配识别到数据存储在工具里，利于通信时将数据打包发送。

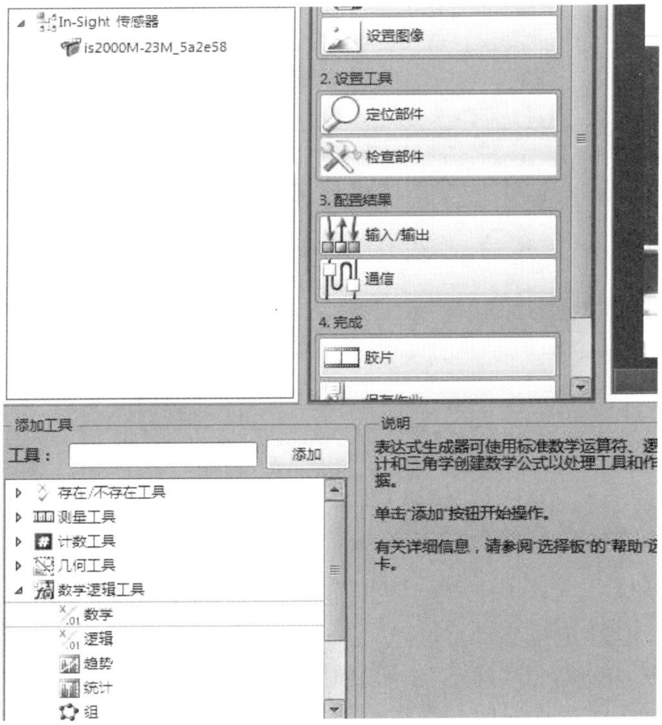

图 2-7-9　检查部件工具选择

(9)数学逻辑表达式编写格式，如图 2-7-10 所示，If(图案_1.通过 == 1,1,If(图案_2.通过 == 1,2,If(图案_3.通过 == 1,3,0.00)))，当识别到第一个图案，该逻辑输出是 1；当识别到第二个图案，该逻辑输出是 2；当没有识别到图案，该逻辑输出是 0.00。

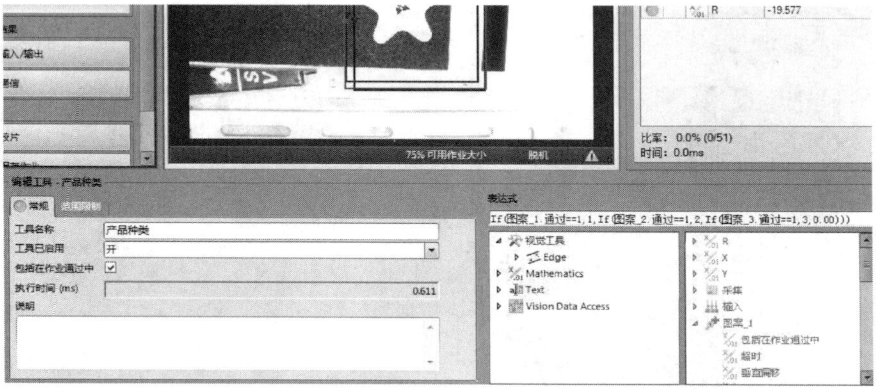

图 2-7-10　工具表达式

(10)校准工具，用于视觉与机器人进行标定，将视觉的像素与机器人的场景点数据结合，生成标定文件，如图 2-7-11 所示。

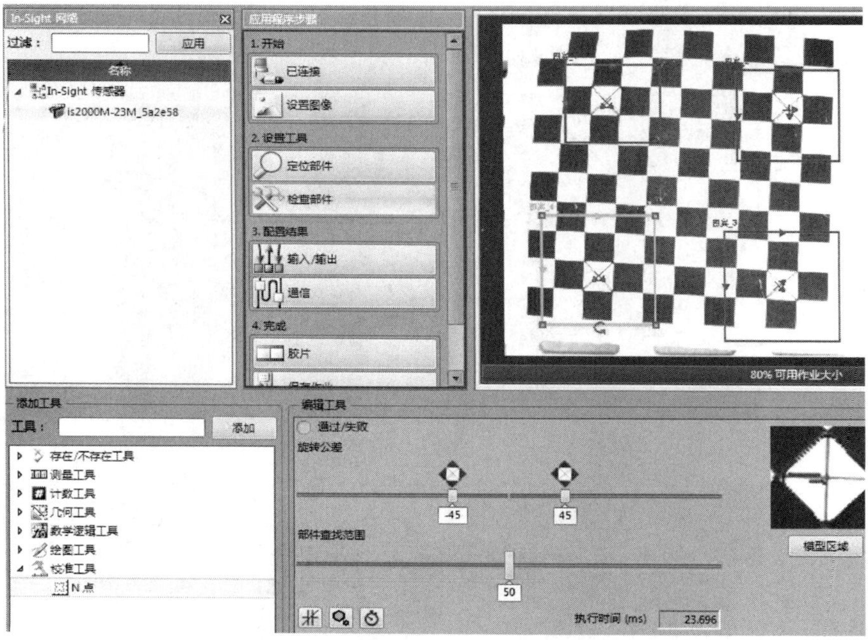

图 2-7-11　相机标定工具

(11)添加 4 个“图案”定位部件，对应学习 4 个特征图案；双击标准工具的 N 点工具，选择相机画面的特征图案，单击下方“确定”按钮，如图 2-7-12 所示。

(12)机器人根据工具尖端对应手动运行到实际特征点，记录每个位置 X 坐标、Y 坐标，填写到场景坐标内，如图 2-7-13 所示。

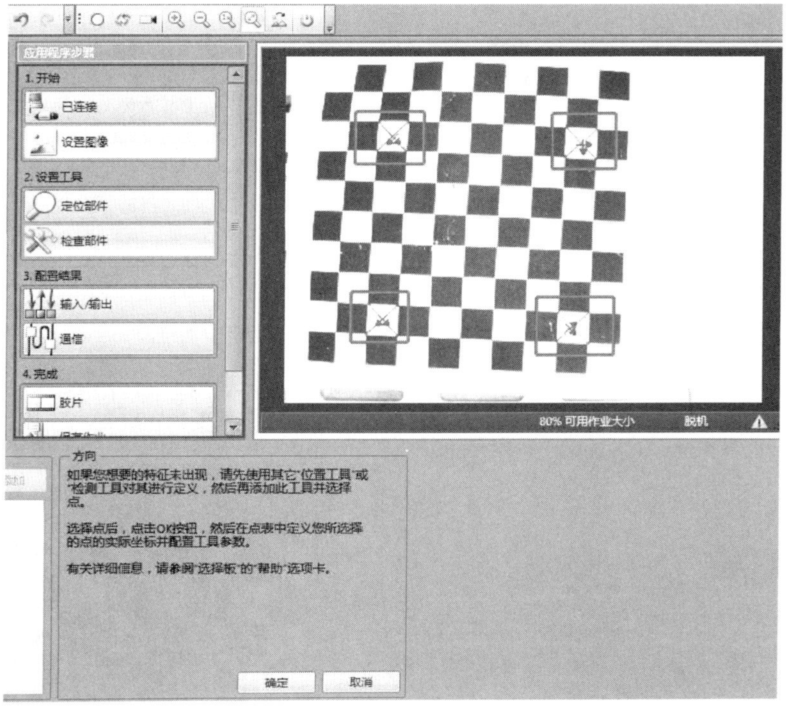

图 2-7-12　标定特征选择

图 2-7-13　输入场景坐标

(13)完成 4 个坐标填写后,在“设置”中导出标定文件,如图 2-7-14 所示。

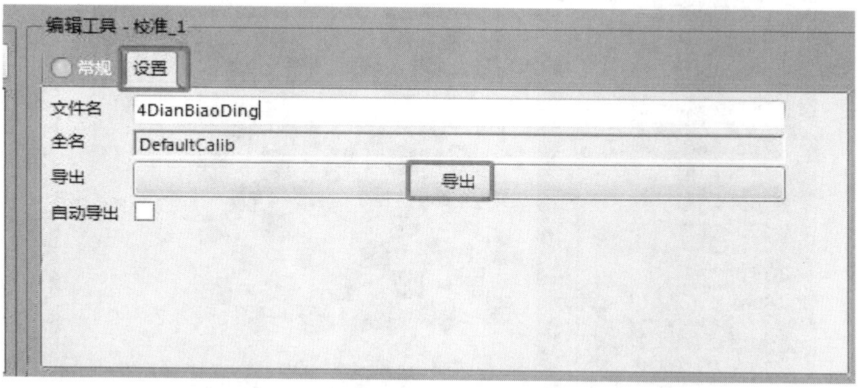

图 2-7-14　标定文件导出

(14)单击相机应用程序步骤的“设置图像”,将标定文件导入到相机中,如图 2-7-15 所示。

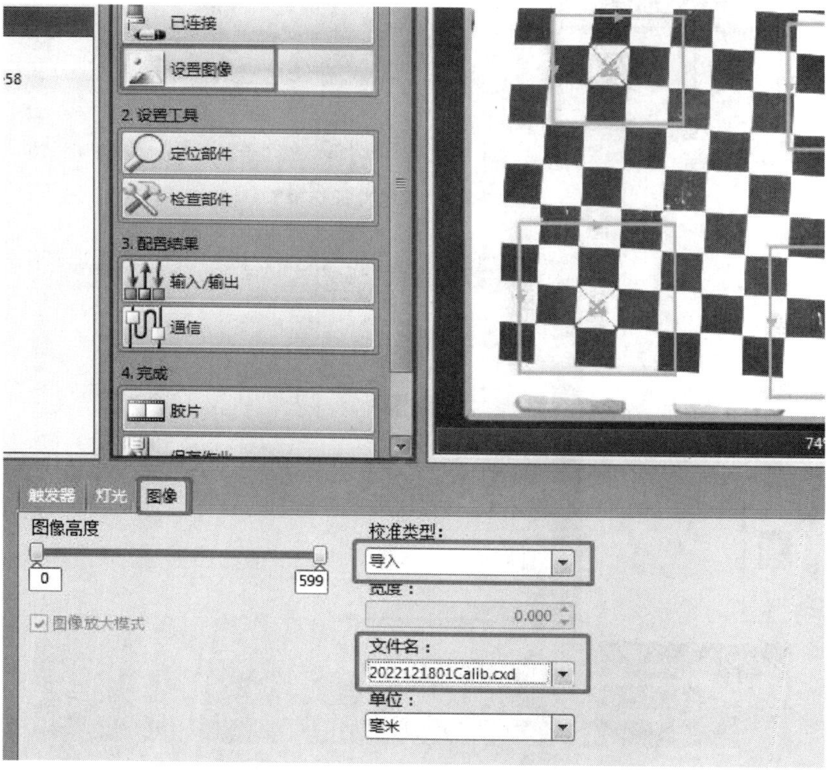

图 2-7-15　标定文件导入

(15)单击相机应用程序步骤的“通信”,设置 TCP/IP 端口“8080”,如图 2-7-16 所示。

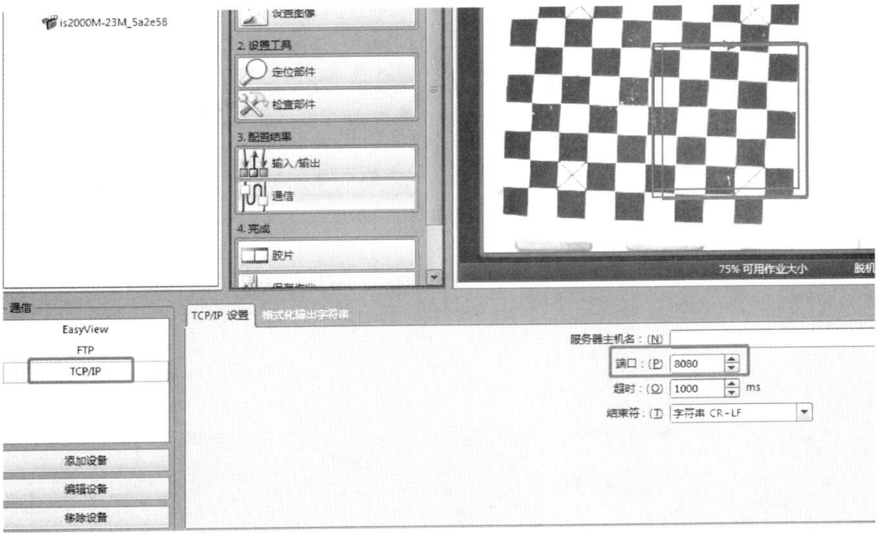

图 2-7-16　TCP/IP 端口号设置

(16)单击“格式化输出字符串”按钮，如图 2-7-17 所示。

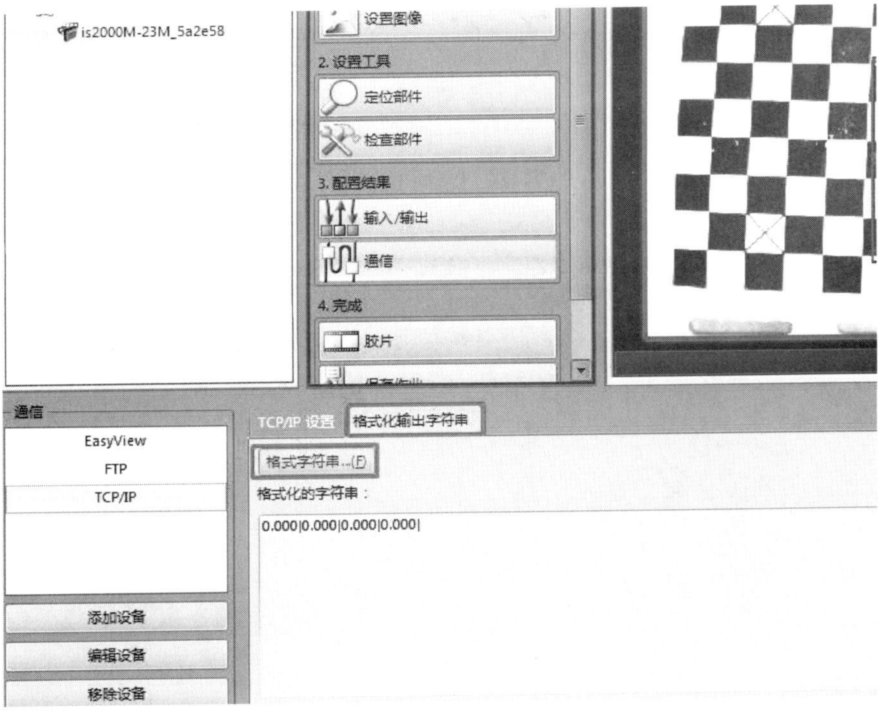

图 2-7-17　通信格式设置

(17)设置 TCP/IP 通信格式，格式要求 0.000|0.000|0.000|0.000|，需要设置结尾文本和使用分隔符，并单击“添加”按钮，如图 2-7-18 所示。

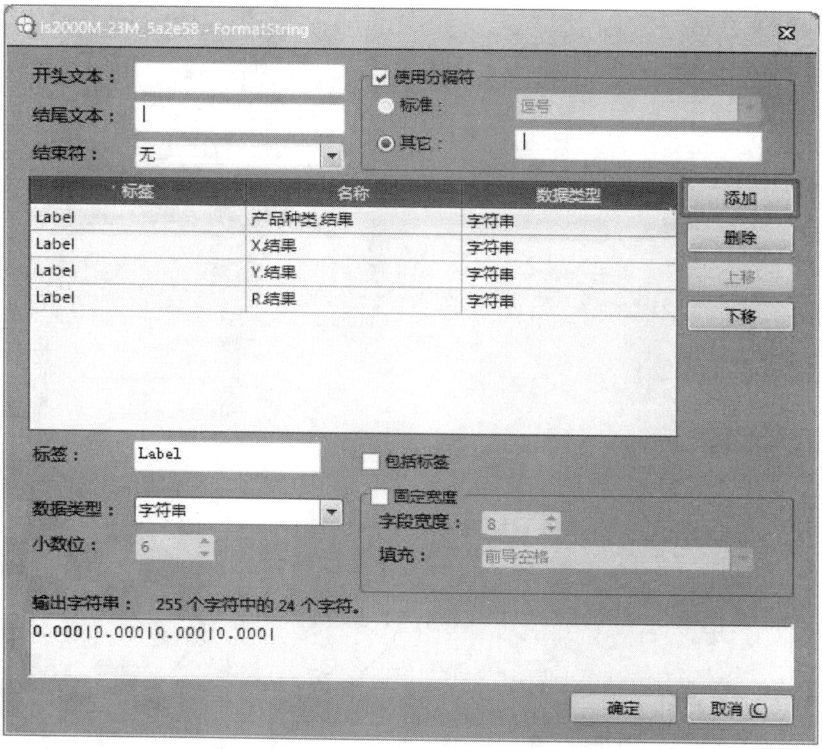

图 2-7-18　添加通信输出内容

(18)将数学逻辑工具中的产品种类、X 坐标、Y 坐标、R 角度的“结果”添加到数据发送列表，如图 2-7-19 所示。

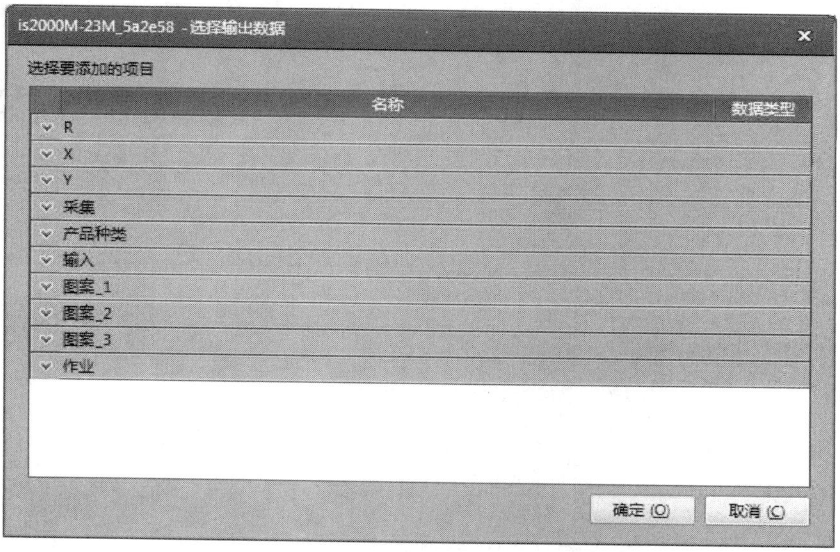

图 2-7-19　选择输出数据

(19)对应产品种类的结果添加，如图 2-7-20 所示。

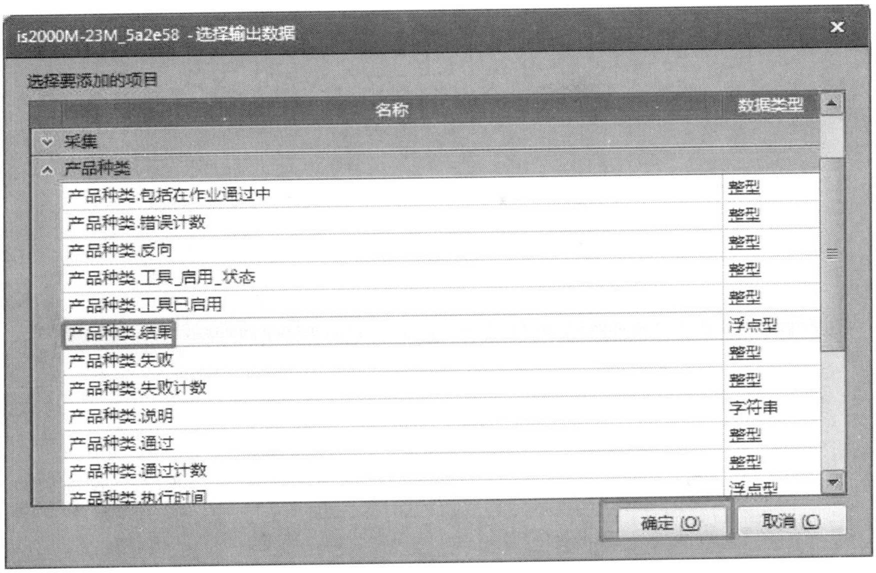

图 2-7-20　选择输出工具结果

(20)发送的数据示例，如图 2-7-21 所示。

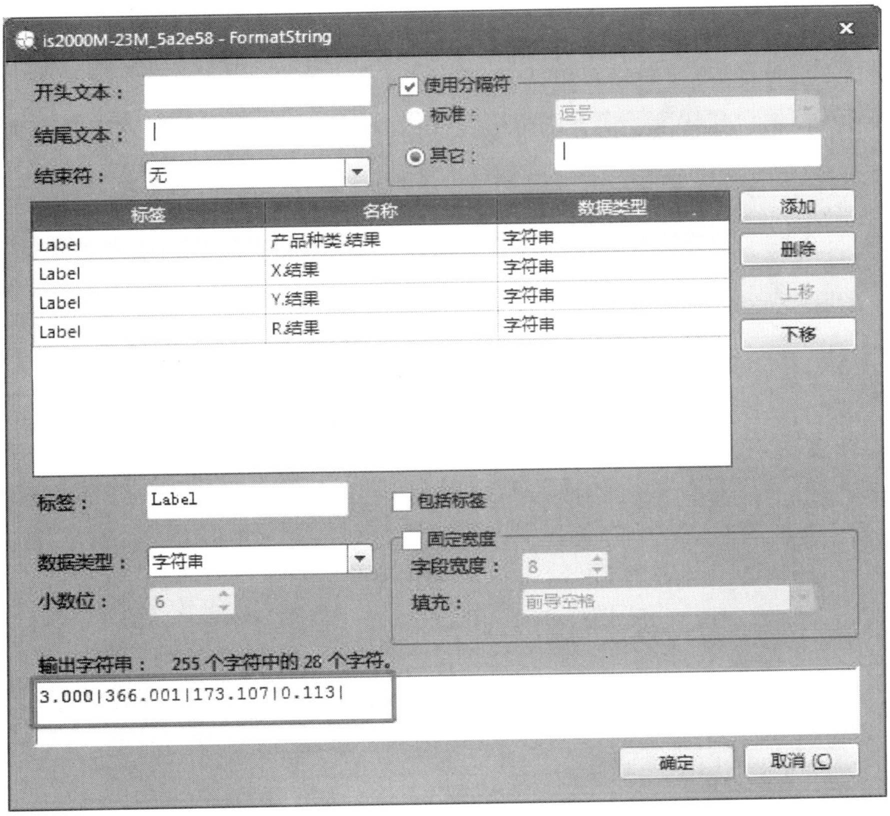

图 2-7-21　输出数据格式示例

(21)单击相机应用程序步骤的“保存作业”,如图 2-7-22 所示。

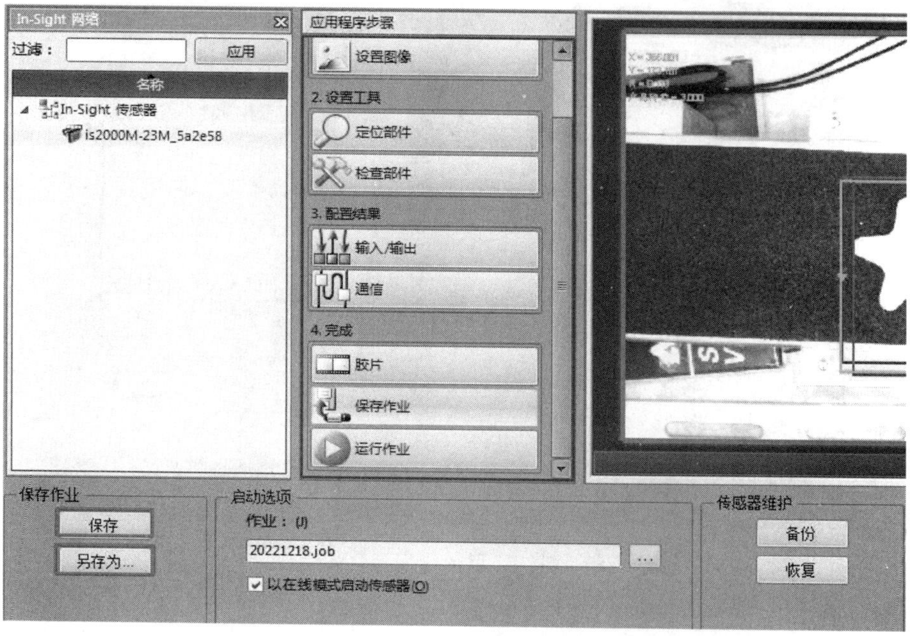

图 2-7-22　保存或另存作业

(22)将程序“另存为…”保存到相机中,如图 2-7-23 所示。

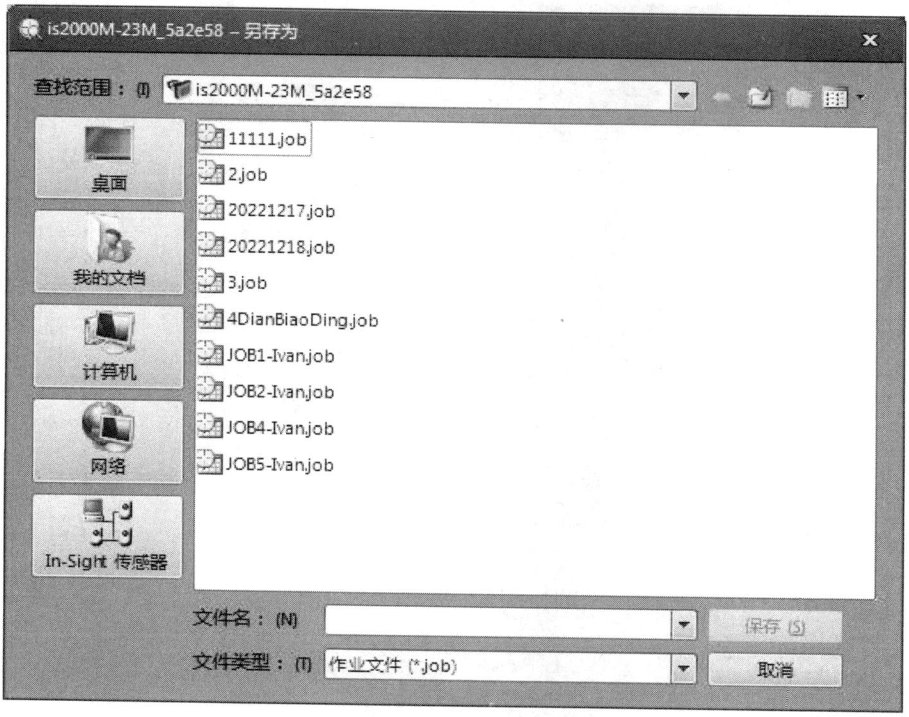

图 2-7-23　另存作业到相机

(23)完成项目程序的编写后,需要在“设置图像”中将触发器的类型设置“相机”(外部 I/O 触发),如图 2-7-24 所示。

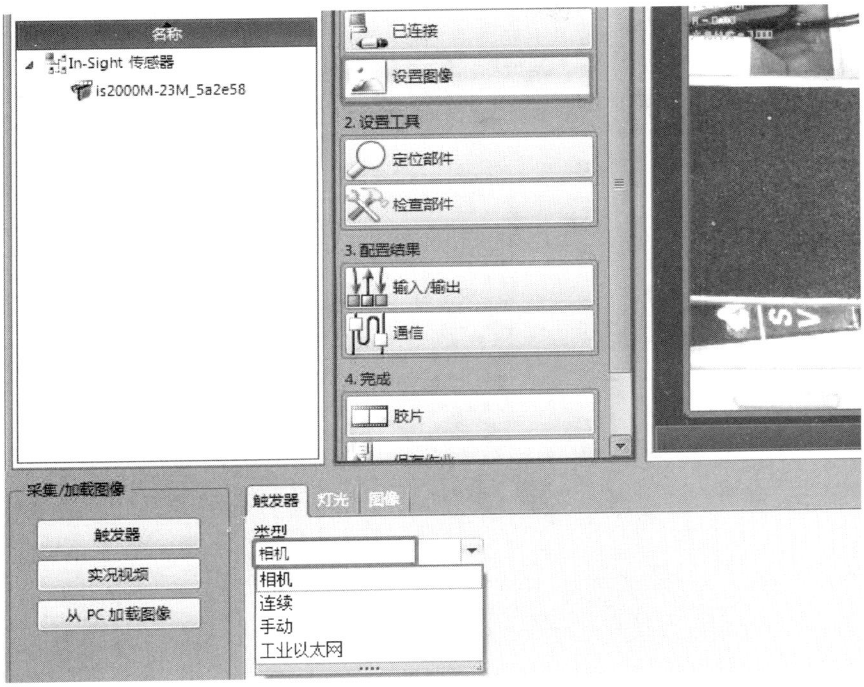

图 2-7-24　设置相机拍照类型

(24)将相机设置到“联机”模式,进行运行模式,如图 2-7-25 所示。

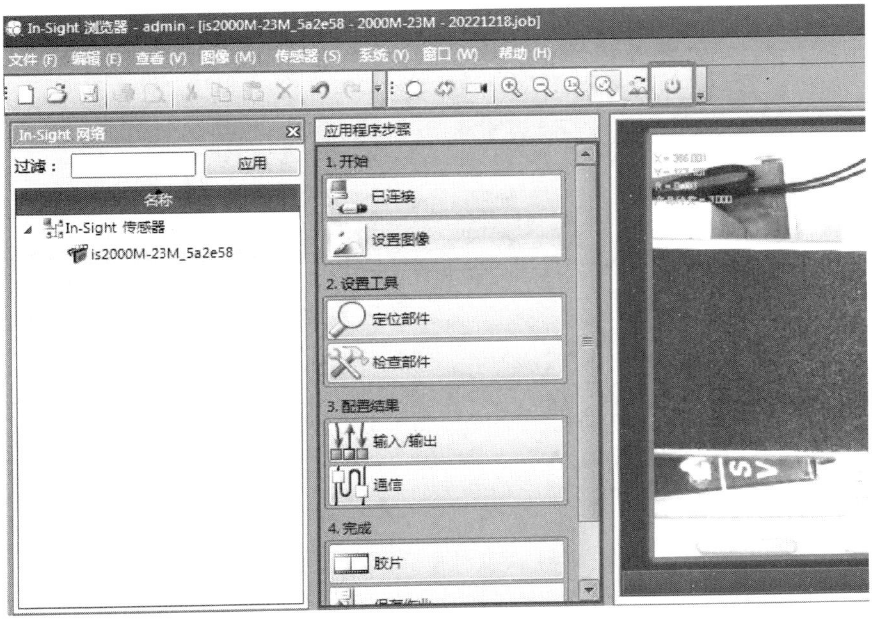

图 2-7-25　单击相机运行按钮

四、任务实施步骤

1.硬件连接

(1)输送带和视觉模块的安装　把输送带和视觉模块放置到实训平台上，调整到合适位置使得模型板中间用于安装的螺钉孔与实训平台安装孔对应，然后用螺钉把模型板锁紧到实训平台上，如图 2-7-26 所示。

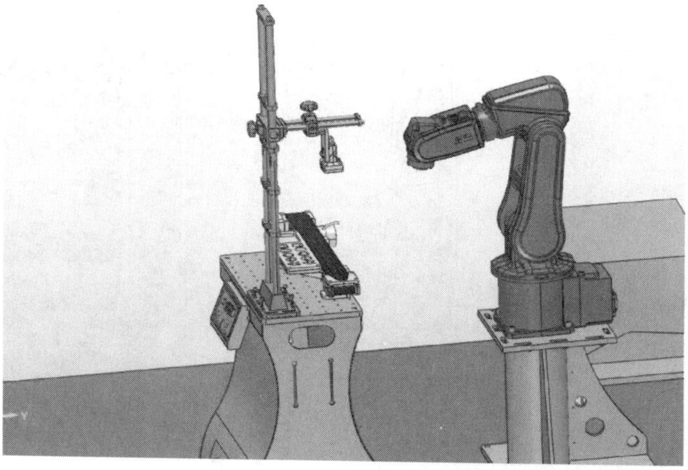

图 2-7-26　输送带和视觉模块安装

(2)输送带末端挡块的安装　在储物箱中找到凹形挡块和螺丝，根据安装孔完成 4 个螺丝孔位的安装，然后将物料到位检测传感器安装在挡块的末端上，如图 2-7-27 所示。

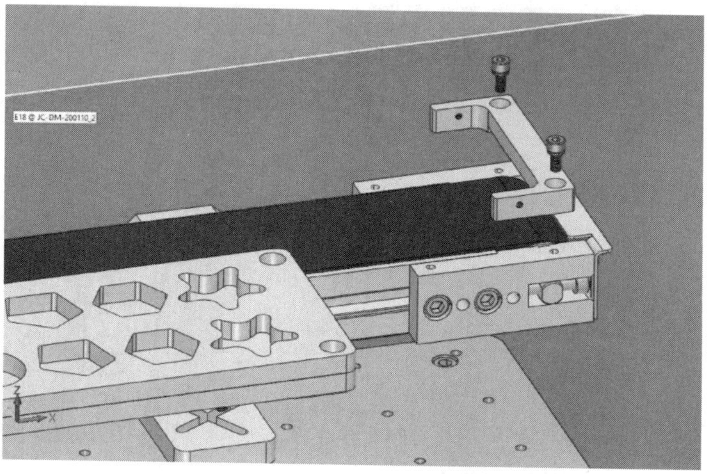

图 2-7-27　挡块安装

(3)双吸盘夹具的安装　首先调整双吸盘夹具到合适位置(利于机器人运转中吸取)，接着对正夹具安装孔与机器人 J6 轴安装孔位，然后用螺钉将夹具锁紧到 J6 轴上，最后连接气管与夹具吸盘上真空发生器的输入端，如图 2-7-28 所示。

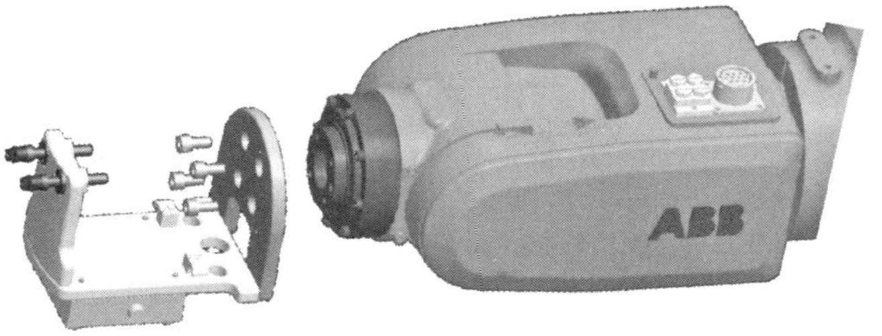

图 2-7-28　双吸盘夹具安装

(4)连接中继端子台插头　在设备主控柜中，将 DB15 公对母连接线插到中继端子台(母)上，在输送带模块上，将安装台内 DB15 公对母连接线另外一侧连接到中继端子台(公)一侧，如图 2-7-29 所示。

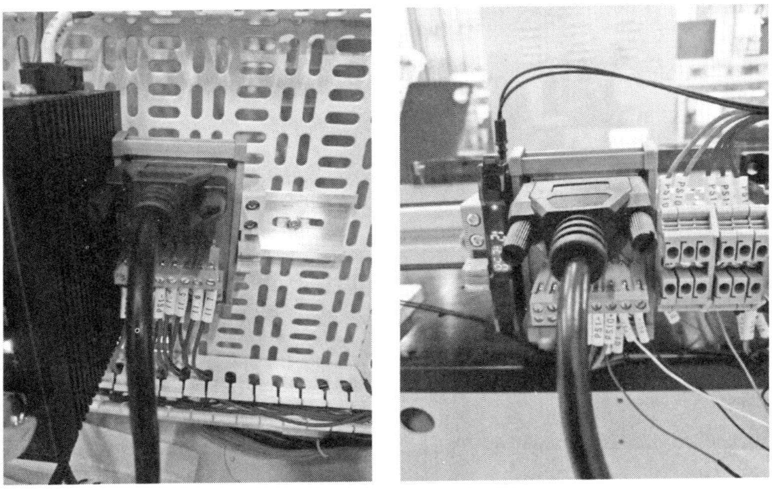

图 2-7-29　DB15 公对母连接线安装

2. 设定机器人的工具坐标

在“新建工具坐标”窗口，使用“TCP 默认方向”选定“4 点”方法进行工具坐标的标定，本任务吸盘夹具标定需安装标定轴，如图 2-7-30 所示，机器人“新建工具坐标”参考“项目一　工业机器人轨迹描绘任务实训”内容相关配置方法。

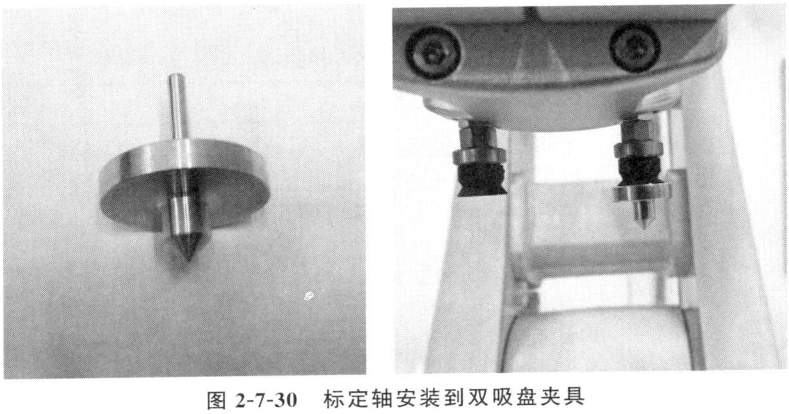

图 2-7-30　标定轴安装到双吸盘夹具

3.视觉参数设置

(1)视觉焦距调整　连接视觉软件，单击“实况视频”查看画面，调整相机画面，达到清晰状态，如图 2-7-31 所示。

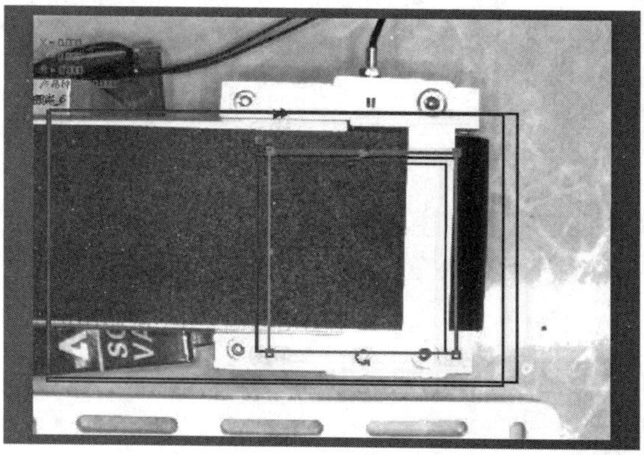

图 2-7-31　相机焦距调整

(2)学习图案模板　添加 5 个图案定位部件，将需要学习的图案逐一放置在相机下方进行学习，如图 2-7-32 所示。

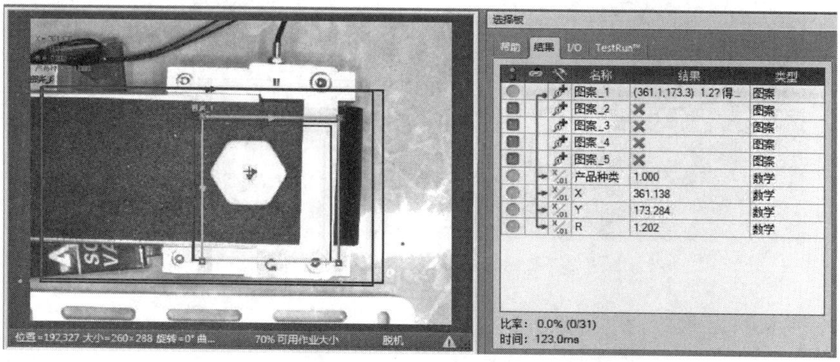

图 2-7-32　图案学习

(3)编写数学逻辑工具　添加 4 个数学逻辑工具，自定义工具名称，用于存储检测到的产品种类、*X* 坐标、*Y* 坐标、*R* 角度，在工具表达式中编写一下逻辑，如表 2-7-3 所示。

表 2-7-3　数学逻辑工具表达式

序号	名称	表达式	备注
1	产品种类	If(图案_1.通过 = = 1,1,If(图案_2.通过 = = 1,2,If(图案_3.通过 = = 1,3,If(图案_4.通过 = = 1,4,If(图案_5.通过 = = 1,5,0.00)))))	检测到图案 1,赋值 1;检测到图案 2,赋值 2
2	*X*	If(图案_1.通过 = = 1,图案_1.定位器.X,If(图案_2.通过 = = 1,图案_2.定位器.X,If(图案_3.通过 = = 1,图案_3.定位器.X,If(图案_4.通过 = = 1,图案_4.定位器.X,If(图案_5.通过 = = 1,图案_5.定位器.X,0.00)))))	检测到图案 1,赋值图案 1 的 *X* 坐标值

续表 2-7-3

序号	名称	表达式	备注
3	*Y*	If(图案_1.通过==1,图案_1.定位器.Y,If(图案_2.通过==1,图案_2.定位器.Y,If(图案_3.通过==1,图案_3.定位器.Y,If(图案_4.通过==1,图案_4.定位器.Y,If(图案_5.通过==1,图案_5.定位器.Y,0.00)))))	检测到图案1,赋值图案1的*Y*坐标值
4	*R*	If(图案_1.通过==1,图案_1.定位器.角度,If(图案_2.通过==1,图案_2.定位器.角度,If(图案_3.通过==1,图案_3.定位器.角度,If(图案_4.通过==1,图案_4.定位器.角度,If(图案_5.通过==1,图案_5.定位器.角度,0.00)))))	检测到图案1,赋值图案1的角度值

(4)TCP/IP通信格式设置　设置TCP/IP通信的结尾文本和使用分隔符,并添加需要发送的数据,如图2-7-33所示。

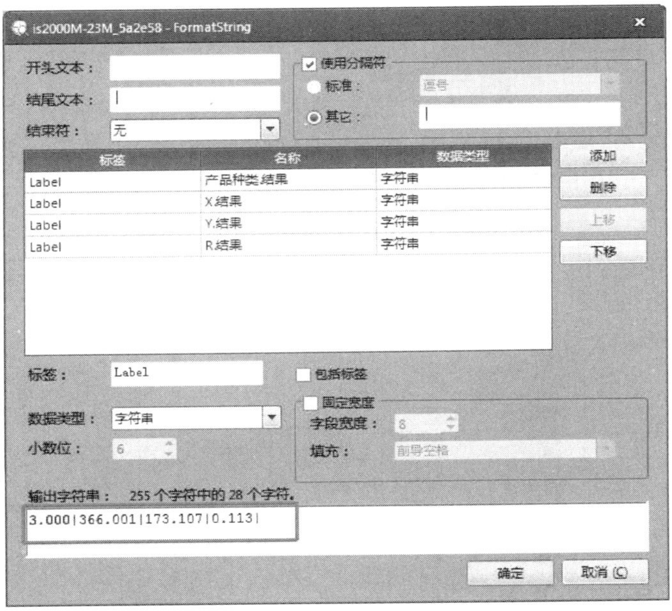

图 2-7-33　通信格式

(5)图形测试　将各个图形放置到相机下方进行检测,如果有出现误判,可以调整对应模型的图案相似度,如图2-7-34所示。

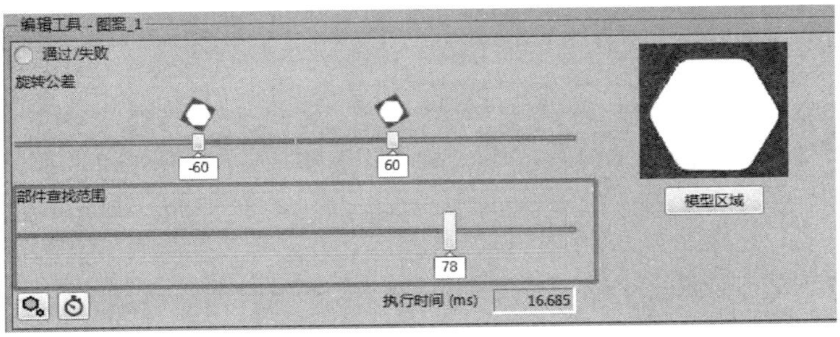

图 2-7-34　模型相似度调整

4. 四点标定

(1)打开作业　单击应用程序步骤“已连接”，打开作业，选择“4DianBiaoDing. job”程序文件，如图 2-7-35 所示。

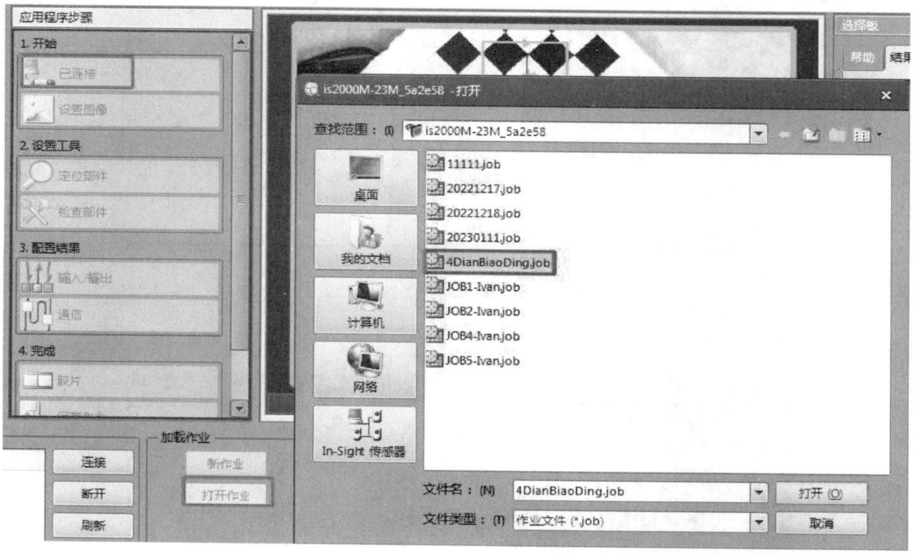

图 2-7-35　打开标定程序

(2)放置标定板　将标定板放置在相机下方，视觉画面能清晰地看到标定板上的特征位置，如图 2-7-36 所示。

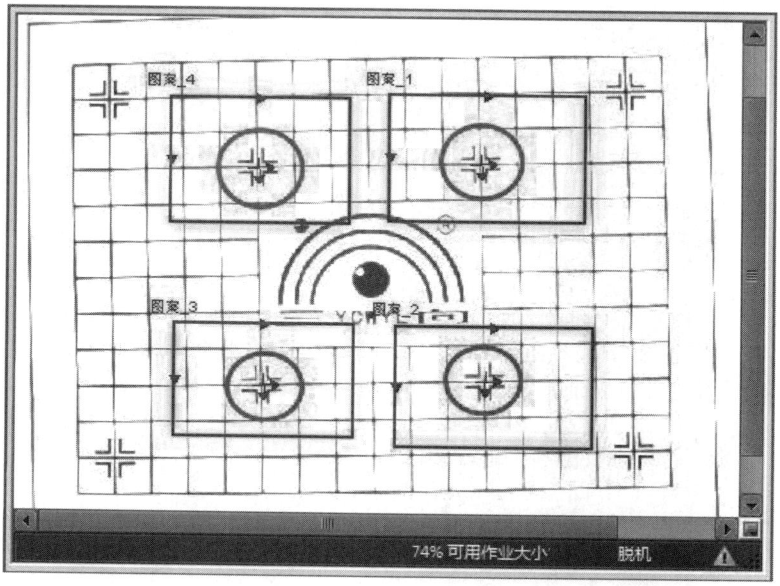

图 2-7-36　放置标定板

(3)图案区域移动　单击选择板的图案 1，将图案搜索移动到右上角的特征点上，然后单击下方“模型区域”，如图 2-7-37 所示。

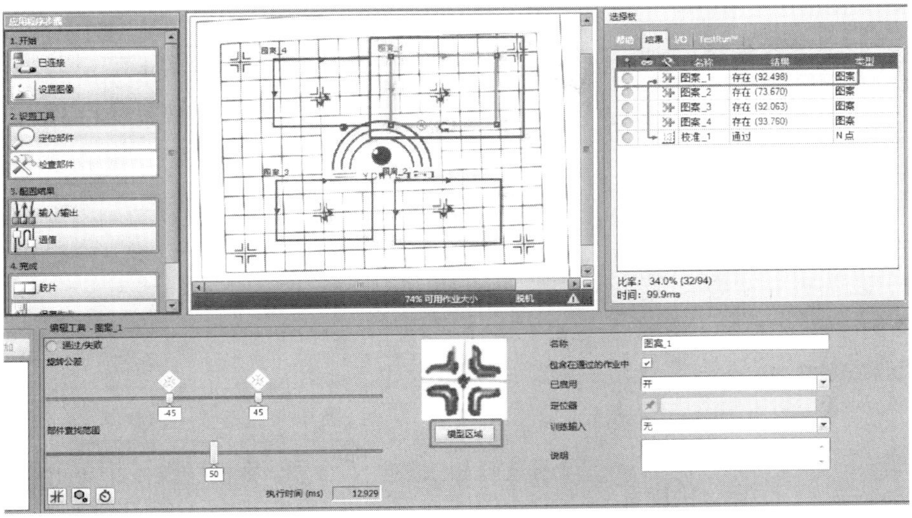

图 2-7-37　搜索区域移动

(4)特征学习　将学习框移动到特征上，单击“训练”，完成特征点的学习，如图 2-7-38 所示，其他 3 个特征点也需要按照以上步骤操作。

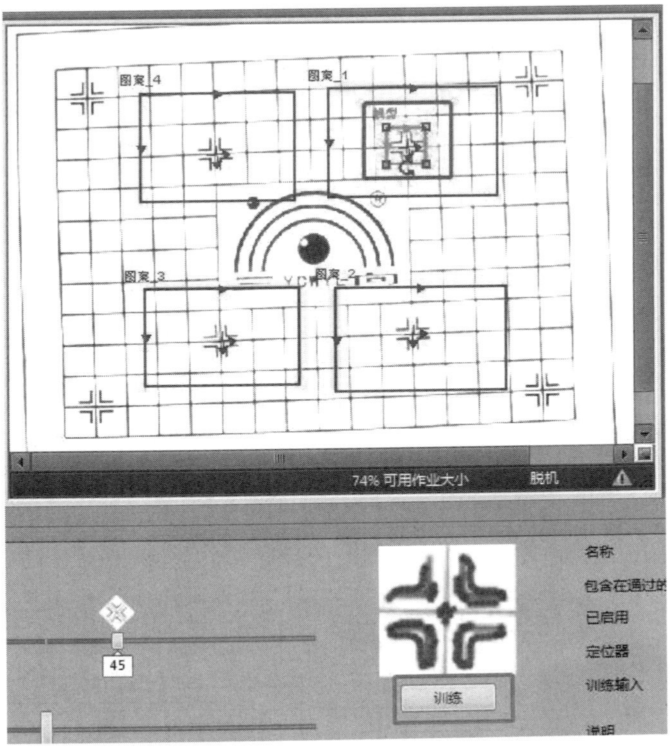

图 2-7-38　特征训练

(5)机器人末端吸盘安装标定工具　机器人末端吸盘安装尖端标定工具，依次运行到实际特征点的中心位置，如图 2-7-39 所示，设置 tool1 工具，在示教器上查看机器人 X 坐标和 Y 坐标数据，如图 2-7-40 所示。

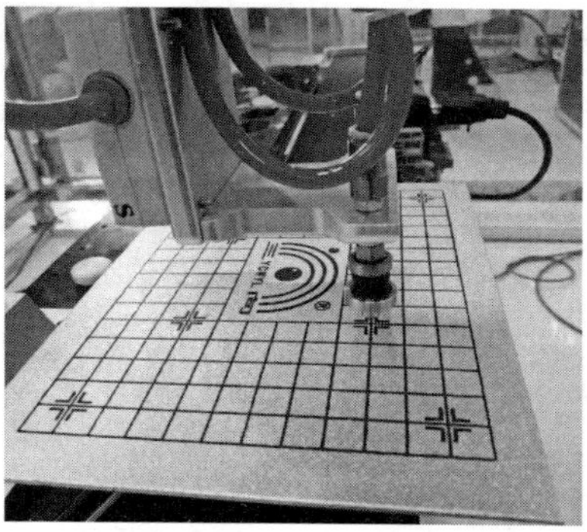

图 2-7-39　特征中心点

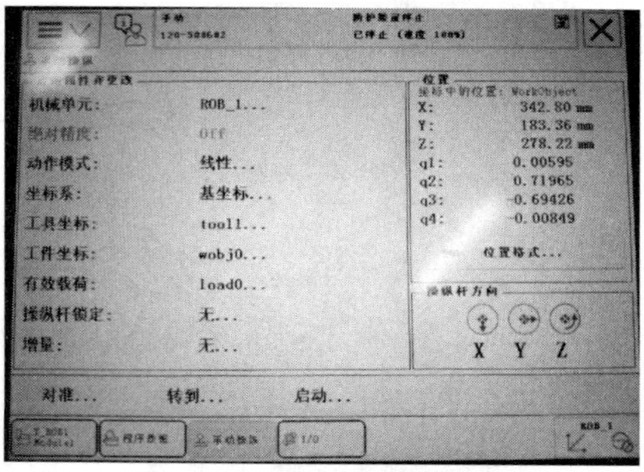

图 2-7-40　机器人坐标数据

(6)机器人实际坐标数据填写　单击选择板“校准_1”工具，将机器人 4 个点的坐标数据逐一填写到相机场景 X 坐标和场景 Y 坐标的点 0 到点 3 上，如图 2-7-41 所示。

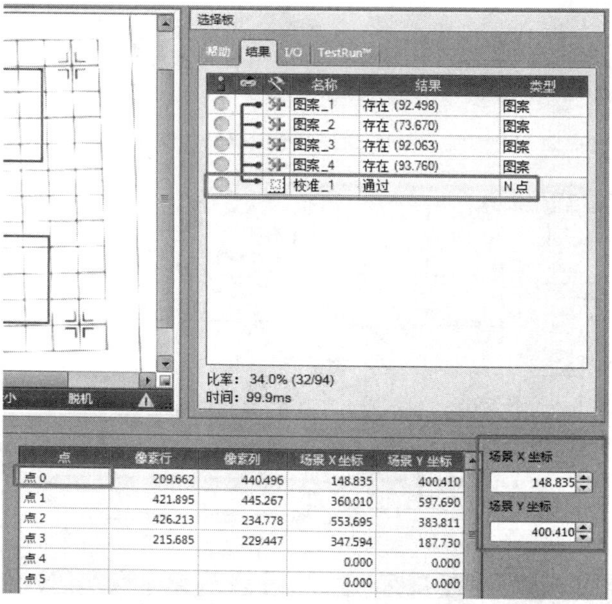

图 2-7-41　机器人数据填写

(7)标定文件导出　自定义标定文件名称，然后将标定文件导出，如图 2-7-42 所示。

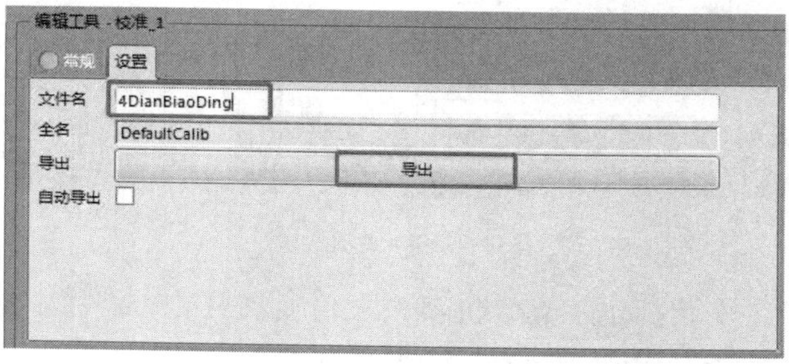

图 2-7-42　标定文件导出

(8)打开作业 单击应用程序步骤“已连接”，打开作业，选择原检测程序文件，如图 2-7-43 所示。

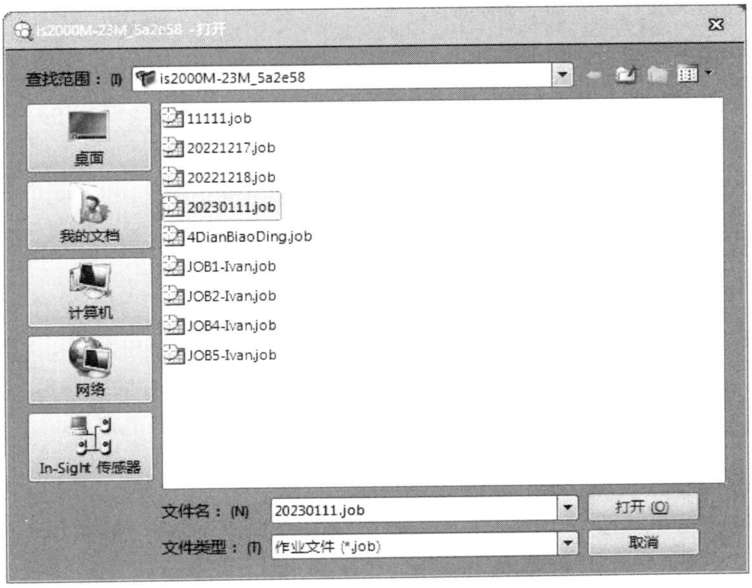

图 2-7-43 打开原检测程序

(9)标定文件导入 单击应用程序步骤“设置图像”的图像，标准类型选择“导入”，文件名选择生成的标定文件名称，如图 2-7-44 所示。

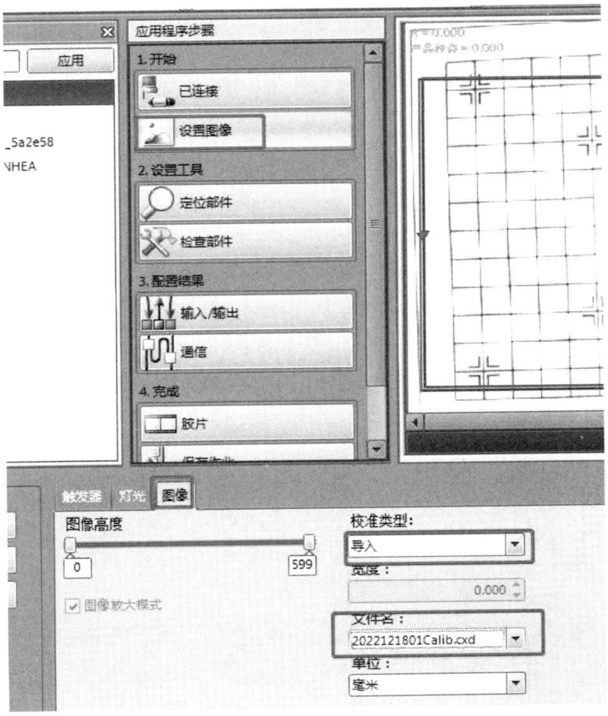

图 2-7-44 导入标定文件

(10)设置相机触发器拍照类型　单击“触发器”,选择“相机”的类型触发拍照,如图 2-7-45 所示。

图 2-7-45　设置触发拍照类型

(11)保存、运行作业　保存相机程序,单击“联机”运行相机程序,如图 2-7-46 所示。

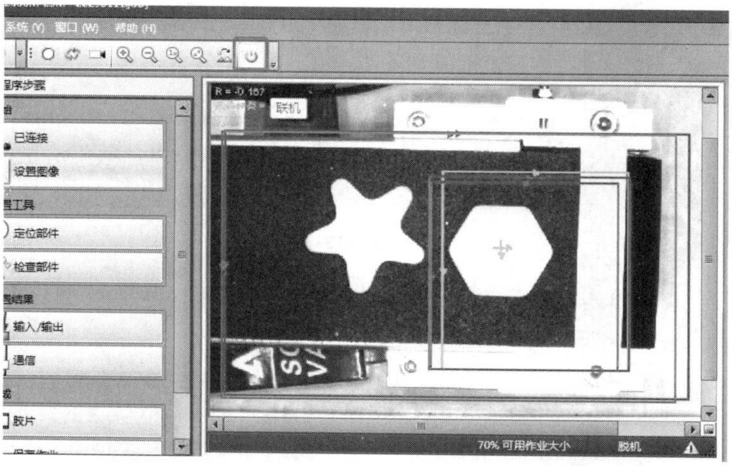

图 2-7-46　运行程序

5. PLC 程序编写及调试

(1)PLC 控制流程图　复位→机器人回工作原点→复位完成→启动→输送带运行→输送带末端检测到物料→输送带停止→信号传送给机器人。

(2)PLC 程序编写　PLC 与机器人通过 IO 的方式进行交互;传感器、输送带控制、触发相机拍照等信号连接到 PLC 的输入输出,PLC 程序编写如图 2-7-47 所示。

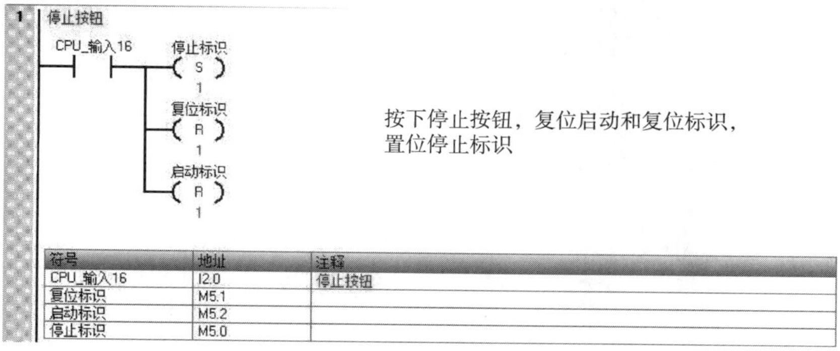

符号	地址	注释
CPU_输入16	I2.0	停止按钮
复位标识	M5.1	
启动标识	M5.2	
停止标识	M5.0	

图 2-7-47　PLC 程序编写

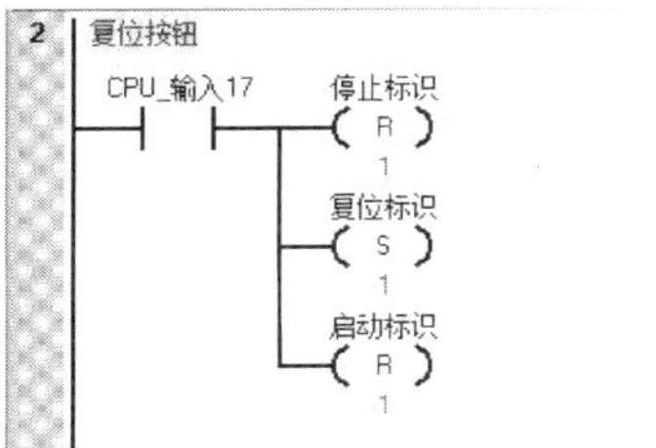

按下复位按钮，复位启动和停止标识，置位复位标识

符号	地址	注释
CPU_输入17	I2.1	复位按钮
复位标识	M5.1	
启动标识	M5.2	
停止标识	M5.0	

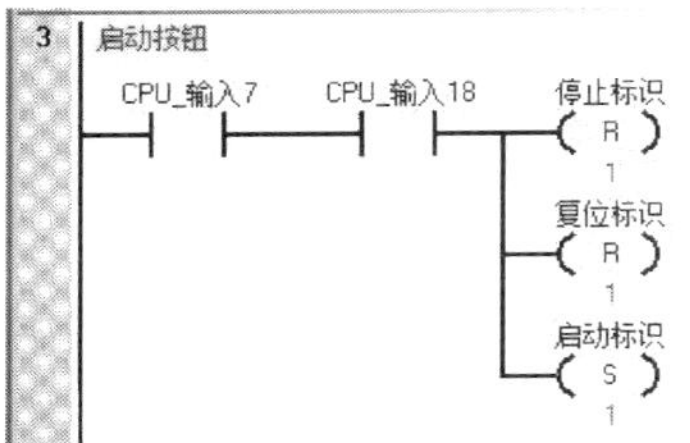

按下启动按钮，复位停止和复位标识，置位启动标识

符号	地址	注释
CPU_输入18	I2.2	启动按钮
CPU_输入7	I0.7	机器人复位完成
复位标识	M5.1	
启动标识	M5.2	
停止标识	M5.0	

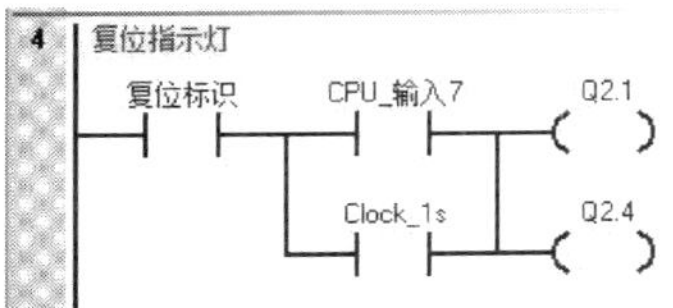

在复位状态下，未复位完成指示灯闪烁，复位完成后常亮

符号	地址	注释
Clock_1s	SM0.5	针对 1 s 的周期时间，时钟脉冲接通 0.5 s，断开 0.5 s。
CPU_输入7	I0.7	机器人复位完成
复位标识	M5.1	

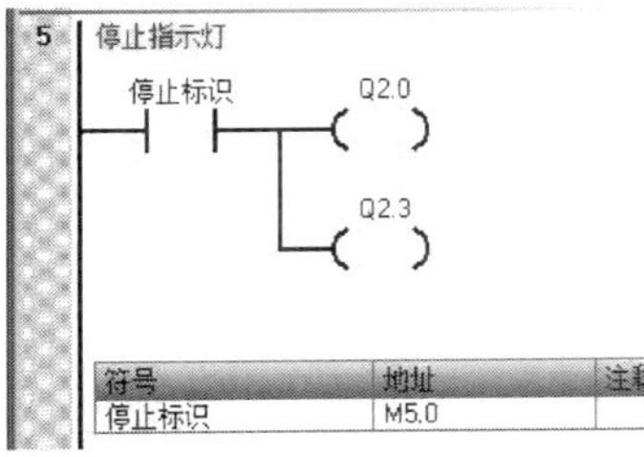

在停止状态下，停止指示灯亮

符号	地址	注释
停止标识	M5.0	

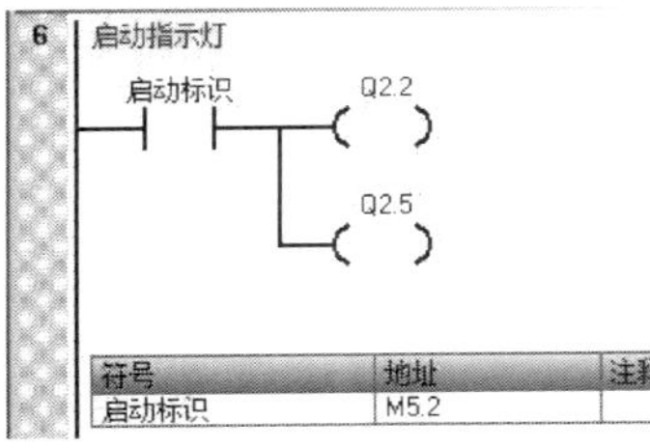

在启动状态下，启动指示灯亮

符号	地址	注释
启动标识	M5.2	

图 2-7-47（续）

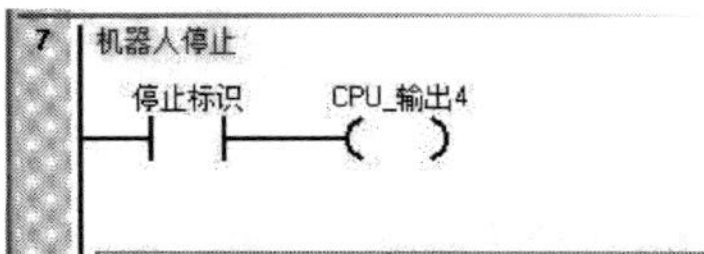

在停止状态下，控制机器人停止信号

符号	地址	注释
CPU_输出4	Q0.4	stop
停止标识	M5.0	

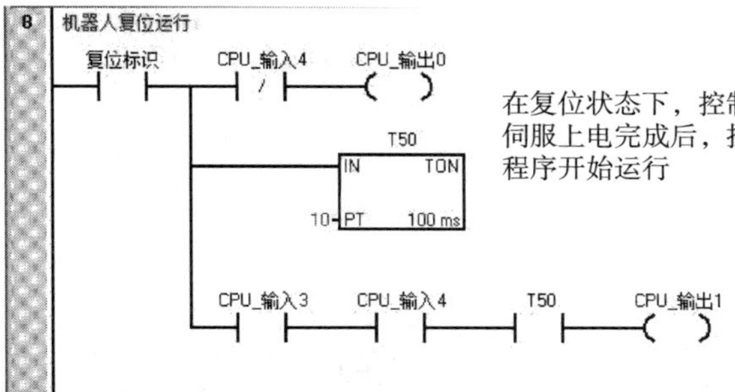

在复位状态下，控制机器人上伺服，伺服上电完成后，控制机器人从首行程序开始运行

符号	地址	注释
CPU_输出0	Q0.0	motonstart
CPU_输出1	Q0.1	StarMain
CPU_输入3	I0.3	AutoON
CPU_输入4	I0.4	motorON
复位标识	M5.1	

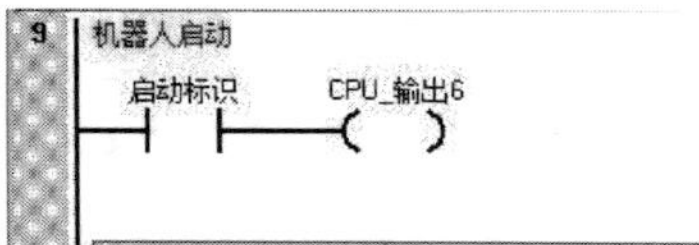

设备启动，PLC发信号给机器人可以运行

符号	地址	注释
CPU_输出6	Q0.6	机器人启动运行
启动标识	M5.2	

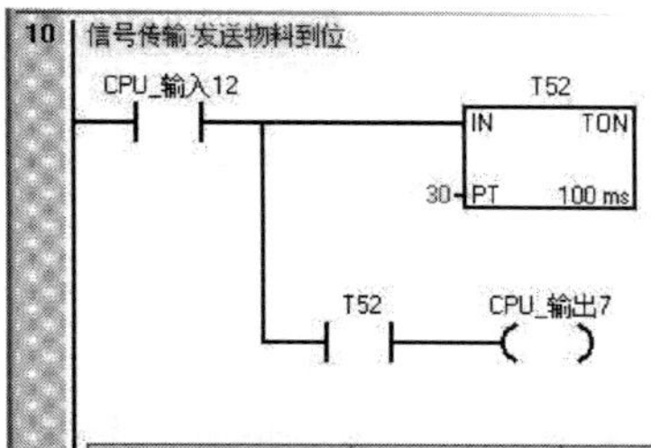

物料到位后，PLC将信号传递给机器人

符号	地址	注释
CPU_输出7	Q0.7	发送物料到位
CPU_输入12	I1.4	传感器检测物料到位

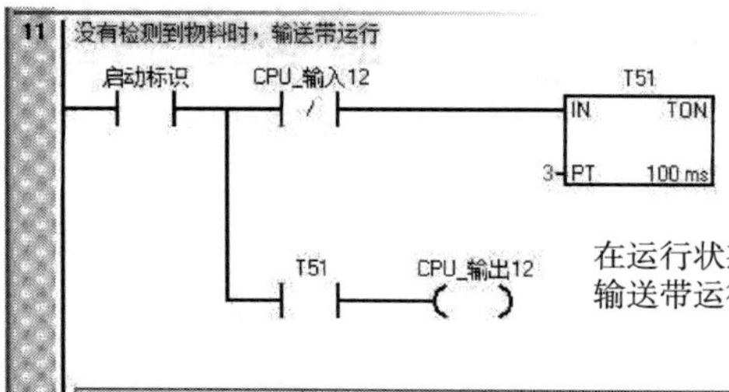

在运行状态下，传感器没有检测到物料时，输送带运行

符号	地址	注释
CPU_输出12	Q1.4	皮带运行
CPU_输入12	I1.4	传感器检测物料到位
启动标识	M5.2	

图 2-7-47（续）

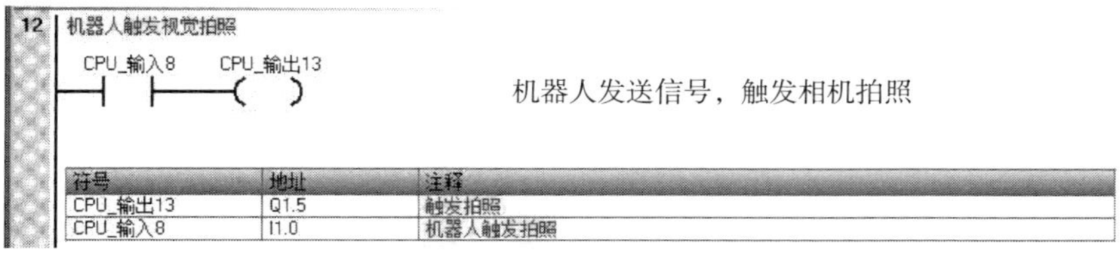

图 2-7-47(续)

6.机器人程序编写及调试

(1)制定工艺流程图　复位→机器人回原点→启动→输出带运行→检测到输送带物料到位→输送带停止→视觉拍照→机器人抓取→机器人放置→循环。

(2)定义机器人目标点　根据机器人实际运行的位置，新建、示教机器人的目标点，表 2-7-4 和图 2-7-48 定义的机器人程序目标点可供参考。

表 2-7-4　机器人程序点的定义

序号	点序号	注释	备注
1	Home	机器人初始位置	需示教
2	Pick_WuJiaoXingBase	五角星抓取点位置	需示教
3	Pick_WuBianXingBase	五边形抓取点位置	需示教
4	Pick_LiuBianXingBase	六边形抓取点位置	需示教
5	Pick_YuanXingBase	圆形抓取点位置	需示教
6	Pick_ZhengFangXingBase	正方形抓取点位置	需示教
7	Pick_Target	抓取点共用位置	不需要示教,程序赋值
8	Place_WuJiaoXing	五角星放置点位置	需示教
9	Place_WuBianXing	五边形放置点位置	需示教
10	Place_LiuBianXing	六边形放置点位置	需示教
11	Place_YuanXing	圆形放置点位置	需示教
12	Place_ZhengFangXing	正方形放置点位置	需示教
13	Place_Waste	废料放置点位置	需示教
14	Place_Target	放置点共用位置	不需要示教,程序赋值
15	Place_GuoDu1	放料过渡位置点	需示教

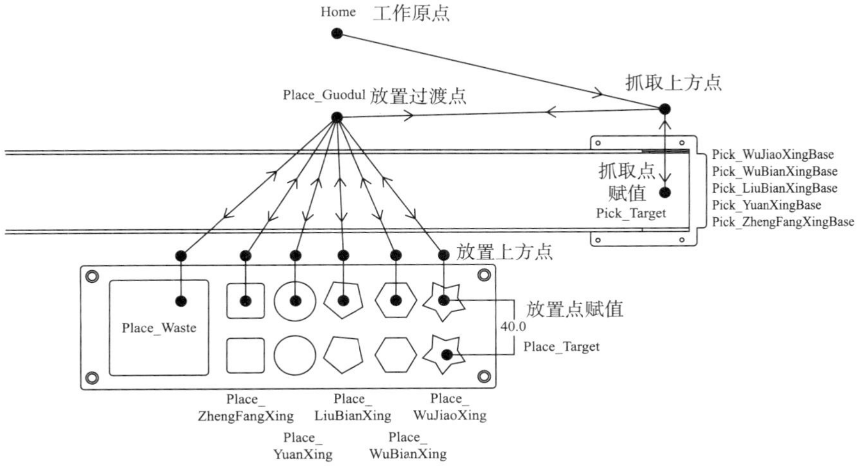

图 2-7-48　机器人程序目标点

参考文献

[1]蔡自兴.机器人学基础[M].2版.北京:机械工业出版社,2015.

[2]渡边茂,钱难能.工业机器人技术[M].哈尔滨:哈尔滨工业大学出版社,2015.

[3]龚仲华.工业机器人从入门到应用[M].北京:机械工业出版社,2016.

[4]韩建海.工业机器人[M].3版.武汉:华中科技大学出版社,2015.

[5]李大赛.机器人综合实验教程[M].北京:机械工业出版社,2020.

[6]李云江.机器人概论[M].北京:机械工业出版社,2011.

[7]双元教育.工业机器人技术基础[M].北京:高等教育出版社,2021.

[8]姚屏.工业机器人技术基础[M].北京:机械工业出版社,2021.

[9]叶晖.工业机器人实操与应用技巧[M].北京:机械工业出版社,2017.

[10]伊洪良.工业机器人应用基础[M].北京:机械工业出版社,2017.

[11]张宪民,杨丽新,黄沿江.工业机器人应用基础[M].北京:机械工业出版社,2015.

[12]朱洪雷,代慧.工业机器人离线编程(ABB)[M].北京:高等教育出版社,2021.